動物との付き合い方から見えてくる僕たちの未来

僕が肉を食べなくなったわけ

How to love animals
And protect our planet

ヘンリー・マンス 著

三木直子 訳

築地書館

Japanese translation by Naoko Miki
Published in Japan by Tsukiji-Shokan Publishing Co., Ltd., Tokyo

もくじ

PART 2 動物を愛す 233

＊本文中の〔 〕は訳者による注記です。

イントロダクション

愛とは、自分以外の存在がそこにある、という、とてつもなく難しい気づきのことである。愛とは、真実を発見するということなのだ。

アイリス・マードック

この世でうわべだけでも意味のある振る舞いを続けたければ、物事には正しいことと正しくないことがあると信じないわけにはいきません。

ジョーン・ディディオン

僕の動物愛テスト

僕と同世代のなかでも一番の優秀な頭脳が、猫の動画に破壊されるのを僕はこの目で見ている。ペットの猫がピカピカの床の上を滑る。箱に飛び込む。隣の家の屋根に飛び移るためのジャンプの軌道を計算し損なう。それはインターネットの黄金時代のことだ――ワクチン陰謀論者や、反・反右翼派が台頭して物事をめちゃくちゃにする前の話である。

そういう動画は、僕たちのある側面を物語っている。僕たちは自分たちのことを、動物愛好家（アニマル・ラバー）だと思っているということ。野生動物のドキュメンタリーや、動物のお手柄についての心温まる物語を片っ端から観る。動物を可愛がる政治家に共感する――彼らのペットが選挙に出たら、再選される可能性は彼らよりも彼らのペットの方が高いかもしれない。

だが、僕たちが動物に感じる愛情には自己不信がついてくる。人間社会が動物とかけ離れた方向に進んでいることを僕たちは知っている。敢えて問われれば、僕たちは、ほとんどの家畜は幸せに暮らしてはいないこと、野生動物の多くは棲みかをなくしていることを認めるだろう。そうじゃなかったらいいのに、とは思うが、これは僕たちが豊かであることとの代償なのだ。

だから僕たちは動物のことはあまり考えない。僕たちの食べ物や衣服の多くは動物由来だし、人間社会の盛衰には動物が大きく関わってきたし、人間が地球上からいなくなってもおそらく彼らは残るのだろうが、でも僕たちは彼らの存在について深く考えたりはしない。

ここは人間の住む惑星なのだ。現在の世界人口のほとんどがそうであるように都会暮らしの僕は、一日のうちにお目にかかる動物と言えば数えるほどだ。ハトの群れの横を通り、ミバエを追い払い、広げた雑誌の、ちょうど読んでいるページの上に陣取っている飼い猫クランブルをそおっとどかしてからまた読み続ける。動物は、陳腐な喩えに使われたり奇抜なロゴに使われていたりもするが、意識を持つ生物の大多数を占める存在として描かれることはない。人間は、五〇〇種ほどの霊長類、六四〇〇種の哺乳類、推定で七〇〇〇万から八〇〇〇万種類いる生物の、たったの一種にすぎない。だが、その事実を僕たちが認識することはめったにない。

僕たちは、動物を生物種やグループに分けて考える――ウシ、犬、キツネ、ゾウ、といった具合に。そしてそれぞれに、人間社会における居場所を与える――ウシは皿の上、犬はソファの上、キツネはゴミ箱の中、ゾウは動物園。それ以外の無数の野生動物たちは、どこか他所《よそ》にいて、願わくば、デイビッド・アッテンボローのドキュメンタリーシリーズの次回に登場してほしい。この、分類する、という能力は素晴らしく人間の役に立った。そうすることによって僕たちは、食べ物を手に入れ、友人や娯楽を見つけ、危険な動物から身を護ることができたのだ。サンドイッチを買うたびに哲学的な議論をする必要もない。自分の存在そのものに罪悪感を感じずに済むのもそのおかげだ。

だがその分類は脆く、壊れやすい。事実、今やこうした分類はバラバラに崩れようとしているのだ。身近な動物たちについての新しい知見が毎日のように報告される。人間が食べ物として扱ってきた動物——なかでもブタとウシ——は、複雑な知性と社会性の持ち主だということが今ではわかっている。昔から、必要のないものとして扱ってきた動物——たとえばオオカミやビーバー——は、実はこの世界になくてはならないものだった。非常に貴重だとされる動物——ジャガーやオランウータンなど——は、人間の進出によって棲むところを失っている。

こうした分類は、動物たちについてよりも、僕たち自身についてより多くのことを語っている。動物たちの、その存在そのものを愛するようになればなるほど、分類はあやふやなものになる。西欧では、日本人がクジラを、韓国人が犬を、カンボジア人がネズミを食べるのは間違っていると考える人が圧倒的に多い。でも、ブタやウシを食べるのは良くてクジラや犬を食べてはいけないのがなぜなのかを説明しようと試みれば、哲学の迷路に迷い込んで出られなくなる。クエンティン・タランティーノの映画『パルプ・フィクション』の中で、犬には「性格がある」から汚い動物じゃない、と主張する殺し屋みたいなものだ。ブタにも性格はある。だったらどうして、年間に一五億頭のブタを殺すのは良くて、犬を一匹殺したと言って激怒するのだろう? ブタを味気ない囲いの中に閉じ込めるのは良くて、犬にそれをしてはなぜいけない? 十数頭のクジラを捕獲するのが倫理的に間違っているのに、何百頭ものイルカが絡まってしまう魚網を使うのは間違っていないとされるのはなぜなのか?

平たく言えば、動物愛護は西欧社会の核をなす概念の一つだし、合理的思考もそうだ。ところが、僕たちの動物の扱い方はそのどちらにも沿っていない——昔からの慣習と惰性に従っているだけだ。迫りくる野生動物の集団絶滅を良しとする人はいないだろうし、動物自身だってもちろんだろう。いったいぜんたい僕たちはどうやって、次の世代に集団絶滅を釈明するのか。でもそれは、僕たちの目の前で起こっているのだ。チャールズ・ダーウィンは、顔を赤らめるというのが最も人間らしい表情である、という結論に至った。よかったと思う――だって僕たちには、顔を赤らめる理由が山ほどあるのだから。

新型コロナウイルスが蔓延する以前、楽観論者たちはよくこう言ったものだ――今ほど人間でよかった時代はない、歴史上、好きな時代を選んで生きることができるなら、今がそのときだ、と。でも、他の動物はどの時代を選ぶだろう？　仮にあなたが今、人間以外の哺乳動物に生まれるとすると、畜産場の、狭苦しくて不自然な環境に生まれる可能性が、かつてないほど高い。大規模な酪農場では、一頭の雌牛から搾れる牛乳はおそらく一〇〇年前の四倍になっているが、雌牛の寿命は実は短くなっている。野生動物に生まれるとしたら、自分の生息地が破壊される、あるいは気候変動に適応できない危険性が先祖たちに比べて高いだろう。「生きている地球指数（Living Planet Index）」によれば、一九七〇年代以降、野生動物の数は平均して三分の一になっている。野生動物の売買が、特にアジアで盛んになっているので、捕獲されて過酷な環境に置かれる可能性も高い。現代のアメリカで飼われている犬の生活――ソファの上でのんびり寝そべり、オーガニックのビスケットを齧り、気の利いたインスタグラムのアカウントだってある――を思い浮かべる人もいるかもしれない。でも、もしも僕たちが無作為に何かの動物に生まれ変わるとしたら、アメリカの畜産場でニワトリとして生まれることになる可能性の方が、少なくとも二〇倍は高い。いつの時代に生まれるかを選べるとしたら、動物たちは今を選ぶだろうか？　選ばないと僕は思う。

人間が動物のことを――すべての動物のことを考えたらどうなるだろう？　僕たちは、食べ物を手に入れる方法を、自然界の扱い方を、動物園の動物に対する態度を変えるだろうか？

多くの人がそうであるように、僕が動物を大好きになったのは彼らが美しいからだ。僕の家は犬を飼っていたし、両親に連れられて動物園にも行った。グランドナショナル［毎年四月にイギリスのリヴァプール郊外にあるエイントリー競馬場で行われる障害競走］のテレビ中継を観ていた僕は、騎手がいないウマが失格になるのが不思議だった――騎手が落馬した後の方がウマが速く走れるというのは興味深いことではないか？　大学では、環境への配慮から少しの間ベジタリアンだったが、プルダウンメニューで選択を誤り、長距離移動の飛行機で生のニンジンを食べさせられる羽目になってベジタリアンをやめた。二〇代には写真にはまり、ハチドリの高速飛行やバッタの細部をはじめ、生き物の驚異を捉えるのに夢中になった。ジョージ・ベスト［イギリス・ベルファスト出身の元プロサッカー選手］を見習って、所持金の九〇パーセントはカメラのレンズを買うのに使った。残りは無駄遣いで消えた。

動物は最高の被写体だ。桟橋で銀色に光る数尾の魚。木々の間に平気な顔でぶら下がるボルネオのオランウータン。かつて麻薬王パブロ・エスコバルが所有していたコロンビアの農場の若いサイは、僕と違って生のニンジンが大好きだった。動物たちは、よく見れば見るほど驚異的だ。ある撮影旅行から戻る船の上で、ツノメドリが北海の風に逆らいながら巣に向かって飛ぶのを見ていたとき、幼い男の子が両親に向かって言うのが聞こえた――「ツノメドリ大好き」。僕も大好きだ、と僕は思った。だが僕はいったい彼らの写真を撮る以外、彼らのために何をしただろうか？　僕が彼らに感心しているからと言って、それが彼らの役に立っているだろうか？　彼らから受け取った喜びに、僕は何かお返しをしただろうか？　僕は理論上は動物を愛していたが、それには行動が伴っていなかった。

僕たちは昨今、愛する、大好きである、という言葉を、両親に対してだろうがランチョンマットに対してだろうが惜しみなく使う。アイリス・マードックは、愛とは道徳哲学の中心をなす概念であり、僕たちの利己的な考え方を超越させてくれる力だと考えた。マードックにとって愛とは、自分以外の存在に注意を注ぐ能力の上に成り立っていた。その能力があれば僕たちは、そうした存在の繁栄に配慮し、公正な行動を取るようになる。マードックの頭にあったのは人間同士の愛だったが、彼女の言うことは、僕たちが人間以外の動物にどう接するかにもきれいにあてはまる。それは、愛というものを、単に口にするだけでなく、実践するものとして見るように誘うのだ——自分以外の生き物の個性に注意を注ぎ、自分自身の偏見に気づくことによって。

僕は自分で自分を試すことにした。動物に対する僕の愛情は、僕自身の行動に示されているだろうか、それともそれは——アートシアター系の映画が好きだと言うのと同じように——単なる理屈にすぎないのか？　自然に関するドキュメンタリーを観て動物界の素晴らしさに感嘆するのはいいが、僕は何か行動したかった。動物たちの物理的な美しさだけでなく、彼らがこの世界でどういう役割を演じているのかということに目を向けたかった。畜産場や屠殺場、動物園やペットショップ、海や森の現実を、自分自身に突きつけたかったのだ。僕は動物を公正に扱っているだろうか？　答えがノーだとしたら、もっと良い方法を見つけることはできるのか？　それは、動物への愛情を確かめるための動物愛テストだった。この経験は、僕を僕だけの小さな世界から引きずり出し、いろいろな意味で僕の生き方を変えた。そしてそれは僕たちみんなの生き方を変えることができる、と僕は思う。

だが、そもそも僕たちはなぜ動物を公正に扱わなければいけないのだろうか？

人間以外の、意識を持った生き物

有名な心理学の実験がある。一室に集めた子どもたちに、一人一つずつマシュマロを持たせ、すぐに食べずに待っていればもう一個あげる、と言って放っておく。就学前の子どもたちが我慢できずにマシュマロを食べるまで、平均すると一〇分かからない。これは人間の行動の典型的な例だ——欲望を抑え、先のことを考えるのが難しいのである。

だがこれは人間特有のことなのだろうか？　これと似た実験がチンパンジーで行われたことがある。食べずにおとなしく待っていればご褒美が彼らの横に積み上がっていく。チンパンジーの成績は子どもたちとほぼ同じだった。なかには、最長で二〇分我慢できたものもいた。おやつを食べるのを我慢するために彼らが取った戦術も子どもたちと同じだった――おもちゃで遊んで気を紛らすのである。待っていれば普段のナッツより美味しいナッツをあげる、と言われたヨウムは、最高一五分間誘惑に耐えた。これらの実験は、少なくとも一部の動物は未来というものを意識できるということを示唆している――選択肢を評価し、僕たちが人間において自由意志と呼ぶものを行使するわけだ。

アリストテレスからカール・マルクスまで、歴史を通じて思想家たちは、人間にしかできないことを特定しようとしてきた。たとえば、人間は道具を使う唯一の動物である、とかつては考えられていたが、ジェーン・グドールは、野生のチンパンジーがシロアリを巣穴から引っ張り出すために棒を使うのを目撃する。今では、それがそのとき限りの出来事ではなかったことが明らかになっている――実際、コブラが毒を吐くように進化したのは、道具を巧みに操る霊長類から身を護るためだったという説も存在する。単に使うだけではなく、道具を作るところからする動物もいる。最近行われた実験では、カレドニアカラスが、箱の中の食べ物を取るために、複数のパーツを組み合わせて道具を作った。カラスたちは道具を使うのを楽しんでいるように見えた。

思考的な概念を理解する動物もいる。たとえばニュージーランドに自生する大型のオウム、ミヤマオウムは、確からしさという概念を本能的に理解している。餌とそうでない物が混ざった二個の広口瓶を目の前に置かれると、餌の数が多い瓶ではなく、餌の比率が高い瓶を選んだのである。ミヤマオウムはまた、研究者が瓶から餌ばかり拾い出してそうでない物との比率が崩れるとそのことに気づいた。鳥の脳の大きさと形は、人間がかつて想像していたほど粗末ではない。オウムやチンパンジーのなかには、言葉を使えるものもいる――あるチンパンジーは、「緑」と「バナナ」という言葉を教えられると、キュウリのことを指す「緑のバナナ」という言葉を作った。それプレーリードッグは、コヨーテ、犬、人間、そしてアカオノスリに対してそれぞれ異なった警戒声を持つ。そればかりか、見たことのないものを見せられると、プレーリードッグはそれぞれ個別に、それを指す同じ警戒声を考え出すのである。

複雑なコミュニケーション能力を持つのは哺乳類に限らない。マルハナバチは、蜜の在り処を互いに伝え合う方法を持っている――巣の中で、太陽の位置を基準とした、一種のダンスを踊るのである。ハチたちは蜜のあるさまざまな場所を何日もの間記憶することができる。研究者たちはマルハナバチに、サッカーまがいのことをさせる実験さえ行っている。穴（ゴール）の中にボールを転がして入れたら砂糖水をもらえる、というタスクを与えたところ、それを見ていたマルハナバチは、そんなことをそれまで一度もしたことがないのに、ゴールまでの近道を見つけることができたのだ。これはハチたちが自然界で決して経験しないタスクだ。それなのに、「単に見たことを真似するだけでなく、望ましい結果を認識しているように見える」と、ロンドン大学クイーン・メアリー校の心理学教授ラース・チッカは言う。

クモは八本の脚全部を使ってクモの巣を作るが、脚を失うことも日常茶飯事で、それでも相変わらずそれまでと変わらない巣を紡ぐことができる。なぜなら、彼らには自分が作ろうとしているものの形を頭に思い浮かべることができ、そのために自分の行動を状況にしたがって適応させるのだ、というのが解釈の一つだ。クモの脳は小さいが、その能力を行使するのは僕たちよりうまいのかもしれない。

動物のなかには鏡に映った自分の姿を認識できるものがいることも、ある程度確実になっている。これはつまり、彼らが自分自身の存在を理解している印であり、そのことは、他の動物の感情を理解するために必要不可欠である。動物は有益な行動を身につけ、それを他の個体に伝授する――たとえばイギリスで、アルミホイルで蓋をした牛乳瓶が導入されたとき、アオガラとシジュウカラはそれをくちばしでつついて開ける方法を編み出し、それが全国に広がった。こうやって学習したり模倣したりすることで、同じ生物種のなかでも異なった文化が生まれる場合もある。環境によって、あるいは単に試行錯誤によって、ゾウやクジラの一集団が、別の集団とは違う行動を取ることがあるのだ――ある人間の社会が別の社会と異なるのと同じように。

人間以外の動物が賢いということはわかったが、彼らにはどんな感情があるのだろう？　自分以外の人の頭の中に入り込めないのと同様に、僕たちはゴリラの頭の中に入ることはできない。彼らに気持ちを尋ねることもできない。僕たちにできるのは、動物が人間よりも劣った生き物であるという思い込みを捨てて彼らを観察し、その身体を研究することだ。彼らの行動の理由を探ることもできる——たとえば、動物に選択を強要し、それによって彼らの好みを明らかにするテストを使うのである。人間は、それに特化した神経終末と中枢神経系、そして脳の新皮質を使って痛みを感じる。他の哺乳動物もこれに似た構造を持っている。鳥の脳にはこれに相当する機能を果たす部位がある。さらに、痛みを伴う刺激に晒されると、多くの動物はそれを回避することを学ぶか、あるいは代償を払って痛みを軽減させる——ちょうど、頭痛がひどくなると僕たちが薬局に行くように。

動物には感情がある、という結論に達するにほぼ十分なエビデンスが今では存在する。しばらく離れ離れだったアフリカゾウ同士が再会すると、相手が誰で、どれくらいよく知っているかによって挨拶の仕方が異なる。ゾウの行動に関する研究の先駆者であるシンシア・モスは、「できる限り科学的に厳密に考えても、再会したゾウたちが喜びを感じているのは疑いようがない」と述べている。「人間が感じる喜びとは似ていないし、比較することさえできないかもしれないが、それはゾウ流の喜びであり、彼らの社会体系全体に非常に重要な役割を果たしている」

近いところでは一九八七年に出版された『Oxford Companion to Animal Behaviour』(邦訳書『オックスフォード動物行動学事典』一九九三年刊)には、動物は「少数の基本的な情緒があるだけである」と書かれている。恐れ、喜び、あるいは怒り。僕の大学の同期にもそういう奴がいた。だが、親類が死んだ後に普段と異なる行動を取るのを「悲嘆」と定義するなら、アフリカゾウには悲嘆という感情があると言える。二〇一八年に、ブリティッシュコロンビア州の沿岸でオルカ（シャチ）の赤ん坊が死んだときには、母親がその身体を引き上げようとして繰り返し海底に潜った。母親には子どもが死んだことはわかっているに違いなかったが、それにもかかわらずそのオルカは、少なくとも一七日間、一六〇〇キロにわたって子どもの身体を自分の体に乗せて運び続けたのである。他にも、一週間にわたって死んだ子どもを運び続けたオルカやイルカがいる。こういう行動が動物界でどれくらい広く見られるものなのかはわからないが、母性本能を持つのは哺乳類に限ったことではなく、たとえば、子どもを護ろうとするヘビもいる。

公正さ、というのは、人間だけに限られた、ある種複雑な計算の結果であるように思えるかもしれない。だが、他の動物にとってもまた、仲間を怒らせる危険を犯すより協調するように進化する方が理に適っている。霊長類や犬のなかには、公正さという概念を理解していることを示すものがいる――たとえば食べ物を分け合うのだ。それどころか、他の生物種に対して利他的に行動するのは人間だけではない可能性もある――ジョイス・プールは、ある雌のゾウが、脚を骨折した飼育員を護るように隣に立つ様子を記録した（公正を期すために言っておくと、誤って、ではあるが骨折させたのがそのゾウだった）。

動物には感情の起伏はあるだろうか？　たとえば人間は、結果が不明瞭な刺激に対し、その前にポジティブな刺激を受け取ったかどうかによって反応が変わってくる――だからこそ人は、良いことがあった日に宝くじを買うのだ。同様に、ブタも、藁がたっぷり敷き詰められた広々とした小屋に棲んでいれば、行動がより楽観的になる――たとえば、見たことのない物体を盛んに調べたりするのである。ハチもまた、楽観的に行動することがある。

動物には個性はあるだろうか？　ペットを飼っている人ならその答えはご存じだろう。僕のお気に入りの答えは、中国人アーティスト、艾未未《アイウェイウェイ》が北京の自宅にいる四〇匹かそこらの猫について言ったことだ――「ドアを開けられる子がいてね。この子に会っていなかったら、猫がドアを開けられるということは知らなかっただろうね」。僕はこれまで数匹の猫と暮らしたが、丸めた紙を投げたのを取りに行く遊びが好きだったのは一匹だけだ。でも彼らがそれぞれに個性のある存在だったのは間違いない。

人間を心理学的に捉えると、性格とは、長期にわたってその人に安定的に見られ、母集団の平均的行動とは異なる一連の行動のことだ。数十年前、オランダのシジュウカラとカナダの野生オオツノヒツジを観察していた研究者たちは、個体のなかに、性格に相当する特定の行動を取るものがいることに気づいた。たとえば、大胆であったり攻撃的であったりするのである。性格、という言葉そのものは、人間に特有のものであるように聞こえる。科学者のなかには、動物に性格があるという考え方が本能的に受け入れられず、「行動症候群」というような馬鹿げた代用概念を使う人がいる。だが、いろいろな個体がいる、というのが進化のあり方なのだ。

「人間は特別な存在だと我々は考えます。ですが、人間の行動の背後にある生物学的特性を見れば、人間は他の哺乳類と違いませんし、多くの哺乳類は、たとえば魚類と似た基礎構造を持っています」――ルートヴィヒ・マクシミリアン大学ミュンヘンの行動生態学者で、動物のパーソナリティ研究の先駆者でもあるニルス・ディングマンスはそう言っている。「魚が人間とまったく同じストレス反応を起こすのを見ると我々は驚嘆します。でも驚くことではないんですよ。何かが進化するのに最適な方法があるとしたら、それが複数の生物種に起こるのも当然でしょう?」

人間とそれ以外の動物の間にある溝を埋めるためにもう一つの重要なのは、人間は僕たちが考えるほど利口ではない、と理解することだ。一九七七年に行われた有名な実験では、買い物客に、四組のナイロンのタイツのうちどれが最もクオリティが高いかと尋ねた。四組のタイツはどれも同一の製品だったが、買い物客は高い確率で一番右のものだと答えた。その理由を訊かれると、彼らは繊維の品質の違いを挙げ、置かれた位置に触れる人は一人もいなかった。僕たち人間は、自分自身の本能について思い違いをしているのだ。

多くの人にとって、人間と他の哺乳動物には知能・感情・社会的関係性の面で類似点があるということを受け入れるのは本能的に容易でも、同じことを、人間とは姿かたちが似ても似つかない魚や鳥や昆虫に拡大するのには抵抗がある。だが、人間の特性や能力のなかには、進化の系統樹において、思った以上に早い段階で現れたものもあるのだ。二〇一六年、神経学者トッド・ファインバーグと進化生物学者ジョン・マラットは、自分の経験を認識できるのは人間だけではないどころか、哺乳類と鳥類だけにとどまらず、脊椎動物すべてである、と提唱した。彼らによれば、少なくとも、哺乳類が進化するはるか以前の五億二〇〇〇万年前から意識というものは存在しているのである。カンブリア紀に、魚に似た生き物が初めて海を泳いだその瞬間から、意識は存在していたのだ。

意識、というものほど捉えどころのないものはない。それを特定しようとするのはまるで、ジグソーパズルのピースを逆さまに嵌《は》めようとするようなものだ。意識とは、異なった感覚器官から得られた情報を一つにまとめ、世界と、そのなかにおける自分の位置に関する情報を処理するということだ、と言えば十分だろう。ファインバーグとマラットによれば、初期の脊椎動物は非常に高精細な眼を持っており、そこから得られた画像を、より洗練された脳が処理していた。彼らの眼には世界が映っていたのである。これは、最初の捕食者――海底で他の蠕《ぜん》虫《ちゅう》を食べる蠕虫――が進化したことが原因となって起きたことのようである。その結果、より大きな感覚器官と情報処理能力を手に入れるための「軍事拡張競争」が始まった。昆虫、カニ、タコを含む無脊椎動物の一部は、脊椎動物とは別に意識を進化させたようである。つまり、カラスの眼、タラやカニの眼を通して見る世界というものが存在するということだ。数十年前なら、これは馬鹿げた考えに思われただろう。

時折、商売に長けた輩が、水泳のオリンピック選手とサメを競泳させたり短距離走選手とチーターを競走させたりする。当然、負けるのは人間だ。人間よりも動物の方が優れていることは数え切れないほどある。たとえば犬は、コロナウイルスほか病気の存在を鼻で嗅ぎ分けるし、カメは何千キロも離れたところに自力で辿り着ける(もっとも、衛星測位システムがあっても人間が迷うように、途中で道に迷うカメも多い)。犬やカメだけではない。鳥、魚、爬虫類や両生類には紫外線を感知する器官がある。ハチドリの眼には、僕たちには想像さえつかない色彩が見えるのかもしれない。

では動物には、人間にはない経験や感情もある、という可能性はあるだろうか? あるいは、彼らの経験は人間のそれよりも強烈なものであるという可能性は？

人間は、僕たちがかつて考えていたほど動物よりも優れているわけではない。アフリカゾウの脳は人間の脳よりもずっと多くのニューロンがあるし、他の哺乳類の脳もまた、人間のそれと構造的に共通したところがある。魚、鳥、昆虫の脳はニューロンが少なく、大脳皮質もないが、人間の脳に類似した機能を果たすことができるように見える。オウムやタコが知能を発達させたということがわかった今、もはや僕たちは、遺伝的に人間にどれほど近いかによって動物の優劣を決めることはできない。いつの日か人間が滅びるときが来たら、他の生物が――それはもしかするとネズミやカラスの子孫かもしれないが――進化して地球を支配するかもしれない。今、僕たちがそうしているように。アメリカ人環境保護活動家、アルド・レオポルドの言葉を借りれば、人間は「進化という長い旅路を、他の動物たちとともに歩んでいるにすぎない」のだ。

僕が子どもだった頃、大人たちが、動物を擬人化するディズニー映画をけなしていたのを覚えている。科学者にしてみれば、動物を擬人化するということは、動物が人間と似た振る舞いをするのは人間と同じ感情を持っているからであると憶測していることを意味する。憶測でものを言うのは、何であれ問題がある。だが、霊長類学者として世界的に著名なフランス・ドゥ・ヴァールは、擬人化しないことによる危険の方が大きいと言う。能力や感情に関して言えば、人間のそれと他の動物のそれは一つの連続体と考えるのが一番理に適っている。動物がどういう感情を味わっているか、はっきりしたことが言えないという事実は、動物たちの経験が限定されたものであると言うよりもむしろ、僕たちの科学的研究手法に限界があることを示しているのである。

とは言え、人間にしかできないことはあるかもしれない。ドゥ・ヴァールは、（複雑な）言語だけは、「人間だけが」持っている能力であると言う。プレーリードッグが発するさまざまな鳴き声を識別した動物行動学者、コン・スロボチコフはこれに異を唱える。ただし、動物が、昨日起こったことについて情報をやり取りするという証拠はほとんどない。自分はいずれ死ぬ、という認識も、人間だけが持つものかもしれない。たしかに、人間の自己認識や、先のことを考える能力のレベルは、他の動物で記録されたものをはるかに超えているように見える。ファインバーグとマラットによれば、鳥や魚や昆虫が持っている意識は人間のそれほど豊かではない——たとえば、自分が今感じていることについて省察することはおそらくできない。

ただし、倫理的に考えたときに、人間とそれ以外の動物の一番重要な違いは、人間には他の動物たちの運命を決定づける力がある、という点だ。哺乳類、鳥類、魚類、昆虫類その他、無数の生き物がどんな生涯を送るか、そして何百万という生物種にどんな未来が待ち受けているか、それは僕たち次第である。二〇世紀初頭のあるとき、人間は、地球上の氷に覆われていない陸地の半分以上に大きな影響を与えるという段階に達した。気候変動、生息地の破壊、天然資源の容赦ない搾取によって僕たちは今、地球を支配している。科学者は、この時代をそれ以前の時代と区別して「人新世」と呼ぶ。これが実際に何を意味するかと言うと、どこに目をやっても人間の存在が目に入る、ということだ——あらゆる生物種が、人間の存在、資源に対する人間の需要、人間が吐き出す汚染物質やプラスチックや温室効果ガスの影響を受けているのである。この世界は人間が形作っている。そして、力には責任が伴う。

動物を大切にすると、人間にも良いことがある。生態系がなければ、水は汚れ、大気中の二酸化炭素は吸収されず、沿岸地帯は洪水に呑まれるだろう——そして生態系には人間以外の動物の存在が必須である。虫や鳥によって受粉が行われなければ、人間が栽培する農作物の多くは育たない。チャールズ・ダーウィンは、農業を可能にしたミミズほど「世界の歴史上、重要な役割を果たした」生物は他にいないと言った。他の動物が人間に与えてくれるものを書き連ねるのは馬鹿げたことだ——なぜなら、彼らの存在がなければ人間には何もないのだから。人間は他の生物がいなくても持続可能なコロニーを火星に建設できる、と考える人は、生態学の教科書を読む必要がある——それと、ペットを飼っている人と話してみるといい。

だが、僕たちの頭は、人間の他にも意識を持った生き物がいるということをなかなか受け入れられない。僕が大学で経済学を学んだときはまだ、自然は経済の一部とみなされていた――その逆ではなくて。また、動物の生命それ自体には価値はないと考えるのが当たり前だった。双眼鏡で眺めるのが楽しいから、とか、農作物を受粉させてくれるから、という理由で、その動物が存在するための代償を払ってもいいと思うならそれでいい。でもそうでない場合、動物がいなくなろうが苦しもうが、そのこと自体は何ら経済的損失を意味しない、というわけだ。初めてのことではないが、ここでもまた経済理論は不十分である。もしも僕たちが、動物には意識があり、痛みを感じ、社会的な関係性を構築しているということを受け入れるなら、同時に、彼らの生命には価値があるということも認めなければならない。かつてジェーン・グドールは、一一年間にわたって知っていた野生のチンパンジー、フローの死に際してこう言ったことがある――「たとえ私がここに来て彼女の生涯を記録したり、野生の土地のプライバシーを侵害したりしなかったとしても、フローの生涯はそれ自体が、目的と活力と生きることへの愛に満ち満ちた、重要で意味のあるものでした」

動物たちが僕たちのために何をしてくれるか、ということについての本は他にある。本書は、僕たちが動物のためにできることについてのものだ。僕たちが人間社会を遠慮なく発展させていくなかで、どうしたら動物の生活を考慮に入れることができるのだろう。

僕たちはよく、人間は動物について混乱しているとか葛藤を抱いている、と申し訳なさそうに言う。そんなのは言い逃れだ。人間以外の動物が公正さという概念を持っていようがいまいが、人間はたしかにそれを持っており、それに従って行動する能力も持ち合わせている。休暇中に動物に触れたり、バースデーカードや野生動物のドキュメンタリーに描かれる動物の存在を大切に思うなら、僕たちは、畜産や種の絶滅に対して見て見ぬふりをするわけにはいかないのだ。

子どもの世界は動物だらけ

僕の考え方が変わったのは、娘たちの誕生がきっかけだった。生まれて間もなく、娘たちの周りは動物だらけになった。極端に大きな耳をしたウサギ。ドアストッパーに使えそうなほどでぶっちょの、かぎ針編みのパンダ。首から息を吹き込むと鳴くフクロウ。あり得ない色のオオハシ。ゴム製の脚がおしゃぶりになるキリン。脚はなく、頭の部分がお風呂の湯桶になっているプラスチックのタコ。その他もろもろ。まるでノアの方舟だ、ただし中国製の。どこの家にも、その家に特有のノアの方舟がある。我が家の玩具は、一つまた一つと集まってきた——プレゼントだったり、借り物だったり、お下がりだったり。自然界での階層構造は関係なくなって、テントウムシがライオンと同じ大きさだったり、ウシもシマウマも目立ち方は同じだ。エリザとクレオにはそんなことはどうでもよかった。二人にとって、こうした動物たちは人を傷つけることも傷つけられることもなく、人間の暮らしのなかで主役のように振る舞っていた。僕はなんだか落ち着かなかった。

ラドヤード・キプリングやビアトリクス・ポターやウォルト・ディズニーのおかげで、子どもたちは美化された動物の姿を見せられてきた。僕自身は、ピーター・ラビットが上着を着ているのは変だとか、ペッパピッグ［ブタの家族を描いたアニメの主人公］には同腹の兄弟がいるはずだとか、お茶の時間に本当にトラがやって来たらまずは女の子を食べちゃうはずだ、なんて杓子定規なことを言う気は毛頭ない。もちろん、絵本は誤解を与える——本物の農場のほとんどは、こぢんまりとした牧歌的なところではないし、オオカミやタコは悪者ではない。でもそういうことが気になったわけではないのだ。

僕が気になったのは、もっと大局的なことなのである。子ども向けの話の中では、人間とそれ以外の動物は置き換えが可能だ。ミッキーマウス、ウィニー・ザ・プー、クマのパディントン、ペッパピッグ——彼らは動物だが、人間と変わらない個性と倫理観を持っている。こういう絵本やビデオや玩具を見て育つ子どもは、人間は動物のことを理解しているという結論に達して当然である。大人たちにはもちろん、他の動物と一緒に暮らす方法がわかっていて、やがてはその知識を伝授してくれるだろう。ゴムでできたキリンのソフィーをどんどん配るからには、本物のキリンの数だって当然増えているに違いないと。

そうだったらどんなにいいか。僕はこれまで、エリザやクレオの絵本の中で何匹ものイタチにお目にかかってきたが、実際に本物を見たことがあるかどうかは定かでない。人間と動物の関係を、娘たちにどう説明したらいいだろうか、と僕は考え始めた。そして、できれば説明しない方がいいと気づいた。

まず第一に、人間はこれまで、出会った動物のなかでも最大級の動物を狩って絶滅させてしまうということを繰り返してきている。たとえば、人間がオーストラリアに移住するようになると、大きな動物——体長八メートルのトカゲや体重三〇〇キロのカンガルー——が姿を消し始めた。僕たちにとって、野生動物の代表格と言えばゾウやキリンやサイであるが、過去に起きたことから未来を予測すれば、それらの動物、そしてそれらと同等の大きさを持つ動物は、この先二〇〇年後にはいなくなり、ウシが最大の陸生哺乳動物になっているかもしれない。地球で最大の動物がそんなに小さいというのは、過去四五〇〇万年間なかったことだ。娘たちの玩具のトラを眺めながら、それは奇妙だが起き得ることだと僕は思った。僕は、動物が絶滅しているのはなぜなのか、といつか娘たちに訊かれるのが恐ろしかった。ほんの数世代前、人間と動物の関係を簡単に言えば、それは序列と征服だった。今、そこには罪悪感がつきまとう。

動物に関して言えば、育児関連の本には、ペットの周りで子どもたちが安全に過ごす方法は書いてあるが、それ以上のことは書かれていない。もっともなことではあるが、大事なことは他にあるのだ——たとえば、睡眠時間四時間で正気を保つ方法とか。一方、動物に関する書籍からは、育児について多くのことを学べる。たとえば痛感するのは、生後すぐに起きたことが生涯にわたって及ぼす影響の大きさだ。サケは、卵から孵《かえ》った川に戻る。アホウドリは何年も前に自分が生まれた場所に戻って産卵する。一五一六年に出版された『ユートピア』の中でトマス・モアは、孵化したばかりのニワトリの雛は、餌をくれる人を「母親」とみなすようだと書いている。その後の研究で、鳥類の多くは、生後最初に目にした動くものになつくということがわかっている。もしもアヒルの雛が最初に目にしたのが人間ならば、しばらく人間にくっついて歩いた後、生みの親の後を追うことをやめてしまう。犬が人間になつくかどうかもまた、生後すぐの数週間にどんな経験をしたかで決まる。生まれてすぐのこうした経験においては、生物種間の境界線は簡単に越えることができる。

人間はそれとは違うが、早い段階で子どもたちに何が「普通」であるかを教え込むという点は同じだ。僕たちは、これまでとは違う形で世界を描写する必要に迫られる。「フクロウって本当にいるの？　それとも嘘なの？」。ある日エリザが訊いた。数日後、「恐竜はどうして赤ちゃんを産まなくなったの？」「動物園にはどうしてあんなにたくさん動物がいるの？」とクレオが訊く。僕は、湖に飛び込むワシの写真を見せて二人をなだめようとした。「鳥がお魚を食べちゃうとき、お魚は悲しい？」とエリザが訊いた。子どもを育てるというのは、自分を刷新する機会でもある――自分はこの惑星《ほし》の上でどういう存在でありたいのかと自分に問いかける機会だ。だが子育てはまた、惰性に支配されることもある――たとえば、ミツバチその他の虫の激減を心配しながらも、幼い子どもたちの遊び場を整えるために芝を短く刈り込むみたいに。

子どもが動物の世界について知りたがっているということは、親ならみんな気がつく。よちよち歩きの幼児は、玩具よりも生きた動物に夢中になるものだ。人間の赤ん坊が最初に覚える言葉のなかには、動物の名前がある。動物の鳴き声は赤ん坊が聞く最初の雑音の一つだ。昔から人々は、子どもを動物に触れさせるのは道徳教育の一部と考えてきた。僕は、娘たちが犯罪者になるのを防ぐのが主な理由で動物について教えようとしたわけではないが、たしかに役には立つだろう。だがいったい、何を教えたらいい？

発見と希望の物語――動物愛護の倫理と環境保護主義の融合

動物を愛するという行為にあてはまらないことについては、僕たちはだいたい意見が一致する――闘牛、犬を殴打すること、怪しげな医療効果を求め、胆汁を抽出するために狭い檻に閉じ込められるクマ。人類の汚点だ。こうした行為を禁ずる法律のない国は多い。たとえ法律があっても、口をきけない動物を警察は重要視しない。だがこうした問題については、道徳的なジレンマは存在しない。それに、今この本を読んでいる人ならおそらく、サルを化粧品のテストに使うのは良くないということはすでに納得しているだろう。必要なのはあれこれ考えることではなくて、財布の紐を緩めることだ――動物福祉団体に寄付するために。

同様に、韓国には何千もの犬肉農場があり、そこでは多くの場合、犬は小さな金属製の檻に一匹ずつ入れられ、やがて感電死させられる。こうした犬肉農場の犬たち――コーギー、プードル、ラブラドールレトリーバーその他――は慢性的なストレス下にある。犬は法的には家畜とみなされないので、ニワトリには与えられる保護制度さえこの犬たちには与えられない。でも、ほとんどの韓国人は犬肉を食べないし、いずれ韓国から犬肉農場はなくなるだろう。

僕の関心は、僕たちがまだ答えを決めかねている問いや、答えは出ているのにそれにしたがって行動できずにいる問題にある。初めから僕は、動物を公正に扱うというのは二つのことを意味すると感じていた。動物に不要な苦しみを味わわせないこと――もっとも、今考えると、「不要な」というのが何を意味するかはよくわかっていなかったが。動物が絶滅する、それどころか数が減るのも嫌だった。そのためには僕たち人間の暮らしに、理性的な、おそらくはかなり大々的な変化が必要だ、というのが、僕が最初に考えたことだった。

だが、ことはたちまちややこしくなる。希少な鳥を護るためにネズミを、森が成長するためにシカを殺すべきか？　動物愛護主義者はノーと言い、環境保護主義者はイエスと言う。実は、個々の動物を大切にするのと、ある動物の種全体を保護するのは、真っ向からぶつかり合う哲学的命題なのだ。「環境保護主義者は動物解放主義者にはなれないし、動物解放主義者は環境保護主義者にはなれない」――アメリカの哲学者マーク・サゴフは、一九八四年に書かれたエッセイの中でそう言っている。サゴフが言っているのは、環境保護主義者が大事にするのは生態系の健全性であり、動物解放主義者にとって大切なのは動物の苦しみの軽減だということだ。その一方で動物解放主義者は、動物種全体についてはあまり興味がない。動物「種」には感情がないからだ――感情を持っているのは個々の動物だけなのである。動物「種」の腹を殴ることはできないし、他の個体との交流を奪うこともできない。ガラパゴス諸島のピンタゾウガメの最後の一匹、ロンサム・ジョージが二〇一二年に死んだとき、彼は種の絶滅に対する実存的な悲しみを味わったわけではないだろう。もしも味わったとしたら、彼に謝罪しなくてはならない――他の亜種との交配種が今では見つかっている。

動物愛護主義者と環境保護主義者の仲が悪いのは何十年も前からのことで、それによる現実的な影響が生じている。六五〇〇万人の会員とサポーターがいるという「動物の倫理的扱いを求める人々の会」（ＰＥＴＡ）や英国王立動物虐待防止協会（ＲＳＰＣＡ）は、人間の管理下にある、農場や実験室の動物に焦点を当てている。一方、世界自然保護基金（ＷＷＦ）やグリーンピースなどの環境保護団体の焦点は野生動物だ。動物愛護活動家と環境保護活動家はとりわけ、環境保護のために動物を選択的に除去するのが正しいかどうかで論争している。除去される動物は侵入種であったり、天敵が絶滅したために個体数が急増した動物であったりする。また自然保護活動家が、ライオンがガゼルを食べるといった一見残酷な自然のありようを容認する一方で、動物愛護活動家は、野生動物のある個体を救おうとする試み――たとえば餌を与えるなど――を歓迎することが多い。この対立はどちらにとっても有害だ。動物愛護活動家は、自然環境のあり方を理解していないと言って非難される可能性があるし、自然保護活動家は、動物の気持ちを大事にする、本来彼らの味方であるはずの人々の一部を遠ざけてしまう危険性がある。

こうした論争については本書の後半で詳しく述べるが、一言で言うと、この対立は辻褄が合わないと思う。自然が保護されなければ動物愛護という倫理は不完全だ。ＰＥＴＡは、「動物は、人間が実験を行ったり、食べたり、身に着けたり、娯楽のために利用したり、その他いかなる方法でも、虐待するために存在するのではない」というスローガンを掲げている。これは、動物の生き方としてあるまじきことだ。ではいったい動物はどのように生きるべきなのか？　簡潔に答えれば、彼らがそれに合わせて適応するよう進化した生息地であって、人間の管理の手がほぼ届かない場所に棲む、ということだ――たとえば、自然保護活動家が提唱する国立公園のように。自然な環境のなかで、動物たちはときには苦しむこともあるだろう。だが、人間だってときには惨めな思いをすることもあるけれど、それでも生きる価値はあると僕たちは考える。選択除去について言えば、動物の生命の重要性を真摯に受け止めれば、自然保護活動のあり方は違ってくるのではないだろうか――たとえば生物学者は、今ほど無神経に動物を殺して検体を収集しなくなるかもしれない。ただし、生態系が個々の動物よりも優先される場合もある。たとえば、ニューサウスウェールズ州にあり、オーストラリアで最も標高の高い町を含むコジオスコ国立公園では、野生のウマを選択除去することが法律で禁じられており、その結果、毎年、公園内の野生馬の五分の一が餓死することが予測されている。これを動物愛護と考える人はいないはずだ。きちんと機能する環境がなければ動物を保護することも倫理的に扱うこともできないし、豊富な数の動物がいなければきちんと機能する環境は存在し得ない。

動物愛護と環境倫理の乖離は、人々の考え方を映し出しているわけではない。僕が知っている動物好きの人たちのほとんどは、個々の動物と、動物種全体の両方にとってのベストを望んでいる。僕たちは猫やトラの動画を見て楽しみ、檻に閉じ込められたり生息地の森が失われたサルを見て憤慨する。オルカをシーワールドに囲い込むのには反対だし、絶滅もしてほしくない。僕たちは、野生動物であれ、飼いならされた動物であれ、少なくとも紙の上では動物の身に起こることを気にかける。結局のところ、動物をめぐる倫理観と自然保護活動は、どちらも同じ真実の上に成り立っている——この世界に生き、世界を美で満たすのは人間だけではなく、人間以外の生命も考慮に値する、という真実に。ある動物の個体を愛するならば、それは、その動物種が地球上に存続し続けるのを望むということにほかならない。歴史的な対立はさておき、自然保護活動家と動物愛護活動家は、ほとんどの点については意見が一致している。彼らが求める変化は遠大なもので、喧嘩するのは非生産的に思える。それはまるで絵本の中の、チーズのかけらをどう分けようかと言い争うのが忙しくて別のネズミがチーズを横取りしようとしているのに気づかない二匹のネズミのようだ。

そこで本書では、動物愛護の倫理と環境保護主義の融合を試みたいと思う。人間が動物に与えている、正当化しようのない苦しみを排除すること。と同時に、野生の動物には喜びもあるが苦しみもあるということを受け入れなければならない（ただし本書では、人間が人間の暮らしを改善したのと同様に、野生動物の生活環境を改善する方法がいつか見つかるかもしれないと考える人たちも紹介する）。

動物を大切にする、というのは、彼らと過ごす時間を楽しむことと同義ではない。二つが重なることも多いが、必ずしもそうとは限らないのである。たとえば、ネットフリックスのテレビ番組『タイガーキング』で紹介された、自分の動物園を作ってしまった変わり者、オクラホマの動物育種家ジョー・エキゾチックは、自分が飼っているトラの子どもと転げ回るのをいかにも楽しんでいる。だが、彼が本当にトラのためを思っているかどうかは疑わしい。一方、動物虐待をなくすことに長年献身してきたオーストラリアの哲学者、ピーター・シンガーは、動物と過ごすことを特に好まず、彼の信望者の多くを驚かせる。人間の目を通して動物を見るか、動物自身の目を通して動物を見るか、の違いである。

一九七五年に「動物の解放」運動を開始したシンガーは、これは過去に存在した解放運動よりも強い利他主義を求められるだろうと言った。人間以外の動物を擁護するのは、自分以外の人間を擁護するよりも難しいのだ。それでも、生物種との壁——他の動物に対する人間の偏見——を低くすることは可能だ。労働者を搾取したり子どもを働かせたりして富を得るのが嫌なのと同様に、他の動物の苦しみの上に繁栄したいとは、僕たちはもちろん思わない。

動物を公正に扱う、というのは、人間も動物も遡れば同じ起源に辿り着くと信じている人ならば、容易にできることのはずだ。ところが必ずしもそうではないのである。たとえば、人間の動物観の形成に誰よりも大きな役割を果たしたチャールズ・ダーウィンを見てみよう。彼は、人間は他の動物とはまったく違う、または他の動物より優れている、という考え方を打ち壊した。共通の祖先を探すという彼の試みが、後年の研究者たちをチンパンジーの行動の研究に導き、人間と動物の感情の類似についての研究を復興させたのである。ダーウィンはまた、動物に対する残酷な行為を憎み、地方行政官として不届き者を処罰した。

ところがダーウィンは、動物とともに暮らすために人間が持つべき価値観を明確に述べたことはない。「狩猟と犬とネズミの捕獲にばかりかまけているお前は、お前自身の顔にも家族の顔にも泥を塗ることになる」──彼の父親がそう言ったのはおそらく、ダーウィンが一八歳で医学大学を中退したときのことである。彼は、大好きだった狩猟に対する批判とも、一九世紀の菜食運動とも関わりを持とうとしなかった。彼は肉を食べた。それどころか、ガラパゴス諸島で遭遇したカメを食べることにすら、良心の呵責を覚えることはなかった──島のカメが乱獲されて絶滅寸前であると聞かされ、その肉の味と言えば大抵の場合は「別に美味しくない」にもかかわらず、である。ダーウィンにとっては、何よりも大切なのは好奇心を満たすことだった。現在はチリの一部となっているある島を訪れ、非常に珍しいキツネを見つけたときのことを彼はこう回想している──「後ろからそっと近づいて、ハンマーで頭を殴打した。このキツネは現在、動物学協会の博物館に展示されている」。ダーウィンはまた、何を食べるのかを調べるために鳥やトカゲを殺したり、生体解剖──実験室で生きたまま動物を解剖すること──も、正当な理由があれば擁護した。現代人の多くがそうであるように、彼は動物の苦しみを頭の隅に追いやることができたのだ。生体解剖について彼は、「この話をするとあまりにも不快で吐き気がするからもう二度と触れないよ、今夜眠れなくなってしまうからね」と友人への手紙に書いている。ダーウィンはまた、ロンドン動物園に行くのが好きで、収集した鳥や哺乳動物を寄贈もしているが、当時の飼育環境の一部はひどいものだった。たとえば、彼が動物の感情について研究していた一八三八年、ロンドン動物園で嬉々として観察したジェニーという名の若い雌のオランウータンは、動物園に連れて来られて二年経たずに病没しているが、これは決して例外的なことではなかった。ダーウィンは奴隷制には激しく反対したが、動物愛護に関して言えば、彼に先見の明はなかったのである。

ダーウィンの進化論は人々の心の中で、生存を懸けた残忍で非道徳的な競争と結びついた。進化論の起案者であるダーウィンは、人間と動物の関係についてこの科学的発見が何を意味するのか、その答えを出すことを後世に委ねたのである。

嬉しいことに人間は、動物についてじっくり考える時間さえあれば、動物に対する態度を変えることが多い。イギリスで最も有名な自然保護主義者の一人に、南極探検家スコット大佐の息子であるピーター・スコットがいる。一九〇九年生まれのスコットは、WWFの共同創設者の一人である（あの有名なパンダのロゴをデザインしたのも彼だ。パンダが選ばれた理由の一つは、白黒の方がコピーするのに向いていたからだった）。彼は大の愛鳥家で、多くの自然保護活動家に影響を与えた。だが彼は人生の大半を、鳥を撃つのを趣味として過ごした。「狩りをするのは人間の本能の一部であり、狩られるのは鳥の本能の一部である」と彼は書いている。前装式の鉄砲に撃たれるのが鳥の本能であるという理屈はどうしても真実とは思えず、四〇代になって、狩猟があまりにも容易で残酷であるという現実を突きつけられたスコットは、考えを見事一八〇度転換させた。

同様に、ホールフーズ［アメリカの食料品店チェーン。健康や環境に対する意識の高い店として知られる］の創業者、ジョン・マッキーは、長年ベジタリアンとして店を経営していたが、あるとき、養鶏場や酪農場の環境が劣悪であるのに、自分は卵や牛乳を食べることに抵抗はないのか、と内省した。のちに彼は、ヴィーガンになる前は「見て見ぬふりをしていた」のだと回想し、「そのことをはっきりと認識したくなかったのだ」と言っている。

僕の経験から言うと、動物に対する見方を変えるのは（言葉遊びをするつもりはないが）一つの進化過程である。その過程はまず、漠然とした不快感から始まる。思い出すのは、ある日、飼い犬を去勢したばかりの同僚にたまたま出くわしたときのことだ。「何が問題なのかなんとなくわかったよ」と彼は言った。「まるで『侍女の物語』［カナダの作家マーガレット・アトウッドによるディストピア小説。出生率が低下した架空の国で、数少ない健康な女性はただ子どもを産むための道具として支配者層に仕える「侍女」とされる］みたいでヤバイよな」。それは、他の動物の行く末を人間がコントロールしている、という不愉快な認識だ。

この本のための取材を始める前の僕は、漠然と自然を愛するベジタリアンだった。今はヴィーガンとなり、特定の状況での狩猟や漁獲を支持し、地球上に、他の動物たちのための場所をたっぷり確保する必要があると考えている。あなたが達する結論はそれとは違うかもしれない。この本では、「僕たちは」こう思う、という言い方をすることがある。すべての人間が同じ考え方をするからではない。実際、動物に対する態度が全員一致する家族にさえ、僕はほとんど会ったことがない。だが、僕たちはみな、今よりももっと動物のことを考えるべきだし、動物のことを考えれば、意見が一致する点はたくさんあるということに気づくはずだ。

第一章では、動物に対する人間の態度が、近年のヴィーガン・ブームに至るまでの過去数百年間にいかに変化したかを要約する。その後、人間が現在、畜産・漁猟・医学研究・狩猟などによって動物を殺すことをいかに正当化しているかを検証する。八〇億人いる雑食性の人間の食料を得るためには何が必要なのか？ 後半では、人間がいかにして動物を愛そうとしてきたかについて考える。そのために僕は、サンフランシスコ、モンゴル、コロンビア、インドネシア、そしてイギリスの田舎を訪れ、動物園の所有者、保全生物学者、ペットを飼っている人たちに取材した。本書の最後に、人間だけでなく生きとし生けるものすべてにとってより良い世界をつくるために、僕たちが個人として、また社会としてできる、いくつかの実践的な提案を示す。僕たちはすでに、一部の動物を大事にしている。次はそれを徹底させる番だ。

僕にとってそれは、発見と希望の物語だ——今はまだ脇役だが、これから社会の主流になり得る物語である。「精神（マインド）とは混沌とした喜びであり、そこから未来の世界とより静かな喜びが生まれる」と、ビーグル号での航海中にダーウィンは書いた。人間と他の動物の一番の違いは、人間の精神にある。そして、動物たちとの均衡点を見出すために最も役に立つのも人間の精神だ。

以前の僕は、今現在人間が動物に対して行っているひどい仕打ちは、意図した選択の結果であり、人間は単に、人間以外の動物が大切だと考えていないのだと思っていた。だが今では、それは僕たちが、自分の行動が引き起こす結果についてきちんと考えていなかったせいだと確信している。僕たちには、動物に対して持っている根本的な愛情と矛盾しない生き方をすることが可能だ。動物が僕たちに何を与え、僕たちは彼らに対してどんな責任があるのか、きちんと答えを見つけることができる。動物について、もっと頻繁に、もっと深く考えることで、僕たちは心の平安を見出すことができるのだ。

1　人間と動物の歴史

「感情的になってはいけない」と誰かが言うのは決まって、何か残酷なことをしようとしているからだ。さらに「現実的でないと」と言ったらその人は、それによって金儲けをしようとしているのだ。

ブリジッド・ブローフィ

紀元前から二〇世紀までの動物観

人間は初め動物のことを大事に思っていなかったが、そこから数千年をかけて徐々に動物に対して優しくなっていったのだ、と僕は以前は思い込んでいた。だがそうではない。人間と動物の関係――より正確に言えば、人間と人間以外の動物の関係――は、ラベンダーの茂みを飛び回るミツバチのように錯綜している。

人間は他の動物とともに進化した。もともとは追われる立場だったが、やがて狩猟する側になる。僕たちが知る限りで最古の洞窟画はインドネシアで見つかった四万年前のもので、イノシシと水牛の狩りの様子が描かれている。約一万八〇〇〇年前に描かれたフランスのラスコー洞窟の壁画もまた、そのほとんどが動物であり、ケブカサイ［更新世後期にユーラシア大陸北部に生息していたサイの一種で、マンモス、オオツノシカとともに氷期を代表する動物として知られる］も含まれている。人間は、他のどんな動物もしなかったことをした――他の動物を、食物やペットとするために選択的に交配させたのである（ウシ、ブタ、ヒツジ、ヤギはいずれも、少なくとも八〇〇〇年前には家畜化されている。猫と犬も同様だが、おそらく彼らは人間社会の仲間入りをするのにより積極的だったと思われる）。

だから、初期の人間社会の多くが、人間とそれ以外の動物の間に霊的なつながりを感じていたとしても不思議はない。ある意味では、彼らの世界観は僕たちのそれよりも、近年行われている動物の感情に関する研究の結果に近い。彼らは、人間や動物（それに植物や無生物）には魂と意識があり、しかも動物にはそれとは別に人間の身体があると信じていた。人間のなかには一時的に他の動物に姿を変えることができる者もいたし、動物のなかにはシャーマンのような力を持つものもいた。天地創造の物語においては、人間は他の動物の子孫であったり、あるいは他の動物に助けられた存在として描かれることが多い。今もブラジルのアマゾンに暮らす先住民、カヤポ族に伝わる神話によれば、人間をトウモロコシのあるところに連れて行ったのはネズミだ。そう考えれば、ネズミに対する感じ方が変わるのは必至である。もっとも、そう信じたからと言って人間が動物を殺すのをやめたわけではない——それどころかこうした初期の人間社会は、狩猟に依存していた。だが、少なくとも理屈の上では、彼らは動物を尊敬し、大事にする義務が自分たちにあることを知っていた。

同様の視点は今でも、カナダからカラハリ砂漠まで、さまざまな先住民族の間に存在している。その前提にある信念の一つは、動物に敬意を払わなければ人間に直接的にネガティブな影響がある、というものだ。こうした精霊信仰的な考え方がヒンドゥー教や仏教に浸透し、西欧のベジタリアン・ブームの素地を作ったのである。

古代エジプトでは、ミイラにした猫、犬、ワニ、その他の動物を人間とともに埋葬した。それらはお気に入りのペットであったり、死後の世界での食べ物であったり、神々に捧げる生贄であったりした。思いつきでそうしたのではない——考古学者は、多ければ七〇〇〇万匹の動物が、生贄にするために、産業として飼育されたと推定している。人間は非常に裕福になったが、動物と離れて暮らすことを望んだことはない。このことは、人間が、動物との親和性を保ちつつ進化し、少なくとも何らかの動物とともに暮らしたいと思わせる遺伝子を持つことが人間にとって有利であったことの確たる証拠である。

古代ギリシャの哲学者の一部、なかでもピタゴラスとポルピュリオスは道徳的菜食主義者だったが、彼らは少数派だった。西欧では、何世紀にもわたり、人間は他の動物とは根本的に違うというのが定説だった。人間と動物をこうして区別することは、キリスト教と切っても切れない関係がある。人間の存在を可能にしたのは動物であると考える文化とは対照的に、聖書はイブを誘惑したとしてヘビを非難する。人間と野獣を区別し、救われることができるのは人間だけだと言うのである。トマス・アクィナスは、神は人間が使うために動物を創った、と言った。一七世紀にはフランスの哲学者ルネ・デカルトが、動物には魂はないと言って読者を安心させた――動物の鳴き声は、時計が時間を告げるのと同じで、単なる機械的な反応にすぎないというのである。現代のように麻酔薬が使えるようになる前は、これは生物学の研究者にとっては好都合だった。フランスのある研究所では、「まるで平気な顔をして犬を殴打した」と、実験に立ち会ったニコラス・フォンテーヌという人物は回想している。「彼らは哀れな犬の四肢を板に釘で留めつけ、血液の循環を観察するために生体解剖をした。これは大きな話題だった」

ヨーロッパの哲学者のなかには、人間にとって、動物を敬わないことよりも敬うことの方が危険なのだと主張する人たちがいる。もしも人々が、自分は「けだもの」と同じ魂を持っていると考えたならば、彼らは「自分には、ハエやアリと同じように、死後の世界に対する希望も恐れもない」と思うだろう、とデカルトは言った。オランダのベネディクトゥス・デ・スピノザは、動物に優しくする人は自分を動物だと思うようになり、あらゆる文明を危機に晒す、と心配した（これは一七世紀のことであり、スピノザは、人間が動物に甘くなっているのは「女々しい同情」であると非難した。アダムとイブの物語を思い起こさせるが、ただしこの場合、イブを騙したのはヘビではなく、ペットの犬だというわけだ）。近世のイギリスでは、他の動物のふりをすること――たとえば劇中で動物の衣装を着けること――さえタブーだった。人間は、人間だけが持つ「道徳的な地位」を示す必要があったのだ。

だが、人間以外の動物を、魂を持たない「オートマタ（自動人形）」として片付けようというデカルトの試みは、科学との接触によって否定されることとなる。デカルトは、人間と「けだもの」には同じ臓器があることを知っていた（ただし、彼と同時代に生きたイギリスの作家ジャーヴェス・マーカムは、さまざまなウマの頭蓋を切断してみたがウマの脳は見つからなかったと報告している）。それから二五〇年、ダーウィンは、人間と動物は脳が似ているだけでなく共通の祖先を持っていることを世に示した。

デカルト哲学が否定したにもかかわらず、人々には、動物に感情があることがわかっていた。一六六七年、イギリスの科学者ロバート・フックは、王立協会の聴衆の目の前で生きた犬を解剖した。フック自身の言葉によれば、彼は「すべての肋骨を切断」し、「開腹」したという。それから彼は、犬を生かしておくため、犬の肺にふいごで空気を送り込んだ。「これは呼吸の仕組みについて調べるために設計した実験だった」と彼は書いている。実験は成功だったが、フックには、犬が味わった苦しみを無視することができなかった。「動物を虐待すること」に強い不安を感じたフックは、同じ実験を繰り返すのを拒んだのである。

その頃までに、多くの人は、動物に襲われるのではないか、また、人間が必要最小限の慈悲を動物に示そうものなら文明は崩壊するのではないか、と心配するのをやめていた。動物と人間の緊密なつながりを示す無数のエピソードのすべてが記録に残っているわけではないが、たとえばアン・ブーリン［イングランド王ヘンリー八世の二番目の王妃でエリザベス一世の生母］は飼い犬を溺愛し、飼い犬が死んだときには、そのことをアンに伝えることができたのはヘンリー八世だけだった。また歴史家キース・トマスは、一九八三年出版の優れた著書『Man and the Natural World』（邦訳書『人間と自然界』一九八九年刊）の中で、過去数百年の間にイギリスでいかにして人間と動物を隔てる壁が崩壊していったかを解説している。人々は、町で暮らすようになるにしたがって、動物を生産的資産というよりもペットとして見るようになった（僕がトマスに、動物に対する人々の態度が変わったのはこのことが理由である、と彼に確信させたのは何なのかと尋ねると、彼は、一九三〇年代から一九四〇年代にかけて子ども時代を過ごしたウェールズの農場を喩えとして挙げた。犬は決して家の中には入れてもらえず、トウモロコシの収穫期にやわらかい地面の上で荷車を牽《ひ》くウマは容赦なく鞭で打たれ、「そこには感傷は一切なかった」と彼は回想した）。一七世紀以降、インドに旅行した人の一部が自称ベジタリアンとなって帰国し、そのことが人々の関心を呼んだ。言い換えれば、社会の主流をなす宗教が、人間は動物の感情を考慮する必要はない、と説いていた時代ですら、多くのヨーロッパ人は動物の気持ちを配慮したがったのだ。

一般に、西欧における「動物の権利」という意識の始まりは、イギリスの哲学者ジェレミー・ベンサムに遡るとされる。一七四八年生まれの彼は、喜んで肉を食べ、シールスキン（アザラシ革）の靴を履き、知人には、医学研究のためにハトを感電死させることを推奨した。また嬉々として「カメを食べる晩餐会」についても書いている——これは一八世紀後半にイギリスで流行したもので、カリブ諸島から生きたまま送られたカメの料理の数々が供された。ところが一七八九年、ベンサムは、おそらくは動物愛護活動家が最も頻繁に引用する一節をしたためる。問うべきは「彼らが論理的に思考できるか、口をきけるかではなく、彼らが苦しみを感じるかどうかである」というものだ。

ただし、実はこれが脚注の一つにすぎないことがわかると、この一節の説得力は若干弱くなる。今日の動物愛護活動家はまた、ベンサムが、人間が動物を殺して食べることを——こうした動物の死は「自然界で否応なく起こる」死よりも「迅速かつ苦しみも少ない」形で起こる、という認識に基づいて——最終的には正当化している、という事実にも目を瞑ろうとする（彼はまた「動物は死んでいようが生きていようが同じだ」とも言っているが、これは議論の余地があるところだ）。功利主義者であった彼は、人間に自然権があるということにさえ懐疑的だったのである。

とは言え、ベンサムが投げかけた問いは、動物に対する人々の見方が変化していることを示していた。そう、たしかに動物は、見た目も考え方も行動も人間とは違うかもしれないし、人間はほぼすべての動物を支配する、と聖書には書かれているかもしれない。だがベンサムは、動物をめぐる状況を奴隷制と比較して考えた――皮膚が黒いからと言って人を虐待する理由にはならないのと同様に、人間とは違う身体を持っているからと言って動物を虐待すべきではない、ということに僕たちが「気づく日がいつか来るかもしれない」。彼らの幸福も考慮しないわけにはいかないのだ。

当時、動物虐待を禁じる法律は世界中のどこにも存在しなかった。イギリス人は依然として、柱に鎖でつながれた雄牛（ブル）やクマが犬に襲われるところを見物していた。そのために特別に交配された犬は、雄牛の鼻先に嚙みついて離れない強い顎を持っていた。これが現在ブルドッグと呼ばれる犬だ（雄牛に勝ち目があったかどうかについては意見が分かれている）。こうした雄牛の虐待は、料理する際にそれが有益であるとして正当化された――それによって血が薄まり、結果として肉がやわらかくなると考えられていたのである。ブルベイティングと呼ばれるこの見世物が結婚式でさえ行われていた記録が、少なくとも一件残っている。貴族階級がこの気晴らしに背を向けた後、ブルベイティングを批判する者は、労働者階級の楽しみの敵として冷笑された。

イギリスは西欧における動物愛護活動の先導役だったが、世界初の工業国であり、都市化現象の先駆けだったことを考えれば、これは驚くにはあたらないだろう。一九世紀の初頭、著名だが気取り屋の弁護士、トマス・アースキンは、定年後の収入を使って動物福祉の活動を始めた。国会議員を務めた三〇年間、ただの一度も法の改正案を提案しなかったことを考えると、彼はおよそ改革論者らしからぬ人物だった。アースキンはまた、うぬぼれの強いことでも有名だった――彼の演説を聞いた者は、演説を印刷した活版屋は「I（私は）」という活字が足りなくなっただろう、と冗談を言った。だがどうやら彼は、自分自身を愛していたのと同じくらい動物を愛していたらしい――伝記によれば彼は、犬、ガチョウ、コンゴウインコ、果ては自分の生命の恩人と考えた二匹のヒルまでペットにしていた。

アースキンは一八〇九年に、動物に対する虐待を禁じることを提案している。彼の主張のきっかけとなったのはベンサムではなく、「我々〔国会議員〕」が生活のなかで日々目にせざるを得ないこと」、つまり、人々が不必要に旅行に出かけて「何もすることがない生活の退屈さを紛らわす」ために、死ぬまで鞭打たれるウマたちだった。彼の行動は、古いキリスト教的世界観と現代的な動物愛護運動の橋渡しとなるものだった。彼は、神が人間を動物の支配者とし、動物のなかには「明らかに人間が利用するための特徴を備えた」ものがいる、という考え方は否定しなかったものの、同時に、神はそれぞれの動物に「自分たちの喜びと幸福のための臓器や感情を与えた」のであり、動物には人間が持つ感覚や感情のほぼすべてが同様に備わっていると主張したのである。

他にもさまざまな問題があったこの時代に、動物愛護について人々が真剣に考えていたというのは素晴らしいことに思える。問題の最たるものは奴隷制度だった。イギリスでは一八〇七年に奴隷制度が廃止されたばかりで、カリブ諸島の植民地で奴隷にされていた者はまだ解放されていなかった。実は、ベンサムをはじめとする活動家が動物を奴隷になぞらえたことが、動物虐待に反対する人々を集めるのに役立ったのかもしれなかった。イギリスの奴隷廃止運動の指導者だったウィリアム・ウィルバーフォースも、数年前に家庭争議における弁護士として雇ったアースキンを支援した。彼は、動物に対する人々の見方を改善させれば「想像しがたいほどの感性豊かな喜びが生まれる」と主張した。

アースキンの努力は実らなかったが、イギリスの国会は一八二二年に、ウシ、ウマ、その他の家畜に対する残虐な行為を禁止した。ウィルバーフォースらはこの法律の施行を助けるため、動物虐待防止協会（のちの英国王立動物虐待防止協会〔RSPCA〕）を設立した。協会はロビー活動に成功し、それ以外の動物に対する虐待も禁止された。一八三五年には、すでに人気がなくなっていたブルベイティングが違法となった。一匹の犬と最大二〇〇匹のネズミを闘技場に放し、ネズミが何匹殺されるかを賭けの対象とした「ラットベイティング」はまだ合法だった。キツネ狩りも禁じられなかった——動物よりも貴族の方が大切だったのだ。実は、RSPCAの指導的立場にあった者の多くは、動物に血を流させて楽しむスポーツに興じていた。協会がキツネ狩りにようやく異議を唱えたのは一九七一年のことである。

一八四二年には、イギリスで初めてベジタリアンという言葉が使われた。これはおそらく、今僕たちがヴィーガンと呼ぶもののことだった。「野菜食」の提唱者は、動物のことよりも、気質が優しくなるなど、野菜食が人間に与える恩恵について語ることに時間を割いた。反対派は彼らのことを、性的不能者だと馬鹿にした。

動物愛護運動はイギリス以外でも勢いを増していった。一九世紀を通じて、動物虐待を罰する理由として一番説得力があったのは、動物の虐待は自分以外の人間に対する虐待につながる、というものだった。もともと動物は単なる人間の所有物であり、他人が所有する動物に危害を与えれば罰せられたが、自分の動物に同じことをしても罰せられなかった。だが一八二一年、メイン州がアメリカ初の動物愛護法を制定し、「ウマ、あるいはウシに残虐な鞭打ちを行った者」は、二ドルから五ドル（現在の価値に置き換えるとおよそ四五ドルから一一〇ドル）の罰金または最長三〇日間の懲役が科せられることになった。ニューヨーク州も間もなくそれに続き、一八六六～一八六七年にはその対象をすべての生き物に拡大した。これは主に、新しく設立されたアメリカ動物虐待防止協会によるロビー活動の結果だった。イギリスの動物虐待防止協会と同様、主に上流及び中産階級の人々によって支援されていたこの協会は、一八六八年、馬車鉄道の馬車に過剰な荷を積んだ男を起訴するよう圧力をかけている。

一九世紀、旅行、荷物の輸送、農業、戦争、スポーツなどに使われるウマへの依存度はピークに達していた。ウマは主に力仕事をさせられ、感情を持たない機械扱いされることが多かった。イギリス人とフランス人の意見が一致する稀な例だが、イギリス人はイギリスが「ウマにとっては地獄」だと思っていたし、フランス人も自国について同様に感じていた。ウマに対する残酷さは、経済的効率の必要性だけでなく、見た目を重視することも一因だった。ウマの所有者は、ウマに頭を下げさせずウマの気管に損傷を与える危険性がある短い止め手綱を好んだ――ウマが生き生きと元気そうに見えるからだ（その動物のためになるかということよりも見た目の改善を重視するという点では、現在僕たちが血統書付きの犬を育てる行為も同様だ)。「ウマ語から翻訳されたウマの自伝」と謳い、一八七七年に出版されてベストセラーとなった小説『黒馬物語』でもこの手綱がやり玉に挙がっている。この本を読む人は、単に動物をかわいそうに思うだけでなく、彼らの眼を通じて世界を眺めることができた。つまり、人間にとってウマが身近な存在だったことが、動物虐待と動物虐待反対運動の両方を生んだことになる。

ウマはやがて、電気、蒸気エンジン、マシンガン、戦車、最後にはサッカーに取って代わられた。二〇世紀が始まる頃には、ウマは危険で不潔なものと思われるようになっていた——たとえばパリでは、ウマが排泄する糞の量は一日に二〇〇〇トン以上に及んだが、それほどまでの「汚物の垂れ流し」には、どんな現代社会とて耐えられはしなかった(少なくとも、ユーチューブが登場するまでは)。ウマのおかげでできた都市で、ウマはもはや用無しになった。西欧諸国では現在、ウマの数は減少しているが、近代史においてかつてなかったほど大事にされている。人間にとって、経済的に依存していない動物を愛する方が容易であるという証拠だ。

僕たちが動物をどう扱うかについては今でも、一九世紀の影響が色濃い。たとえば、人口が都市に集中し始めたとき、人間は動物との関係を断つこともできたはずだがそうはしなかった。その代わりに人間は、ペットを飼ったり動物園を作ったりするようになったのである。その先駆けとなったのは、一七七九年にウィーンで、王室が蒐集した動物たちが一般に公開されたことだった。その後、ロンドン、アムステルダム、フィラデルフィアといった都市で、それぞれ一八二八年、一八三八年、一八七四年に新しい形の動物園が創園されている。「家畜化」という言葉がイギリスで使われるようになったのは一七七〇年代であり、続いてその数十年後にはフランス語にも家畜化を意味する言葉ができた。一九世紀には、イギリスでもフランスでも、犬や家畜の品種開発が熱心に行われるようになった。動物愛護活動家は、動物虐待の規制、なかでも生体解剖の禁止を求める活動を始めた。屠殺場は人々の目につかないところに隠された。動物に対する僕たちの理解を形作ったのもビクトリア朝時代〔一八三七～一九〇一年］だ――とりわけ、ダーウィンの進化論により、人間は結局のところ他の動物とそんなに違わないということが示されたことは決定的だった。

だがそれによって、もっとずっと大きな変化が起きてもよかったのだ。『種の起源』が出版された一二年後の一八七一年、ダーウィンは『人間の由来』を著し、社会性動物のなかには「善悪の観念」を持つものがいる可能性があること、また人間並みの知性を発達させるためにはそれが必要であると説いた。その一年後には、『The Expression of the Emotions in Man and Animals』（邦訳書『人間及動物の表情』一九二一年刊）の中で、綿密な観察の結果に基づいて、動物の顔の表情は彼らの感情を表していると確信している旨を明言している。彼のこの考え方は、動物が何を感じるのか、動物の内的状態をどのように解釈すべきか、ということについて現在行われている研究の前兆となるものだ。後者は、『種の起源』に比べてその影響ははるかに小さかった。ダーウィンが遺したものの一部に関する僕たちの知識は遺伝学の分野に発展していったが、比較心理学の学者たちは未だに、動物の感情に関するダーウィンの主張についての議論を続けている、と、オークランド大学で動物の意識に関する研究チームを率いるアレックス・テイラーは言う。

二〇世紀の大部分において、動物に関する研究は行動主義に基づき、重要なのは動物の内的状態よりも行動であり、動物の行動は、選択的に報奨を与えることで変化させることができると考えられていた。行動主義は、人間心理学においては流行らなくなっていた――内的状態が重要でないと言うなら、人が口にする言葉をどうやって説明したらいいかわからないからだ。ところが、動物の研究においては行動主義が主流であり続けた。行動主義は必ずしも、動物の能力を過小評価したわけではない。たとえば、行動主義の旗手であったB・F・スキナーは、第二次世界大戦中、爆撃機を誘導させるためにハトを訓練した。アメリカ空軍は最終的にはこのプロジェクトを中止したが、行動主義は、動物の内面世界がいかに豊かなものであるかを科学者が認識する障害となった。霊長類研究者、フランス・ドゥ・ヴァールはこう言っている――「『私の犬がヤキモチを焼いている』と言うとたちまち、行動主義者に『それは擬人化だ』と言われる。それで一巻の終わりだ――動物を擬人化した途端、私の言っていることは間違いになる」。この頃人気がうなぎのぼりだったのは、ダーウィンではなくデカルトだった。そしてそのせいで僕たちは、動物のことを真摯に受け止めなくなったのだ。

だが研究者たちは徐々に、動物行動学という新しい考え方をするようになり、行動主義の軛《くびき》から解放されていった。動物行動学は、訓練によってではなく、自らの感覚器官、遺伝子、経験に対して、動物がどのように反応して行動するかに焦点を当てる。一九六〇年代、ジェーン・グドールは、タンザニアの森に棲むチンパンジー同士の社会的交流がいかに複雑で緊張をはらんだものであるかを目撃した。グドールはチンパンジーたちに名前をつけ、友人であるかのように彼らの話をした。シンシア・モスは、アフリカゾウが、きちんと構造化された母系社会で暮らしていることを記録した。象牙の密猟者は、個体としてのゾウを殺しただけでなく、ゾウの社会と学習能力をも破壊していたのだ。ドゥ・ヴァールは、チンパンジーが人間に似たやり方で互いを慰め合うということを明らかにしていたが、プレーリーハタネズミもまた同様であることを発見した。雌のプレーリーハタネズミがストレスに晒されると、パートナーである雄のストレスホルモンが増加する。そして二匹を一緒にすると、雄は懸命に雌の毛づくろいをする。プレーリーハタネズミは一雄一雌の動物で、ハムスターのように愛くるしい生き物だ――彼らのような繊細な気遣いが少しでもできれば、僕たちみんなの役に立つのではなかろうか。

二〇一二年、神経科学者の一団がケンブリッジ大学で学術会議を開催し、「意識に関するケンブリッジ宣言」という大袈裟なタイトルの声明に署名した。意識を生じさせる神経系を持っているのは人間だけではなく、すべての哺乳類と鳥類をはじめ、タコを含む多くの生き物にもそうした神経系が存在していることを確認する内容だ。ただし、動物の精神的な複雑さの認識が遅れているのは、人間の共感力がまだまだ追いついていないということの印である。

一方、動物に苦しみを与える人間の能力は飛躍的に高まっている。一九世紀には、ベジタリアン(菜食主義者)

という言葉が作られた一方で、ヨーロッパ、アメリカをはじめ各地で肉を食べる人が増えた。日本では、仏教が殺生を禁じていることから、一八七〇年代までは（魚を除き）動物の肉を食べることはほぼなかったが、日本を近代化して西欧と肩を並べようという明治天皇の政策に肉食が取り入れられる。明治天皇は、自分が始終肉を食べていることを宣伝し、政府は、健康のためには肉を食べることが重要であると宣言して、国内の家畜産業を積極的に奨励した。変化はインドでも起こっていた。肉を食べることはイギリスが強い国力を持っていることと関連づけられ、若き日のマハトマ・ガンジーを含む一部のインド人は、それを見習おうとして肉を食べた。

動物を残虐な行為から護る法律ができる一方で、狩猟による殺戮《さつりく》は野放しだった。新しく開発された元込め式の銃のおかげで、陸上で動物を殺すのはかつてなく容易になった。アメリカからはバイソンが、サハラ以南のアフリカからはゾウが姿を消していった。一八七〇年に、かつてアザラシを罠で捕獲していたノルウェー人、スヴェン・フォインが捕鯨砲の特許を取得すると、同じことが海上でも起こった。小型蒸気船に装着された捕鯨砲があれば、世界最大の動物でさえ確実に殺すことができるようになったのだ。当時、それは文明の進歩のように思われた。だが間もなく、人間が他の動物を絶滅させかねないという考えが浮上する。

自然史や動物虐待防止に対する関心が高まるなか、狩猟がもたらす危機的な影響への懸念が、近代的な環境保護活動につながった。狩猟動物に関してはすでに法律があったが、一八六九年、ヨークシャー州選出の国会議員、クリストファー・サイクスが、それと同じ指針を海鳥にも拡大することを提案した。彼は巧みに、このまま海鳥がいなくなれば人間に被害が出る、なぜなら、海鳥の鳴き声は、霧の深い日に商船の船員が岸の近くを安全に航海するのに役立つし、海鳥が水面をホバリングするのは魚の群れを見つけるのに役立つからである、と主張した。そうしてできた「海鳥保護法」によって、一部の鳥については狩猟禁止期間が設けられた。

環境保護という概念は初めから、動物を捕獲したい狩猟家と、それを冒瀆的行為とみなす自然愛好家たちの両方から注目された。銃好きのセオドア・ルーズベルトは、環境保護なしには狩猟家が将来的に娯楽を失うことになりかねないと気づく。一方銃を嫌うジョン・ミューアは、大自然の風景をこよなく愛していた。アメリカは、一八七二年、世界で初めての国立公園であるイエローストーン国立公園を作り、人々がその雄大な景色を楽しみ、またバイソンの一部を捕獲から保護できるようにした。だがイエローストーン国立公園には暗い一面もあった——該当する地域に住んでいたネイティブアメリカンが公園から追い出されたのである。イエローストーン国立公園は、良い意味でも悪い意味でも、世界中の国立公園のモデルとなった。

人口と人間の資産は増え続け、それとともに、動物界に与える影響も強まっていった。この一世紀前には畜産場が誕生していた。鶏肉は初め、鶏卵生産の副産物にすぎなかったが、一九二〇年代になると、デラウェア州の農家が肉のためにニワトリを育てるようになる。ビタミンDを与えさえすれば、ニワトリを生涯、屋内で育てることが可能であることもわかった。畜産場で飼育されるニワトリは、数百羽から数万羽に増えていった。とりわけ第二次世界大戦後には、畜産農家は生産効率向上のために、ブタを金属製の檻の中で、ウシを牛小屋の中で飼うようになった。やがて消費者はこれに抗議の声を上げたが、その頃までには、こうした飼育が世界中どこでも当たり前になっていた。

一九六二年に出版された『沈黙の春』の中で、アメリカの生物学者レイチェル・カーソンは、殺虫剤が自然にもたらした惨状を嘆き、人々に「昆虫の大群との間に合理的な折り合いをつける」よう呼びかけた。『沈黙の春』の出版は、環境保護活動にとって非常に重大な出来事としてしばしば引き合いに出される。殺虫剤DDT（ジクロロジフェニルトリクロロエタン）が禁止されたのはこの本のおかげだ。だが、この本の出版以降、世界の昆虫の数は回復していない——それどころかさらに減少しているようである。新手の殺虫剤が、ミツバチに予測不能の害を与えている。農地の耕耘《こううん》はミミズを追い出してしまう。人工光はホタルを混乱させる。都市の拡大、環境汚染、自然界の搾取は止むことがなく、多くの昆虫が生き残れずに消えていく。産業革命以降、五〜一〇パーセントの昆虫種が絶滅した可能性がある。この後どれくらいの種類の昆虫が絶滅し、それらの不在が人間の生活を難しいものにするのか、僕たちはおぼろげに気づいているにすぎない。

現代の環境保護活動が、ミューアやカーソンの影響によってアメリカで始まったのだとすると、動物保護活動が始まったのは、工業化された農業の現実の姿が明らかになったイギリスである。「ギリシャの哲学者たちが善悪について非常に深く掘り下げたにもかかわらず、奴隷制度が人道に悖《もと》る行為であることに気づきさえしなかったというのは信じがたいことだ」――小説家であり活動家であったブリジッド・ブローフィは、一九六五年のエッセイにそう綴っている。「ひょっとしたら、今から三〇〇〇年後には、動物の迫害が人道に悖る行為だと私たちが気づかないのも、信じがたいことに思えるのかもしれない」。フランスでは、ブリジッド・バルドーが三八歳にして女優業から引退し、人間が「傲慢で、血に飢えた行為を続ける」限り、「人という種族の一人でいたくない」と宣言して動物愛護活動に身を投じた。動物愛護活動は、一九世紀の清教徒による信仰の一部というよりも、進歩的でカウンターカルチャー的な大義として確立されたのである。

一九七〇年、イギリスの心理学者リチャード・ライダーは、動物の権利を女性の権利や人種差別撤廃という文脈と並べようと試み、動物に対する人間の非道徳的な振る舞いを指す「種差別」という新語を作った。これによって動物愛護活動は新しい段階に入った。それは、動物の環境を少しずつ改善しようというよりも、人間のすることに根本的な疑問を突きつけることになる「動物の権利」を認めようとするものだった。一九七五年にライダーの友人であるピーター・シンガーが出版した『動物の解放』は、畜産場と研究所で行われる最悪の行為を名指しし、人間には動物の利益を考慮する義務があると主張した。種差別をなくすというのは、人間と動物を同等に扱うという意味ではない。それは、動物の苦しみが人間の苦しみに匹敵することを認めるということだった（ベンサムと同じく功利主義者であったシンガーは、動物の権利を認めるよりも利益を比較評価することを好んだ）。シンガーの影響を受けた者の一人、労働運動家のヘンリー・スピラが一九七九年に展開したキャンペーンは、ニューヨークのシェルターにいる犬や猫を医学研究に使うのをやめさせることに成功した。『動物の解放』はおそらく、動物虐待に関してこれまで最も大きな影響力のあった本だろう。だが、その出版以降、世界の食肉生産量は三倍になっている。これはパラドックスだ――建前上は動物のことを考えているはずのこの時代、動物たちにはこれまでよりも暗い未来が待っているのである。

変わりつつある世界と意識

二〇一〇年代はおそらく、一九七〇年代以降、動物愛護活動にとって最も重要な一〇年だった。人々が活動について再び考え始める準備はそれ以前から始まっていたようである。イギリスでは二〇一四年に、肉、乳製品、卵、その他動物性食品を一月の一か月間食べないようにしようというキャンペーン、「ヴィガニュアリー」が立ち上がった。自分がどういう人間か、ということを認識するにあたり、食べ物は着実にその重要性が増し続けていた。「かつて我々はビートルズを愛した。今我々はカブトムシ〔英語でビートル〕を食べている」と表現したのは経済学者タイラー・コーエンだ。人々がヴィーガニズム（絶対菜食主義）を試したのは、過去にあらゆる食生活を試しては放棄してきた結果なのかもしれない。二〇一五年一二月から二〇一六年一二月にかけて、「ヴィーガン」という言葉のグーグル検索件数は倍増した。二〇二〇年には、四〇万人がヴィガニュアリーに参加した――クリスマスの後にフィットネスクラブに入会する代わりである。だが、動物に対して僕たちが新たに手に入れた感受性はそれだけでは終わらなかった。フォルクスワーゲン社はついに、サルを使ってディーゼル車のテストを行うのをやめた。数十年前のハリウッド映画は、『ジョーズ』や『アナコンダ』など、動物の凶暴性にフォーカスしていた。今、イギリスのリアリティ番組『I'm a Celebrity... Get Me Out of Here!』〔数人の有名人が極限の自然環境のなかで生き残りを図る番組。二〇〇二年から続いている〕は、視聴者からの苦情を受け、出演者が生きた昆虫を食べることさえ許さない。

何かが変わりつつあった。二〇一五年にはアメリカ人の三分の一が、動物にも人間と同じく、危害や搾取から保護される権利があって然るべきだと答えたが、二〇〇七年にはそう考えていたのはアメリカ人の四分の一だった。そう考える人の割合は、女性が男性のほぼ二倍であり、また民主党支持者は共和党支持者の二倍の確率でそう答えている。オランダでは、動物愛護活動家には独自の政党がある――動物党（Partij voor de Dieren）だ。動物党は、金魚鉢の大きさから通貨ユーロの導入に対するものまで、さまざまな反対運動を展開し、二〇一七年には国会に五議席を獲得した。「人々はすでに、政治によって動物がより良く保護されることを求めており、それが行われていない状況では、当然、我々のような政党が進出できる大きなチャンスがあります」――動物党の現党首、エスター・オウヴェハンドはそう述べている。

二〇一六年の時点で、ベジタリアンであるイギリスの成人は二パーセントにすぎず、その他に一パーセントの人が自分はヴィーガンであると答えている。アメリカではベジタリアンが五パーセントだ。ハムと魚料理の国、スペインでは、動物の肉を食べない人はせいぜい一・五パーセントだろう。こうしたデータは不完全であることが多いが、西欧諸国ではいずれも、菜食主義者が人口の一割に満たないことはほぼ間違いない。世界の菜食主義をリードするのは、ヒンドゥー教とジャイナ教が信仰されるインドである。インドの憲法は、各州に、ウシの屠殺を禁じる措置を取るよう要求している。それでも、四分の三近いインド人は、自分は肉を食べると言う。実際には、その数はおそらくもっと多い――最近行われた調査は、多くのインド人がアンケートに自分はベジタリアンだと偽って回答していることを示唆しているのである。文化的なプレッシャーの表れだ。

僕たちが考え方を見直すのにこれほど時間がかかっているのはなぜなのだろう？　動物愛好家はいつの時代にもいた。ベジタリアニズム（菜食主義）やヴィーガニズム（絶対菜食主義）に関して現在行われている議論はどれも、何らかの形で一九世紀に始まっている。なかにはそれ以前からのものも多い。だが今、初めて、それらが社会の主流として取り上げられるようになりつつある――実際に菜食に転向した人の割合はごくわずかだが。変化した点は二つある。一つは気候変動危機であり、おかげで世界中の人々が、人類の未来がいかに心許ないものであるか、人間の生き方がいかに地球に破壊をもたらすものであったかを認識せざるを得なくなった。僕は物心ついてからずっと気候変動について不安に思ってきたが、この数年でそれは、自分が支持する政治的主張から、理屈ではない、日々の現実となった――僕たちがこの問題を手遅れになるまで放っておいたこと、僕たちの未来が暗い影に覆われていることに気づいたのだ。この不安をやわらげる最大の薬は、抗議デモに参加し、どれほど多くの人がそれを共有しているかを知ることだ。

もう一つの変化はソーシャルメディアの台頭だ。一九世紀以降、都市化現象が進み、特に街路からウマが姿を消して以来、人間と動物の間の距離が物理的に広がった。それを縮小させたのがソーシャルメディアだ。ひょっとしたら一連の猫動画は、結局のところ時間の無駄ではなく、僕たちの感受性を高めてくれたのかもしれない。僕はパンダが坂を転がって降りるのを眺め、彼らがくしゃみするのを目撃しようとする。インターネットはたしかに、社会の片隅にあった主張が主流に躍り出るのを容易にした。このことは、オルタナ右翼だけではなく、動物の権利擁護運動にもあてはまる。ニューヨークに拠点を置くデジタル出版社 The Dodo のウェブサイトには、「毎朝人間のお姉ちゃんを迎えに走って出てくるニワトリ」だの「パパのヨガのポーズをいちいち真似するワンちゃん」といった可愛い動物の動画が満載で、まるで麻薬である。The Dodo は今や、フェイスブックで最も人気のあるアカウントで、執拗に動物の個性を強調し、喜びを与えてくれる存在として、そして何よりも、主体性を持った存在としての動物を見せる。今、人々はそういう動画を観たがり、またそれを観ていることを友人たちに教えたいのである。

ほんの一〇年前、動物愛護活動家にとっては、彼らの活動に共感する人を見つけることさえ難しかった。活動家が畜産農家や屠殺場で不快な映像を撮影しても、テレビ局は放送するのを拒んだ。最も過激な活動グループの一つ「動物の倫理的扱いを求める人々の会」（ＰＥＴＡ）は最後の手段として、ボランティアの身体にテレビモニターを括りつけて街に送り出した。普通の人は飛んで逃げた。一人のボランティアが一日に映像を見せられる人は、せいぜい一〇〇人だった。今ではPETAは、虐待される動物の映像をフェイスブックに投稿し、ほんの数時間で視聴回数は数十万回に及ぶ。この戦術を使うのは活動家に限らない——アイスランドという名のイギリスのスーパーマーケットは、パーム油のプランテーション周辺のオランウータンの窮状を伝える広告を制作した。政治的主張としてテレビで放映することはできなかったが、ユーチューブでの視聴回数は六〇〇万回を超えた。

「テレビでの放送を禁じられた」というのが売り文句だった。

ツイッターは、その瞬間に世界で起きている最悪の出来事をまさにその瞬間に見せる——コメディー作家チャーリー・ブルッカーがそう言ったことがある。そして、その最悪の出来事というのが死んだ動物であることがしばしばある。たとえば、二〇一四年にコペンハーゲン動物園が健康なキリンを安楽死させたときは、動物愛護活動家のツイートが世界中で大炎上した。翌年、アメリカの歯科医がジンバブエでライオンを複合弓で射殺すると、インターネット上ですさまじい反発を招き、アメリカの議会は、動物の身体の輸入に関する規制を強化した。ジェーン・グドールのチンパンジーたちのように、殺された動物に名前があったこともこうした反応に一役買った——キリンは飼育員にマリウスと呼ばれていたし、殺されたライオンは野生動物の研究者たちにセシルと呼ばれていたのだ。二〇二〇年に、前例のないほど大規模な森林火災がオーストラリアを襲ったとき、最もネット上で共有された動画は、家を失った住民でもなければ燃えてしまった家でもなく、道路脇に重なり合ったカンガルーの死体だった。この火災で、三〇億匹を超える動物が死んだと推定されている——この数字にはカエルと昆虫は含まれない。人間と違って、動物たちには事前に警告することができない。彼らの死は、ことのほか残酷に感じられるのだ。

ソーシャルメディアというツールには遠慮がない。動物が殺されたり死にかけていたりするのを見て僕たちが感じる憤りが、間違った矛先に向けられることも多い。たとえばキリンのマリウスの場合、捕食動物が存在しない動物園の動物には何が起きるのか、僕たちは考えたことがあっただろうか？　動物たちは永遠に生き続けるとでも思ったのだろうか。動物園の大きさが変わらずにいることに、僕たちは気づかなかったというのか？　動物のことを心配するのはいいが、僕たちは混乱している。

インターネット上で情報が急速に拡散することを意味する比喩として「ウイルスのように広がる」と言うが、それが比喩でなくなったのが二〇二〇年だ。中国・武漢で出現した新型コロナウイルスは、通常の肉や魚介類と並んで、野生動物が劣悪な環境で飼われていた卸売市場で急速に広がったらしい。コロナウイルスは、人間と動物の関係の問題を浮き彫りにした。他のアジア諸国の市場では、華南海鮮市場にある店の一つは、ジャコウネコを含む一〇〇種類の生きた動物を売っていた。生きたコウモリが翼に紐をつけて吊るされたり、血まみれのセンザンコウやニワトリが狭い檻に閉じ込められているところが目撃されている。本書を執筆している時点で、コロナウイルスはコウモリから発生したものが人間に広がったのであり、それを媒介したのがセンザンコウである可能性があると考えられている。その発生源がどこにあるかがわかっても、僕たちの軽率な動物の扱い方が、これまでも、そしてこれからも、伝染病流行の最大のリスク要因であるという事実は変わらない。専門家は以前から、野生動物や畜産場の動物から病気が発生する危険性について警告を発していた——だが僕たちはそれを無視していたのだ。「『だから言ったのに』と言っている場合じゃないわ。むしろ、『もっと大声で叫べなかったのか？』と考えています」——コウモリ研究の第一人者、ケイト・ジョーンズはそう言った。人間の生活を動物から完全に切り離すことができると思う人がいたとしたら、コロナウイルスの流行は、それが間違っていることを証明した。

新型コロナウイルスはまた、畜産業の内幕を暴露した。ロックダウンのさなか、食肉と乳製品業界は窮地に追いやられた。大量の牛乳が廃棄され、餌をやることができないブタは「人口削減」せざるを得なかった。アイオワ州のある畜産場では、何千頭もの雌ブタを、小屋の通気孔を塞いでから小屋の温度を上げ、何時間もかかって、事実上「調理」して殺した。また何百万羽もの雌鶏が、火災消火器の泡に似た泡を噴きつけられて殺された。

人間が自宅に籠もっている間、動物たちは街に進出した。サンフランシスコにはコヨーテが、ワシントンDCにはビーバーが、テルアビブの公園にはジャッカルが姿を見せた。アントロポセン（人新世）におけるアントロポーズ「パンデミックの対策として外出を控えることによって、人類の活動や移動が大幅に減少する期間」だ。小鳥たちは小さい声でさえずるようになった――人間の乗り物の音と張り合う必要がなくなったからだ。彼らは、音が遠くまで届く最低限の波長で歌うことができた。パンデミックの最初の数週間、僕たちは、人間がそこらじゅうにあふれていない地球の姿を想像することができた。そしてそれはほとんど快適と言ってよかった。「人間がウイルスなのだ。自然は回復している」というミームがインターネット上に広がった。

短期間ではあったが僕たちは、地球という惑星が人間だけのものではないことを思い出した。僕たちは、社会から少し引き下がることで、人間の活動が地球にどんな影響を与えているかを目の当たりにしたのだ。ロックダウン中の人々は動物に慰めを求めた。イギリスではしばらくの間、里親募集の子犬が足りなくなった。ペットの犬たちをオンラインで会わせようとする人たちもいた。アルパカやラマをビデオ会議に参加させたりもした。ミュート解除ボタンがどこにあるかを見つけるのは、もしかすると彼らの方が人間よりもうまかったかもしれない。

いろいろな意味で新型コロナウイルスは、惰性で生きていた僕たちの生活を揺るがせた。サラリーマンは出社しなくても仕事ができること。教会でなくとも礼拝はできること。そういうものと決まっていて変えようがない、と僕たちが思い込んでいたことの多くが、実は変更可能だった。動物の扱い方もそのうちの一つだろうか？　食べ物、畜産、狩猟――それらは僕たちの文化とアイデンティティを形作ってきた。それを変化させることは可能だろうか？　二〇一七年、ファッションブランドのグッチは、渋々ながら毛皮を使うのをやめ、それが「少々時代遅れ」であると認めた。コロナウイルスの流行以降、グッチのクリエイティブディレクターであるアレッサンドロ・ミケーレは徹底的な自然愛好家に転向し、人間は「蝶や花々、木々やその根との姉妹関係を失ってしまった」と嘆いた。

動物に対する僕たちの態度は統一性がなくごちゃごちゃだ。まるで、大切なものをみんな突っ込んだまま、中身を整理する時間がない引き出しのように。動物と付き合ってきた歴史のなかで、何よりも一番影響が大きかったのが食料の探求だ。人間と動物の関係について再考するにあたっても、食べ物ほど大きな影響を持つものはないだろう。だからまず、食べ物について考えることから始めよう。

動物を殺す

PART 1

Killing Animals

2 屠殺場のルール

ブタに何が期待できる？

古いイギリスの格言

ブタを動物だと思わないこと——工場の機械と同じように扱えばよろしい。

『Hog Farm Management（養豚場管理）』誌、一九七六年

調査の始まり

「どうして肉を食べないの？」——数年前にベジタリアンになって間もなく、こう訊かれるのが怖くなった。その質問には大抵、ばかばかしい理屈がついてくる。たとえば地元のカフェではある人に、もしも飛行機が墜落してその場に取り残されたら、一緒に乗っていた乗客の身体を食べるのを拒むのか、と訊かれたことがある（彼になら僕は喜んで噛みついただろう）。でも同時に、僕はそれに対してちゃんと答えることができないような気もした。肉を食べる量を減らした人や全然食べない人の多くがそうであるように、僕も詳しくリサーチしたわけではなかったのだ。僕は、ユヴァル・ノア・ハラリのベストセラー『サピエンス全史　文明の構造と人類の幸福』を数ページ読んでベジタリアンになった。「工業化された近代農業は、史上最悪の犯罪ということになるだろう」と結論している本だ。それは一月二日のことで、新年の抱負としては最高だと思ったのだ。その後、気候変動や、

レッドミート［ウシ、ブタ、ヒツジなど哺乳類の肉を広く指す語］による健康被害に関するニュースを貪り読んだ。家畜がどんなふうに飼われているか、動物にも環境にも優しい畜産業はあり得るのか、といったことについては、僕はほとんど何も知らなかった。ベジタリアンだからといって、何に詳しいわけでもないのだ――なぜベジタリアンになったのか、という質問を避ける達人になれる以外は。僕が育ったイギリスでは昔から、子どもの絵本、テレビのドラマ、スーパーマーケットの広告などの中では、畜産農家は実直で素敵な仕事として描かれてきた。ほとんどどこへ行っても――アメリカ、フランス、コロンビアでは特に――畜産農家はその国の国民性の核となる存在だった。僕は真実を知りたかった。そのために、僕はまず、社会の底辺とされるところから調査を始めることにした。

ヒツジとブタの屠殺場

屠殺場について最初にわかったのは、屠殺場で仕事を見つけるのは簡単だということだ。世の中には、履歴書、身元保証書、あるいは定住所まで必要な仕事がある。インターネットで一度募集すれば山のような応募が殺到する仕事もある。だが「食肉処理補助」という仕事はどうやらそうではない。オンラインでの募集広告に書かれていた番号に僕が電話すると、いつでも都合の良いときに来いと言われた。

ロンドンの南東へ、一時間電車に揺られ、それから田舎道を数百メートル歩く。小鳥たちが木の上でさえずっている。近くを電車が通る。良いところみたいだ――ただしここでは、いくつかの粗末な建物の中で、一〇〇〇匹を超えるヒツジやブタが毎日「加工」される。ここは、通勤族が暮らす町のすぐそばにある、フォージ・ファーム・ミートという中規模の屠殺場だ。僕は、動物を殺すというのが実際にはどんなものかを知りたいのだ――匂い、騒音、そのときの気持ち。僕の決断を助けてくれるものなら何でもだ。

オフィスに行くと、愛想の良い中年男性がいて、スティーブだと自己紹介した。僕は、見た目も話し方も振る舞いも、いかにも中産階級のジャーナリスト然とした自分が、なぜ屠殺場で働きたいのか、詳細な作り話を考えてあった。だがそんな必要はなかったことがわかった。スティーブは、僕がなぜ食肉処理場で働きたいかについては尋ねなかった。僕の姓名さえ訊かない。「俺が仕事の説明しても意味がない」と、椅子から立ち上がりながらスティーブが言う。「とにかくやってみりゃいい。みんなかなりキツいと言うがね」と彼は言ってちょっと言葉を切り、「実際キツいよ」と言い直した。

ネット上の募集広告には、「研修あり」と書かれていたが、「研修」が意味するのは、白いオーバーオールと白いゴム長靴、それにヘアネットのことだとわかった。スティーブはそれらを僕に手渡し、平屋の金属製の建物のドアを開けて、僕を生産ラインに連れて行った。僕の隣には、頭のないヒツジが並んでいた。

これはみな、僕がここに着いてスティーブのオフィスのドアをノックしてから、たった四分の間の出来事だった。これがロンドンのオフィスビルなら、受付を済ませるだけだってもっと時間がかかっただろう。食肉処理場が動物のことを大事にしている、と僕が安心するためには何が必要だったのかはわからないが、そのリストの筆頭には来訪者記録帳が挙げられたかもしれない。

屠殺場の中には、電動式のレールからヒツジが吊り下げられ、一メートルかそこらの間隔で立つ作業員が、ヒツジの身体の内外から特定の部分を取り除いている。窓のない作業場の広さはせいぜい一〇メートル四方で、ここで家畜は、草原にいる動物から、スーパーマーケットの棚に並ぶ食肉へと変貌する。そこらじゅうが赤い。僕が到着するやいなや、僕の隣に立っていた男性がナイフを扱い損なって、拳にした手の関節の皮膚を、まるで茹で卵を切るように削いでしまった。その人は、指にできた、小さいコインくらいの大きさの赤と白の傷口をじっと見つめた。「ありゃあ、こいつはひどいな」——僕と逆側の隣にいた男性が笑いながらそう言った。

僕は剝皮機と呼ばれる機械の前に連れて行かれた。ここに来るまでに、ヒツジは首を切り開かれ、頭と脚は切断され、前脚からは皮膚が剝がされている。剝皮機には二つのクランプがあって、それが、ブラブラしている前脚の皮膚の端を摑んで下に引っ張ると、毛皮が身体の半分くらいまで剝がれる。「指を挟まれるなよ」と作業員の一人が言うが、僕はとっくに指を挟まれまいと固く心に決めている。剝皮機の前で、僕は頭部を切断されたヒツジの首と真正面から向き合う。ヒツジの胸部も俯瞰できる。あれは肺かな、それとも腎臓かな、と僕は考え始める。

垂れ下がったヒツジの皮膚を剝皮機のクランプに引っ掛け、ペダルを踏んでクランプを下向きに動かして毛皮を剝がす、その作業に与えられた時間は二〇秒くらいだ。それが済むとレールは再び動き、ヒツジは次の作業ステーションに運ばれていき、僕のところには次のヒツジが運ばれてくる。作業がスムーズに行えれば二〇秒は余裕だが、皮膚の端がちゃんと剝がれていなかったり、機械がうまく動かなかったり、僕の前の作業員がヒツジの後脚を切断するのにまごついていたりすると、二〇秒は短い。剝皮機の作業に入る前に皮膚の端が千切れてしまうこともしょっちゅうだ。

そういうときは、手作業で毛皮を剝がなければならない。拳で握れるだけの皮膚を握り、全体重をかけて筋肉から引き剝がす。すんなりと剝がれることもあるが、あまりにも簡単に剝がれすぎることもある。ヒツジの背中の毛皮がするっと剝《む》けると、頭を切り落とされた首の部分がその反動で跳ね返り、作業員の頰に血飛沫《ちしぶき》を浴びせる。スティーブが言ったとおり、キツい作業だ。

屠殺場についての強烈な印象は、その汚さだ。僕は流れ作業の現場を前にも見たことがあった——テレビで見た自動車工場や新聞の印刷機だ——が、それらはぴかぴかに磨き上げられていた。だが屠殺場の流れ作業は違う。ここにある機械は屠殺する動物に合わせて設計されたものだし、実際にここで殺され、バラバラにされた家畜は何百万頭にも及ぶわけだが、すべてがどこか嚙み合っていないのだ。床には、ヒツジの毛や何なのかわからない身体の一部と一緒に液体が流れている。英語の shambles という言葉［めちゃくちゃ、乱雑、修羅場といった意味で使われる」は、もともとは屠殺場を指す言葉だったということを僕は初めて知ったが、もっともだと思う。

うるさいのも特徴だ。複数の機械が擦れ合って音を立て、大声を出さなければ誰にも聞こえない。ラジオはFM局の放送を流しているが、かかっている曲が何なのかさえわからないことがしょっちゅうだ。毎時を告げるニュースの特徴的なジングルは聞こえるが、何時なのかはわからない。同時に、いろいろな臭いがドロドロと混ざりあった悪臭も強烈だ。目に見えるんじゃないかと思うくらいである。僕はただ皮膚を引っ張りおろし続けた——やがていつかは全部のヒツジが死んでバラバラになり、休憩できることを願いながら。

僕はこの仕事に就くための作り話として、長年海外に住んでいたせいで身元保証書を書いてくれる人がおらず、仕事が見つからない、というストーリーを考えてあった。この作り話を使ったのは一度だけで、休憩中、親切な同僚が話しかけてきたときだった。

「この仕事の前は何してたんだ？」

「海外にいた」

「刑務所か？」

そう思うのも無理はなかった。食肉処理場は雇う人間を選べない。アメリカでは、屠殺場の労働者の一部はソマリアからの避難民で、彼らはメキシコからの移民よりももっとひどい条件下で働く。イギリスでも場所によっては、屠殺場で働く人の九〇パーセントが欧州連合加盟国からの出稼ぎ労働者である。仕事の斡旋所が国民保険番号と住むところを手配する。「当社のイギリス支社には、ポーランド人、ロシア人、リトアニア人、ルーマニア人、ポルトガル人、スペイン人の担当者がおり、継続的なサポートを提供します」——「360リクルートメント」という名前の斡旋会社がブレグジット前に掲載した求人広告にはそう書かれていた。別の広告には「日常会話程度の英語ができる方優遇します」とある——つまり、英語が話せることは必須ではないわけだ。だが、ここフォージ・ファーム・ミートの作業員は主にイギリス人である。

一連のヒツジの処理が終わった。関節を切った男性が、毛に覆われた袋状のものが入った箱を指差した。彼はその一つを手に取ると、ヒツジの睾丸を陰嚢から押し出す方法を見せてくれた。冗談だろ、と僕は思ったが、彼に倣って作業を始め、心の中でヒツジに謝った。それから、床に散らばったヒツジの毛や糞、それに何だかわからない臓物を掃き集めて金属製のゴミ箱に入れた。キャスター付きのゴミ箱を外の廃棄物コンテナまで押していくと、すごい臭いが僕の顔を殴った――公園のいじめっ子みたいに。ゴミ箱を傾けて中身を空けながら、僕は一瞬、ゴミと一緒にコンテナに落ちるのではないかと不安になった。僕が働く新聞社のオフィスでは、紅茶を飲んで汚れたマグカップをキッチンに持っていくだけで拍手喝采されたものだ。

このとき僕はすでに、自分は食肉処理場で働くのには向かない、という結論に達していた。だが、現場監督のダレンは僕に優しかった。「心配すんな、いつもああじゃないから」と彼は言った。「今日のヒツジはクソだったぜ」。僕はにっこりした。ヒツジの身に起こったことを考えれば、ヒツジたちには、こんな失礼なことを最後に言われる筋合いはないんじゃないかと思わずにはいられなかった。ダレンの右腕には、上腕に“True Love Sophie”、前腕にはトップレスの女性のタトゥーが入っていた。僕は、その二人の女性は同一人物か、と訊きたい衝動に駆られた。

二日目、ダレンの言うことは正しかったことがわかった。昨日のヒツジはクソだったのだ。今日のヒツジはクオリティが違った。脂肪は簡単に筋肉から剝がれ、今日は剝皮機がなめらかに作動した。ヒツジは一列になって、あとからあとから送られてくる。早い時間のシフトが延々と終わらないかのように感じられる。僕のオーバーオールはたちまち汗びっしょりになり、おかげで少なくとも、ヒツジの体液が染み込んでもわからない。アメリカの食肉処理場では、トイレ休憩がたまにしかないので作業員はオムツを穿いているという報告がある。僕がトイレに行きたくなったらどうすればいいんだろう――だが正直なところ、僕の頭は他のことで忙しい。何百匹というヒツジが運ばれていく。「慣れるさ」と二人が言う。彼はそこで一八年間働いているそうだ。

フォージ・ファーム・ミートには獣医もいる――イギリスの法律でそれが義務づけられているのだ。獣医はここにいる唯一の女性で、ヘルメットを被っている。振る舞いがなんとなく変で、体験学習中の学生みたいだ。いったいどんな獣医が食肉処理場に勤務する羽目になるのだろう、と僕は考える。男たちは陽気だが人を見下すような態度で彼女に接し、さりげなくそのご機嫌を取ろうとする。たとえば作業員の一人は、作業を始めて四時間も経った頃、獣医が近くにいるときに、初めて僕に「手をこまめに洗えよ」と言った。

だんだん状況を呑み込めてきた僕は、ヒツジがどうやって殺処分されるのかがわかってきた。トラックから降ろされたヒツジは、金属製の小屋に連れて行かれ、痛みを感じないように電気トングで失神させられる。それから喉を裂かれ、金属製のフックで電動式のレールに吊るされる。人間はどうやってこんなことを考えたんだろう。吊るされたヒツジは、縛られていない前脚をバタバタさせる――普通は三〇秒くらいだが、一分以上それが続くこともある。単なるけいれんで、痛いわけでもないし鳴いたりもしない。とにかく、屠殺場で大事なのは自分の隣に立っている作業員であって、動物ではない。明日になればそのヒツジはもうここにはいないが、隣の作業員は明日もここにいるのだ。

フォージ・ファーム・ミートは以前、違法行為を告発されたことがある。二〇一六年には、ウェスト・サセックス州の肉屋二軒に、ヤギの肉と偽ってヒツジを売り、八〇〇〇ポンドの罰金を科せられている。また二〇一七年には、アニマル・エイドという動物福祉慈善団体が、フォージ・ファーム・ミートの内部をこっそり撮影したところ、作業員がヒツジを踏みつけたり顔を平手打ちしたりしていた、と発表した。フォージ・ファーム・ミートはこれを否定し、刑事訴追は失敗した。

イギリスでは、最も原始的な屠殺場は姿を消しつつある――レッドミートの処理場の数は、この五〇年間で九〇パーセント近く減った。アメリカの場合と同様に、もっと低コストでより多くの家畜を処理できる巨大な屠殺場に移行しているのだ。サステナブル・フード・トラストといった動物福祉擁護団体は、実はこの傾向を懸念している。食肉処理場の数がより少なく、規模がより大きくなる、ということはつまり、家畜はより長い距離を移動するストレスを味わうということだからだ。業界の隠語で「農場からいなくなる」、つまり屠殺のために運ばれる距離は一五〇キロを超えることも多い。成熟したヒツジやウシは一四時間、ブタとウマの場合は二四時間、途中休憩なしで輸送することが法律で認められている。ある畜産農家は、自分のヒツジの場合、食肉処理場までの四時間の輸送中、脱水症とストレスによって体重が、五パーセントにあたる約一キログラム減少する、と話してくれた。サステナブル・フード・トラストは政府に、規制を緩和して小規模な食肉処理場の存続を助けるよう呼びかけているが、ただしそのことが悪用される危険性もある。

家畜の輸送に関するアメリカの規制はもっと緩い。一九〇六年に制定された「二八時間法」によれば、家畜を、食べ物も飲み物も与えずに二八時間にわたって輸送できる。これが飛行機の乗客なら、五度の食事と十数本の飲み物を要求するところだろうが、この規則を破っても罰せられることはほとんどない。

アメリカを横断しての輸送も、生きた動物の国際商取引に比べれば可愛いものだ。オーストラリアからは、毎年二〇〇万匹以上のヒツジとウシが輸出され、その多くは一万六〇〇〇キロ離れた中東に送られる。輸送船上では、家畜が肺炎やサルモネラ症に罹《かか》ることも珍しくない。動物たちは自分の汚物まみれになる――いわゆる「糞のジャケット」だ。脚を骨折したり、甲板から落ちたりもする。ある輸送船の内部を撮影した動画には、水分不足で倒れる動物たちが写っている。法律では、輸送中に総数の二パーセントまでは死んでもよいことになっている。これは、船による一回の輸送中に、二〇〇〇匹から三〇〇〇匹の動物が死ぬ可能性があるということだ。ときには、生きた動物を輸送中の船が転覆することもある。二〇一九年には、ルーマニア沖で起きた転覆事故により、一万四〇〇〇匹を超えるヒツジが溺死した。欧州連合は長年、生きた動物の輸出の禁止を拒み続けている。

午後、フォージ・ファーム・ミートの社員の一人が、「ちょっとブタをやる」と言う。外の囲い場に、六〇頭かそこらのブタが運ばれてきていた。「ヒツジとは別もんだぜ」と、別の男が肩をすくめた。

たしかにブタは別物だ。ブタは高度に社会的な動物で、その鳴き声は単なる雑音ではなく、メッセージを伝えている。単に食べ物と安全な場所を求めるだけではない。刺激と仲間が欲しいのだ。鳴き声や、鼻や頭をそっとくっつけ合う「ノージング」と呼ばれる行為によって、互いに意思を伝達し合う。何日も前に触ったことがある物よりも初めて触る物を好む、ということは、過去に起こったことを記憶する能力が彼らにはあるということを示唆している。遊ぶのが好きで、そうする機会が与えられれば、喜んでボールを転がしたり棒を運んだりして遊ぶ。走り回ったり、喧嘩ごっこをしたりもする。餌をくれたことがある人間と初めて見る人間の区別もできる。ブタも、犬も、鏡を使って物体の位置を知ることができる。ジョイスティックを使って画面上のカーソルを動かす実験では、ブタの方が犬よりも成績が良かった。その他、たとえば人間の身振りの意味を読むというような実験では犬の方が優秀だった。

重要なのは、ブタは食肉処理場の血の匂いを嗅ぎ分けるということだ。彼らの鼻は人間の鼻の何倍も敏感である。だから、処理場の中で何が起きているのかを感じ取れる可能性が高い。ブタたちは、群れから引き離されたことですでにストレスを感じている。ボブ・コーミスというアメリカの畜産農家が話してくれたところによれば、他のブタがみな殺されて最後に一頭だけ残り、そのブタが、自分の他には誰もいないことに気づくと、正気を失って、怪我をするまで暴れることがよくあるという。ブタが黙って殺されるのを待つとは限らないのだ。食肉処理場では、そういうブタは同情を誘うどころか、殴る蹴るの憂き目に遭うことになる。

今日もブタたちは黙って殺されようとはしない。建物の外の、狭い囲いの中に押し込められてはキーキー鳴き、建物の中に引き摺られてはキーキー鳴く。迫りくる最期にストレスを感じているようだ。ヒツジと同様に、ブタたちも電気ショックで失神させられる——これは人間で言えばてんかんの発作を起こすようなものだ。ブタは硬直し、呼吸が止まって意識を失う。そうなったら殺すわけだ。だが、電気ショックでブタを失神させるやり方は、屠殺場の作業員が、毎日毎日、一頭一頭に対して適切にその作業を行う必要がある。混沌とした生産ラインでは、そんなことは到底無理だ。だからブタは不適切な形で失神させられる。多くの食肉処理場では、ブタを、二酸化炭素濃度が八〇パーセントの部屋に押し込んで失神させる。二酸化炭素がブタの脳から酸素を押し出し、ブタは脳死状態になるのである。動物福祉擁護団体「コンパッション・イン・ワールドファーミング」は、この二酸化炭素の使用の禁止を求めている――二酸化炭素は「焼けるような、続いて溺れているような感覚を引き起こす」と彼らは言う。ブタが意識を失うには最大三〇秒かかる。動画を見ると、ブタたちはキーキー鳴きながらガス室に入れられていく。畜産業に関する議論の多くは、家畜を殺すこと自体は問題ではないという前提に立っている。だが問題は、痛みを伴わずに大量の家畜を殺す方法などないということだ――食肉処理場の職員が指先のクリック一つで命を絶つことなどできないのである。

フォージ・ファーム・ミートでは、失神させられ、後脚で吊り下げられたブタが生産ラインに回ってくる。作業員がとどめのナイフを入れるのが見える――ブタの首の付け根にナイフが刺さり、まるで浴槽の栓を抜いたように液体がドッと噴き出す。僕たちが、お揃いの作業服を着ている作業チームでなかったとしたら、これは許しがたい野蛮な行為であるように感じることだろう。だが今、僕は感覚が麻痺していて、最初にここに来たときより少し人間でなくなっているような気がする。血は金属の床に流れ落ちる。その量がものすごいので、その部分の床を隔離するためのスクリーンが設置されている。空港の手荷物が出てくるカルーセルからスーツケースが落ちるのを防ぐ装置みたいなやつだ。ヒツジと同様、ブタも切られてからしばらくは身体をビクビクさせる。一〇秒、二〇秒――それ以上のこともある。やがてフックから外されたブタは浴槽に浸けられ、それからベルトコンベアーに乗せられる。浴槽から出てきたブタはほとんど体毛がなく、まるでゴムでできているみたいに、さっきより鮮やかなピンク色をしている。

ブタの場合、剝皮機は用無しだ。僕は剝皮機の代わりにブロートーチを渡され、体毛がこそげ落としやすくなるようにブタの皮膚を焼いた。「やりすぎると緑色になるからな」。ブタの左右両側の皮膚を焼かなくてはならず、その一番やりやすい方法は尻尾を摑むことだ。きわどい作業である。僕の左右にいる作業員をブロートーチで焼きはしないかと常に気にかかる。二人とも、作業中に起きた揉め事など、裁判に持ち込まずに自力で解決できそうな風体だ。

ようやく最後のブタを処理し終わり、床に散らばった豚の足を掃く。エプロンを外した僕は、今までしたことがないほど一生懸命に手を洗い始める。大声でトレーニングジムの話をしていた、屠殺場で一年働いている若者が、ここで働き続けるつもりかと僕に訊いた。僕は話題を逸らそうとした。「ここで一番良い仕事は何かな?」と僕が訊くと、「何が得意かによるな」と彼は答えた。「俺なら内臓の処理だね」

現代的工場畜産

ポール・マッカートニーは、「屠殺場の壁が硝子でできていたら、誰もがベジタリアンになるだろう」と言った。だが僕が推測するに、フォージ・ファーム・ミートで僕と一緒に作業している人たちのなかにベジタリアンは多くないだろう。食肉処理場の仕事にショックを受けた、と僕が言うのは易しい。でもそれは真実とはちょっと違う。手を動かす作業には、ある種の満足感が伴う——少なくとも、その単調さに飽きるまでは。フォージ・ファーム・ミートの印象は、あまり清潔でも安全でもなかったし、そこで働くことを勧めもしない。でも、そこには一種の仲間意識がある。誰かが、この間抜け野郎、ちゃんと仕事しろ、と言うとき、そこには少なくとも、自分たちは同じチームの一員であるという認識がある。

食肉処理場で働いてみて僕が最初に感じたことは、作業の倫理性とも合法性ともあまり関係がなかった。僕が感じたのは、力関係だ——人間が動物に対して持っている力のことである。さっきまで、完全に機能する、意識を持った生き物であった動物が、一〇分後には食肉の塊になる。二十数人の、大した資格も技能も持たない僕たちがそうするパワーを持ち、厳しく監督されることもなく、深い内省も必要ない。食肉処理場での共同作業は、個々の人間の責任をあやふやなものにする。現在の僕たちがいかに動物を簡単に処理するかを目にすれば、デカルトが動物は人間とは根本的に違うものと考えたことや、一九世紀の馬車の御者がウマを酷使したりしたことを軽蔑するのは、さほど簡単なことではなくなる。食肉処理場は、愛という感情とは無縁のところだ。

僕は、動物を殺すということ自体が間違っているという考え方に賛同したことはない。それは単純すぎるように思えたからだ。たとえば、人間の生命を救うために動物の体組織が使える可能性を考えてみよう。すでに、ブタの血管は臓器移植に利用されている。ここ数年、アメリカ、オーストラリア、ニュージーランドその他いくつかの国では、動物の臓器を使った研究が合法化され、現在では、ブタの肝臓、肺、腎臓、さらに脳細胞さえ、取り出して人間に移植する研究が行われている。二〇二二年一月には、一大躍進と称賛を集める出来事があった――メリーランド州の外科医チームが、遺伝子操作されたブタの心臓を、五七歳の心臓病末期患者に移植したのである。手術はうまくいったと思われた。これは倫理的及び実務的な問題を提起したが、人間の生命がブタの生命より重いと考えれば――僕がそうであるように――原則的には正当化できるだろう。

だが、慎重かつ思慮深いやり方で一つの生命を別の生命と取引する、ということと、大規模かつ無分別な現代的畜産業は、大きくかけ離れている。イギリスでは年間一一〇〇万頭、日本では一六〇〇万頭、ドイツでは五七〇〇万頭、アメリカではなんと一億二五〇〇万頭のブタが殺される。アメリカの食肉処理場では、一時間に一一〇六頭――三秒に一頭――までブタを殺すことが許されている。トランプ政権はこの制限さえ、企業のコスト削減のために撤廃しようとした。アメリカで年間に殺されるウシは三三〇〇万頭で、イギリス、日本、ドイツで殺される数の合計の四倍である。ニワトリとなるとその数は桁違いに大きくなり、イギリスでは一〇億羽、アメリカでは九〇億羽が毎年殺される。肉が安いというのはつまり、生命は安いということなのだ。

世界中で共通する一つの傾向がある――国が豊かになると、食べる肉の量が増えるのだ。問題は、どれだけ増えるかということだ。平均すると、イギリス人は年間に八〇キロの肉を食べる。ドイツ人は九〇キロ近い。一方平均的なアメリカ人は、世界の平均の三倍にあたる一二四キロの肉を食べる。伝統的に肉より魚を食べてきた日本人さえ、過去四〇年間で、一人あたりの肉の消費量は倍増している——明治天皇はお喜びだろう。そしてこの需要に応えるために人間は、数十億匹の動物を処理するシステムを作り上げたのだ。

動物の屠殺が人々の目から遠ざけられ、食肉処理場は働きたい職場リストの一番下にあるために、そこではどうしても虐待が起こる。ユーチューブには、殺されるためのベルトコンベアーに乗せられたヒツジや、金属製のゲートに挟まれるブタの動画がある。ベルギーのウシが、歩かせるために棒で激しく叩かれ、金属製の機械で脚を滑らせ、鉄格子の囲みから逃げようとしている動画もある。動物好きの人間が住む惑星の上でこんなことが行われているなら、動物嫌いの惑星では何が起こるのか、僕は見たくない。

フォージ・ファーム・ミートで働いた後の数週間、レストランや友人宅での食事の繊細さと屠殺場の無頓着さとがあまりにも対照的であることに、僕は閉口した。僕が食肉処理場で働くことができたのは、それを戦場とみなしていたからだということに僕は気づいた。生き残ること、僕はそこに集中していたのだ。だが、戦争を正当化できるのは、それが必要不可欠であり、何かもっと大きな大義がある場合に限られる。食肉処理場にあふれる血や鳴き声、試される人間心理のどこに大義があるだろう？　僕たちは、なぜベジタリアンなのか、と人に尋ねるのではなくて、どんな大義のために肉を食べることが必要なのか、と訊くべきではないだろうか？

肉を食べる人のなかには、動物を食べるのは動物のためだと言う人がいる。だって、ブタやウシやニワトリを人間が殺さなければそもそも彼らは飼育されることもなく、彼らの生きる機会を奪うことになる、というのだ。天寿を全うせずに死ぬことは、生きることの代償にすぎないのではないか？　一度も生命を与えられないことの方が、動物にとっては残酷ではないのか？　こういう疑問は僕に、フォージ・ファーム・ミートでの作業に負けないくらい過酷でうんざりするような体験を思い出させる——大学で取った哲学の授業だ。長ったらしい哲学的議論を端折ると、この問いに対する僕の答えはこうだ——人間には、動物をこの世に誕生させる義務はない。今日現在ここに存在しない動物は、明日、その存在を維持することにも関心がないのだ。あるとしたら、人間には、できる限り多くの動物を誕生させる義務があることになるが、その行き着くところはどこだろう——僕たちは、空き地のすべてを、可能な限りたくさんのヒツジやウシでいっぱいにしなければいけないのだろうか？　それに、生まれていない人間は、生まれていない動物よりもさらに、存在することに強い関心を持つことだろう。では僕たちには、もっと子どもを生む義務があるのだろうか？　動物を食べるのは彼らのためだ、という議論は、教師が、子どもに体罰を与えることで一番苦しむのは自分たちである、と主張するのと同じくらい不誠実だ。

生まれてきても幸せに生きられないのなら、動物を誕生させる義務は僕たちにはない。畜産場では動物は決して自然な生き方はできない——家畜化された動物にとって、自然な生き方という概念はおそらく意味がないだろう。問題は、動物が進化させてきた本能が求めるものを、畜産場が与えられるかどうかだ。たとえば野生のブタは概して小集団で移動するが、歳を取った雄ブタは単独で行動する。アメリカでは、家畜のブタの四分の三は、少なくとも五〇〇〇頭のブタと一緒に飼育される。

工場式の養豚場、とりわけアイオワ州とミネソタ州の飼育場の増大ぶりは目を瞠るばかりだ。一九九二年には、アメリカの平均的なブタ飼育場で「始末」されたブタは年間九四五頭だったのが、二〇〇九年には八三〇〇頭を超えた。こうした大規模な飼育場では、ブタは狭い空間に押し込められ、そこには日光が入らないことも多い。ブタは金属に囲まれ、本来の自然な形でブタ同士が交流したり暮らしたりするのは不可能である。多くのブタは、金属板の床の上で暮らすことを余儀なくされる。鼻で地面を掘って餌を探すことができず、そのことが、しょっちゅう互いの尻尾に嚙みついて痛みと感染症を引き起こす原因となっているように見える。これを防ぐために飼育場ではよく、子ブタの尻尾が切除される——切除は麻酔なしで行われ、長期的に見てブタのためにはならないにもかかわらず、である。欧州連合は二〇〇八年、日常的に行われている断尾をやめよとの指令を出し、ブタを快適な環境で飼育するよう畜産農家に指示した。それからずいぶん経ったが、大半の欧州連合加盟国の大規模ブタ飼育場では今も断尾が日常的に行われており、飼育環境が改善されていないままのところも依然として多い——その方が安上がりだからだ。豚肉の輸出国として成功しているデンマークとドイツでは、イギリスとスウェーデンよりも劣悪な環境でブタを飼育している。ブタの福祉に金をかけないのが優れた輸出戦略なのだ。アメリカでは断尾は今でも合法だ——畜産農家は、ブタが互いに噛みつかないようにする方法は他にないと言ってこれを正当化するが、飼育場に藁を敷けば、尻尾の齧り合い防止には断尾と同程度の効果があることがわかっている。断尾という痛みを伴う処置が行われるのは、より効果が高いからではなくて、安いからなのだ——ブタが余計に苦しんだからと言ってその分金がかかるわけではないのだから。

去勢も広く行われている。去勢していない雄ブタの肉には臭みがあるからだ。これは「ブタの雄臭」として知られる問題だ。飼育場のなかには、若いうちにブタを殺すことでこの問題を回避するところもある。だが、プロシュートを作るのに使われるのは生後九か月以上の性的に成熟したブタだ。あなたが雄ブタから作られたパルマハムを食べたとしたら、そのブタは去勢されている——おそらく、鎮痛薬は与えられても麻酔はされずに。欧州連合加盟諸国は、麻酔なしの去勢を禁じる方向に動いている。ただしこれは、去勢による長期的な健康への影響に対処するためではない。

妊娠中の雌ブタは、妊娠期間中ずっと、身体が入るのがやっとの、狭い「妊娠ストール」に隔離される。ストールの中では、ブタは身体の向きを変えることさえできない——ほとんど動けないのだ。アメリカで最も著名な畜産に関するエキスパートの一人、テンプル・グランディンは、この金属製のストールのことを「飛行機の座席で一生を送れと雌ブタに言っているようなもの」と表現している。ブタは、鼻で餌をあさるといった自然な活動どころか、運動がまったくできないのだ。彼らは鉄格子に噛みつき、硬い床の上で自らを傷つける。筋肉は衰え、骨の強度は三分の一失われる。雌ブタは事実上、その生涯のほとんどをこのストールの中で過ごすこともある。

例外は、出産時に「分娩枠」に移される短い期間だけだ――分娩枠には、子ブタに乳を飲ませるスペースがある。

欧州連合は、雌ブタを妊娠ストールに隔離するのは一回の妊娠につき最長でも数週間にするよう各国に命ずる準備中である。だがアメリカでは今も妊娠ストールを使うのが主流だ。「ストール不使用」を宣言した会社もなかにはあるが、実はこっそりと、妊娠の最初の一か月間だけは妊娠ストールに入れてもこの定義にあてはまるようにしている。したがって、「ストール不使用」とされる雌ブタも、合計すると一生の約四〇パーセントの期間をストールの中で過ごす可能性がある。世界最大級の食肉加工企業、タイソン・フーズによれば、彼らが生産する豚肉の八〇パーセントは妊娠ストールで飼育された雌ブタから加工されている。残る二〇パーセントも、その多くがストールで飼育されていることに変わりはなく、ただ生まれてから死ぬまでずっとストールにいるわけではないというだけだ。彼らが、ソーセージの製造過程を見るなというのはこれが理由である。

世界中のブタの半数近くは中国にいる。伝統的には小さな農場での飼育が主流だったが、現在は、数千頭を飼育する大規模農場に移行しつつある。そしてそこではブタの多くが妊娠ストールにいる。ヨーロッパでは、ブタが鼻で掘り返すのが大好きな地面からさらにブタを遠ざける、二階建て、三階建てのブタ飼育場に対して、人々が抗議の声を上げている。一方、中国では一二階建ての豚舎が操業中だ――各フロアで一二〇〇頭以上のブタが飼われ、ブタは一生をそのフロアで過ごす。驚いたことに、あるマスコミ報道は、この金属製の高層施設を「ブタのホテル」と形容した。それを読んで僕は、豚肉を食べたくなるどころかホテルに泊まりたくなくなったものだ。

こうした工場畜産場以外に、世界の需要を満たす規模で安い肉を生産する方法はない。肉を食べる人のほとんどは工場畜産――歩き回ることができないニワトリ、金属ストールに閉じ込められたブタ、一年中牛舎の中で過ごすウシ――を擁護しない。彼らは、死の瞬間まで（あるいは何時間もかかる輸送が始まるまで）は家畜が幸せに生きられる、もっと良い畜産の方法があると主張するのだ。僕が菜食主義について人と話すと、会話はそこに行き着くことが多かった――「ちゃんとしたところから買った肉しか食べないようにしているの」「生きている間は動物は幸せよ」

もしかしたら、不可能を可能にする方法があるのかもしれない――極端な状況を緩和させる方法が。それともそんなことは幻で、できすぎた話なのかもしれない。そのどちらなのかが知りたくて、僕は再び求人サイトにアクセスし、戸外で飼育されるブタの飼育係の募集広告を見つけた。数日後、晩秋の日差しのなか、僕はロンドンから北東へ、ケンブリッジの街やニューマーケットの競馬場を通過し、イギリスの養豚業の中心地へと車を走らせた。

家畜化が変えた生物学的特徴

その養豚場の本部は小さな町にあった。店もパブもなく、大きな家と車が並んでいるだけの町だ。僕は車を建物の前に停めて、責任者が出てくるのを待った。アンディは贅肉がなくて賢そうな、校長先生みたいな風貌で、清潔なオーバーオールを身に着け、胸を張って現れた。「どうして放牧養豚の仕事をしたいと思ったんだい?」と訊かれた僕は、正しい答え方はおそらくいくつかあるが、人間は動物の肉を食べるべきかどうかを論じる本を書いているから、というのはそのうちの一つではないだろうと咄嗟に判断した。

自分はこの仕事とブタを愛している、と頻繁に繰り返す彼の言葉から察する限り、アンディは彼の仕事とブタを愛していた。アンディの小型トラックで放牧場の囲いの縁に沿って走りながら、「俺たちはブタが大事だし、あいつらのおかげで飯が食えるんだ」と彼は言った。ブタを「間作《かんさく》作物」としか考えない農園主たちについては不満をこぼした。ブタは土を掘り返し、残っている根を食べ、栄養たっぷりの糞をする(ジャガイモ農家はこのことが耕作の役に立つと思っているが、地面を掘り返すことは長期的に見ると土地の肥沃度を損なう)。

アンディが車を停め、僕たちは、放牧場を囲む、電気が流れる背の低いワイヤーをまたいだ。ワイヤーは、ブタの狭い視野に入るように低く張られている。好奇心に駆られてブタが寄ってきた。淡いピンク色で太っており、びっくりするほど動きが活発だ。

途端に僕は、子どもの頃、ブタに噛まれたら骨に歯が届くまで離してくれないよ、と母に脅かされたことを思い出した。アンディにそう言うと、彼は心底当惑したようだった。彼のブタは、僕たちの匂いを嗅ぎ、鼻を鳴らし、概して僕たちに興味を示したが、凶暴さの影もないどころか予測不能な行動さえ取りそうになかった。雌ブタの一頭がアンディの腿の匂いを嗅ぎ、オーバーオールのポケットに鼻を擦りつけた。「こいつらの九割はいい奴らだよ」。ブタより働いている人間の方が頭痛の種だ、とアンディは冗談を言った。

イギリスの養豚は、他の国に比べてブタに優しいと言われている。ほとんどのブタは、アメリカで一般的な巨大屋内施設ではなく戸外で飼われている。雄の子ブタを去勢するのは違法ではないが、実際にはほとんど行われていない。

アンディの養豚場は繁殖が専門で、子ブタは太らせるため生後四週間で別の養豚場に送られる。出産した雌ブタ、あるいは出産間近の雌ブタは、半円形の金属の屋根がついた、小型防空壕みたいな個別の小屋に隔離されている。

僕は、何だか不穏な、物を噛む音がすることに気がついた。ブタが石を噛んでいる。それはほとんどシュールな光景だ――雌ブタがみな、大きな石をいくつも口に含んでいるのである。ブタがなぜこんなことをするのか、専門家にもわからない。アンディは、養豚場のブタは一日に一回、穀類を集中して食べるが、本来ブタは一日中食べるのが自然だからではないかと言う。石を噛むというのが少々奇妙なことであることは彼も承知だ。

アンディはまた、地面に何も生えていない養豚場が、のどかで美しい光景でないこともわかっている。彼は、ブタを草地で飼う計画を立てているところだ――人々は養豚場にそれを期待しているからである。「そうすりゃ、どっかの奥さんがやって来て、ブタが走り回ってるのを見て『豚肉を食べたいわ』と思うだろ」――彼は大真面目で僕にそう言った。その後、飼育係の仕事を僕に試させる際にも彼は熱い思いを繰り返した。「この仕事を愛してもらいたいんだ」

一般的に動物は、家畜化されるとともに脳と歯が小さくなる。だが家畜の身体は逆に大きくなった。特にこの数十年、畜産農家はブタを、より大きく太らせ、より多くの子ブタを生ませるように改良してきた。野生のブタは通常、年に一度、平均五頭の子どもを生む。一方家畜化されたブタは、五か月に一度、毎回その二倍以上の数の子どもを生む。子どもを生む雌ブタは、中世の雌ブタと比べて体重は三倍あるし、毎年三倍の数の子どもを生む。僕たち人間は、自分たちが生む子どもの数を着々と減らす一方で、家畜が生む子どもの数をどんどん増やしてきたのだ。奇妙な愛情の形である。

畜産業は数のゲームだ。雌ブタ一頭あたり年間に二八頭の子どもが生まれればアンディは安心するが、さもないと帳尻がおぼつかなくなる。雌ブタの妊娠期間は一四三日、平均すると一一頭の子ブタが生まれ、子ブタ一頭は一六ポンドで売れる。一一頭というのは限界ギリギリの数字で、生まれる子ブタが一三頭を超えると生存率が落ちる。一五頭目の子ブタが乳離れするまで生き残れる確率は三〇パーセントにすぎない。繁殖は各過程がすべて綿密に構成されている。雌ブタは、その生産性が最大になるよう、秩序立てて餌を与えられ、妊娠させられる――そのため、三週間ごとにトラックで放牧場の別の区画に移される。アンディが説明を始めると、僕はたちまち専門用語についていけなくなる。「すごく効率が良いシステムなんだが、要はシステムだってことだ」と彼がまとめる。それは僕にも理解できる。

畜産場における繁殖は一連の手順に沿って行われ、雄ブタと雌ブタはその間一度も接触しない。雄ブタの精液が入った袋が届く。そこで働く初日、僕たちは雌ブタを四頭ずつ、小さな囲い場に入れる。僕は袋の一つを持ち、雌ブタに挿入された管にゆっくりと中の液体を流し込む。雌ブタはちょっと抵抗する。雌ブタをその気にさせるため、ホルモンを発散させる雄の黒ブタが柵の反対側にいる。すべては人間の手を介して行われる。この過程を何と呼ぶにしろ、これはセックスではない。

こういう畜産場をどう評価すればいいのだろう？　アンディの子ブタたちは、英国王立動物虐待防止協会（RSPCA）のお墨付きをもらえる――つまり、一連の動物福祉基準を満たす――ように飼育されている。九六ページに及ぶブタの飼育基準には、ブタ一頭に与えられるべき食餌用の檻の大きさ（肩幅の一・一倍）、寝場所の広さ（体重一〇〇キロのブタなら〇・五平方メートル）、妊娠中の雌ブタに出産時に与えられるべき藁の量（寝床を作れるように、四八時間ごとに最低二キロ）などが詳細に規定されている。子ブタは、生後二八日――ただし、完全に清掃・殺菌された飼育場に移す場合は二一日――経たなければ母ブタから引き離してはいけない。養豚農家はまた、ブタ同士のいじめを最小限にする努力をしなければならない。これがブタの飼育のゴールドスタンダードだ――スーパーマーケットでは、こういう豚肉には高い値段がつく。

RSPCAはしかし、行われる作業一般には介入しない。雌ブタには、若いうちから頻繁に人工授精が行われる。そして、繁殖力が低下する、言い換えれば、不経済な厄介者になればすぐに、屠殺場に送られる。どのブタが無用であるかを選別するのは、この畜産場で一番嫌われる仕事だ。野生のブタは最長一五年生きる――ペットとして飼われるお腹のぽっちゃりしたブタのなかには、二五年生きたものもいる。養豚場の雌ブタは通常、生後六か月で最初に妊娠させられ、およそ六回子どもを生んで三歳くらいになったところで間引かれる。子ブタたちは生後五か月から六か月で殺される。人間の年齢にあてはめれば、五歳になる前に間引かれるということになる。家畜は生きている間は幸せなのだと僕たちは思いたがるが、ブタの一生は至極短いのだ。

雌ブタは巨大なので、誤って自分の子どもの上に横たわり、殺してしまうこともよくある（人間が環境に影響を与えていることの隠喩ともとれる）。豚舎を見回って、そうやって死んだ子ブタがいないかチェックするのが僕の仕事の一つだ。豚舎の隅に一匹見つけた僕は、死体に手を伸ばし、藁の下にもう二匹の死体があることに気づく――何日も前に押し潰されたようだ。別の豚舎では、死んだ子ブタの上に生きたブタがじっとしている。他に同胞の子ブタが死んではいないだろうか？　子ブタは人間の赤ん坊と同じくらいの大きさで、肌の色も温かさも似ている。だが、藁の中で死んで一日二日経つと、その色とやわらかさは失われてしまう。子ブタの死体は灰色でこわばっている。

藁の中から死んだ子ブタを引っ張り出すのは、何となく身の毛がよだつ――その死は単なる経済的損失として記録され、母親さえそれに気づかないのだ。僕は死体を、悪臭を放つ、ハエだらけの容器に投げ入れてその場を去った。鼻をつまみ、目を逸らせば、死体を回収するというゾッとするような作業にも耐えられはするが、その無意味さにはどうしても納得できない。数か月後、僕はヨーロッパの、野生のブタの専門家数名にEメールを送り、野生のブタが子どもを窒息させることがあるかと尋ねた。彼らの答えは、一言で言えば「わからない」というものだった――家畜と同じような研究が野生のブタについては行われていないからだ。だが、野生のブタはもっと小さいし、生まれる子ブタの数も少ないことを考えると、その確率は低い。野生のブタには決まった棲みかもない。彼らは森の中に一時的な巣を作るのだ。豚舎と違ってそういう巣には壁もないので、子ブタが母親の下から這い出せないという可能性も低い。

一九六四年、ルース・ハリソンというクエーカー教徒の作家が、『アニマル・マシーン』という本を出版した。初期の工業化された畜産業を批判したものだ。広く読まれたわけではないが、一五年後、イギリスの研究者たちは、家畜には「五つの自由」が与えられるべきであると考えるようになった。乾き・空腹・栄養不足からの解放、身体的な不快感や野ざらしにされることからの解放、痛み・怪我・病気からの解放、恐れと苦しみからの解放、そして当たり前に行動する自由である。

この「五つの自由」が、動物福祉に関する僕たちの考え方を形作った。養豚場で働くまで、僕はこの五つを、動物にとって幸せな生涯とはどういうものかを判断する基準としてはかなりわかりやすいと思っていた。だが働いてみて、それがいかに不十分なものであるかに僕は気づいた。畜産業が抱える問題は、小屋の形だの餌の量だのよりもずっと根深い。そもそもそれは、肉のために家畜を集約的に繁殖させるということに端を発しているのだ。自然淘汰による進化は、動物が食肉にならないように起きるはずである。だから野生のブタには、狡猾さと機敏さ・敏捷性が生まれた。人間による繁殖は、それとは逆の特徴をブタに与えた——あまりにも大きくなった雌ブタが、自分の子どもを殺してしまってもそれに気づかないほど、ブタの生態を歪ませたのだ。

ブタの生物学的特徴は変わっても、行動を司る本能は大方変わっていない。野生のブタと同様に、家畜のブタも、選択肢を与えられれば、広々した草地と森で交互に過ごす。野生の雌ブタは、一年間は子ブタを育てるし、家畜のブタも、それが許されるなら同じようにすると考えていいだろう。人間は家畜を、その進化の結果としてのあり方から遠ざけているのだ。現代的畜産業は、動物の生活の質を低下させ、選択肢や、偶然に幸運と出逢う可能性をその生活から奪い去る。動物を特別な存在にするもの——意思決定したり、遊んだり他の個体と関係性を築いたりする能力——は、畜産場にとっては不都合なものだ。これでは動物は、そこに「いる」だけで「生きて」いるとは言えない。

僕は農学校で、一瞬だが分娩枠を見たことがあり、実際に気分が悪くなった。工場式の養豚場で、それが何百も並んでいるのを見たら激高するだろう。良心的なこの養豚場でさえ、僕はモヤモヤした気持ちでいる。ここのブタには、根本的な何かが欠落している。その摂食行動、寿命、繁殖パターンは完全に人間に支配され、彼らの想像力や社会行動を発揮できる場面は何から何まで決められているのだ。僕の担当区画だけでもブタは八〇〇頭以上いる——一頭一頭の個性を少しでも理解できる可能性などゼロである。

僕たちは、犬には個性があるから、という理由で犬を食べようとしない。だが、まともな一生を送り、個性を発達させた動物を食べる方が、人間に服従するだけの動物を食べるよりマシなのではないだろうか？　ただし、動物との間にどんな関係を築けても、殺処分の残忍さを埋め合わせることはできない。ウシ、ブタ、ヒツジは、ある意味では人間ほど認知力が発達していないかもしれないが、それでも彼らはやはり、彼らなりのニーズや本能がある、意識を持った生き物だ。人間を力ずくで操れる別の生物がいたとしたら、僕たちが家畜を扱うように彼らが僕たちを扱うことを、公平だと思うだろうか？

雑誌『ニューヨーカー』に掲載された漫画にこんなのがある。手術中の医者が若いブタに向かってこう言う――「これが君の肋骨だよ。申し訳ないが、非常に美味しい」

ある日、午後四時頃に養豚場での作業が終わり、僕は近くの叔父の家に向かった。叔父がグリルでポークチョップを焼く。僕は衝動的に、もう一度自分を試すことにし、ベジタリアンであることをいったんやめる。ポークチョップは、パンを食べているみたいな、硬めのスポンジみたいな質感で、噛むと肉汁が出る。美味しいな、と僕は思う。だがその味はほんの数秒しか続かない。これだけ？　たったこれだけのことのために、僕たちはあんなことをしているのか？と僕は考える。僕が肉を食べたのはそれが最後だ。そしてそれを後悔したことは一度もない。

ミート・パラドックス

世界には、菜食で生きることがほぼ不可能な人たちがいる。仏教は生き物に対する不殺生を説くが、農耕がままならないチベットでは、仏教徒たちは、屠殺の仕事はイスラム教徒に任せて、大部分は肉を食べる。僕は一度、モンゴル人の仏僧に、耕作できる土地が少ない国でどうやって生きているのかと尋ねたことがある。仏僧はにっこりして、殺生が自分の見ていないところで行われるなら、それはそんなに罪なことではないかもしれない、と言った。仏僧が実利的でないと思うのは間違いである。

だが、裕福な国に住むほとんどの人は、現代的畜産業に本当に反対ならば、肉を食べるのをやめることができる。肉を食べる人は単に、菜食者にはならない、という選択をしているのである。消費者のなかにはレッドミートを食べることを敬遠するようになった人もいるし（研究によれば、特に女性）、ウシやブタの扱いの改善を求める人もいる。だがレッドミートを食べるのを躊躇するのは主に、僕たちに新しい死角ができたからにすぎない。それは、血の滴るステーキを食べるのは、魚の切り身はもちろん、鶏の白っぽい胸肉と比べても、より大きな苦痛をその動物に与えている、という誤った認識から来ている。ヨーロッパでは、自分はベジタリアンであると言う人のうち、驚くほど多数——おそらく二五パーセント程度——の人が、少なくとも週に一度は鶏肉を食べている。

一九二〇年代には、平均的なアメリカ人は年間二〇〇グラムほどの鶏肉を食べていた。今、その数字は年間四五キロだ。ドイツ、イギリス、アメリカでは、平均的な人の鶏肉の消費量は一九八〇年と比較して二倍になっている。こんなことが起きたのは、未開拓だった鶏肉資源が見つかったからではない——ニワトリを生物学的な限界に追い詰める、巨大な養鶏場を作った結果だ。現在、飼育されるニワトリには二種類ある。食用肉になる「ブロイラー（肉用鶏）」と、卵を産む雌鶏「レイヤー（採卵鶏）」である。ブロイラーはいわば遺伝子に異常があり、脚や心臓が支えきれないほどの速さで身体が大きくなる。その体重は、第二次世界大戦以降、倍増している。多数のブロイラーが、身体の重さに耐えられず、床に崩れ落ちるか、バタリと死んでしまう。死なないブロイラーは、自然光の入らない屋内で育つ。ニワトリの数があまりにも多いところでは、その激しい苦しみも、奇形も、気づかれないことが多い。ぎゅうぎゅう詰めで不衛生な環境だ——通路は糞尿で覆われている。

ニワトリは、相手が苦しんでいるとそのことに気づくのだろうか？　ある研究では、雌鶏が、自分と自分の雛たちがそれぞれ別々に空気を吹きつけられるという不快な出来事に対して、どのように反応するかを調べた。雌鶏の心拍数は、自分自身が空気を吹きつけられたときよりも、雛たちが吹きつけられたときの方が大きく上昇した。そして母親らしくコッコッと鳴いた。雌鶏の行動は、共感と呼ばれるものと、少なくとも矛盾しない。ニワトリは、餌をつつくだけのロボットではない。社会的な序列を持ち、鋭い目を持ち、さまざまな捕食者についてそれぞれ異なった警戒声を発するのである。

この瞬間、世界には二二〇億羽のブロイラーが飼育されている。おそらくニワトリは、世界の歴史上最も数が多い鳥だろう。野生のニワトリ（野鶏）は数年生きるが、家畜化された近親種であるブロイラーは、早ければ五週間で殺される。これはハエの寿命と大して変わらない。ブロイラーは、檻にぎゅうぎゅう詰めにされて食肉処理場に運ばれる。その殺され方は残酷だ——ブロイラーは大抵、金属製のシャックルから逆さまに吊るされる。イギリスの法律では、ニワトリは、失神させられ、殺されるまで、最長一分間逆さまに吊るしていいことになっている。アメリカでは、毎年五〇万羽以上が不適切な殺され方をする。哺乳類ではなく鳥類だからなのか、ニワトリは他のどんな家畜よりも、疲れてイライラした作業員に手ひどく扱われやすい。アメリカでも、ヨーロッパでも、予算削減のため、視察官が養鶏場に来る可能性は低い。ピーター・シンガーは、「世界的に、人間が最もひどい苦しみを味わわせている動物がニワトリであることは間違いない」と言っている。

食肉は、人間と動物の関係性をすっかり変えてしまう。人が動物の話をするとき、それは大抵自分のペットのことだ。だが、人間が動物の世界に与えてきた影響は、庭に作ったペットの墓やフェイスブックに投稿された写真のなかからは見えてこない——それがあるのは、食肉処理場であり、畜産場である。一般に、人は生涯に数匹のペットを飼うことが多い。それに対し、平均的なイギリス人は年間に約二〇羽のニワトリを食べる。仮に食肉の消費量が現在のレベルを保持すれば、今日イギリスで生まれた赤ん坊は、一生の間に、ウシを丸々五頭、ヒツジを二〇匹、ブタを二五頭、そして一七八五羽のニワトリを食べることになる。殺処分される家畜の数の推定には、食肉処理場に送られる前に病気などで早死にし、廃棄処理される個体は含まれない。自分で立つことすらできず、作業員が安楽死させるまで何時間も苦しむニワトリたちは数に入らないのだ。

肉を食べるという行為は、認知的不協和があって初めて成り立つ。僕たちが犬を食べることを選んでも、ウシを食べることを選んでも、その動物が苦しむということに変わりはない。ところが僕たちは、そこには違いがあると自分を説得する。ある実験では、アメリカ人の一つのグループには、パプアニューギニアにはカンガルーが棲んでいる、と伝え、別のグループには、パプアニューギニアではカンガルーを食べる、と伝えて、その後両方のグループに、動物は痛みを感じるかと尋ねた。すると、パプアニューギニアではカンガルーを食べると教えられたグループの方が、カンガルーは痛みを感じる能力が低いと答えた。食べる、という行為が僕たちの意識を変えるのだ。もしもあなたが誰かに、牛肉でできているスナックを供して、ウシは痛みを感じるか、と訊けば、ナッツを出した場合と比べ、イエスと答える可能性は低くなる。見た目がちょっとブタに似ている野生の動物、バクの知性について誇張して伝えると、人々は、バクはもっと倫理的に扱われて然るべきだと言うが、ブタについて同じことを言ってもそういう反応はない。これがどういうことかと言うと、人間は、動物の苦しみをないがしろにしているから肉を食べたがるのではなく、肉が食べたいから彼らの苦しみをないがしろにするのである。これがいわゆる「ミート・パラドックス」——一般に動物を大事にする人が、畜産場の家畜のことは気にもかけない、という現象だ。心理学者、ハンク・ロスガーバーは、肉を食べる人のうち、一部にはベジタリアンについてのいくつかの文章を、その他の人たちにはグルテンフリーの食事を摂る人たちについての文章を読ませた。すると、前者のグループの人の方が、動物に知能があることを否定する率が高かった。これは、肉食主義者が、単にベジタリアンについての文章を読んだだけで自己弁護モードに入るということを示している。

肉を食べるのをやめる、ということ自体は新しくも何ともない。ピタゴラス、レオナルド・ダ・ヴィンチ、ベンジャミン・フランクリン、レオ・トルストイ、ジョージ・バーナード・ショー、マハトマ・ガンジー、メアリー・シェリー、アドルフ・ヒットラー、スティーブ・ジョブズ——これはすべて、少なくとも生涯の一時期、ベジタリアンだった人たちだ。もちろん、ヒットラーが含まれるリストは何であろうと理想的なリストでないことは明らかだし、ベジタリアンのなかには、このリストに占める変わり者の割合がこれほど高くなかったらよかったのに、と思う人も多いだろう。一九世紀に「ベジタリアン」という言葉が作られたとき、それは宗教的禁欲と同義だった。一八五〇年にアメリカ菜食主義者協会を共同設立した長老派教会の神父、シルベスター・グラハムは、肉だけでなく、精白小麦粉、アルコール、コーヒー、紅茶、マスタード、酢、胡椒も身体に悪いと信じていた。彼の信奉者たちには味蕾《みらい》があまりなかったのだとよいが。ガンジーは、ロンドンに留学する際、母親に三つのことを約束している――肉を食べないこと、酒を飲まないこと、妻以外の女性とセックスしないこと。一九七〇年代、イギリスで一番有名な菜食主義レストランは、自らを揶揄するような「クランクス［Cranks。変人の意］」というチェーン店だった。菜食主義は今でも、あるものの欠乏――快楽の否定――と解釈される。菜食主義者は頑固者で、人に合わせることができない人なのである。

僕が生まれた一九八二年、ブルース・フェアスタインというジャーナリストが、『オトコはキッシュを食べない』という本を出版した。現代社会における男らしさについて冗談めかして書いたもので、羽が生えたように売れるベストセラーとなった。でもたしかに、男性の肉に対する見方は女性のそれとは違うのである。ある研究によれば、女性は、肉を食べることの正当性を問われると、自分の食事と動物の苦しみを分離させようとする。それとは対照的に男性は、たとえば人間は動物より優れている、といった単刀直入な言い訳をする。「ヴィガニュアリー」に参加する確率は女性の方がずっと高い。皮肉だが、昔ながらの「男らしさ」――異様なまでの勇敢さと、「誰からも指図は受けねえ」的態度を必要とする類の男らしさ――を醸し出したいなら、レストランでは、ベジタリアンメニューの選択肢の少なさに文句を言う方がよろしいのである――大声で。

政治信条によっても意見は分かれる。保守主義者は概して、ベジタリアンについて肯定的であったり、自らベジタリアンになる人が少ない傾向にある。一度はベジタリアンになったとしても、ベジタリアンでい続ける人は少ない――おそらく、ベジタリアンの友人がいないからだろう。僕は一度、ブレグジット推進活動家のナイジェル・ファラージに、昼食を摂りながらインタビューしたことがある。彼が選んだのは、シティ・オブ・ロンドンにあるステーキ・レストランだった。僕がゴートチーズを頼むと、彼は椅子から落ちそうなほど驚いたものだ。

アメリカでは、肉を食べるか否かは人種によっても違う。白人でない人の方が、肉をあまり食べないようにしていると言う確率がはるかに高い。

僕は、ソーセージや鶏の胸肉を食べて育った。一〇代の頃はスーパーマーケットの惣菜コーナーでアルバイトをし、パルマハムをできるだけ薄く切ろうとして、右手の親指の先をスライサーで切り落としたことがある。ヘビ、ウサギ、生きたまま茹でたロブスターを食べたこともあるが、それから何年も経つまで、良心の呵責を感じたことはなかった。妻と婚約したのは、加工肉（とワイン）のテイスティングの後のことだった。僕がベジタリアンになったとき、友人たちに、食べられなくて寂しいのは何か、と訊かれた。当然ベーコンだよな？　それともステーキ？　だが実際には、僕が一番感じたのは安堵だった。僕は僕の食べ物に満足した——僕が空腹を満たすことが、別の生き物の苦しみを意味しない、ということに。ミート・パラドックスなんてクソ喰らえ。これはベジタリアン・パラドックスだ——肉を排除することによって、僕は、食べたいと思うものが減るどころか増えたと思った。菜食主義とは、何が「ない」か、ではなくて、何が「ある」か、なのだ。

「ヴィーガンにだけはならないでよね」と、自身もベジタリアンである妻のスージーが言った。「離婚するからね」もちろん僕は妻の言うとおりにするつもりだった——酪農業界について知るまでは。

酪農家フィンレイの実験

動物福祉に本当に関心があるならば、牛肉を食べるのをやめる前に、まずは乳製品を食べるのをやめるべきであるのはほぼ間違いない。乳牛の多くは、肉用牛よりもひどい環境で生きている。乳製品を摂るのをやめることをついに僕に決心させたのは、スコットランドの酪農家、デヴィッド・フィンレイだった。

フィンレイは話しだしたら止まらない。一つの文が否応なく次の文につながり、言葉を挟もうとしても無駄である――それどころか、明らかに彼が、自分の酪農場とその牛たちの話をしたくてたまらないところを見ると、彼の話を邪魔するのは残酷なことに思える。「酪農家の九九パーセントは、そんなことは無理だ、陰謀だ、非常識すぎてお話にならない、と思ってるんだ」――初めて電話で話したとき、彼はそう言った。「有機酪農家の人たちさえ、『それはちょっと敷居が高いな』と言うんだよ」

フィンレイは並の酪農家ではない。身体が引き締まり、髪の毛のない頭頂の周りに白髪交じりの毛が少しだけ生えている彼は、牛乳の生産方法についての、最も先鋭的な試みを牽引している。彼がそれをするのは、有機農場ですら乳牛が手ひどく扱われていることに対する嫌悪感からである。

ヨーロッパやアメリカに住むほとんどの者にとって、牛乳は生後最初に口にする動物性食品だ。僕の子ども時代には、当時リヴァプールFCに所属していたサッカー選手、イアン・ラッシュと話した、と言う男の子が出てくるテレビコマーシャルがあった。「牛乳をたくさん飲まないと、アクリントン・スタンリーFCでプレーできるくらいにしかサッカーがうまくならないんだってさ」とその少年が妹に言う。「アクリントン・スタンリー？誰よそれ？」と妹が訊くと、「ね、知らないだろ？」と少年が返す。一列になって踊る牛乳瓶を引き連れた陽気な牛乳配達が、牛乳を届けながら道路を掃除する、という別のコマーシャルもあった。同じ頃アメリカでは、「Got Milk?（牛乳ある？）」という広告キャンペーンが開始された。そのコマーシャルは、アレキサンダー・ハミルトン［アメリカ建国の父の一人］についての豆知識をクイズ番組で訊かれた男性が、口の中がパンでいっぱいで、飲み込むための牛乳がないために正解を答えられず、一万ドルをもらい損なう、というものだった。

牛乳は昔から飲まれているものだし、宣伝の威力は強力で、牛乳がどうやって生産されているのか疑問を持つ人などもちろんいなかった。僕が肉を食べるのをやめたときも、乳製品については、やめようなどと思いもしなかった。ベジタリアンの多くがそうであるように、僕はむしろ乳製品をもっと食べるようになった。牛乳も、ヨーグルトも食べてよかったし、チーズはなおさらだった――美味しいし、必要不可欠だったのだ。正直に言えば、僕は乳製品と死を関連づけることさえしなかった。ほとんどのレストランで、僕はメニューも開かずに、まずはゴートチーズを注文した。

だが――これは考えてみれば当たり前なのだが――まず、牛乳を飲む、というのは人間にとって自然なことではない。自分たち以外の動物の肉を食べる動物はたくさんいるが、他の動物の乳を飲んだり加工したりするのは人間だけだ（ただし例外はある。メキシコでは、海鳥や野良猫がゾウアザラシの乳を盗むところを研究者が目撃している。海鳥と猫はまた、ゾウアザラシの胎盤も食べた。フランス領ポリネシアでは、バンドウイルカが、しつこいカズハゴンドウに授乳しているところが目撃されている――ただし、カズハゴンドウはバンドウイルカみたいに振る舞うようになっていたが。さらに、人間の女性が子ブタや子グマに乳を飲ませるというケースも昔からあった）。動物の世界では通常、成獣は乳を飲まない。ほとんどの哺乳類は、乳離れすると、乳に含まれる糖の分解に必要なラクターゼ酵素の産生が減少する。人間の多くが、特にヨーロッパで、大人になってもラクターゼ酵素を産生し続けることができるようになったのは、進化史においては比較的最近のこと――つまり、過去数千年のことにすぎないのだ。だが、東アジアの大部分に暮らす人々を含め、今でも人類の三分の二にあたる人たちは、成人になると牛乳を消化する能力を失う。

考えてみれば当然、ということがもう一つある。ウシの乳が出るのは産後である。牛乳を生産し続けるためには、ウシを定期的に妊娠させる必要がある。自然に繁殖させたのでは、酪農家は遺伝子をコントロールできない。そこで人工授精が行われる。生まれた子ウシはどうなるか？　母ウシから引き離されるのだ。ウシは人間と同じく哺乳動物であり、子どもの生き残りを助けるために、母と子の関係が長い年月をかけて進化してきたことを考えれば、こうして母と子が引き離されるのがつらいのは当たり前だ。母ウシは、子ウシがいなくなったことを嘆いて何日も大声で鳴き続ける。ブリティッシュコロンビア大学で動物福祉について教えるダン・ウィアリー教授は、「それがウシの母と子にとって不快な経験であることは疑いようがない」と言う。

ウシの苦しみを最小限に抑える試みとして、酪農家は産後二四時間以内に子ウシを母ウシから引き離す——母と子のつながりが、その時点ではまだできていないという推論に基づいて。つまり乳牛の子ウシは、子ブタや子ヒツジよりもずっと早くに母親から引き離されるのだ。アメリカとカナダでは、四分の三以上の子ウシが、生後すぐに母親から引き離され、本来なら母親からいろいろなことを学び、他のウシたちのことを知る最初の数日間、別のところで個別に育てられる。だが、早い段階で子ウシを母ウシから引き離すことが、別離自体によるダメージを減らせるというエビデンスはほとんどない。むしろ、母親から引き離すことが子ウシの行動に長期的な悪影響を与えることを示す研究がある。あるオーストリアの研究チームは、母ウシに育てられた一群の子ウシと、生後二四時間以内に母ウシから引き離され、自動哺乳機で授乳された子ウシの一群を一緒にする実験をした。生後一二週間以降は、両者は同等に扱われ、乳牛の群れに組み込まれたのである。すると二年後、母ウシに育てられたウシの方が、より活発で好奇心が強かった。

乳牛の子ウシのなかには、生後すぐに殺されるものがいる。肉用牛として育てられ、二歳を待たずに殺されるものもいる。ベジタリアンの人は、実は牛乳を飲んだりチーズを食べたりすることで食肉業界を支えているのである。フィンレイの農場を訪ねる数週間前、僕はイギリスのある酪農場を訪ねた——それは、消費者が自分の食べるものに誇りを持つことを奨励するための、一般公開イベントの一環だった。それまで、僕の一番の懸念と言えば、牛舎で飼われ、大きなロータリー型の自動搾乳機に一日二回つながれる母ウシの扱いについてだった。

そのことを話すと、「子ウシは見せてくれた?」と、デヴィッド・フィンレイの妻ウィルマが訊いた。見せてくれなかった。「子ウシを見せない限り、農場の案内は楽なものよ」。スーパーマーケットで牛乳を買うときに、母ウシと子ウシが離れ離れにされることを考える人はほとんど皆無と言っていい。だがウィルマとデヴィッドは、彼らの農場を訪れる人たちはそのことを気にかけるということに気づいた。「一番多いのは、どうして母ウシはあっちで子ウシはこっちにいるの?という質問なの」とウィルマは言う。「それが一番の問題なのよ、特に女性にはね」

従来型の酪農について、デヴィッドが最も問題視している点はそれとは違っていた。彼が子どもの頃、一頭のウシは一生に八回から一〇回の授乳期間があった。今は、三回あればラッキーだと言う。彼は、ウシが連続して妊娠させられることで早々に疲弊し、殺されるのが嫌でたまらなかった。ウシが乳腺炎や跛行《はこう》［怪我や病気により正常な歩行ができなくなった状態］に罹るのを見るのも嫌だった。乳腺炎というのは、人間の場合と同じく、細菌による乳腺の感染症で、ウシの乳房に炎症が起きる。獣医は、重篤な乳腺炎は骨折と同等の痛みを伴うと言うが、鎮痛剤は与えられたり与えられなかったりする。乳腺炎が死につながることもあるし、酪農家は乳腺炎に罹ったウシを間引くこともある——牛乳の味に影響するからだ。乳腺炎に罹りやすいのは室内で飼われているウシである。搾乳量を増やすために、酪農家は搾乳作業のスピードを上げて流量を増やすのだが、搾乳のスピードを上げると、乳腺炎に罹る確率は一二倍になる。また、牛乳の産生量を増やすべく育種されたウシは乳腺炎に罹りやすい。牛乳の産生量を増やす遺伝子はまた同時に、健康上の問題とも相関関係がある。

それでも僕たちは生産性の向上を求め続ける。中世の乳牛は、一日に一リットル、多ければ三リットルの牛乳を産生した。それは、レッジョ・エミリアの住民がパルメザンチーズを考案するのに十分な量だった。現在では、アメリカの酪農家は平均して一頭から一日三〇リットルの牛乳を搾る——この二〇年だけでも、その量は三〇パーセント以上増加している。アメリカ、イギリス、ドイツ、デンマーク、その他の国々に広がる最も集約的な酪農場では、ウシ一頭あたりの一日の搾乳量は六〇リットルに及ぶ。

酪農家は、ウシたちを常に屋内で飼育し、大量の餌を与え、自然な環境でウシが発達させることがわかっている他のウシたちとの豊かな社会生活を彼らから取り上げることで、これほどの効率を確保する。ウシはもともと群れで暮らす動物で、リーダーとなる個体とそれに従う個体に分かれる。互いを知らないウシを一緒にすると、ウシはより攻撃的に振る舞い、ストレスを感じている兆候を示し、乳量も少ない。屋内にいることもまた緊張を強める。

乳量の多いウシは、ほとんどの人間よりもずっと働き者だ――エネルギー消費量で言えば、ツールドフランスを走る自転車選手にも引けを取らない。ある学者の言葉を借りれば、現在の乳牛は「牛乳の入った袋に脚が付いたようなもので、しかもその脚は不安定」である。僕は、乳牛の腫れ上がった乳房と不格好な歩き方を見たとき奇形かと思ったが、もちろんそうではない。思いやりの気持ちよりも生産性を優先させた人間が、こういうウシを作ったのだ。なかには、一四日ごとに、ウシ成長ホルモン（ＢＳＴ）を注射されるものもいる。ＢＳＴは脚の病気の罹患率を上げる。世界中の多くの国では使用が禁じられているが、アメリカの食品医薬品局はこれを今も認可している。

アメリカでは、乳牛の半数が、蹄底潰瘍《ていていかいよう》や腐蹄症を含む跛行を患っている。感染症を起こしかねない蹄底潰瘍は、糞尿あるいは寝床用のおが屑のなかに何時間も立ち続けることが原因で起こる。コンクリートの床はさらに脚の病気を増やす。ストレスやすし詰め状態の環境も跛行につながる。跛行を患っているウシは、背中を反らせ、慎重に歩く。症状がひどいウシはまったく歩こうとしない。こんなふうに、限界を超えたところまで動物の身体を酷使するのは、動物を愛しているとは言えない。

フィンレイの一家は、スコットランドの南東、アイリッシュ海から一・五キロも離れていないところにある八五〇エーカー［三四〇ヘクタール］の農場を、一九二八年から経営している。だが、デヴィッドとウィルマの現在のやり方には二つ、以前と違うところがある。一つは、母ウシと子ウシが一緒にいる期間を、通常の二四時間ではなく五か月としていること。子ウシはだいたい、一日に一〇リットルほどの乳を飲む。乳牛はその三倍の牛乳を産生するように品種改良されているから、それでも余りが出る。もう一つは、ウシたちにできるだけ屋外で草を食べさせることだ。これはますます稀なことになりつつある――スコットランド、ウェールズ、北アイルランドにある、イギリスでも最大規模の酪農場では、ウシたちは通年屋内で飼われている――そうすることで最も効率良く餌を与え、検査し、搾乳できるからだ。そうやって年間六〇〇〇リットルの牛乳を作って販売するのとは異なり、フィンレイのウシたちは、一頭あたり年に四〇〇〇リットルしか産生しない。だが、跛行や乳腺炎は少なくとも四分の一に減り、必要な抗生物質も八五パーセント減少した。

フィンレイの実験はまだ終わっていない。彼らは、二〇一二年にもこれと似たやり方を試したことがある――ヴィーガニズムに関心が集まるはるか以前のことだ。だが、採算が取れずに実験を諦めた。「経済的にはさんざんだったよ」とデヴィッドは言う。

今回は、フィンレイは銀行の融資を受けたが、自分たちの計画は銀行には伝えなかった。そしてやり方を見直した――母ウシには、以前の三二か月に対し、早ければ生後二四か月で子どもを生ませ、雄の子ウシは急いで太らせて、早いものは生後八か月で食肉――「ロゼヴィール」と呼ばれる――用に売ることにしたのである。それでも、最初の年は「かなり悲惨」な結果となり、経験豊富な飼育員も辞めてしまった。だが二年目になると状況は改善した。「うまくいくと思う」とデヴィッドは言う。「大変だが立ち直れると思う。まだまだだがね」

問題の一つは、乳製品のラベル表記が、乳牛の待遇について買い物客に考えさせるようなものになっていないことだ。イギリスでは、「有機牛乳」という言葉は、ウシが屋外に出られることと、酪農家が、誕生時に間引く雄の子ウシの数を減らすよう要請されている、ということを意味している。「有機」であるかどうかの基準には、母ウシから子ウシがいつ引き離されるかについては何も規定がないし、乳腺炎や跛行の罹患率にも上限は定められていないのだ。それに、酪農家にとっては有機牛乳だからといってそんなに利潤が上がるわけでもない。だからフィンレイの酪農場では、専門の卸売業者に売るチーズやアイスクリームを作っている。彼らが作るチーズの価格は、スーパーマーケットで売っている普通のチーズの少なくとも三倍はする。

話をした数日後、僕はデヴィッドがロンドンの食品業者に自分の牛肉を売り込むのを見た。ロンドンの起業家たちが集まる再開発地域の中心、オールド・ストリートに近いところにある、小さくて洒落たレストランだ。バイヤーは、三つある細長い木のテーブルのベンチに座っている。デヴィッドはなんだか場違いだ。話が長すぎるし、自分のウシについて細かいことを言いすぎる。いや、もしかすると、彼の話は長すぎもしないし、細かすぎもしないのかもしれない――なぜなら、人は信用できる物語を聞きたがるものだからだ。二年前、フィンレイのチーズの四分の三はロンドンで売れた。顧客は九〇パーセントが女性で、ヴィーガンに近い人も多かった。フィンレイの商売は収支がほぼトントンだった――少なくとも、新型コロナウイルスによるロックダウンでそのレストランが営業できなくなり、ロゼヴィールの需要がなくなるまでは。だが、チーズを食べる人のうち、今では主食の一部であるチーズに高い金を払う心構えがある人はどれくらいいるだろうか?

問題はもう一つある。動物性食物はすべて燃費が悪いのだ。家畜の餌用の牧草や飼料作物を考慮すると、現在、地球上の農地の七七パーセントが家畜のために使われている。ところが家畜から得られるカロリーは、人間が必要とするカロリーの一八パーセント、蛋白質《たんぱくしつ》は三七パーセントにすぎないのである。ウシやヒツジから一グラムの蛋白質を生産するためには、ひよこ豆や大豆などの豆類から生産する場合の二〇倍の土地を必要とする。乳製品なら豆類の四倍だ。牛肉よりは良いが、鶏肉や豚肉よりも効率が悪い。乳牛はまた、腸内発酵によるメタンガスを排出し、糞には強力な温室効果ガスが含まれる。世界的に平均すると、一リットルの牛乳の生産によって、三キログラムの二酸化炭素にあたる温室効果ガスが発生するのである。チーズ一キログラムなら二酸化炭素の排出量は二一キログラムで、これは(化石燃料で走る)新車で一六〇キロメートル走るのと同じ量だ。

率直に言って、気候変動が心配なら、ベジタリアンになるだけでは不十分なのだ。ジョンズ・ホプキンス大学の研究者による推定では、それによってあなたが食べるものにまつわる温室効果ガス排出量は、約三分の一減少する。実際には、たっぷりの乳製品を含む菜食は、主に菜食だが若干肉を食べる場合よりも温室効果ガス排出量は多い。世界中の人が一人残らず乳製品を食べるのをやめれば、食べ物関連の温室効果ガス排出量は四分の一近く減る――全員がレッドミートを食べなくなる場合の二倍である。

動物福祉に最も資する形で運営される酪農場——つまりウシを放牧しているところ——は、同時に、生産する牛乳一キログラムあたりの温室効果ガス排出量が最も多い傾向にある。放牧地は、たとえばそこに木を植えれば炭素の貯蔵に使うことができる。良い選択肢は存在しない——炭素排出量を抑えたければ、乳牛は牛舎で飼い、穀物を食べさせるしかないし、ウシを牛舎で飼育すれば彼らの社会行動パターンを損なうことになる。大規模な酪農業はどうやっても動物愛テストには合格できないのだ。

採卵鶏の雄をどうするか

肉もダメ、乳製品もダメ。となると僕に残されたのは卵だ。食肉用のニワトリは悲惨な一生を送るが、卵を産む雌鶏はそれよりマシなはずではないか？ 動物福祉にまつわる問題のなかで、西欧諸国の消費者に馴染みのあるものが一つあるとしたら、それはバタリー飼育問題だ。西欧諸国では、消費者の需要は平飼い卵にシフトしている。ニワトリが、刑務所を思わせるすし詰めの状態で生きなければならないのを避けるためだ。

だが、ニワトリを平飼いにしたからと言って問題がすべて解決するわけではない。レイヤー（採卵鶏）はものすごく大きく、重いので、放し飼いにして自由に動き回らせれば、八六パーセントのニワトリは、胸筋がつながっている竜骨突起が骨折してしまう。たとえ骨折が治っても、ニワトリの運動能力は低下し、痛みが続く。また、屋外の檻に入れられたニワトリは早死にする確率が高い——一緒に檻に入ったニワトリたちに攻撃されたり、押されて窒息したりすることがあるからだ。窒息死は、ニワトリが不安になると起こると考えられている——ニワトリの心理はジャングルでの生活に合わせて進化してきたわけだが、養鶏場の環境はそれとは大きくかけ離れているからだ。だが、どんな飼い方を選んでも、それぞれに深刻な欠点がある。鶏舎で飼われる雌鶏は致死率が高く、竜骨突起の骨折が頻繁に起きる。平飼いのニワトリは皮膚の損傷率が高い。いわゆる福祉ケージと呼ばれる大型の檻の中で飼っても、たとえば砂浴びのような、ニワトリにとっての自然な行動は見ることができない。身体の一部を切断する必要があることも多い——ヨーロッパ諸国では多くの場合、採卵鶏が互いに羽をつつき合うのを防ぐために、くちばしを切断する。

人間が集約農業によって生み出したものには目を瞠る。家畜としてのニワトリはすべて、最大で月に一個の卵を産むヤキンの子孫だが、今日の採卵鶏は、ほとんど一日に一個の卵を産むように遺伝子操作されている。雌鶏は、生後一七か月ほどで生産性が低下し、殺処分される。そして毎年、それに代わる数十億羽の新たな雌鶏が育てられる。

だが、僕が一番恐ろしかったのはそのことではない。恐ろしいのは、毎年、こうやってゆっくりとした苦しみを経験しないニワトリが数十億羽いるということだ。それらのニワトリは、ほとんど何も経験しないのだ——なぜなら、生後一日経つか経たないかのうちに、産業用の破砕機に放り込まれるか、毒ガスで殺されてしまうのだから。それは、採卵鶏の孵化場で生まれた雄のヒヨコである。採卵に雄のニワトリは不要である。品種が違うので、太らせるためには非効率的な量の餌を与えなければならず、鶏肉用に育てても儲からない。だから殺されるのだ。採卵鶏そのものが平飼いされようが有機飼料で育とうが関係ない——これが雄の運命なのだ。その死体は、単に廃棄されることもあるし、ペットフード用の挽き肉にされることもある。

僕は本能的に、このシステムは間違っていると感じる。生まれてすぐに殺すだけのために動物を誕生させるのが正しいかどうかというのは倫理的な問題だ。家畜が死ぬ際に苦しむかどうか、という動物福祉的な意味での疑問もある。だがこれはまた、人間が人間以外の動物をどのように見ているのか、という核心的な問題でもあるのだ。人間は彼らの存在に対してこれほど無慈悲でよいのだろうか？　何も考えずに動物を殺しておいて、僕たちは動物を愛していると言えるだろうか？

別の方法があるのかどうかが僕は知りたかった。そこで列車で、オランダの、ライデンという研究学園都市まで行き、それから鉄道線路の下をくぐり、運河を渡って、これまで見たなかで最大のサイエンス・パークに間もなく辿り着いた。大きなオフィスビルが整然と並んでいる。僕は、煌々と照明に照らされるテニスコートの一群や最新の血管新生がん治療の看板を通り過ぎてサイエンス・パークの端まで行き、フード付きのパーカーを着て髪がぺったりとした起業家、ヴァウター・ブルーインズに会った。彼の後について、殺風景な廊下を歩いて通された小さなオフィスには、イケアのテーブルがいくつか置かれ、トウモロコシ畑に昇る朝日の写真が拡大されて飾られていた。「ザ・エッグスパート［エッグ（卵）とエキスパート（専門家）を掛けた名前］」本部と書かれた掲示板がある。

二〇一一年時点では、ブルーインズは特に何の専門家でもなかった。養鶏業については何も知らない、ライデン大学の生物学の学生だった彼は、何かで起業したいと思っていた。「いろんな人に会って、『あなたは一日中何をしているんですか？　起業したいので、解決すべき問題を探しているんです。僕に解決できることがありますか？』と訊いたんです」と彼は言う。「普通はそんなことはあまり訊かれませんよね」

ブルーインズが話をした人たちのなかに、友人の両親である養鶏家がいた。「『ヒヨコを殺していることが嫌でたまらない』とその人が言うんです。孵化場で働く人たちはそんなことを気にしていない、と多くの人が思っているけど、気にしているんですよ。でも殺さざるを得ないんです」。それがブルーインズの出発点だった。どうしたら、養鶏家が雄のヒヨコを殺さずに済むだろう？

一つのやり方は、遺伝子操作によって、卵の段階で雄と雌を区別できるようにすることだった。たとえば、卵が蛍光発光する遺伝子配列を組み込むのである。こうすれば、雛が孵る前に雄を殺すことができる可能性があった。だがブルーインズはこのやり方を却下した――「蛍光発光している卵を見たら、人は『ニワトリにクラゲを混ぜたの？　ひどいなあ』と思いますからね」。他にも遺伝子操作の選択肢はあった。たとえば、雄の卵をまったく産まない採卵鶏を育種する方法だ。だがブルーインズと彼のパートナーは、これも人々の怒りを買うだろうと考え、遺伝子操作はやめた。

彼らが思いついたのは他の方法だった。雄の胚と雌の胚では、ある特定の代謝産物――食べ物からエネルギーへの変換に関与する物質――の量が違うのである。ブルーインズの研究チームは、卵から微量の検体を取り、密閉して検査することで、雄の卵と雌の卵を識別する方法を見つけた。

この検査は、九八～九九パーセントの卵を正確に識別する。検査を行うのは、産卵後、雛がまだ苦痛を感じないとされる九日目だ。「産卵後、約一一・五日で脳幹が完成します。そうすると、雛は何かを感じるようになるのです」。雄の胚は、その前に廃棄が可能になる。

ドイツとカナダには、同じ問題に取り組んでいるグループが他にもある。ブルーインズの会社In Ovoは、現在まで、およそ六〇〇万ユーロの資金を投じている。識別の過程は「迅速かつ低価格に行われなければならないし、孵化率を下げるわけにはいかない。そして、孵化場で働く人が、実際にやりたがる作業であるべきです。それを実現できれば、きっと世界中の孵化場がこれを使うようになると思っています」

もしもそうなったら、何十億羽というヒヨコを殺さずに済むわけですね、と僕は尋ねる。「そうです」

ブルーインズにとって最悪のシナリオは、市場のトップ――平飼い卵の生産者――しかこの技術を求めようとしない、ということだ。彼は現在、別の問題にも取り組んでいる。ブロイラー（肉用鶏）は、通常より三日早く孵化することが多い。暑い孵化場に閉じ込められ、オランダの法律では、孵化後六〇時間は餌や水を与えなくていいのだが、動物福祉団体の運動の結果、これを三六時間に短縮しようという動きがある。In Ovoは、早期に給餌するシステムを開発し、アメリカを含む数か国で使用されている。ブルーインズは、動物福祉を損なわないフォアグラを生産することさえ夢見ている。「それができたらとても良いと思います。強制的に餌を食べさせずにニワトリの肝臓を太らせるのは、そんなに難しいことではないと思うんです。強制給餌は考えるだに恐ろしいことです――でも、人間がどうせフォアグラを食べるのなら、そのための良い方法を考えればいいでしょう？

わかりませんが、たとえば肝機能を調節している物質を顕微注入するとかね。可能性はありますが、それに取り組んでいる人はいません。でも誰かの肝臓を太らせるのは、そんなに難しいことではないんですよ」

家畜産業の残酷さについて、何とか言い逃れをしようとする人たちに慣れてしまった僕は、ブルーインズのような人が、それは変えられる、と主張するのを聞くと、どう考えていいのかわからなくなる。同時にこの問題が、工業的養鶏が始まってから何十年も経ち、何人かの起業家が登場するまで解決できなかったというのも驚きだ。「システムが間違ってるんですよ」とブルーインズは言う。「僕たちの会社はやっと、社員六〜七人だったのが一五人になろうとしているところです。それなのに、僕たちは養鶏産業の問題の解決を牽引している会社の一つなんです。おかしいですよ」

雄のヒヨコの殺処分がなくなる日が来ることを願いたい。実現すれば、それは創造力の勝利だ——ブルーインズのような、好奇心にあふれ、何事もどこかに解決法があると信じてたゆまず進む人間の勝利である。だが、たとえ雄のヒヨコが殺処分を免れても、鶏卵生産には、吐き気を誘うような側面が他にもいろいろある。たとえば、ニワトリは鳥インフルエンザの新種に罹りやすく、そうなれば大量の殺処分が発生する。檻に入れられた雌鶏はぎゅうぎゅう詰めの環境で生きているが、少なくともその排泄物は掃除できる。これとは対照的に、平飼いのニワトリは、もっとずっと病気に感染したり早死にしたりしやすい。

人は、動物福祉によかれと思う人に投票することは厭わないが、そういう買い物の仕方はなかなかしないらしい。二〇〇八年、カリフォルニアの鶏卵市場において、平飼い卵が占める割合は一〇パーセントに満たないが、カリフォルニアに住む人の六三パーセントが、すべての採卵鶏は自由に身体の方向を変えられるべきであるとする法律の制定に賛成票を投じた。これが「投票と消費の隔たり」だ——自分ではスーパーマーケットで選ばないものを投票によって要求するのである。変化を求めて投票することには二つの利点がある。立ち止まり、家畜の暮らしについて、その現実を考えるきっかけになること。そして、自分がムーブメントの一部であると感じ、自分が肉を食べるのをやめることが、何もしようとしない人たちに美味しい思いをさせるだけでは終わらないということがわかるのだ。人が何を食べるかを無理に変えさせることはできない、と多くの人は思い込んでいる。だが人は、自分に対しては変化を強要するのを厭わない。問題は、その課題を目前に突きつけられない限り、そしてそれを解決するための政治的な選択肢が存在しないかぎり、僕たちは喜んでそれを無視し続けるということなのだ。

ポジティブ・ウェルフェア

家畜産業に携わる人のなかには、倫理的で、周囲を鼓舞させるような人物がいるということはわかった——たとえばデヴィッドとウィルマ・フィンレイ、そしてヴァウター・ブルーインズみたいに。でも僕には、だからといって業界全体が倫理に適ったものになるとは思えなかった。声なき動物を、低賃金で働く疲れた人間と一緒にすれば、そこに虐待が発生するのは避けようのない帰結である。虐待を排除できたとしても、人間が動物の身体を損傷することは変わらない。ときには動物の行動やストレスレベルに長期的な影響を及ぼす、苦痛を伴う処置を行うことによって、畜産農家は一度にたくさんの家畜を扱い、経費を節減できる。たとえばヨーロッパのほとんどの国では、自分のウシを識別するために、熱した鉄で焼印を押したり、耳を切って印をつけることが許されている。畜牛に鼻輪をつけることを禁じているのはドイツだけだ。

近年になって、動物福祉に関する法律は世界中で改善されてはいる。ブタの妊娠ストールの使用やニワトリのバタリー飼育を徐々に減らす動きは喜ばしいことではある。だが、変化にはものすごく時間がかかり、多くの手続きを必要とする。それに、いったいそれだけで十分なのだろうか？

この一〇年ほど、獣医のなかには、動物に「五つの自由」を与えるにとどまらず、どうしたら良好な心理状態を促進できるかを模索する者が増えている。「ポジティブ・ウェルフェア（正の福祉）」と呼ばれる取り組みだ。ブタがお腹を空かせていないようにするというのは簡単だが、ブタが幸せであることを保証するのはずっと難しい。そもそも、幸せ、というのはこの場合適切な概念だろうか？　科学者が人間の幸福について研究する場合は、単にその人に、普段どんな気持ちでいることが多いか、あるいは自分の生活をどのように評価しているかと訊けばいい。でもブタには（人間の赤ん坊もそうだが）それができない。ブタがポジティブな経験をしているかどうかは、心拍数やストレスホルモンの量といった生理学的数値や、あるいはその行動から推測するしかない。それに代わる指標として考えられるものの一つは、動物がその意思決定において楽観バイアスを示すかどうか――つまり、ある行動に対して良い結果を期待するかどうかである。

僕は、世界で一番古い動物慈善団体である英国王立動物虐待防止協会（ＲＳＰＣＡ）を取材した。その名前が示すとおり、協会が設立された一八二四年には、虐待の有無が判断の基準だった。もしもあなたが今、虐待されている犬や怪我をしたハトや身動きできなくなったアシカを見かけたら、ＲＳＰＣＡまたは世界中にある姉妹組織の一つが助けてくれようとするだろう。アンディのように、ＲＳＰＣＡからブタの飼育のゴールドスタンダードというお墨付きをもらいたいイギリスの畜産農家は、協会に査定を申し込む。イギリスの養豚場のうち、協会の基準を満たすのは四分の一だ。高い基準を求める消費者からのプレッシャーがずっと少ない酪農家の場合、それはたったの一パーセントにすぎない。

家畜は幸せに暮らしている、と僕を安心させてくれる人がいるとしたら、それはこの基準の策定者であるマーク・クーパーだった。彼は、畜産農家はより高い基準を求めているのではないかと楽観的に考えている。たとえば、肉用鶏を飼っている養鶏家は、毎日鶏舎で二〇羽から三〇羽のニワトリを殺処分しなければならないのにはうんざりで、それをしたくないと思っている、と彼は言う。だが、イギリスで流通している鶏肉のうち、ＲＳＰＣＡの基準を満たす形で生産されているものは一パーセントしかない。クーパーは率直に、この基準を満たすために畜産農家がいくら投資する用意があるかが問題なのだと言う。知識不足も基準の普及に歯止めをかけている。「動物の幸せ——良好な心理状態——なんていうのはみな新しいことでね。まだみんな知らないんだよ」と彼は言う。

僕は、動物福祉という観点から見て、酪農は牛肉の生産よりひどいと考えるのは正しいだろうか、とクーパーに尋ねた。「平均を取って考えれば——君だったら、肉牛になるのと乳牛になるのとどっちがいいと思う？　私なら肉牛の方がいいと思うね」と彼は答える。「平均的な乳牛の一生は悲惨だよ。さんざん搾乳され、遺伝的な特徴や成長度に沿わない時代遅れのシステムに閉じ込められる。牛舎をアップデートするのに必要な資金がないんだ」

ウシは、大量な乳の産生に十分な量の餌をなかなか食べられない。「ウシには、自分の身体の状態を維持することよりも乳を産生することを優先させる遺伝的傾向があって、だから乳牛にはガリガリに痩せたものが多いんだ」。言い換えれば、ウシは子ウシのために自分の健康を犠牲にするように進化したのである。そして今彼らは、人間のために自分の健康を犠牲にしている。

クーパーの取材を終え、僕は受付を通って外に出る。受付には、RSPCAのロゴの付いたぬいぐるみや、RSPCAが協賛するマラソン大会用の、ロゴ付きのベストが並んだ棚がある。ロンドンに戻る列車の中で、僕はこれまでなかったほどヴィーガンになりたいと感じる。理由は一つではなく、いろいろなことの累積だ。食肉処理場で働いたことで僕は、動物を殺すというのは、ベルトコンベアーで行われるのではなくもっと意識して行われるべき行為だと感じた。良質な養豚場で働いた経験からは、たとえ健康であっても、家畜は無意味で人工的な一生を送っていると感じた。倫理的な酪農家や「エッグスパート」と話してわかったのは、食品業界が動物福祉の面で改善されるにはいかに時間がかかるか、ということだった。そしてRSPCAの取材で僕が思ったのは、科学的に不確実なことがあまりにも多すぎるということだった。人間と動物の関係は、今よりもずっと良いものであるべきだ、と僕は思う。

ブタ、ウシ、ヒツジは、人間に家畜化を許した数少ない動物の一部だ。彼らは、大量の肉、牛乳、羊毛を生産するために繁殖させせられることに耐えてきた——野生のブタ、ウシ、ヒツジには用無しのものだ。だが彼らの本能の多くはそのまま残っており、そのなかには社会的交流への欲求がある。僕たちには、人工授精、妊娠に次ぐ妊娠、家族がバラバラにされることなどに対して、彼らが本当はどんなふうに反応しているのかはわからない。何千年も飼育してきても動物の感情を理解できないのなら、僕たちはもっともっと謙虚であるべきだ。もしかしたら僕たちはいつの日か、こういう本能を持たない家畜を育種できるのかもしれない——動かず、呼吸するだけの機械でいることに満足な家畜を。だがそんなことは人間が望まないはずだ。人間にとって、人生は意味のあるものでなくてはならない。動物が機械として生きることを受け入れるのを眺めるのは、このことと矛盾する。

食肉生産者とヴィーガンは険悪な関係であることが多い。だが、食肉産業で働く人たちと話をしていて、僕が繰り返し感じたことがある。不必要に動物が死ぬことへの理屈抜きの嫌悪感だ。新型コロナウイルスが流行したとき、アメリカの養豚業者は突然、肉を市場に出せなくなった。彼らはコロナの流行が去るのをじっと待っているわけにはいかなかった——ブタは屠殺場の機械が使えないほど大きくなってしまうし、切り分けられた肉はスーパーマーケット用の発泡スチロールのトレイには大きすぎるだろう。だからブタたちは、あらゆる手を使って殺され、堆肥の山となって腐っていった。養豚農家の悲しみと怒りは明らかだった。病気や規制が理由で自分の家畜を殺処分しなければならなかったことについて畜産農家が話すときも僕はそれを感じた——無駄死にに対する彼らの激しい怒りを。サプライチェーンが滞るにつれて、何百万ガロンという牛乳が廃棄され、大量の卵が潰された。それはみな、ものすごく不要なことに思えた。

だがもし、このシステム全体が不要なのだとしたら？　すべての屠殺場や畜産場が——そこで噴き出る血や何なのかもわからない臓物のすべてが——実は必要ではないのだとしたら？　実はそのとおりなのだ。人間は、動物性食品を食べる必要がないのである。米国栄養士協会は、二〇〇九年に、適切に設計された菜食及び絶対菜食は「健康的で、栄養的に十分であり、ある種の疾患の予防や治療に効果がある可能性がある」と言っている。世界保健機関は、人間が摂取するカロリーのうち、蛋白質からのものである必要があるのは一〇〜一五パーセントにすぎないと言う。平均すると人間は、必要な量よりも四〇パーセント多い蛋白質を摂取している。欧州連合加盟国のほとんどでは、推奨される蛋白質の二倍以上の量を食べているのだ。人間が必要とする必須アミノ酸は、すべて菜食で賄える。一八九八年、『ブリティッシュ・メディカル・ジャーナル』誌は、おめでたい無知さを傲慢にひけらかし、「我々は菜食主義を真剣に取り上げるつもりはない」と読者に断言した。ところが近頃では同じ学術誌に、レッドミートを食べると、がんや心臓病を含む、主要な死因となる疾患に罹るリスクが高まると書かれている。このムーブメントでは、新入りはいつでも大歓迎だ。

僕は、ヴィーガニズムが身体に良い理由をあれこれ言うのは気が進まない。大事なのはそこじゃないし、ヴィーガン食はヴィーガン食でも実際に何を食べたかによるからだ。だが、人類全体として考えると、畜産場をなくすことによる恩恵がたしかにある。たとえば、人間の肉好きは病気の温床だ。コロナウイルスの発生源とされる武漢の市場では、野生動物がひどい状態で飼われていた。エボラ出血熱のような感染症の流行はこれまで、だいたいいつも、野生動物を狩って食べるという行為に端を発していた。森林破壊が原因の感染症もある――生態系の破壊によって、病原菌に晒されるのだ。西欧人のなかには、野生の哺乳動物を食べるのは野蛮な行為であるとして禁止を求める人たちもいるが、もっと身近なところに目をやったらどうだろう――畜産場だ。ストレスがかかる状況に動物が置かれれば、病気は発生しやすくなる。屋内で飼育されることが多いというのも、状況を悪化させる要因だ。

病気は常に、生物種から別の生物種へと広がるものだ。一九一八年から一九一九年にかけて大流行し、世界中で何千万人もの人々を殺したスペインかぜの発生源は鳥だった。二〇〇九年に流行したH１N１型（豚）インフルエンザは、初めアメリカで発生したものが世界中に広がり、アメリカ疾病予防管理センターによれば、死者数は一五万一七〇〇人から五七万五四〇〇人の間で、その大部分が六五歳以下だった。H1N1型ウイルスは今も絶滅しておらず、毎年死者を出している。二〇二〇年には新型コロナウイルスが、人間から、ヨーロッパの毛皮動物飼育場のミンクに広がった。ミンクの毛皮の生産量が世界最大であるデンマークでは、ミンクからコロナウイルスの変異株が見つかり、人間にも感染している。変異株が、今後作られるワクチンの効き目を危うくすることを恐れたデンマーク政府は、一五〇〇万匹を超えるミンクの殺処分を命じた――本能的に求める湖や川から引き離され、小さな檻に閉じ込められていたミンクだ。それはショッキングな出来事に思えたが、もはや僕たちはそのことに驚くべきではない――なにしろ一九四〇年以降に動物から人間が感染した疾患の半数以上が、灌漑プロジェクトや工場畜産場を含む集約農業と関連づけられているのである。仮に、感染した人の約半数を殺したとされる鳥インフルエンザ、H5N1型ウイルスが、人から人へ簡単に感染する能力を持ったらどうなるだろう？どうして僕たちはその答えを見つけることにこれほど熱心なのだろう？　コロナウイルスが流行する前から、人獣共通感染症は、直近の数十年間に一〇〇〇億ドルを超える経済的負担を人間に強いてきた。それなのに人は、ヴィーガンの食品は高いと文句を言う。

僕たちは、現実から目を逸らしているのだ。コロナウイルス大流行のさなか、トランプ政権は、屠殺場は「必要不可欠」な事業であると宣言した。間もなく、アメリカの屠殺場で働く人の五人に一人がコロナウイルスに感染した。「食肉加工業」という言い方をすると、肉が整然と箱に入れられているイメージが頭に浮かぶ。だがその実態は、窮屈なところで働く労働者とお粗末な管理基準だ。アメリカに限らず、オーストラリアでも、ブラジルでも、ドイツでも、屠殺場は病気の温床だ。ドイツでは、東欧からの出稼ぎ労働者が、不衛生な環境で働き、仲介者が手配するアパートに七人も八人も押し込められて住んでいる。ドイツのある食肉企業の役員は『フィナンシャル・タイムズ』紙に、今では禁止されたこのやり方は、「奴隷制度の現代版」だったと語った。「肉が安すぎる」――当時ドイツの連邦食料・農業大臣だったユリア・クレックナーは、遅まきながらそう認めた。

畜産場はまた、別の形でも人間の健康に害を及ぼす。畜産農家は抗生物質に依存するようになっており、健康な個体にすら抗生物質を与える。アメリカで販売される抗生物質全体のうち、八〇パーセントは家畜用である。人間もだいたいこれと同じ抗生物質に頼っているわけだが、動物の体内で耐性菌が生まれ、今度はそれが人間に波及する。疾病予防管理センターによれば、アメリカでは毎年、抗生物質耐性菌によって三万五〇〇〇人以上が亡くなっている。連邦政府による監視が行われていないため、この問題が実際にはどれほどの規模なのかは不明である、と政府説明責任局は言う。抗生物質が効かなくなった世界というのはまさに悪夢のシナリオだ。欧州連合は家畜の成長を促すために抗生物質を与えることを禁じたが、アメリカは今もそれを禁じていない。

ある日、僕は娘に、ラドヤード・キプリングの『ゾウの鼻が長いわけ　キプリングのなぜなぜ話』の中の短編、「ヒョウに斑点がついたわけ」の簡易版を読んでやっていた。キリンやシマウマに、森の中に隠れやすい模様がついたのを見て、ヒョウはそれが羨ましくなる。そこで一人の男が、ヒョウの体中に黒い手の跡をつけてやる――それがヒョウの斑点だ。「これで君も僕も影に隠れることができるようになったね」と男はヒョウに言う。

子どもにとっては、なんとも可愛らしい夢物語だ――動物の美しさを形作ったのが人間だというのだから。でも本当はまるでその反対であることが、畜産業界を見ればわかる。人間は進化の過程に、考え得る限り最も有害な形で干渉した。野生の環境に適応して進化した動物に手を加えて、不健康な動物を作り出してしまったのだ。ウシもニワトリも、あまりにも肥大して、野生の祖先にとっての天敵から逃げることはほぼ不可能だ。ヒョウの模様がどうやってできたのかと尋ねるのではなく、僕たちは、ウシが乳腺炎になったのはなぜなのか、ブタはどうしてあんなに身体が膨れているのか、鳥の棲みかはなぜなくなってしまったのか、と尋ねるべきなのかもしれない。でも僕はその物語を、娘たちに読んでやるつもりはない。絵本は、動物のなかには畜産場にいるのが本来の姿であるものがいると仄めかすが、現代の畜産業の現実に合わせて進化した動物などいない。しかも人間は、あまりにも巨大で非効率的なシステムを構築してしまったために、その弊害を被っているのは家畜だけでない――生息するニッチを失ってしまった野生動物たちも苦しんでいるのだ。僕たちは、一度ならず二度までも、進化の過程を歪めているのである。

僕が思うに、人間が動物を愛したからといって、人間がいかなる状況でも動物を苦しめなくなるわけではない。たとえば、それが人間の命を救う臓器移植のために必要ならば、僕は食肉処理場の残酷さも、畜産場の無意味さも、ある程度は容認できる。でも現実はそうではない。何よりも、人間は、肉も乳製品も卵も食べる必要性がない。肉や乳製品や鶏卵から人間が得るものは、人間が動物から奪うものとまったく釣り合いが取れていないのだ。カロリーと蛋白質を生産する方法としては、工場畜産はまるで、ナッツの殻をハンマーで叩き割るようなものだ。家畜が複雑な社会生活を送っていることを考えれば、そのハンマーは同時に、ステンドグラスの窓をも叩き割っているのだ。

僕が大好きな動物の特徴――棲んでいる自然の環境に適応しているところ、人間とはまったく異質の彼らの世界、そのスピードと優雅さ――は、現代の畜産業においてはほぼ、ときには完全に排除されている。僕はなぜ、ツノメドリには驚嘆するのにニワトリには無関心でいられたのだろう？　どうして僕たちは、自分の犬のことはものすごく大切にするのに、ブタのことは少しも考えないのだろう？　自分の子どもは牛乳を飲んで当然だと思うのに、乳牛の子ウシには何も与えられないのはなぜなのだろう？　子どもが遊びに行く、小さくてのどかな「農場公園」は、実際の畜産場とは似ても似つかない。僕たちは、動物を愛すると同時に現代式畜産業を受け入れることを覚える。でも、もしも本当に動物を愛しているのなら、現代式畜産業は受け入れられないはずだ。

僕たちがヴィーガンばかりの世界に住んでいると仮定して、もしも誰かが、菜食の代替案として、地球上の野生動物が棲んでいる土地の多くを裸にしながら動物を何十億匹も育てては殺して食べてはどうだろう、と言ったなら、シリコンバレーのベンチャー企業家は興味を示さないに違いない。でも僕たちは、奇妙な堂々巡りによって動物性食品に縛られている。消費者は、畜産農家とスーパーマーケットが肉を売っているのだから、それはきちんとした状況のなかで生産されたものに違いないと考えるし、一方で畜産農家とスーパーマーケットは、消費者が肉を求めるからには、どんな不完全な方法でも肉を生産しなければならないと考えるのだ。僕たちは、それとは違うシステムを――人間に十分な食料があり、何十億匹もの動物を育てては殺さずに動物と付き合えるシステムを――なかなか想像できない。僕の友人には、食べる肉を減らしたいと思いながら、結局は再びハンバーガーやゴートチーズを食べるようになってしまった人も多い。ヴィーガン生活はそういうものを食べないだけの価値があるよ、と主張することが、僕には本当にできるだろうか?

3 肉のない世界

ベジタリアンは、人間の精神に宿るあらゆる善いもの・正しいものの敵だ。私が良しとすることのすべて——食べ物という純粋な喜び——への侮辱である。

アンソニー・ボーデイン

ウシがいなかったら、この世界は今とは違う、もっと退屈なものだっただろう。

ニール・マグレガー

ヴィーガン・レストラン

「素敵でしょう?」

彼がこの部屋のことを言っているのでなければいいが。部屋は散らかり放題だ。山積みの書類、テニスラケットのカバー、子どもの人形が二つ、コックコートが六着。僕はいつも、最高に洗練されたレストランには、最高にすさまじいカオスがどこかにあるのではないかと思っていた。ロンドンのレストラン、ゴーティエ・ソーホーの場合、そのカオスは、四階にあるシェフの事務室にある。「すみませんね」——部屋の主は、僕に座れと合図しながら、チャーミングに肩をすくめてみせる。「仕事場なんでね」

四〇代半ばのアレクシス・ゴーティエはこの上なく陽気な中年の危機の只中にいる。野心的なフランス料理のシェフが求めて止まないものは二つ——自分のレストランとミシュランの星だ。ゴーティエは、三〇代後半にしてそのどちらも手に入れた。ところがその後、ある変化が起きた。二〇一六年、彼は動物性食品を食べるのをやめたのである。肉も、魚も、乳製品も、卵もだ。「ある日突然、『やめる』と決めたんですよ。動物性食品を頭から追い出したんです」。それから彼は、自分のレストランを段階的にヴィーガンにすることに決めた。「もしも私が一九二〇年代に生まれていたら、これは不可能だったでしょう」と言うゴーティエはにこやかな笑顔だ——笑顔の絶えない人なのだ。

僕がゴーティエに取材を申し込んだのは、ヴィーガニズム（絶対菜食主義）が広く受け入れられることは可能かどうかを知りたかったからだ。僕たちは、いろいろな理由で肉を食べる。両親が食べていたから。それが普通だから。栄養が欲しいから。だが何よりも、ほとんどの人にとっては、肉を諦めるというのは、食べることの喜びを犠牲にすることを意味する。美味しいから、という理由でヴィーガンになったという人に、あなたは会ったことがあるだろうか？

ゴーティエは、ヴィーガン料理を「動物を食べるのと同じくらい、何ならそれよりももっと美味しく」することが自分の義務だと信じている。「結局のところ、私があなたに出す料理が美味しくなければ、自己中心的なホモ・サピエンスは、『わかった、僕は罪の意識に耐えることにするよ』と言って終わりです。問題はそこなんですよ」と彼は言う。「もちろん、グリーンサラダと豆腐を食べさせて、ヴィーガンになれと人を説得することなんてできません。不可能ですよ」

ゴーティエは、フランス南東部のアヴィニョンで、果物商だった叔父の影響を受けて育った。最初に料理に興味を持ったのは、子どもの頃、妹にケーキを焼いたときだった。フランスでのシェフ修行中は、ひっきりなしに肉で出汁を取り、ミシュランの星付きレストランの有名シェフの下で働いて、それから独立してロンドンに店を出したのである。

彼の二軒目のレストランであるゴーティエ・ソーホーは、ジョージ王朝［ハノーヴァー朝ともいう。一七一四年から一九〇一年］風のタウンハウスの中にある。ゴーティエと僕は、厨房からは遠い彼のオフィスで、デスクを挟んでオフィス用の椅子に座っている。ゴーティエはチェック柄のシャツにジーンズ、スニーカーという出で立ちで、ソースの染みもなければ汗もかいていない。細身で、白髪交じりの顎ひげは短く刈ってある。軽いフランス語訛りは、グレイビーと言うより刺身のツマだ。

一階で最後の客がランチを食べ終わり、正面の黒い扉から外に出ると、扉の上にはゴーティエの名前が金色のメタリックなペンキで書かれている。「意味がないでしょう？」と彼が言う――「自分の名前が扉の上に掛かっている自分のレストランを持ちながら、本当に自分がしたいことをせずに、顧客を騙すなんて？」。彼の言う「本当に自分がしたいこと」とは、ヴィーガニズムである。

「シェフにとっては、まさに夢のようですよ。一九七九年にシリコンバレーにいて、革命の始まりに立ち会っているようなものです」と彼は言う。「私たちは、政治家とか映像作家とか、そういう人たちよりもずっと劇的に世界を変えますよ」。彼は僕のノートパッドに目をやる。「君みたいな物書きとかね」。一瞬、腹が立ちそうになるが、ゴーティエの言うことは当を得ている。

人がベジタリアンやヴィーガンになるとき、その理由が一つであることは稀で、多くの場合それは、そうすべきである理由とすべきでない理由が組み合わさった、さまざまな試みを経て起きることだ。でも、人生における選択の理由を――なぜ大学を中退したのかとか、なぜ上司の車のタイヤを切り裂いたのかとか――尋ねられると、人は自分がそういう決断をした理由を単純化したがる傾向にある。

ゴーティエの場合、最初から話せば、まず、彼は脂肪肝と診断された後（「フランス料理のシェフが罹りやすいんで有名な病気ですよ！」）に、野菜をより多く食べるようになった。その頃、動物愛護団体が、彼のレストランがフォアグラを供していることを理由に店の外で抗議行動を起こしたことに彼は腹を立てた。だが大事なのは、それから彼が、アイメリック・キャロンというフランス人ジャーナリストが書いた『Antispéciste（反種差別主義者）』という本を読んだことだ（結局のところ、物書きも重要なのかもしれない）。『Antispéciste』で彼は、「意識に関するケンブリッジ宣言」のことを知ったのである。「動物には感情がありますよ」とゴーティエは言う。「そして人間には、地球上のどんな生き物にも苦しみを与えずに済むだけの知性がある」

動物を愛しているかと尋ねれば、特にそういうわけではないと言う。「動物のことはそっとしておかなければならないと私は思います――それは動物を愛しているからでしょうか、それとも動物なんかどうでもいいからでしょうか？　動物の生き死にを決める権利は人間にはない、それだけのことですよ。本当に、それだけのことなんです。南フランスで、蚊を虫除けスプレーで殺すのはご免なんですよ」。彼の後ろの棚にハエ除けスプレーの缶が置いてあるのを指摘するのは失礼だろう。

自分が料理する動物のことを思いやるシェフが少ないのはどうしてなのかと尋ねると、彼はこう答えた――「私のように、典型的なフランス料理の修行をした人間は、一塊の牛肉や見事なラングスティーヌ［ヨーロッパアカザエビ］を、かつては生きていた動物とは見ないんですよ。それは、私の創造性を表現するためのツールにすぎないんです」。今でも彼は、肉を見ても特に何も感じない。「厨房では何も感じません。私の厨房に死んだハトがいてもかわいそうだと感じない、という事実には腹が立ちますがね」

フランス料理の伝統においては、ヴィーガニズムは魅力がない――それどころか、受け入れがたいことだ。フランス料理を現代化したシェフ、オーギュスト・エスコフィエは、細心の注意を払いつつ伝統的なフランス料理のレシピを集め、一九〇三年に『Le Guide Gulinaire』（邦訳書『エスコフィエフランス料理』一九六九年刊）として出版した。この本はフランス料理のバイブルとなり、フランス料理のシェフのほとんどは、そのレシピを文字どおりに解釈する。「鶏の出汁を取るとして、エスコフィエのやり方に従わない限り、美味しい鶏のスープができたとは言えないんですよ」とゴーティエは言う。ヴィーガンになる前は、彼自身、エスコフィエの信奉者だった。「私はただ、教えられたことをそのままコピーしていたんです。一〇〇年前と同じようにね」

野菜を一番大事なものとして扱うようになったゴーティエ・ソーホーは、ミシュランの星を失った。僕がこのことに言及すると、ゴーティエは深く溜息をつき、ミシュランの調査員は「伝統的なもの重視に偏りがち」だと文句を言った。フランスの食通、それにフランス人は全体として、ベジタリアン嫌いで有名だ。歯に衣を着せないフランス料理のシェフで、二〇一八年に亡くなる前にレストラン業界の実情を曝《さら》け出したアンソニー・ボーデインが、このことをわかりやすくまとめている。一九九〇年代にニューヨークで料理長をしていた彼は、一日一万ドル分の肉を買っていた。後年テレビに出演するようになった彼は、生きたコブラの心臓を含め、あらゆるものを食べてみせた。ボーデインのことが大好きだったヴィーガンとして、今なら僕にはコブラがどんな気持ちだったかがわかる。ヴィーガニズムは、ボーデインの守備範囲からはさらに遠いところにある――彼にとってヴィーガニズムは、ベジタリアン・ムーブメントから「ヒズボラのように分裂した派閥」にすぎないのだ〔ヒズボラはレバノンを拠点に活動する急進的シーア派イスラム主義組織。シーア派世俗政党アマル運動から分派した〕。「お気に入りのレストランで、その料理に使っているもの、使っていないものをどう説明されようと、おそらくあなたは、たっぷりのバターを摂っているはずだ」と彼は書いている。

僕はゴーティエにこのことを突きつけた。「まったく同意できませんね。私はバターで育ちましたから、誰よりもバターの美味しさを知っています。新鮮なバターはそれは美味しいですよ。焼き菓子に使えば美味しいし、焦げたバターも美味しいし、ブラウンバターはもっと美味しい――ブラウンバターとパルメザンチーズの組み合わせほど美味しいものは他にありませんよ。でもこの地球上には、バターと同じくらい、もしかしたらバターよりももっと美味しい味がたくさんあるんです！」

「美味しい」というのはおそらくゴーティエの一番お気に入りの言葉であり、僕は彼が一つの文の中で美味しいという言葉を何度も使う才能に魅了される。「牛肉の肉汁の美味しさ――美味しいですよ、絶対に美味しいです」

とゴーティエは言うのだ。

ゴーティエが二番目に好きな言葉は「創造性」かもしれない。「ヴィーガンのシェフである、ということは、美味しさを引き出すために自分の創造性を使うということなんですよ」「創造性です。創造的であることがすべてなんです」。僕が訪問した、秋もたけなわのこの日、七五ポンドという値段のついた味見用のメニューには、サフランを使ったニホンカボチャのローストの蒸しプランテン添えだの、クランベリーとタンポポとパンプキンシードのクランブルだのが含まれている。

二〇一八年には、ゴーティエはヴィーガンのフォアグラを作った——味の深みはコニャックで、質感は焼いたくるみで、旨味は醤油で表現した。ヴィーガンのゴートチーズも作ったし、現在は、フランス中央部が原産の、牛乳で作るセミハードタイプのチーズ、サン＝ネクテールの代用品を作ることに没頭している。

こうした模造品づくりは、「シェフとしてのヴィーガニズムの第一歩」にすぎないと彼は強調する。「牛肉や豚肉の模造品を供するつもりはないんです。私が供したいのは、真に魅力的な食材の組み合わせです。私は新しい世界の話をしているんですよ」（それとは対照的に、「フランス料理の世界では、前菜にイチゴを出すことは許されません。法律違反で、そんなことをすれば刑務所行きです」）。

ゴーティエ・ソーホーは完全なヴィーガン・レストランではなく、動物性の食品を求める客用のメニューもいくつかある。おかげで、自分の厨房にある食べ物の一部はゴーティエ自身は口にすることができない、というちょっとおかしな状況が発生する。「でも調理はできるんですよ」とゴーティエは指摘する。「たとえばリゾットとかね。長年作ってるのでテクニックは身についていますが、味見はできないんです」

ヴィーガン・レストランへの転身は「賭け」である。なぜなら客は、野菜に高い金を払う価値があるとは考えないからだ。「ニンジン、セロリ、トリュフ、豆腐を食べて七〇ポンド請求されたら、たとえその人が筋金入りのヴィーガンであったとしても、ちょっと高いわね、という結論に達するかもしれません」。だが同時に、ロンドンの高級レストラン界隈には競合する相手がいないこともほぼ確実である（パリには、アルページュという、野菜料理専門のミシュラン三つ星レストランがある。ただしアルページュには、ボディ・トゥ・ボディというメニューもある――ニワトリ半羽とアヒル半羽を縫い合わせた料理だ。ゴーティエは、アルページュのオーナーシェフとして伝説的な存在であるアラン・パッサールは「動物のことを考えていない」と言って譲らない）。

少なくとも二〇〇五年時点のアメリカでは、ベジタリアンよりも「ベジタリアンだったことがある」人の方が多かった。ベジタリアンやヴィーガンのなかで、後日食生活を元に戻す人の割合は高い。健康問題が発生した、飽きた、生活環境が変化した――そして彼らは再び肉を食べ始めるのだ。ゴーティエもそうなりはしないだろうか、と僕は考える。「想像できますか?」と言ってゴーティエは笑う。「あり得ないですよもちろん。肉や魚はこれっぽっちも食べたいと思いませんからね。全然ですよ！　人間は、たしかに長い間動物を食べてきましたが、これからはこうなると思いますよ」と言って、彼は左手の親指と人差し指をくっつけて「ゼロ」を作ってみせる――「地球上の人間の大部分がね。心優しい革命が起こっているんですよ」

僕が初めてヴィーガンになろうとしたのは二〇一八年、ヴィーガニズムが流行したときだ。でもそのときは二四時間続かなかった。その後、ヴィーガニズムについての記事を依頼された。ヴィーガンになった初日、帰宅した僕は食材の棚を眺めて、簡単な食事を作ることが不可能であることに気づいた。パスタと、チーズのたっぷり入ったペストソースもだめ。卵もだめ。僕が持っているレシピ本のほとんどはたちまち使い物にならなくなった。「鶏肉、豚肉、牛肉、ジビエ、ヒツジの肉の焼き方、肉の塊の扱い方は、誰でも知っている必要があります」――『How to Eat（正しい食べ方）』という本の中で、著者のナイジェラ・ローソンはそう言っている。僕がなくて寂しいのはチーズだ――チーズの味、質感、そのシンプルさが恋しい。

僕がヴィーガンに転向した数日後、ご親切にもスージーが、「ハンブル・パイ［『ハンブル・パイを食べる』で〝屈辱〟を意味する俗語］はヴィーガン・フードか?」と書いたメモを冷蔵庫に貼った。

中年になってヴィーガンに転向するということは、料理を再び覚えなければならないということだ。バイクに乗るのと同じだ――最初の数週間、あるいは数か月の間は、あっちにこっちにフラフラして、みんなに奇妙な目で見られるが、そのうちにうまくいくようになる。肉やチーズの味をそのまま他のもので置き替えるのは不可能だし、僕は人にプレゼントする気になるヴィーガン・チーズにはまだ出会っていない。でも、ヴィーガンの人は、ほとんどの肉料理よりも想像力に富んだスパイスの使い方を覚えるものだ。僕はおそらく、ヴィーガンになってからの五年間で、それまでの三〇年間よりもたくさんの野菜を刻んだと思うし、特にセルリアック［セリ科の野菜］をたくさん食べていることは間違いない。食べた方がいいと言われるものはすべて、さんざん食べている。ブロッコリー、玄米、カレー。僕には、ヴィーガンの人たちが肉製品の模倣品――肉なしのソーセージやハンバーガー――を作ることでからかわれる理由がまるでわからない。僕たちは生まれてこの方ずっと、ソーセージやハンバーガーが料理の味や質感や調理の仕方の土台だと教わってきたのだ。それらに固執しても当然ではないか。

「できるものなら牛乳を飲むのをやめるが、私にはそれができない」――自制心にかけては素人とは言えないガンジーはそう言ったものだ。だが時代は変わった。僕は、一昔前のヴィーガンなら喉から手が出たであろう、さまざまな乳製品の代替品を試しに食べてみた。たとえば、CoYoという、ココナッツミルクをほぼ一〇〇パーセントの原料とするヨーグルトだ。美味しいヴィーガン食探しはそこそこうまくいっていたが、ある日僕は、自分が食べることを以前のように楽しめなくなっていたことに気づいた。僕は常々、ヴィーガン料理は動物の料理と同じくらい美味しいものであり得ると信じたいと思っていた。ゴーティエは、僕に初めてそれを信じさせてくれた人なのだ。

彼は、僕に何一つ食べさせずに僕を説得してみせたのである。それはもしかすると、彼がこれまで歩んできた道のすべてが、美味しさの重要性を追求したものだったからかもしれない。あるいは、彼が「美味しい」という言葉を頻繁に使ったせいなのかもしれない。でも、その主な理由は、彼の真剣さと信憑性だった。僕は株売買の詐欺師やシリコンバレーのハッタリ屋、仰々しい「ソート・リーダー」にも取材したことがあるが、ゴーティエは彼らとは全然違ったのだ。

僕は階段を降り、客のいないレストランの横を通って、「ゴーティエ」と大きな文字で書かれた看板がかかる通りに出た。そして思った——これは現実になり得るな。僕が生きているうちに、動物を食べるというのが例外的な行動になることが、ひょっとしたらあるかもしれない。

流行を超えるヴィーガニズム

一か月間だけヴィーガンになる「ヴィガニュアリー」は、今や世界的な現象だ。一番普及しているのは、イギリス、アメリカ、ドイツ。そしてその次にアルゼンチンが続く——国民一人あたりの肉の消費量が世界一で、ベジタリアン料理と言えばステーキにサラダが添えられているもののことを指す国である。南アフリカも普及率は高い。だが、この二年間の、ヴィーガニズムに関する報道の熱狂的な見出しは、ある不都合な真実を覆い隠している——ヴィーガニズムは何百年も前から存在するのに、その普及は遅々として進まないのだ。一番最近のヴィーガン・ブームは、とても低いところからの出発である。たとえばドイツでは、二〇一五年から二〇二〇年までに、毎日肉を食べる人は三人に一人から四人に一人に減っているが、ヴィーガンとベジタリアンの人の割合は、前者が一パーセント、後者が五パーセントのままで変わっていない。

ヴィガニュアリーに参加する理由で最も一般的なのは健康問題で、動物福祉、それから環境と続く。明らかに、肉を食べる人のほとんどにとっては、動物福祉に関する懸念だけでは態度を改めるのには足りないようである。実際に、人はそうした懸念を遮蔽してしまうということを示す証拠がある。オクラホマに住む人を対象としたある調査では、ブタがどうやって飼育されているか知りたいか、と尋ねると、回答者の約三分の一は知りたくないと答えた。また、何も映っていない画面と、典型的な養豚場で妊娠中の雌ブタの写真のどちらかを凝視するという選択肢を与えられると、同じくらいの割合の人が何も映っていない画面を選んだ。調査をした科学者はこの現象を「故意の無知」と呼んだ。

人は、最高の育てられ方をした肉だけを選んで食べることが可能だと考えたがるが、それは夢物語にすぎない。アメリカでは七五パーセントの人が、自分は動物に優しい方法で生産されたものを買う、と答えるが、工場畜産場でないところで飼育される家畜は一パーセントにすぎない。動物福祉はとても大切だと答える消費者のうち、肉を買うときにそのことを考慮すると言う人は約半数だ。肉を食べていたときの僕は、乳製品はもとより、自分が食べる肉についてては自分が何のコントロールもできなかったことを覚えている。アメリカ人は、一日の摂取カロリーの三〇パーセントを外食で賄うが、一日に食べる肉のうち、外で食べるものの割合は五〇パーセントに及ぶ。その他、友人の家で夕食を食べたりスーパーマーケットで買える調理済みの食事を摂ったりすることもあるだろう――そういうときの料理にどんな肉が使われているかは知りようもない。動物を虐待していないことが具体的に示されていなければ、ベジタリアンのメニューを注文するしかないかもしれない。すべての食事を肉食から絶対菜食に切り替えるためには、途方もない自制心が必要だ。妊娠ストールで育ったブタは使わない、という方針を打ち出したホールフーズ・マーケットやチポトレ・メキシカン・グリル［メキシコ料理レストランチェーン店］が、米国動物愛護協会の優良食品企業リストの一番上にあるというのは頷けるだろう。だが、バーガーキングがタコベルよりも順位が低く、スターバックスの方がダンキンドーナツよりも下で、ヒルトンホテルとウォルマートの順位が並んでいるなんて、知っている人はいるだろうか？　ヒルトンホテルは動物愛護の基準が低いそうだから予約したスイートルームをキャンセルしよう、なんて言う人がいるだろうか？　人が、自分は「正しく生産された肉」だけを食べる、と言っても、僕の経験から言うと、それがせいぜいリップサービスにすぎないのはこういうわけだ。悪くすると、それは「故意の無知」である。

僕には、ヴィーガニズムは単なる一時的な流行ではないという確信がある。流行で終わるにはあまりにも多くの若者がヴィーガニズムにコミットしているからだ。でも、それがニッチ（隙間市場）の域を出ないかもしれないという懸念はある。ヴィーガニズムが社会に与え得る影響は、たとえば他の人たちが乳製品と肉を主食とする不可解なケトン食に切り替えただけで、完全に打ち消されてしまう。ヴィーガニズムというのは、動物の権利が勝利しつつある結果というよりも、社会の分断の印なのかもしれない。この数十年、アメリカとヨーロッパでさえ、動物性食品の消費量は増加した。現在は、少なくとも一人あたりの消費量は頭打ちになっているが、一方で、アジアとアフリカでは消費量が急増している。世界全体では、二〇一九年には食肉の総生産量が減少している——主に中国で発生した豚熱のせいで、世界のブタの五分の一が死んだためだ。二〇二〇年にも、新型コロナウイルスの蔓延によって若干減少しているが、大局的に見ると状況は厳しい。人間に飼育される家畜の総体重は、世界中の野生哺乳動物の総体重の一四倍にもなるし、ニワトリその他の家禽類の総体重は世界中の野生の鳥の三倍に及ぶ。僕たちは本当に、野生哺乳動物の素晴らしさよりもレッドミートの方が一四倍の価値があると思っているのだろうか？　国際連合の予測によれば、二〇二八年までに、世界の食肉の需要は三億六四〇〇万トンに達する。このペースで上昇を続ければ、この数字は二〇三五年には四億トンになる。これは地球上のすべての人間の総体重を上回る数字だ。人類という生物種は、自分たちの総体重とほぼ同じ量の動物を毎年食べているのである。世界資源研究所は、牛乳と肉の消費量は、今後の三〇年間、過去五〇年よりも速いペースで増加すると予測している。悲惨な生涯を送る動物の数も増え続ける。そんななかで、いわゆるヴィーガン革命はどうなっていくのだろう？

人間に一番近い動物、ボノボ［コンゴに生息するチンパンジー属の類人猿。ピグミーチンパンジーとも言う］とチンパンジーは、主に菜食だが肉も若干食べる（またジェーン・グドールは、チンパンジーがシロアリを獲って食べるところを目撃している）。人間が肉を食べるように進化した可能性は高いが、その量は、現在僕たちが食べているほど大量ではない。先進国の住民は、一九世紀の三倍の肉を食べている。牛乳を飲むのは自然なことではないし、チーズは慣れなければ美味しくない。パルメザンチーズには、未消化の食べ物と同様にブタン酸が含まれており、そのため上等なイタリア産のパルメザンチーズはほんの少し嘔吐物の香りがする。サルデーニャには、生きた蛆虫《うじむし》を含むヒツジのチーズもある（現在は違法）――味覚というのは文化的なものなのだ。人はこういう味に慣れて好きになるものだが、それでも、変わった味であるということは自覚する。フランス人は、チーズのなかでもカマンベールチーズを一番多く食べるが、それでもその匂いは汗をかいた足の臭いと同じだとされる。

フード・ライターのビー・ウィルソンは、「人はみな、生まれてまず乳を飲む。その後は人それぞれだ」と言った。実際には、ほとんどすべての子どもが、物心つく前に肉を食べ始める。「つまり人間は、古くからの慣習につきものであり、社会に順応するプレッシャーによってより強固なものとなる偏見に左右されることなく、正しい情報にしたがって意識的に、動物の肉を食べると決めるわけではないのである」――動物の解放を説く哲学者、ピーター・シンガーはそう主張する。ジャーナリストのマルタ・ザラスカは、著書『人類はなぜ肉食をやめられないのか　250万年の愛と妄想のはてに』の中で、人がヴィーガンになるのがとても難しい理由をいくつか挙げている。昔から肉が、蛋白質とビタミンの供給源として広く普及していること。文化的生活の大きな一部であること。政府から補助金が出ること。その味――旨味と脂肪――を再現するのが難しいこと。ということは、家畜産業を変貌させる一番簡単な方法は、肉を生産する他の方法を考案することだ。

幹細胞肉の可能性

オランダで、鉄道の駅の外に立っていると、肉の未来が革のジャケットを着て現れた。ピーター・ヴァーストレートは、白髪交じりの、人生に疲れたといった風情の五九歳で、その職歴のほとんどを伝統的な食肉業界で過ごしてきた。だが、もしも彼が開発中の技術が十分に機能するならば、牛肉、鶏肉、豚肉を生産する畜産場も、養魚場も、事実上不要になる。

「同じことをもっと効率的にできるならば、人は大抵そうするよ。歴史を見ればそれがわかる」。コーヒーとマフィンを食べながら話そうと席に着くと、ヴァーストレートが言った。「これは間違いなく実現するよ」

その技術とは、「幹細胞肉」のことだ。「培養肉」とか「クリーンミート」と呼ばれることもある。僕は、今から二〇～三〇年のうちにこの技術がこれまでの肉に取って代わるだろう、という興奮気味の報道を耳にしたことがある。実際この技術は、他のどんな技術よりも、人間と動物の関係を変容させられる可能性が高い。これは正真正銘の、良いとこ取りの選択肢だ。この技術への期待が高まったのは、二〇一三年に、ヴァーストレートと彼のパートナーであるマーク・ポストが、培養肉のハンバーガーをロンドンでお披露目したときのことだ。このハンバーガーができるまでには二五万ユーロという天文学的な金額を要した――出資したのは、グーグルの共同創設者であるセルゲイ・ブリンだ。ただしヴァーストレートは、実験室の準備のためのさまざまな出費を含むこの数字が「宣伝用のネタ」であることを認めている。

アメリカ人の食生活の中心的存在であるハンバーガーを培養肉で作るというアイデアを思いついたのは、ブリンのスタッフだった。もともとヴァーストレートとポストが考えていたのは、培養のもととなった幹細胞を提供したブタが駆け回る舞台の上で、その細胞から作ったソーセージを供するというものだった。「ウシに舞台を歩かせるのは実際的じゃないし、ウシを列車に乗せてロンドンに運ぶのもあまり現実的じゃなかった」とヴァーストレートは言う。いずれにせよ、挽き肉のもととなった幹細胞を提供したウシはすでに死んでいた――煩雑なお役所の手続きを避けるために、チームは生きたウシではなく、食肉処理場から入手した幹細胞を使ったからだ。

どんな革命でも、約束されたことと現実は大きく食い違うことがある。二〇一三年に作られたハンバーガーは、概念実証のためのものであり、血も、脂肪も、味も欠けていた。「肉っぽい質感はあったよ。でも完全に無味無臭だった」と、それを実際に食べた一握りの人間の一人であるヴァーストレートは認める。しかもそれは、完全に動物と無関係に作られたわけでもなかった――細胞は、妊娠中の雌牛から採取したウシ胎仔血清の中で培養されたのである（これは動物愛護活動家を激高させる行為である。雌牛は殺され、取り出された胎仔は生かされて、その生きた心臓から、養分豊富な血清を含む血液が採取される）。それにそのハンバーガーが大量生産される可能性はなかった。研究者らは、一つひとつの幹細胞を手作業で培養しなければならなかったのだ。「あれは多分、人類の歴史上最も地球に優しくないハンバーガーだったね」とヴァーストレートは言う。「笑えるよね」

僕たちが会ったのは、ロンドンでハンバーガーが披露された数年後だが、幹細胞から作る肉の開発はまだまだ先が長いということに僕は驚いた。ヴァーストレートとポストが二〇一六年に作ったモサ・ミートという会社は、一三五〇万ユーロの投資を集めようとしたが、実際に集まったのはその半分の額だった。ブリンには、その全額を提供することもできたはずだ――グーグルの親会社は、四時間ごとにそれと同額の利益をあげるのだから。だがブリンは、自分が関心があるのはプロトタイプを作ることだけだと明言していた。だからこの革命は資金不足なのである。二〇一三年以降にモサ・ハンバーガーを試した人はいない。モサ・ミートは、牛肉の赤色のもとであり味に決定的な役割を果たすミオグロビンという蛋白質に代わるものを開発中だ。モサ・ミートは、適切な脂質と色をした、でも作るために動物の血清を必要としない「ハンバーガー2・0」を作ることを目標としている。

モサ・ミートの最終的な目標はとても野心的なものだ――高級牛肉の細胞組織を人工的に再現しようというのである。モサ・ミートが考える最良のシナリオは、食肉界のテスラとして、本物より優れた超高級製品を作り、その後に大衆市場に販路を広げるというものだ。「肉と車の共通点は、客が――特に男性はそうだと思うが――本物を欲しがる、ということだ。テスラはそれを変えた。僕たちは肉で同じことをしたいんだ」

もう何十年も前から、僕たちはそれを待っている。一九三二年、ウィンストン・チャーチルは未来を予測し、五〇年以内に人間は「胸肉や手羽肉を食べるためにニワトリをまるまる一羽育てるという馬鹿げたことをしなくなり、こうした各部位を、適切な媒体を使って個別に作れるようになるだろう」と言った（一説によればチャーチルは、一九一二年に臓器移植でノーベル賞を受賞したアレクシス・キャレルに刺激されたらしい。チャーチルはまた、「気候は我々の言うことをきく」とも予言したが、これはこれで別問題である）。

幹細胞肉の開発は、幹細胞研究とヒト組織工学の進展に依るところが大きい。一九九〇年代、オランダの大学で、動物から採取できる幹細胞の特定が始まった。当時ヴァーストレートはサラ・リーという食肉生産会社で働いていた。「嘘はつかないよ。良心の呵責はなかったんだ」と彼は認める。だが、二〇〇二年のある日、突然一人の老人がオフィスにやって来た。それはウィレム・ヴァン・エイレンだった——現在では「培養肉のゴッドファーザー」と呼ばれる人だ。ヴァン・エイレンは、一〇代の終わりにオランダ領東インド（現在のインドネシア）で日本軍の捕虜となった。周囲には飢えと虐待があふれていた。後日彼は、家畜を飼うことなしに肉を生産することへの関心は、当時彼が目撃した恐ろしい光景に起因すると言っている。「初め、彼は頭がおかしいと思ったよ」とヴァーストレートは言う。「だが僕の妻は生物学者でね。すでに、医療用の、少量の心筋組織を扱っていた。週末に顕微鏡を覗いたら、細胞が脈打ってるのが見えたのを覚えているよ」。その映像が頭にあったヴァーストレートは、ヴァン・エイレンの言っていることはそんなに的外れでもないのかもしれないと考えた。

二〇〇六年、国際連合による画期的な報告書が、食肉産業が環境に与える影響を浮き彫りにする。報告書は、地球の土地の三〇パーセント、温室効果ガス排出量の一八パーセントを食肉産業が占めている、と結論していた（その後の調査で、後者の数字は下方修正されている）。なかでもウシ、ヒツジ、ヤギの肉の生産による被害は突出していた。その一方で、動物の権利擁護活動家たちもまた、幹細胞肉に興味を持つようになっていった。二〇〇八年には「動物の倫理的扱いを求める人々の会」が、ニワトリを殺さない鶏肉を低価格で生産できる技術を四年以内に開発した人に一〇〇万ドルの報奨金を出す、と申し出た。だがこの報奨金は少なすぎ、与えられた期間は（その後二年延長されたが、それでも）短すぎた。多くの科学者が予想したとおり、報奨金は結局誰の手にも渡らなかった。ヴァーストレートとポストの資金も底をつき、プロジェクトが頓挫しかけたとき、一時的ではあるがセルゲイ・ブリンがプロジェクトに救いの手を差し伸べた。モサ・ミートはなんとか生き残ったが、根本的な問題は解決していない。

モサ・ミートは、動物が関与しない媒体を使って食肉様の繊維を培養することが技術的には可能なはずである。本当に重要な問題は、それがいくらでできるのか、ということだ。「ハンバーガー一個が一〇〇ユーロになれば、それは大きな前進だが、大変なのは、一〇〇ユーロから一〇ユーロ、五ユーロ、二ユーロに下げることなんだ」。マクドナルドで提供できるくらい安くなければならないのである。それができるかどうかは、細胞を培養する培養基にかかっている。モサ・ミートにはまだ、安い蛋白質と糖を分解して、個々の細胞が処理できる形にする技術がない――ウシの腸の働きに代わる技術である。それが可能になってから、サプライチェーンを構築して規制当局の認可を得るには何年もかかる。モサ・ミートの肉が食べられるようになるのは早くても二〇二二年の終わりであり、それも、ほんのいくつかのレストランだけだ。

ステーキ用の肉となると課題はさらに大きく、細胞から老廃物を排出する血管の働きを再現する管構造などが必要になる。だが、もしもそれがうまくいけば、それは豚肉や鶏肉、魚肉にすら使えるはずだ。「筋肉ならどんなものでも培養できるんだ」とヴァーストレートは言う。「僕たちが牛肉を開発しているのは、牛肉が一番環境への負荷が高いからだよ。いつかは、人間が動物に対してこの一万年間やってきたことを、非常に非論理的だと考える人たちの時代になるよ。人は将来、動物を、食べたり傷つけたり、好き勝手に扱ってはいけないものと認識するようになるんだ」

モサ・ミートの最大の競合相手はおそらく、二〇一六年に世界初の幹細胞肉ミートボールを、翌年には世界初の幹細胞鶏肉を発表したメンフィス・ミートだろう。彼らは二〇一九年までに、ビル・ゲイツ、リチャード・ブランソン、さらにアメリカ最大級の食肉販売企業のうちの二社、タイソン・フーズとカーギルなどから、一億八〇〇〇万ドルの資金を調達し、試験生産のための工場の建設を計画している。モサ・ミートもその後、投資家からさらに八五〇〇万ドルを集めているが、メンフィス・ミートが事実上、一歩先んじたことになる。

幹細胞肉は、不自然であるとか品質が劣っていると見られやすい。アンケート調査で幹細胞肉を食べてもいいと答えた人の割合は、一六パーセントから六五パーセントまでさまざまだ。それをなんと呼ぶかによってもかなりの違いが出る。たとえば「クリーンミート」の方が「ミート2・0」より魅力的なようである――僕ならば、「屠殺不要」の肉、と呼ぶ方がそのどちらよりも良いと思うが。一九九五年に業界が行ったアンケート調査によれば、イギリス人の四分の三は遺伝子操作された食品を食べることを否定しなかった。だがそれから二〇年経った今、「フランケンシュタイン食品」に対する不安感はなくならず、イギリスでは遺伝子組み換え作物の栽培は禁じられている。

一方、仮に今日、抗生物質をたっぷり与えられ、ぎゅうぎゅう詰めで飼われている家畜の肉を買いたいか、と消費者に尋ねれば、おそらく答えはノーだろう。ヴァーストレートは、幹細胞肉について子どもに説明したときの彼らの反応について話してくれた――「子どもはまず、お友だちを食べられるの?と訊くんだ。子どもって自由だからね。そして答えは、そう、食べられるんだ」

だがこうした試みはいずれも、まだまだこれからだ。幹細胞肉は今のところはまだ、安くて魅力的な製品ではなく、興味深い可能性の域を出ない。二〇二〇年一二月にはシンガポールが、チキンナゲットを作る鶏肉という形での幹細胞肉の安全性を承認する最初の国となった。その商品化がうまくいくことを僕は願っている。だが、動物を殺さずに肉を食べられる将来的な見通しが、現在の消費者の選択に影響を与えるとは僕は思わない。肉を食べないという選択は今すぐにできる。そしてカリフォルニアでは、ハンバーガーの味を楽しみながら、肉を食べることをやめられるのだ。

植物由来肉の時代がやって来る

「野生動物が好きな人は？」

パット・ブラウンは、生まれつき子どもを喜ばせるのが得意なわけではないが、少なくとも努力はしている。今日は社員の家族のためのイベントを、シリコンバレーの芝生の上で開催中だ。野外テントの前に立つ彼は、緑色のジャケットにジーンズを身に着け、Tシャツには「Happy cows come from mad scientist.（幸せなウシを育てるのは狂った科学者）」と書いてある。

「子どもたちに訊きたいんだ。ホットドッグやフィッシュスティック［白身の魚を揚げたもの］が好きな人はいるかな？　それが死んだ動物からできてるのが嬉しい人はいる？　誰もいない？」

十数人の子どもたちが、ちょっと困ったような顔で彼を見つめる。ブラウンにとって、この子どもたちこそが未来であり、未来に肉は存在しない。「僕が言うことが間違ってたら、後で僕のことボコボコにしていいよ。でもね、君たちが大人になる頃には、君たちが食べる肉は動物の肉じゃなくなってるんだ。僕は大統領選挙に出てるわけじゃないけど、これだけは約束するよ」

まずは現実を見てみよう。ブラウンは、ほぼ間違いなく過去最高に説得力のある肉の代替品を作った、カリフォルニアを拠点とする二つの企業の一つであるインポッシブル・フーズ社の創業者だ。もう一つの企業はビヨンド・ミート社である。どちらの企業もブラウンという名前のヴィーガンが創業者であり、どちらもビル・ゲイツの投資を受けているので混乱しやすいが、インポッシブル・フーズ社が販売するのはハンバーガーと豚肉だし、ビヨンド・ミート社は、ハンバーガー、ソーセージ、ミンチ肉を売っている。幹細胞肉が辿り着く未来の話をしているのではない。これはもうすでに存在している。

ビヨンド・バーガーは、エンドウマメから作られる蛋白質と、血の赤い色を再現するためにビーツを使っている。インポッシブル・フーズ社が使うのはヘムである。ヘムというのはダイズに含まれる蛋白質で、遺伝子操作した酵母を使って生産され、それ自体に血のように見える効果がある。インポッシブル・フーズの「肉」には、その他に約二〇種類の成分が含まれており、そのなかには工場で生産されたものもあるので、批判する人はそれらを加工度が高いと言って冷笑する。

僕が初めてビヨンド・ミート社のハンバーガーを食べたのは、ベジタリアンになって四年経ったときだった。普通のベジ・バーガーと見た目は変わらなかったが、形がちょっときちんとしすぎていた。一口食べると、それはまるで——ほんの一瞬だが——ずっと白黒で見てきた風景がカラーになったみたいだった。少なくとも僕にとっては、それは本物の肉にものすごく似ていて、区別がつかなかったのだ。インポッシブル・バーガーも同じくらい美味しかった。普通のハンバーガーとこれのどちらかを選ばなければならず、僕が動物や環境に関心がなかったとしたら、コインを投げて裏表で決めるしかないだろう。

パット・ブラウンは、選択肢など要らないと思っている。畜産業は環境的には大失敗であると彼は考えており、それを二〇三五年までに世界中で終焉させたいのだ。彼が非常に面白いのはそこだ——彼は、人間が動物を食べ物として見なくなる世界を心に描く数少ない人間の一人なのである。英国王立動物虐待防止協会をはじめとする活動団体が動物福祉の基準を改善しようと努め、ヴィガニュアリーが個人の選択について語っている一方で、ブラウンは経済戦争を起こそうとしている。二〇〇万年以上の昔、人間の祖先は、他の動物が残した屍《しかばね》から肉をあさった。その後、ホモ・サピエンスは狩猟を覚えた。およそ一万一〇〇〇年前になると、現生人類が家畜を飼うようになった。シリコンバレーの基準で考えても、二〇〇万年続いた人間の歴史を二〇年で終わらせるというのはかなり大胆だ。

僕は、それまでに行ったことのあるすべての家畜場のことを考えた——何百年も前からウェールズの丘でヒツジを飼ってきた人たち。アマゾンのジャングルを奪いつつあるブラジルの牧場主たち。モンゴルの農家にとって、ウマは家族の一員であると同時に食べ物でもあった。ブラウンが思い描く世界では、そうした家畜たちの暮らしは今とは根本的に違ったものになる。ヴィーガニズムは、ハリウッドの有名人や理屈っぽすぎる活動家や一月に限ってダイエットに勤しむ人たちだけのものではなく、あらゆる人が常に実践するものになるのだ。そしてそれは気づかないうちにこっそりと起こる——なぜなら、肉が大好きな人が、肉と変わらない味がする製品に切り替えるだけなのだから。

僕はシリコンバレーで働いていたことがある。ブラウンが子ども向けのいつもの話を終えると——終わってホッとしたのは彼だけでなく子どもたちも同様だったが——僕たちはテントの中で静かに話せる場所を見つけ、僕は彼に、彼のビジョンは単なる宣伝の仕掛け以上のものなのか、と尋ねた。

「僕たちが解決しようとしている問題は、現在進行中の大惨事なんです。気候変動は緊急事態で、生物多様性の崩壊は、多分それよりもさらに緊急の問題です」——ちょっと機械的な口調で彼は言った。家畜産業が生み出す温室効果ガスや森林破壊の量を減らす方法は他にもある。たとえば牛糞はエネルギーに変えることができるし、食品廃棄物を減らすこともできる——人間が食べるために世界中で生産される食べ物のうち、約三分の一は食卓にのぼることはないのである。だが、肉をすべて代替品に替えることは、他のどんなやり方よりも効果が大きい。

それにしても、二〇三五年だなんて、ブラウンは本気で言っているのだろうか？　「一つには——十分な利益が出るようになって、その利益を事業拡大のために注ぎ込めば、指数関数的な成長が見込めます。次に、現在の食肉業界と僕たちは競合関係にありますが、僕たちの方が経営構造的に優れています。食肉は商品化が進んでいる業界ではありますが——いや、ある意味では、だからこそ——彼らには投入原価を大幅に下げることはできません。土地、水、肥料、殺虫剤、労働力——僕たちのやり方なら、こうしたものはずっと少なくて済みます」

僕と彼が話をした時点で、アメリカ国内だけで七二万か所以上の畜牛場と六万か所以上の酪農場があり、九五〇〇万頭のウシが飼われている。だがブラウンは、その規模には動じない。彼には感傷的なところが一つもない。

疑うということも彼は知らない——単に経済効率がすべてなのだ。

「牛肉って脆い業界なんですよ、わかります？　利益率が低いんです。牛肉業界——少なくともアメリカの牛肉業界は、利幅は一桁です。計画周期は二年半——ウシは、受精から屠殺まで平均してそれくらいの時間がかかりますからね。つまり、二年半先の需要を予測しなければならない。一方僕たちはどんどん成長しています。毎年売り上げが二倍以上になっており、天井は見えません。僕たちの製品は常に改良されていますからね。常に革新を続けているんです。ウシの進化は一〇〇万年前に止まっていますけどね」

こういう短絡的な発言をするから、立派な科学者であるにもかかわらずブラウンは、口蹄疫の流行と同じくらい食肉業界で忌み嫌われている。家畜の生産性は、育種や集約農業のおかげで実際には改善されているのだ。牧草地一ヘクタールあたりの牛肉または牛乳の生産量は、一九六〇年代の二倍になっている。ヨーロッパとアメリカで生産される牛肉は、南米やサハラ以南のアフリカで生産される牛肉と比べ、温室効果ガス排出量もずっと少ない。この点について訊いてもブラウンは、畜産農家の生産性は「ほぼ限界に達している」としか答えない。公正を期して言うならば、僕は生産性の向上が動物福祉に与えている悪影響を見てきているので、これは信じられない言葉ではない。生産効率が改善されたのは、家畜を屋内で飼い、穀物を食べさせていることが一因だ。熱力学の法則も関係がある。食物連鎖の上位に行けば行くほど、その動物が自身のために使えるエネルギー量は減っていく。家畜は生きるためにエネルギーを消費する。ニワトリやブタは、ウシよりも効率的に植物を肉に変える。だが、そもそも人間がその植物を食べるのが何よりも一番効率的なのである。蛋白質一グラムあたりで考えると、肉は、植物性の代替製品の二倍から一四倍の温室効果ガスを排出する——豆腐やエンドウマメやレンズマメよりも効率が悪いのだ。

植物由来の肉は、アメリカの食肉市場の一パーセント程度を占める。インポッシブル・フーズ社の牛挽き肉の市場占有率は〇・一パーセントに満たない。ブラウンは、短期目標を二〇パーセントに設定している。彼によればこれは「完全に実現可能」な数字だ。そうなった時点で牛肉業界は崩壊するだろう、と彼は言う。食肉及び乳製品の生産者は現在、毎年一〇〇〇億ドル近い融資を、投資会社、年金基金、バークレイズやJPモルガン・チェースといった銀行などから新たに受け取っている。植物由来の肉が普及すれば、「投資家、金融機関、保険会社、ビジネスパートナーなどは、『ああ、この業界はもう先がないな』と考えますよ。資金を調達したりパートナーを見つけたりするのは難しくなるばかりでしょう。斜陽産業だと思われますからね」とブラウンは言う。その言葉からは、彼が、その移行がかなり容赦ないものになると考えていることが明らかだ。

世界の畜産市場の売り上げは、年間一兆二〇〇〇億ドルにのぼる。メキシコの国内総生産とほぼ同額だ。牛乳、チーズ、それに海産物を加えるまでもなく、インポッシブル・フーズが取って代わろうとしている市場はかくも大きいのである。そうですよね?と言うと、パット・ブラウンは頷く。インポッシブル・フーズだけでそれが可能なんですか?　彼は首を横に振り、パートナーシップの可能性を指摘する――インポッシブル・フーズがその技術のライセンスを供与する、ということだ。

ブラウンは、インポッシブル・フーズの売り上げを毎年倍増させることを目標としている。妥当な計画に聞こえるが、実は、グーグルは少なくとも二〇〇六年以降は売り上げ倍増を達成していないし、フェイスブックも二〇〇七年以降は二回しかそれを成し遂げていない。ブラウンによれば、インポッシブル・フーズは少数の作物に頼る必要がない。蛋白質は、ホウレンソウやロメインレタスやアルファルファからも分離できるのだ。アルファルファは特に効率が良い――ブラウンの計算によれば、世界の陸地の三パーセントでアルファルファを栽培すれば、人類が必要とする蛋白質のすべてを生産することが可能である。でも、現在インポッシブル・フーズはアルファルファを原料として使っていない。なぜならアルファルファの栽培農家が少なすぎるからだ。

自分の信念にあまりにも確信があるからなのか、それともこの主張をあまりにも頻繁に繰り返しているからなのか、ブラウンという人物には好感を持ちにくい。一つの業界を強引に破壊しようというのは、ある独特の性格の人間でなければできないことだ。屋外テントの外では、子どもたち――いや、むしろその親たちが、ブラウンと写真を撮りたがり、植物由来の肉の時代の預言者を引っ張っていってしまったので、僕はその場を離れ、参加者の一群が「一、二、三、へム！」と言いながら写真を撮っている横で、インポッシブル・バーガーを自分で作った――ヴィーガンのチーズを乗せて。

僕は駅に戻るためにウーバーを呼んだ。運転手は、インポッシブル・バーガーなんて聞いたこともなかった。畜産業の終焉まで、二〇三五年というのはずいぶん時間がないように思える。だからといってそれが間違った野望だとは思わないが。

工場畜産の経済的破綻――ファッション業界と動物

二〇一九年、アメリカの酪農家の一〇パーセントが廃業した――平均すると一日九軒だ。アメリカ最大の牛乳の生産者であるディーン・フーズ社が破産を申請し、一時はアメリカ最大の乳製品企業だったボーデン・デイリー社もそれに続いた。ディーン・フーズ社とボーデン・デイリー社はその原因の一つとして、アーモンドミルクや豆乳といった牛乳の代替品の人気が高まっていることを挙げている。一九七四年、リチャード・ニクソンは、大統領としての最後の食事を牛乳で流し込んだが、それ以来、平均的なアメリカ人が飲む牛乳の量は、年間一一〇リットルから六五リットルへ、四〇パーセント減少した。ヴィーガン時代の到来だ。

――と言いたいところだが、実際はそんなことはない。アメリカでは、牛乳の需要は未だ拡大しているのだ。一九七五年以降、乳製品の消費量は二割増加している。そのまま飲む牛乳の消費量は減ったが、チーズとヨーグルトの消費量の増加がそれを補って余りあるのである（目安としては、一〇〇グラムのチーズを作るには一リットルの牛乳が要る）。ヴィーガンが非難されているが、酪農家にとっての本当の問題は、酪農業界が少数の大企業に集約されていることなのだ。いずれにしても、苦境に立たされるのは中・小規模の酪農家である。

肉や乳製品を食べるのをやめる、というのは過激な行為だとよく言われる。だが、実はそれは、僕たちが現在進んでいる道ほど過激ではない。パット・ブラウンの言うことは正しい——ある動物に食べさせるために別の動物を育てる、というのは実に非効率的だ。世界の人口は増え続け、発展途上国は豊かになりつつある。そのための新たな肉、乳製品、卵がどこから調達されるのかはわからない。今のシステムがこのまま続くなら、二〇五〇年には、二〇一〇年と比べて六億ヘクタール多くの耕地と牧草地が必要になる、と、ワシントンDCにあるシンクタンク、世界資源研究所は述べている。これは、欧州連合諸国の面積を足し合わせたよりも大きな土地面積であり、現在は二酸化炭素を貯蔵している、森林その他の自然生態系がそのために転換されることになる。

僕たちは、今ほどたくさん肉を食べるのをやめるか、さもなければ温室効果ガス排出量が本当に危険なレベルにまで高まるのを覚悟しなければならない。それに、動物も大量に絶滅するだろう。オランダ環境評価庁が行ったある調査は、近年失われた生物多様性（生物種の豊富さ）の六割がたは、食物の生産によるものだと結論している。僕は娘たちに、人間が自然界を破壊したのはそれが美味しかったからだ、なんて言いたくない。僕たちはすでに、工場畜産によって進化の過程を歪めてしまっている。もしもこのまま人間が、森を農地に変え続け、地球を熱し続けるならば、僕たちは進化の過程を粉々にしてしまうことだろう。動物愛護活動家と環境保護活動家がいがみ合うのが無意味なことだと言うのは、何よりもこれが理由なのだ——なぜならヴィーガニズムは、どちらにとっても最優先課題のはずなのだから。

肉を食べない世界というのはどんなふうだろう？　当たり前だが、畜牛場、養鶏場、養羊場、養豚場その他、意識を持った無数の生き物が飼われ、地球の表面積のかなりの部分を占める畜産場はそこには存在しない。現在、家畜の餌を——特にアメリカとブラジルで——栽培するために使われている何百万ヘクタールもの土地は、人間の食べ物を育てるのに使われるか、野生に戻され、二酸化炭素の回収・貯留に使われるだろう。僕たちが肉と乳製品を食べなくなれば、地球上の農地は約四分の一に減らせるのだ。現在の農地の一部は、旅行者が訪れる森や自然保護区になって、農家やその子どもたち――その多くは、もともと農業には興味がない――がそこで働けるかもしれない。この本の後半で説明するが、それが、環境保全運動の基盤になる可能性もある。

（必要な農地の面積をさらに減らす、垂直農法という方法もある。倉庫で、ＬＥＤ〔発光ダイオード〕照明を使い、作物を上下に並べて栽培する方法だ。この方法がすごいのは、どんな気候の地域でも、人々が暮らす場所の近くで、一年中食べ物を育てられるというところだ。三億ドルの資金を調達したベルリンのインファーム社によれば、彼らの垂直型農場は、従来の農場と比べ、使用する土地は九九パーセント、水は九五パーセント、輸送費は九〇パーセント、肥料は七五パーセントの削減になる。生育環境は管理されているので殺虫剤も必要ない。一〇階建ての垂直型農場で小麦を育てれば、その収穫量は、現在世界中の小麦農場で平均的に収穫される量の六〇〇倍にもなるという。ただ問題は、そのような施設の建造費と光熱費は、農地に種を蒔き太陽の光で育てるのと比べて天文学的な金額になる、という点だ。現時点では、屋内農場で栽培されるレタスやハーブは、高額で栄養価が低く、利潤はなかなか出せないでいる。小麦その他の食品が栽培できるのはまだまだ先の話だ）

肉を食べない世界からは、食肉処理場や食肉加工場も姿を消す――もっとも、ほとんどの人はそんなものは見たこともないし、なくなっても気がつかないだろうが。僕は、フォージ・ファーム・ミートが集合住宅になったところを想像する。最初のうち、買う方は尻込みするかもしれないが、ほんの数年経てば、遊びに来た人たちに「ここが以前何だったたか、絶対わからないと思うよ」と、意気揚々と言うようになることだろう。多分、「プラー〔剝皮機〕」という名前の、クラフトビールが飲めるバーもできると思う。

野菜、豆類、果物の生産量は増え、インポッシブル・バーガーをはじめとする、幹細胞肉あるいは発酵を利用した蛋白質などの新しい食品の製造工場ができるだろう。ソーラーフーズというフィンランドの会社は、水素、太陽光発電、それに細菌を使った小麦粉を製造する。これがうまくいくかどうかは、生産費と味、そして、環境を汚染せずに水素が生産できるかどうかにかかっている。シリコンバレーを拠点とする著述家で、インポッシブル・フーズが二〇三五年に向けて掲げるビジョンを真剣に受け止めている数少ない人物の一人であるトニー・セバは、発酵食品の価格は動物性食品の半分以下で、平均的なアメリカの家族は年間一二〇〇ドルの節約になるだろうと言っている。だが今はまだ、僕の家の近くのスーパーマーケットでは、ビヨンド・バーガー――これは発酵ベースではなくビーツの絞り汁を使ったものだが――の一グラムあたりの価格は、普通のハンバーガーの二倍近い。その理由の一つは、ビヨンド・バーガーがお気に入りのエンドウマメが、たとえばダイズと比べて高価だからだ。だが、安く買えるヴィーガン仕様のファストフードはすでに存在する。インポッシブル・バーガーはアメリカのバーガーキングで食べられるし、ビヨンド・ミートのチキンナゲットはケンタッキーフライドチキンにある。イギリスでチェーン展開するベーカリー、グレッグスは、ヴィーガンのソーセージを使ったロールパンが大人気となり、従業員に一人あたり三〇〇ポンドの臨時ボーナスを支払ったほどだ。ヴィーガニズムは、エリートたちの間で一時的に流行しているだけだとか、高価すぎて貧乏人には手が出ないなどと批判されることもある。だが実は、誰もが手の届く価格の代替蛋白質製品はすでに存在するのだ――その概念と味を受け入れることが前提だが。

家畜を飼うのは肉のためだけではない。僕はモンゴルで、家畜を飼う遊牧民のテントを訪問したことがある。紅茶に似ているると言えなくもないものを飲みながらその人は、動物のあらゆる部分の活用方法を説明してくれた――羊毛でできたテントの壁や、ラクダの皮膚でできた綱を指差しながら。モンゴルの遊牧民の創意工夫ぶりは徹底している――元遊牧民だったある人は、ヒツジを殺した後、半分消化された牧草をその胃から取り出して塩漬けにし、冬の間、他のヒツジに食べさせるのだと教えてくれた。

西欧でも、動物の死骸には、服や薬を作ったり、その他いくつかの用途がある。良心のある西欧人消費者なら誰でも、「動物の倫理的扱いを求める人々の会」(ＰＥＴＡ)が展開した「毛皮を着るぐらいなら裸の方が良いわ」

という広告キャンペーンのおかげで、動物の毛皮をめぐる問題は理解している。これは一九九〇年代に始まったキャンペーンで、タイラ・バンクスやデニス・ロッドマンといった有名人が登場する。だが毛皮以外については見落とされがちだ。たとえば僕は、僕の耐寒ジャケットの内側や掛け布団や枕に本物の羽毛が使われていることは知っていたが、フワフワした白と灰色の羽毛と食肉業界を結びつけて考えたことはなかった。

ファッションに羽根を取り入れる――特に帽子にだが――ことが、世界でも一番古い動物保護団体の一つが組織される動機になったことを考えると、これは奇妙なことだ。英国鳥類保護協会ができたのは一八八九年で、創設したのは、帽子に羽根が使われることに危機感を感じた女性たちである。協会のメンバーは、食べ物のために殺されたのでない鳥の羽根を身に着けないと誓った――ただし「ダチョウの羽根だけは例外」だったが。こういう羽根の使い方は目立つものだったけれど、僕たちが今使っている羽根は目立たない。

今日衣料品に使われる羽根のほとんどは、屠殺場で殺されたガチョウやカモのものだ。「生まれたてのガチョウの雛は子どもみたいですよ」と、ある飼育場のマネージャーは言った。「すぐに人間への刷り込みが起きて、人間を自分の生活の一部にしようとするんです」。カモやガチョウの羽根が生え替わるように進化したのは、一部には暖かい巣を作るためだ。牛乳と同じく、子どもがより快適に生きられるようにすることを意図して環境に適応したのである。ところが人間の手にかかると、それはその動物が短くて恵まれない一生を送る理由になってしまう。ガチョウは、生後わずか八週間で、性的に成熟せずに殺されることが多い。ガチョウの肉など決して食べないという人も、ガチョウの羽毛入りのジャケットは喜んで身に着ける。ガチョウの視点で見れば、人間が使うのが身体のどの部分であろうが違いはない――臓器提供者登録書で提供臓器を指定したわけではないのだから。ガチョウはどうせ食用に殺されるのだから、羽毛を他のことに使ったところで彼らの身に起こることには影響しない、とつい考えたくなるが、実は羽毛の売り上げが、食肉業界を経済的に支えているのだ。

羽毛の供給源にはもっとひどいところもある。飼育場によっては、まだ生きているガチョウやカモの羽根を引き抜くのである。そうすれば羽根は再び生え、また引き抜くことができるからだ。動物愛護活動家は、生きたままの羽毛採取を、誰かがあなたの頭を押さえつけて髪を引き抜くようなもの、と要約する。カモにとって、人間に取り扱われるだけでも大変なストレスだ。カモ農場の動画には恐ろしい光景が写っている。

肉についてはは少なくとも、自分が住んでいるところの近くで、厳しい飼育基準に沿ったものであることを願いながら購入することが可能だ。だが、世界中で使われている羽毛の八〇パーセントは、品質基準が往々にして低く、基準を満たしていない危険性が高い中国で生産されている。中国で鴨肉の需要が高まっていることと、僕たちが暖かいコートを買えることは直接つながっているのだ。欧州連合加盟国においてすら、高い倫理性を持つアウトドア製品のブランド、パタゴニアのジャケットに使われる羽毛の一部が、ハンガリーの鴨農場でフォアグラを作るために強制的に餌を食べさせられるカモからのものであったことがわかっている。ガチョウとカモは水鳥だが、飼育場には泳げるところがないこともあり、常に地面に立っているのは彼らの脚への負担が大きい。

僕たちは、自分が食べる肉がどこから来たものであるかをほとんど知らない。革となればなおさらだ。アパレル会社は、使用する革がどこの屠殺場から来たものであるかを突き止めるのに苦労する。ましてどこの飼育場で飼われていたかなどわからない。

衣料品関係の盲点を何よりもよく表しているのがインドの革製品だ。インドでは伝統的に、ウシが幸福であることが人間を繁栄させると考えられており、ウシは殺してはならず、乳を提供してくれることに感謝すべきとされる。「ウシを護る、というのはヒンドゥー教の核心です。ウシを護るインド人がいる限りヒンドゥー教は生き続けるでしょう」とガンジーは言った。彼はまた、ウシを「最も純粋な（ヒト以外の）動物」「無数のインド人にとっての母親のようなもの」とも呼んでいる。ただし彼は、ウシが死んだらヒンドゥー教徒はそれを利用してもいいとも言っている。インドではウシが交通渋滞を引き起こすことは、誰もが知っている。だがインドでは、多数のウシと同時に（神聖とされない）水牛も飼われており、その数は、インド以外の国で飼われている水牛をすべて足し合わせたよりも多い。そしてインドは世界最大の革の生産国である。

インドでは、年間に二一〇〇万頭のウシ類（ウシと水牛）が殺される――ドイツの六倍、アメリカの三三〇〇万頭にも引けを取らない数字である。インドのほとんどの州ではウシの屠殺場は禁じられているので、多くのウシが、食肉加工場の経営が合法であるところ、ときには隣国バングラデシュまで、歩いての過酷な移動を余儀なくされる。バングラデシュでは、フランスで殺されるウシよりも多くの水牛を屠殺している。PETAは、死んだ水牛がまだ生きている水牛の目の前で皮を剝がれる様子を記録している。近年、ナレンドラ・モディ政権は、屠殺場の取り締まりを強めている。それ自体は歓迎すべきことではあるが、その弊害は、（a）ヒンドゥー教至上主義者と、屠殺場を経営するイスラム教徒の間の緊張を高めることと、（b）屠殺場がさらに遠くなることによる問題の悪化である。インドの革産業から得られる厳然たる教訓は、肉を食べなくなるだけでは不十分だということだ――僕たちは、動物から作られる製品を使うのをやめなければならないのだ。肉を食べない世界では、何千種類もの代替製品が必要になる。そして、フェイクファーやフェイクレザーの台頭が、それが可能であることを示している。

ヴィーガンの世界では、勝つ人間と負ける人間がいる。もしも動物性食品がメニューから消えても、今と同じ大企業――モンサント、ユニリーバ、タイソン・フーズなど――が相変わらず食品業界を牛耳ることだろう。彼らには、メンフィス・ミートやインポッシブル・フーズなどのスタートアップ企業を買収することができるからだ。たとえ動物性食品がメニューから消えるようなことがなくても、万が一のために、彼らはおそらくそうするのではないだろうか。マクドナルドのようなファストフードのチェーンは、原料の供給先を替えはするだろうが、消費者に提供する経験自体は基本的には変わらない。二〇一四年、ヘルマン社は、ヴィーガン・マヨネーズの製造会社を告訴した。マヨネーズというのは、その定義からして、卵を含んでいなければならない、というのがその主張だ。裁判は調停によって解決し、近頃ではヘルマン社も独自のヴィーガン・マヨネーズを販売している。

もともとのマヨネーズと「同じように美味しい」という（もっともな）謳い文句だ。伝統的な食肉生産会社のなかには、こんなふうに進化することが困難なところもあるだろう――アメリカの大手自動車会社が、電気自動車の開発への投資についていけなかったように。アルゼンチンのような食肉の輸出国は大きな打撃を受けるだろう。中国のように、家畜の餌の輸入に依存している国はまだマシだ。モンゴルのように耕作地がほとんどない国では、家畜の生産を完全にやめてしまったら食料の確保が保障できなくなってしまう。エチオピアの人々は、経済的な安定を動物に頼っているし、サハラ以南のアフリカに発酵工場を建ててそれを維持するのには、パット・ブラウンが思い描くフランチャイズ方式では対処できないほど複雑な事情が伴う。現時点では、畜産場の排除を論じて意味があるのは、肉に代わる蛋白質の供給源が確保できる裕福な国だけだ。ヨーロッパ諸国とアメリカが動物性食品を減らせるなら、他の国々もそれに追随するだろう。

では動物たちはどうなるだろうか。ヒツジもブタもウシも、今ほど大量には要らなくなるので、その数は減るだろう。ただし、ヒツジもブタもウシも、現在のような形で存在するようにはもともとできておらず、自然界に適応していない。地球上の生態系の多くは、こうして家畜化された動物を必要としていないのだ。畜産をやめれば僕たちは、人間の食欲を満たすために人間が創り出した突然変異体ではなく、野生の環境に適応した動物のことに注意を集中させやすくなるだろう。

人間の社会は、変化するのが特徴だ。鯨油からケロシン（灯油）へ。ウマから自動車へ。化石燃料から代替燃料へ。印刷された新聞からウェブサイトへ。他にもいろいろある。こうした変化のなかには、迅速に起きたもの（鯨油の九五パーセントは、三五年間のうちに他のものに取って代わられた）もあるし、もっと時間がかかったものも、端的に言って夢物語にすぎなかったもの（原子力発電は、一部の人が期待したようにはついぞ成功しなかった）もある。

肉がなくなるとしたら、それはゆっくりと起こるだろう――正当化できないほどゆっくりと。食肉産業は世界中に広がっている。サプライチェーンを再構築するには巨大な資本投下が必要だし、製品は伝統文化と密接に結びついている。幹細胞肉が社会にもたらす恩恵は大きいかもしれないが、消費者一人ひとりにとってのそれは限定的だ。牧場で飼育されたウシと味も価格も同じ幹細胞肉ができればそれは素晴らしい偉業だが、それでも自動車がウマに取って代わったときほどの大きな飛躍ではない。現在飼育されているウシ、ブタ、ニワトリで、二〇三五年にもまだ生きている個体はいないわけだが、屠殺場から冷蔵トラックへ、そして肉屋へ――という流通システムは持久性がある。それに、大企業が経営難になっても、政府の援助を請えば与えられる。一九世紀後半のアメリカで、安価なマーガリンの登場によってバターの売り上げが被害を受けたとき、ニューヨーク州をはじめとする乳製品の生産州は、マーガリンの販売を禁じたり、課税したりし、連邦政府がこれに追随した。ウィスコンシン州では一九六七年まで、黄色いマーガリンを製造することは禁じられていた。

とは言うものの、動物性食品に対する締めつけは始まっている。スーパーマーケットでは、販売する食品のカーボン・フットプリントを計算するようになっている。この先スーパーマーケットは、牛肉の在庫を減らし、植物由来の代替品の在庫を増やすことになるだろう。政府は、環境上の理由一つとっても、現在のタバコと同じように、食肉に重税を課すべきだ。もしもインポッシブル・バーガーが普通のハンバーガーより一ドル安かったら、僕たちは本当に、動物を苦しませ、環境を汚染することを選ぶだろうか？　だが、肉を食べるのをやめる人があまりにも少ない現状では、それは政治的な意味では難しい。一九八〇～一九九〇年代にアメリカでタバコ税が増額されたのは、喫煙率が、最盛期だった一九六〇年代の五分の一にまで低下してからのことだ。しかもアメリカ人の成人のうち、喫煙者は最盛期でさえ半分に満たなかったのに対し、肉を食べる人は九〇パーセントを超えるのである。政府はまた、畜産業への助成金支給をやめるべきだ。世界中の畜産農家には年間六〇〇〇億ドルの助成金が支払われており、それに伴う環境面での縛りもほとんどないのである。だが、助成金制度はあまりにもしっかりと定着してしまっていて、それをなくすのは、乳牛を針の穴に通すより難しい。

可能な限りの善行を行おうとする功利主義哲学に基づく慈善団体オープン・フィランソロピーで、動物福祉を専門とするルイス・ボラードによれば、政府にとっては「誰かの金を取り上げるよりも、より多くの金をばら撒く方が簡単」だ。だから、植物由来食品にもっと助成金を要求する方が、食肉への助成金を減らせと言うよりも、活動としてはうまくいくだろう。欧州連合によるイノベーション政策「ホライズン2020」は、年間約一〇〇〇万ドルを植物由来蛋白質の研究開発支援に充てることを約束している。植物由来食品の選択肢が増えるにつれて、その支援者も増えていく。世界最大の乾燥エンドウマメの生産・輸出国であるカナダの農産業には今や、ヴィーガン仕様の代替食品の普及を目指してロビー活動を行う理由があるのだ。

ボラードは、植物由来食品市場の拡大をエネルギー分野になぞらえる——そこでは、助成金とイノベーションのおかげで風力エネルギーと太陽光エネルギーの価格が下がる一方、環境規制によって石炭の価格が上昇しているのである。「ええ、イノベーションは必要ですよ」と彼は言う。「逆からのアプローチも必要です。工場畜産で生産された肉はどうしたら魅力がなくなるのか？　どうやったらその経費を業界に負担させられるのか？」。この一例が、ニュージャージー州選出の上院議員、コリー・ブッカーだ。ブッカーは、二〇二〇年、民主党指名の大統領候補を目指す初めてのヴィーガンとなった。彼の場合、政府が人々に何を食べろと指図すべきだとは考えていないということを明確にしなければならなかった。それどころか、より多くのアメリカ人がヴィーガンになるべきだと言うことさえできなかった。だが彼は、工場畜産に規制をかけたがっている。消費者がほとんど知らないワースト・プラクティスを、政府が禁じてどこがいけない？　家畜には、自由に動き回り、他の個体と交流できるだけの空間が与えられるべきだし、食肉加工場の従業員は不要なリスクに晒されるべきではない——こうした理念は、ヴィーガンのみならず、倫理的な畜産場を家族で営む、現在大手の畜産会社に経営を圧迫されている畜産農家にも支持されている。「投票と消費行動の隔たり」現象——たとえばカリフォルニア州では、それまで平飼い卵を買おうとしなかった消費者が、平飼いを義務づける法案を住民投票で可決した——が起きたことは、どのようなお金の使い方をする人であろうとも、市民として政治的な声を上げる心構えができつつあるということを示している。

工場畜産は、いずれ経済的に破綻する。二〇一八年には、カリフォルニア州の住民投票により、妊娠ストールの中で育てられた家畜の肉の販売が二〇二二年以降禁じられることになった［実際には養豚業界がこの決定について告訴し、二〇二三年五月にようやく最高裁で法案支持の判決が下された］。法案の文言は厳密なもので、業界で「放し飼い」と定義される内容――つまり、雌ブタの一生の四〇パーセントは檻の中で飼われてもよい――は法律的には不合格である。仮に妥協点が見つかったとしても、養豚業界において、今から五年、一〇年後に妊娠ストールが許されているかどうかは疑わしい。「養豚業者は今も、妊娠ストールが備わっている施設を新たに建設しています。彼らは大金を失うことになるでしょう」とボラードは言う。年間約四〇〇億ドルを売り上げるタイソン・フーズ社は、耐久年数数十年とされる家畜飼育施設や機械を所有している。理論上、これらはいずれ座礁資産となり、不要の長物となって、所有者が損害を被ることになるだろう。

インポッシブル・バーガーだけで畜産業を殺すことはできないだろうが、同様の影響を与える戦略はいろいろある。「人は常に特効薬的な解決策を求めるものです」とボラードは言う。「パット・ブラウンは、誰よりもその特効薬に近いところにいるかもしれません。でも私個人的には、特効薬はいくつもあるんだと思いますね」

動物性食品を摂るのを一人ひとりがやめることで、政府が行動を起こすことが可能になる。すると今度は政府による規制が、食肉の生産がどういうものかについて人々の認識を高める。規制によって食肉生産者は、より安い動物性食品を次々に送り出すことができなくなる。妊娠ストールやすし詰めの鶏舎に対するこれまでの反対運動がなかったら、現在のようなヴィーガン・ブームは起こらなかったはずだ。僕たちは、学校や公共の施設でのヴィーガン食提供を求める運動をするべきである。僕たちが、消費者として、市民として行動することで、肉食の終焉を早めることができるかもしれないのだ。

実践可能な食生活

僕たちが何者であるかは、何を食べるかで決まる。動物というものの特徴の一つは、自分で自分の食べ物を産生する植物と違い、自分以外の生き物を食べるという点である。ファインバーグとマラットの理論によれば、意識というもの自体、地球上最初の捕食者が最初の獲物を捕らえるため、そして獲物が捕食者から逃れるために誕生したものだ。ヴィーガンだけの世界では、人間は一風変わった動物――捕食者でもなければ獲物でもない――になる。それは重要なことだろうか?

ときとして人は、ヴィーガンだらけの社会というのは今よりも平和だけれども他者に対して批判的だと憶測する。僕は、ヴィーガンだけの社会といっても、現在の社会と驚くほど似通っているのではないかと思っている。変わるのは一部の製品だけだし、その代替品はおそらく元の製品に非常に似ているだろう。たとえば、食器洗浄機の発明によって女性労働者が増えた、という劇的な変化と比べ、社会的な影響はもっとずっと地味なものであるはずだ。食器洗浄機の発明は人間の社会的行動そのものを変化させた。一方、ヴィーガンになっても、どこへ行き、誰と会話し、何を言うかが変化するわけではない。皿の上に載っているものに、食事しながらの会話の内容を左右させる必要はない。大物みたいに振る舞いたければ、Tボーンステーキを食べるのと同じように、ヴィーガン料理を食べながらでもそれはできる。ヴィーガンになっても食通は食通でいられる――むしろ、皿の上にある食べ物は自分という人間と共鳴するものであるべきだ、という考え方の理論的な延長線上にあるのがヴィーガニズムなのだ。食生活を変えるというのは、性格を変えるということではない。それは単に、論理的に考えるということにすぎない。気候変動を何とかしたければ、ベジタリアンになっただけではあまり効果はない。動物愛護に関心があるならば、牛乳と卵は最後にやめるのではなく、最初にやめるべきなのだ。

肉は僕たちの文化と伝統の一部だ、と僕たちは考える。だが実際は、必要不可欠なのは「食べ物」なのであって、ヴィーガンだって食べ物は食べる。ヴィーガンになったことが僕のクリスマスに与えた影響は、動画ストリーミングの登場が与えた影響よりずっと小さい。ヴィーガニズムは、動物たちの暮らしと地球の未来を変容させるが、人間の日常生活に与える影響は、いったん新しいレシピのいくつかに慣れてしまえば、あとはほとんど気づかないくらい小さいのだ。

僕の場合、ヴィーガニズムに一目惚れしたわけではなく、むしろそれは唯一残された選択肢だった。今では僕が作るヴィーガン料理は、肉や乳製品を使った料理よりも健康的だし、少なくとも九〇パーセントくらいは同じくらい美味しい。説教する気はない。ヴィーガニズムに関しては、人それぞれにやり方を選ぶしかない。徹底してヴィーガンになるのか？　ハチミツはどうする？　服は？　子どももヴィーガンにさせるのか？

僕の娘はベジタリアンで、強制的にヴィーガンにする気はないが、豆乳やオーツミルク［オート麦から作られたミルク］の味に慣れさせようとはしている――いつの日か、自分でヴィーガンになろうと決めやすくなるように。アニメ『シンプソンズ』には、リサがベジタリアンになり、ホーマーに、ベーコン、ハム、ポークチョップはすべて同じ動物が原料なので食べられない、と説明する回がある。ホーマーは笑って「そのとおりだよリサ、素敵な、魅力的な動物だ」と答える。僕の娘、エリザの反応はまったく逆だ――僕が食べないものがあるのがわかっていて、その範囲を懸命に広げようとする。「パスタは食べていいの？　ナスは？」とエリザが訊く。僕が思うにこのことは、子どもたちにとって、自分が食べるものと絵本の中の動物たちとを結びつけるのがいかに難しいかということを示している。

僕自身は、ほぼ完全なヴィーガンを目指している。ヴィーガン・シューズとヴィーガンの財布も買った――ただし、友人の、ヴィーガンでないバースデーケーキを一切れもらうのは今もやめられないが。僕の友人のなかで誰よりも徹底したヴィーガンの一人は、知人の家に行っても食材のラベル表記をチェックし、出された料理に動物性食品が含まれないことを確認することで知られるが、休暇で海外旅行に行くとその間はヴィーガンでなくなる。「年に五〇週間ヴィーガンなら十分だ」と彼は言う。奇妙なことだと僕は思うが、偽善だとは思わない。何よりも重要なのは、システムを変え、何が普通かを変えることであり、そのためには、ヴィーガンのライフスタイルが、常に神経質でいるということではなく、快適なものであることを周囲に示す方が効果的だ。完全に潔癖なヴィーガンでいることよりも、ヴィーガニズムは実践可能であるということを見せる方が大事なのだ。美味しいヴィーガン料理を作れば、みんなそれを食べるだろう――ネタバレになるが、大抵の人はそれを気に入るものだ。

僕の場合、食べる肉の量を減らし始めてからベジタリアンになるまでに数年かかった。ヴィーガンになるまでにはさらに数年を要した。それは少しずつ起きることなのだ。でも僕は、動物を愛するためにはそれが何よりも重要だと思っている。動物愛テストで、近代的な畜産業ほど明らかに、かつ大々的に落第するものはない。自然保護活動家と動物愛護活動家をこれほど完璧に結びつけるものもない。野生動物のドキュメンタリーや猫の動画を観ても動物を助けることはできないが、肉を食べるのをやめれば、家畜を苦しみから救えるし、野生動物の居場所を作れるのだ。

フランスの哲学者、ジャック・デリダは「僕は気持ちだけはベジタリアンだ」というような意味のことを言ったことがあると聞く。そういう人を僕はたくさん知っている。そして思うのだ――肉と乳製品をやめる人が増えれば増えるほど、時流に乗っかる人も増えるだろう。すでに肉を食べるのをやめた人にも会う。ただしそこには注意書きが一つ付いてくる。彼らは言うのだ――「私は肉は食べないの。魚は食べるけど」。では、魚は食べてもかまわないのだろうか？

4　損をするのはいつも海

さらにまた、海の普遍的食人主義を考えてみよ。海では生きとし生けるものどもが、互いに相食み、この世のはじめから永遠の闘争をつづけているのだ。

ハーマン・メルヴィル『Moby-Dick』一八五一年
（邦訳『白鯨』角川書店、二〇一五年、富田彬・訳）

ニジマス釣り体験

「全然オッケー！」と、僕の釣り針が二メートルばかり先の湖面を打つのを見て釣りの先生のブライアンが叫ぶ。彼が言っているのはテクニックのことだ。僕が考えているのは倫理観の問題だ。いずれにせよ、すべてが満足できるレベルだとは僕は思わない。

僕は緑色の釣り竿を、耳の横に電話みたいに持ち上げてから、期待というよりは祈るような気持ちで投げる。自分が釣り針に引っ掛からないように、僕は念のため防護眼鏡をかけている。釣り針は今度もほんの二メートル先に落ちる。辞書だってもっと遠くまで飛ばせただろう。魚にとっても多分その方が危険だっただろうと思う。

一日中しとしとと小雨が降っている――スコットランドの評判を落とし、住民のユーモアのセンスを育む類の雨だ。僕はよりによってこんな日に、釣りを習うことにしたのだった。

魚は、動物愛テストに独特の問題を提起する。乳牛や産卵鶏の虐待に嫌悪感を覚えるのは簡単だが、タラやマグロについてはそうはいかない。魚は泣き叫ぶことができない——彼らの感情は僕たちにはわからないのだ。

釣りが産業であるだけでなく趣味でもあるのは、そこに一因がある。アメリカでは、三六〇〇万人近い成人が釣りをする。アメリカ人全体では七人に一人、アラバマ州、ケンタッキー州、ミシシッピ州、テネシー州では五人に一人である。彼らは、平均すると年間に一三日間、一二九〇ドルを釣りに費やす。二〇年前、釣りは、参加型のスポーツとしてはイギリスで最も人気があった。当時イギリスで一番有名なニュース番組の司会者だったジェレミー・パックスマンは、釣りへの情熱を綴った『Fish, Fishing and the Meaning of Life（魚と釣りと人生の意味）』という本を書いている。その中で彼は、釣りに反対する動物擁護活動家たちのことを「新種の清教主義者」と呼んで非難した——「彼らは、楽しい思いをしている人たちが許せないのだ。彼らの主張は、魚も温血動物と同じように痛みを感じるという前提に立っている」。釣りをする人たちは今も、魚には意識がなく、痛みも感じないと考える傾向にある。近年、釣りの人気は衰えているものの、イギリスでは今なお、参加する人が最も多いスポーツの上位二〇位内に入る。

「難しくないよ！　誰でもできるようになるさ！」とブライアンが大声で言う。僕みたいに、左足のブーツが水漏れしたりしていないに違いない。愛想が良く、小太りで頰の赤いブライアンは、過去にブルース・ウィリスが顧客だったこともあり、鉄道の線路と荒れ地に挟まれたこの湖で三〇年以上釣りをしている。

僕たちの目の前に広がる湖のどこかに、最大数キロにもなるニジマスがいる。ニジマスは餌が欲しいが、自分は食べられたくない。ブライアンと僕は、彼らを騙して金色の釣り針に引っ掛け、数秒間——ひょっとしたら一分くらい——岸に釣り上げて、達成感を味わい、写真を撮りたいわけだ。

フライフィッシングなので、餌はつけず、使うのはハエに似せた釣り針だけだ。餌の代わりに、魚が我慢できないくらい近くまで釣り針を近づけるのである。ブライアンは、釣り針が沈むまで待ってから、それが湖面に浮かび上がるまでなめらかに釣り糸を巻き取るのだと教えてくれる。そして僕たちは、釣り糸が魚の重さでピンと張るのを期待して待つ。

投げる。待つ。引く。期待する。

投げる。待つ。引く。期待する。

雨の中、そうやって三〇分経っても魚はかからない。僕たちはずぶ濡れだ――もっと困ったことに、魚も水の中のままだ。

ブライアンは、やむなく別のテクニックを試す。釣り糸を断続的にグイッと引っ張るのである――その動きがニジマスを混乱させることを願って。

「こうやると魚が考えるんだよ！」と彼が言う。

考え方が足りないのか、考えすぎなのか、それでもニジマスはかからない。今や雨は土砂降りだ。

僕はブライアンに、ニジマスは他の魚より頭がいいんだろうか、と訊く。

とそのとき、釣り糸がピンと張った。魚だ！　かかったんだ！　期待のあまり僕は身体をこわばらせる。ブライアンが竿を掴み、釣り糸を引く。ニジマスはバタバタと身をくねらせた後、静かになる。それから再び、二メートル先の水面に姿を現したニジマスの身体は、ビクビクッと動きながら光っている。

「引き上げろ！」とブライアンが言う。

僕の頭の中では、ニジマスはもう岸に上がったも同じだ。だが三秒後、ニジマスは姿を消した。釣り糸がだらんとする。釣り針は空っぽだ。

「魚を逃がすことは誰にでもあるさ」とブライアンが言う。「俺だって逃がすこともある」

僕はキャスティングを続ける。北海から東風が吹き、気温は〇度に近いはずだ。僕は集中できない。再びニジマスが引っ掛かるが、またもやその姿は消えて二度と戻ってこない。ギブアップだ――収穫なし。「二匹釣れたんだがな」とブライアンが言う。「普通は初心者でも五、六匹は釣れるんだ」。雨が――より正確には、周囲の草地から流れ込んだ水が——湖の水を濁らせている。「五月から六月にかけてがいいんだ」とブライアンが言う。

今は二月である。僕たちはとぼとぼと木造のクラブハウスに戻る。僕の左足のブーツはびしょ濡れでなかなか脱げない。

僕にとって、釣りをすることはある意味、隠喩の実体験に他ならない。日常的に使っている言葉の語源を辿るようなものだ——たとえば、「hooked［虜になる、はまる］」「fishing expedition［探りを入れる］」「fish where the fish are［可能性のあるところで努力せよという意味の諺《ことわざ》］」。釣り人は実際に、同じ川に二度足を踏み入れることは決してない、とブライアンは言った。川底の砂が動いたかもしれないし、丸太が流れてきたかもしれないからだ。

ブライアンにとって、釣りは現実からの逃避だ。スコットランド独立論（ブライアンは賛成派）とほとんどの政治家（ブライアンは嫌っている）について熱弁しながら、彼は現代社会が人々を分断させていることに触れ、「だから釣りってもんがあるんだよ」と言う。彼にしてみれば、近くの川で釣りをするための年間ライセンス料四五ポンドは超お買い得だ。「四五ポンドじゃ酒飲みに行くこともできないぜ！」

釣りには作法がある——どういう魚を、どういう道具を使って釣ってよいのか。この湖では、「ブービーフライ」を使うことは禁じられている。魚があまりにも深く引っ掛かって、リリースできない可能性があるからだ。ダブルフックも、魚が釣れる確率は高くなるが、魚の口だけでなく目も引っ掛かってしまう可能性があるので使用禁止である。野生のブラウンマスを釣ることも、大きな魚だけを釣ることも禁じられている。優良な釣り人は、自らを自然界の保護者と考える。湖のほとりに二時間も立っていると、たしかに自然が親しく感じられる。雁や白鳥や風と自分が同調しているように感じるのだ。

ブライアンは、以前は競技としての釣りをしていたが、今では人と争うことにうんざりしている。「『俺様が一番だ』とか『あいつが一番だ』ってやつばっかりでさ。頭に来るんだ。川で釣りをすりゃあ、いつだって勝つのは川さ。せいぜい、一日だけ勝たせてくれることはあってもな。二、三匹釣らせてくれるかもわからん」

「いつだって勝つのは川」——心地良い言葉だが、後になって僕は、それが誤解を生みやすい言い方であることに気がついた。それは、魚が生き物であると思わなくさせるような言い方なのだ。僕たちは、自分が川を相手に闘っているつもりになっているが、実は人間こそが自然にとっての本当の敵なのである。人間は、あまりにも多くの魚を奪い、あまりにも多くの公害を撒き散らし、あまりにも多くのダメージを自然に与えている。川や海がいつも必ず勝つとは限らないのだ。現時点での予測では、川や海は敗北するだろう——その住民とともに。

混獲と乱獲

想像してみてほしい。先に気絶させることもせず、ゆっくりとブタを殺すところを。その際、やむなくリスやウサギやオオカミが一緒に屠殺場に送られ、殺されるところを。殺したブタの数を数えもせず、農作物ででもあるかのように、その重さだけを量ったとしたら？　それが殺すブタの数を最大限にするということであるにもかかわらず、その重量を最大にしようとしたらどうなるだろう？

レストランで鶏料理を注文したら、ウェイターが、頭がついたままのニワトリの屍を運んできたとしたら？　ブタをペットとして飼っているのに、病気になったことがわからず、獣医に連れて行きもしないとしたら？　野生のブタを捕まえて、動物園に入れたとしたら？

ジョン・レノンの『イマジン』の真似をするのはこのぐらいにしておこう。僕が言いたいのは、僕たちは魚に対して動物とは違った扱い方をしているということだ。漁船は、サメ、イルカ、カメを含む膨大な数の生き物を「混獲」する。それを捕獲するのが目的ではないにもかかわらず、網や釣り針にかかってしまうもののことだ。

世界の食料統計に関する主要な情報源である国連食糧農業機関（FAO）は、毎年殺される家畜の数は集計しているが、魚となると、その数ではなく水揚げ高が何百万トンあるかを推定することしかできない。各国政府、そしてグリーンピースでさえ、長期的に見て捕獲できる海水魚の数には限界があるかもしれないとは言おうとしない――それを言えばなくなる仕事があるからだ。だから彼らは、水産資源の持続が可能な捕獲量がどれくらいであるかについて議論するばかりである。タイソン・フーズやカーギルのような食肉加工の大手企業ですら、環境を破壊しない範囲で可能な限り多数の家畜を殺そうとしている、と言って自慢することはない。レストランでは、頭がついたままの鶏を食卓に出すことはとっくの昔に許容されなくなっているのに、目玉から何からそのまま、まるごと一匹の魚を供することは今でも歓迎される。それに、水族館にいるのは野生の魚を捕獲したものだが、それは動物園ではすでに多くの場合、非倫理的とされる行為である。さらに人間は、サンゴ礁のような、魚にとって最適な生息地を、汚染物質や気候変動によって破壊している。人間が魚のことを動物ほど大切に思わないがために、魚に加えられる危害が野放しにされる可能性は動物と比べてはるかに高いのだ。

一部の動物は非人間的な扱いを受けるが、魚は動物とさえみなされない。カニやロブスターを含む、その他の海洋生物も同様だ。問題は、僕たちは魚のことを知らないし、理解もできないということにある。グリーンピースで海洋生態系保全活動を担当するウィル・マッカランは、彼のチームが数年前にイギリスの消費者にマグロの大きさを尋ねたときのことを話してくれた。「ほとんどの人は、ツナ缶の大きさだと思っていましたよ」。イギリスと言えば、世界的にフィッシュ・アンド・チップスが有名だが、イギリスの消費者のほとんどはタラを見分けられない。正直に言うと、僕が自信を持ってタラとニシンを見分けられるのは、たった今グーグルで画像をチェックしたからだ。魚には、哺乳類、鳥類、両生類、それに爬虫類を合わせたのとほぼ同じくらいの種類があり、その数は三万五五〇〇種類以上にのぼるのである。

こういうことはすべて、ベジタリアンだと名乗る人の多くが死んだ魚を平気で食べるのはなぜなのか、ということを理解する助けになる。何しろカトリック教会だって、神を信じる人は、キリストに敬意を表するため金曜日には肉を食べてはいけないと言うが、魚は食べてもいいのである。平均すると、人間は一人年間二〇キロの魚を食べている。世界中の人が食べる魚の三分の一を消費する中国を除いても、一五キロである。魚を捕るのはあまりにも簡単になり、僕たちはその扱いに無神経だ――捕った魚の大部分は、すり潰されてブタや養殖魚の餌になるのである。まるで、この先もずっと、海には常にたっぷり魚がいるかのように。

僕はベジタリアンになる前に、魚を食べるのをほぼやめた。友人たちは、僕の優先順位のつけ方は混乱していると言った――まるで、ヘロインの依存症患者がおやつのグミを食べるのをやめたみたいだと。実を言うと僕は、魚の数が減少しているというニュースに危機感を抱いたのだ。一九七四年から二〇一五年の間に、過剰に捕獲される水産資源の割合は一〇パーセントから三三パーセントに上昇した。それが特にひどかった地域には、地中海と太平洋の南東地域が含まれていた。魚の数に関する過去からのデータはなかなか手に入らない。（論争の的となっている）ある推定によれば、僕たちはすでに海洋の大きな魚の九〇パーセントを捕り尽くしてしまった。一つ明らかなことは、人間が、食物連鎖の上位から下位まで、すべての魚を捕獲してきたということだ。体長ほんの数センチの甲殻類であるオキアミすら漁獲しているのである。

魚の個体数が減少するとともに、アホウドリからツノメドリまで、鳥の数もすでに減りつつある。世界の海鳥を対象としたこれまでで一番大規模な調査の結果によれば、その数は、一九五〇年から二〇一〇年までで七〇パーセント減少した。その主な理由が魚の乱獲だ。南極では、ペンギンの餌の一部はオキアミであり、商業的なオキアミ漁は、それが科学的理論に基づいて設定された漁獲量以内であっても、異常気象と同じくらいペンギンの個体数に影響する。サメ、クジラ、カメ、ペンギン、タコなどを含む、海洋生物のなかで最も大きくて識別しやすい生物種の三分の一が絶滅の危機に晒されている。たとえそれらが絶滅しなくても、個体数が減れば、たとえば栄養分を運ぶことによって海洋を豊かにする能力は大幅に低下するだろう。

現在の漁業はあまりにもだらしがなく無節操だ。海は、古い捕獲網や釣り糸だらけである——何かに引っ掛かったり破損したりしたために放置されたものだ。そうやって捨てられた漁具は、太平洋ゴミベルト——フランスの面積の三倍に及ぶ、ゴミの集積海域——のゴミの約半分近くを占める。毎年、漁具その他、人間が出すゴミに絡まってしまうアシカやアザラシ、クジラ目の生き物は数万頭にもなる。カメ、鳥類その他の生き物はおそらく数百万という単位だろう。メニューに載っている魚料理を注文するというのはそういうことなのだ。

ヨーロッパの人間、なかでもイギリス人にとって、タイセイヨウダラはこれまで、定番の、豊富に存在する魚だった。だが、どうやら僕たちはあまりにも食欲旺盛すぎたようだ。この数十年間、タイセイヨウダラの個体数は激減したり若干持ち直したりしながら減少を続けている。科学者が警鐘を鳴らしても、政府は漁業関係者の圧力に屈して、取るべき行動を十分に取らない。全体として見ると、ヨーロッパの水産資源のうち、三分の一の魚種は、科学者からの忠告にもかかわらず乱獲が続いている。この近視眼的な行為を支えているのは僕たち人間だ——世界中で、政府が漁業に注ぎ込む補助金は年間三五〇億ドルにのぼり、その大部分が、捕獲する魚の数を増やすために使われる。漁をする場所は動かせない。水産資源の三分の一は乱獲され、残る三分の二のほとんどは持続可能な限界（計算上の最適値）まで捕獲されている。一言で言えば、僕たちは、現在と同じ量の海水魚を捕獲し続けることはできないのだ。

一九九五年、海洋生物学者ダニエル・ポーリーは、「シフティング・ベースライン症候群」という言葉を考案した。水産科学者の世代が交代すると、新しい世代の水産科学者は魚の個体数の減少に気づかない、と彼は主張する。なぜなら彼らは、自分が水産科学者になった時点での個体数をベースラインとしてしまうからだ。「私たちは世界を変容させても、そのことを記憶していないのです」とポーリーは言う。たとえば二〇〇年前、北米大陸北東部のメイン湾では、おそらく現在の一〇倍のタラが捕れた。今、そのことを考慮した漁業計画などあるだろうか？

乱獲は明らかな問題であり、僕たちは、もっと調査を重ね、漁獲割当量を設定し、漁船を監視し、海洋保護区を作って（陸地の一五パーセントが保護されているのに対し、海洋保護区は七パーセントしかない）、この問題を解決しなければならないのだ。それなのに、なぜ僕たちは行動しないのだろう？　その理由の一つは、僕たちが魚を無尽蔵な資源だと思っていることにある。どうしてそう思うのか。一匹の雌のタラは、一か月に一〇〇万個の卵を産む。そして、地球の表面積の三分の二は海なのだ――いくら人間が食欲旺盛でも、すぐに回復するはずではないか？　だが、僕たちが目にしている魚の減少ぶりから、水産資源が有限であることはわかっている。

ということは、もしかしたら、問題を悪化させている要因があるのかもしれない――つまり、僕たちは魚のことを愛していないということだ。魚が乱獲されているかどうかはコンピューターモデルの問題であって、動物の生命に関わることではないのである。魚を動物扱いしないという意味では、僕もみんなと同罪だ。魚を食べるのをやめた後でさえ、実は僕は魚を動物だと思っていなかったのだ。

僕は学校の授業で『白鯨』を読んだことがある。そこには、海と陸がいかに違うかが如実に語られている。物語の語り手、イシュメルは、海は人間の「敵」であるばかりでなく、「自身の子孫に取り憑く悪霊」であると言う。彼は、「海の普遍的な残忍さ」と「緑あふれ、おだやかで、この上なくおとなしい大地」を対比させ、海は自然の最悪の部分を象徴しているのではないかと考える。水中の方が厳しい食物連鎖があるというのはとんでもない間違いだが、大砲で発射される銛は当時まだ発明されていなかったし、時折クジラが漁船を突き上げることもあったから、イシュメルがそう考えたのもまったく理解できないわけでもない。

『白鯨』は、今となっては陰惨な物語だ――なぜなら僕たちは、クジラを思いやる気持ちを持つようになっているからだ。グリーンピースが反捕鯨キャンペーンを本格的に始めたのは一九七五年のことで、そのわずか七年後には国際的に捕鯨が禁じられている。日本をはじめとする数か国はこのルールをねじ曲げようとしているが、クジラ目の数種類は個体数が回復している。一時は五〇〇頭を切ったザトウクジラの個体数は、この先一〇年ほどで、捕鯨が始まる以前の数に戻る可能性がある。シーワールド〔アメリカにある大規模な水族館〕が野生のオルカを捕獲する恐ろしい光景が映画『ブラックフィッシュ』で暴かれると、シーワールドの運営者は、オルカをショーに使うのをやめると約束した。クジラが浜に打ち上げられるたびに、テレビのニュースは大騒ぎをする。僕たちは、立ち往生した移民のことよりも、身動き取れなくなったクジラのことを考えたがるのだ。

「Save the Whales（クジラを救え）」というキャンペーンは、クジラを動物であると認めることから生まれたものだ。たしかに、シロナガスクジラとザトウクジラの絶滅の可能性は、現在の魚の乱獲についてと同様に数字がはっきりと示していた。一九七〇年代にスイスで出された、捕鯨禁止を求める請願書には、「二〇分に一頭のクジラが殺されている」と書かれていたほどだ。だが、精力的なグリーンピースの活動家となったニュージーランド出身の心理学者、ポール・スポングは、かつてバンクーバー水族館でオルカの研究をしていたことがある。ローリング・ストーンズの曲をオルカに聴かせた彼は、オルカには苦痛や喜びを感じる能力があり、複雑な社会関係を築くことができると主張した。人間は初めから、人間と同じ哺乳類であるクジラ目の動物を愛していたわけではないが、徐々に彼らを愛することを学んだのだ。それと同じことを、僕たちは魚に対してもするべきだろうか？僕たちは、魚の色のきれいさ、そのスピード、群れ泳ぐ様を愛でる。だが、クジラを愛するのと同じように彼らを愛するためには、魚は意識を持つ生き物だと信じる必要がある。動物愛テストの第一段階は、魚には感覚があるのか、あるとしたら何を感じるのかを理解することだ。

魚たちの感覚と思考

リン・スネッドンは、初めて飼った魚を覚えている。ボウ（弓）とかアロー（矢）といった名前をつけた、ペットの金魚だ。可愛がっていたが、ある日、飼い猫がすくい上げて寝室のカーペットに放り出してしまった。「クソ猫ったら」——猫の名前はギズモといった——「ブチ切れたわよ」

現在はスウェーデンのイェーテボリ大学の生物学者であるスネッドンは、僕たちが魚に対して抱いている先入観を覆し、動物の能力のすべてをきちんと認めるのを妨げている「種偏見」に異を唱えることに、その研究者としてのキャリアを捧げている。僕たちは、リバプール郊外の、彼女が研究の一部を行った水族館で会うことにした。

「魚にとって問題なのは……」。実験用の水槽のそばに立って彼女が言う。「人間は魚を食べるし、養殖するし、漁をするし、趣味として飼うし、一五ポンド払って水族館で眺めるし、研究もする、ということなの。こういう複雑な、いろいろなことが人間の頭の中にあるわけ」。魚についてどういうイメージを持つかは、幼少時代の最初の経験によっても違うのかもしれない。「私はまず最初に、魚をペットとして——美しいものとして——見たし、海洋生物学者のドキュメンタリーを観るのが大好きだったの」

魚の頭の中で何が起こっているかを知るための近道はない。科学者は、人間以外の動物の痛みを、実際に起こっているか起こる可能性がある、組織の損傷に関連する忌避反応であると定義する。難しいのは、それを痛覚——たとえば僕たちが熱いアイロンに触った瞬間に手を引っ込めるような、負の刺激に対する反応——とどう区別するかだ。スネッドンが言うには、動物が痛みを感じた場合、その結果として動物は素早く行動の仕方を変化させる。痛みを軽減させ、身体的損傷を防ぐためだ。痛みを軽減させる処置をすれば、こういう行動の変化は起こらない。

スネッドンの研究はまず、魚の身体に、負の刺激を知覚する力があることを示すことから始まった。哺乳類は、大脳新皮質を通して痛みを感じる。大脳新皮質は、人間の場合は頭頂にあり、複雑な感情を司る脳の部位である。魚には新皮質はないが、それは鳥も同じことで、カラスやオウムのような、洗練された学習能力を持つものにさえ新皮質はない。哺乳類や鳥類が共通して持っているのは、侵害受容器といって、身体に損傷を与える可能性のある刺激に対する警告を発するニューロンである。スネッドンは顕微鏡を使って、魚にも、人間のものに類似した侵害受容器があることを発見した。次に、神経細胞内の電気的活動を測定することで、ニジマス（ブライアンと僕がスコットランドで釣ろうとした魚）は侵害刺激を中枢神経で処理することを示した。つまり、彼らの反応は単に無意識のうちに起こる反射作用ではないということだ。

魚が痛みを感じることを示す兆候は他にもある。スネッドンの研究チームは、ニジマスに侵害刺激を与えた後に水槽に戻した。すると、ニジマスの呼吸が速まり、餌を食べ始めるまでに、通常一時間のところ三時間かかった。鎮痛薬を与えると、こうした影響は消失した。別の研究者は、金魚が、水槽の中の、電気ショックを受けたことがある特定の場所を避けることを発見している。人間は、痛みを軽減させるために薬局に行って金を払う。本格的に痛みをやわらげるためなら、副作用がある可能性も承知の上で受け入れる。スネッドンの研究チームは、医学研究に使われる小さい魚、ゼブラフィッシュを水槽に入れ、水以外何もない水域と、砂や水藻で装飾された水域のどちらかを選べるようにした。ゼブラフィッシュは装飾がある方を好んだ。ところが、何匹かに酸を注入した後、何もない水域の水に鎮痛剤を溶解させると、ゼブラフィッシュはそちらの方を好んだのである。「オッカムの剃刀」の原則によれば、物事は通常、一番シンプルな説明が正しい。ゼブラフィッシュが見せたこの行動の最もシンプルな説明は、人間の痛みに相当するものを彼らが経験したということだ。アヒルみたいに見えるものがアヒルみたいに鳴いたら、それはおそらくアヒルなのである。結局のところ、痛みを感じることは彼らの進化の上で有利だったはずだ——それによって、捕食者やその他の危険を避けることができるのだから。

魚のなかにはすでに、自己を認識している証拠を示しているものもある。サンゴ礁に棲む小さな魚、スズメダイは、タツノオトシゴの近縁種である細長い魚、ヘラヤガラに捕食される。研究によれば、スズメダイはヘラヤガラをその大きさによって識別できることがわかっている——自分を食べることができないほど小さいヘラヤガラは無視し、大きいものをしっかり見張るのである。このことは、スズメダイが自分の寸法を認識していることを示唆している。

二〇一八年には、他の魚についた寄生虫を捕食することで有名なソメワケベラが、魚類で初めて、鏡に映った自分の姿を認識していると思われる兆候を示し、オランウータン、バンドウイルカその他の動物の仲間入りをした。実験に使われたソメワケベラは、頭と喉に赤い染料を注入されて印がつけられ、鏡を置いた水槽に入れられた。鏡に映った自分の姿を見ると、一部のソメワケベラは奇妙な行動を取り、水槽の底に喉を擦りつけたのである。霊長類研究の第一人者、フランス・ドゥ・ヴァールは、ソメワケベラのこの行動を、マカクの自己認識に匹敵するものだとしている。

この二〇年ほどの間に行われた科学的研究は、魚には複雑な思考と社会的交流を行う能力があることを示唆している。魚は協力し合う。たとえばグレートバリアリーフでは、アイゴが二匹一組になって行動する。一匹が捕食者を見張り、もう一匹がサンゴの隙間に頭を突っ込んで餌を食べ、それから交代するのである――おそらくは、尾ひれを動かすことで意思疎通しながら。人間は、魚には表情がなく音も立てないと考える。だが、音を立てて意思疎通する魚種はいろいろある――歯をきしり合わせる魚もいるし、ひれと頭を擦り合わせるものもいる。魚は、群れになって泳ぐとき、見るもの、音、そして水の振動を混ぜ合わせて互いとの距離を保つ。そのこと自体、複雑な思考が関与している可能性が高いし、危険だが大きな報酬も期待できる群れの先頭に近いところを泳ぐべきかどうか、その決断もそうだ。

「哺乳類にできることなら何でも、それが魚にもできることを示す例を挙げることができるのよ」とスネッドンは言う。「ゾウがこういうことをした、と言えばあなたは、そうだろうね、と言うでしょう。ところがそれが魚になった途端、あなたはそれを疑うわよね」

魚は根本的に他の生き物とは違っていると考える科学者もいる。初期の動物の意識に関する理論を展開するトッド・ファインバーグとジョン・マラットは、魚には、すべての脊椎動物と同様に意識があると提唱しているが、痛みを感じるとは考えていない。神経学者、ジェームズ・D・ローズは、魚の侵害受容器の働きについても行動実験のやり方についても疑問を呈している。彼と彼の共同研究者たちは、魚が痛覚を発達させることは進化上の利点にはならないと主張する――魚は常に餌を探し続けなければならないため、捕食者から身を隠すことができないからだ。

だが、この点に関する最新の研究は、魚は痛みを感じるという考え方を裏づけている。動物が何をどこまで理解するかということについての僕たちの認識がどれほど広がったかを考えれば、さらなる証拠が見つかるのは確実だと思われる。もしも魚が痛みを感じるとしたら、魚を動物扱いしないことは突如難しくなる。人間と魚は同じ祖先から進化し、僕たちの身体には今も、その進化の特徴が残っている。古生物学者、ニール・シュービンは、著書『ヒトのなかの魚、魚のなかのヒト　最新科学が明らかにする人体進化35億年の旅』で、魚は人間とまったく同じように、二つの目、頭蓋骨と背骨、腕と脚ではなくひれではあるが四肢、左右対称の身体を持っている、と書いている。ストレスを感じれば、魚も人間もコルチゾールという同一のホルモンを産生する――一方、マウスやラットが産生するホルモンはこれとは異なるコルチコステロンだ。魚が医学研究に使われるという事実は、魚と人間にどれほど共通点が多いかを強く示すものだ。

こうしたことを知って、僕と魚の距離は縮まった。魚は海に浮かぶ農作物ではない。彼らの生命には価値があるのだ。

魚が痛みを感じるならば、動物を愛する人は、単に魚を数として捉えるのではなく、彼らがこの世界をどんなふうに体験しているかを考慮する必要がある。ブライアンとの釣りは、キャッチ・アンド・リリースだった。だから魚が釣れても直接殺しはしなかったわけだが、その本来の環境から連れ出し、ストレスを与え、水に戻った後の生存率を低くしただろう――ただ写真を撮り、達成感を感じるために。湖のほとりで平和を感じる方法なら他にもある。キャッチ・アンド・リリースという釣りの方法は、動物愛テストでは落第だが、もっと大きな問題が他にある。アリソン・ムードという研究者によれば、捕獲され、殺される魚の数は年間八〇〇〇億匹から二兆三〇〇〇億匹にのぼる。捕まえるのは僕でもブライアンでもない。

漁業という文化

天気の良いところが好きな人はガリシアには来ない。「スペインの雨は平野に降る」［ミュージカル映画『マイ・フェア・レディ』で歌われる歌の歌詞］というのは嘘で、スペインで一番雨が多いのが、スペイン北西部、ポルトガルの上に位置するガリシア州なのだ。ガリシアには名物が二つある——聖地巡礼と魚である。ここには、ヨーロッパ最大の巡礼地、サンティアゴ・デ・コンポステーラがある。また、ヨーロッパで一番大きい漁港ビーゴがあるのもここだ。ガリシアには毎年三〇万人の巡礼者が訪れる。と同時に、六〇万トンの魚もここに到着する——両者の違いは、カトリック教徒たちは自分の意思でやって来る、ということだ。

僕はここに、魚を求めてやって来た。ヨーロッパ最大の鮮魚市場が実際にはどんなふうであるかを見たかったのだ。午前六時に市場に着く。サッカーの競技場くらいの巨大な建物が埠頭のそばに並んでいる。取引はすでに二時間前から始まっている。魚を新鮮に保つためには建物の温度は摂氏四度に保たれるべきだが、港湾管理委員会は一二度で良しとしている——人間の気が変にならないように。コンクリートの床には魚の入った木箱が並んでいる。イワシやアンコウの入った桶。すでに内臓を取り除かれたガンギエイもある。オレンジ色をしたタコが数匹、木箱の中で絡まり合っている。お互いの身体の中に流れ込み、黒いインク溜まりの中で溶け合い、まるで一つの、長方形をしたゼリーみたいだ。

タコはどうやって殺すの？と僕はそこにいる男に訊く。「こうさ」と言うと、彼は一匹の頭を摑んで持ち上げ、それを裏返しにする——黒いはらわたがどろりとタコの腕に流れ出る。僕は、タコは飼うと面白いんだよ、と言うのはやめておくことにし、代わりに、あっちの――別の木箱に入っている――タコは死んでいるのかと訊く。誰にもはっきりとはわからないが、多分死んでいる、ということで意見が一致する。ヨーロッパクモガニはちゃんと生きている――大きくて、黒っぽいオレンジ色でゴツゴツし、あまり動かない――店員が脚を摑むまでは。

大きな建物の中をさらに進むと、ヨシキリザメとアオザメが積まれている。アオザメは、サメのなかで一番泳ぐのが速く、最高時速三二キロで泳ぐことができる。オリンピックの世界記録の数倍の速さだ。体長は四メートルにもなることがあり、水深八〇〇メートルまで潜り、水面から数メートル跳び上がって獲物を捕らえる。だが、この市場で重要なのは体重だ――三〇キロのもの、四〇キロのもの、五〇キロのもの。

ここでのメイン・イベントは、十数匹のメカジキだ。一番大きいのは体重が一五七キロある。「大したことないよ」と、僕を案内してくれている、ヘスースという名の港湾職員が言う。「二〇〇キロあることもあるんだ」。ものすごく大きいので、並べやすいように、吻《ふん》は切ってある。ラベルには、大西洋の北東部で捕れたものだと書かれている。

「水から上げられた魚［得意な環境から引き離されて元気がない状態を指す表現］」という言い方はちょっと公正さに欠ける。人間の目には、水揚げされたメカジキは堂々として見事である。その大きさ、美しい曲線、そして艶やかさ。ここでは、自然の生息地にいるメカジキでは決してできない形でそれらを堪能できる。海の中にいるものは、殺さない限り、人間が目にすることはめったにない。

僕は業者の一人に、魚の品質はどうやって判断するのかと尋ねる。「経験だね」と彼はため息をつく。「長年の経験だ」。僕を哀れんだのか、退屈したのか、彼は自らパコだと名乗り、簡単な個人授業を始める。彼によれば、一番重要なのは、水揚げされてから時間が経っていないこと。漁船は一週間漁に出ていることもある――初日に捕れた魚は、二日目に捕れた魚の半分の価値しかないこともあるのだ。

彼はメカジキの目を突いてその光沢を調べ、えらを押し広げて、内側の肉が黒いかどうかを見せてくれる。それから皮膚の状態を見定められるように体側の氷を払う。コツがわかった、と僕が思った頃、パコは今度は熱心にメカジキの腹の形の説明を始める。やれやれ、と僕は思う――死んだ一五七キロのメカジキなんかどうせ要らないや。

パコは、中国の漁船の魚網が、若い魚が逃げられないようにできていると不平を言う。プラスチックと気候変動についても。彼自身は、海に漁に出たことは一度しかない。彼は首に手をやって、「度胸がなきゃな」と言う。「海は厳しいからな。肝っ玉がなきゃな。海に出たら、船なんか脆いもんよ」

競りが始まった――値段が競り下がっていく。

「九ユーロ……八ユーロ九五……八ユーロ九〇……八ユーロ八五」

拡声器を持った男たちが、駐車監視員みたいに何の感情移入もなしに数字を読み上げる。これはサザビーのオークションとは違うのだ。だが、僕のお気に入りの競売人はときどき競りを中断して、メモ帳から顔を上げる――たった今車で自宅のリビングルームに突っ込み、車から出ようとしてつま先を何かにぶつけた人みたいな、がっかりした表情で。業者たちはそのことに気づきもしないが、僕は彼の努力に敬服する。

魚の競売では、誰かが買おうという意思を示すまで値段が下がっていく。その時点で買い手はその魚を詳しく検分する――一つひとつの木箱の魚をひっくり返し、傷がついていないか確かめるのだ。値段をだんだん下げていくやり方の利点は、検分の結果その値段に値しないと買い手が判断した場合、競りをそこから再開できるというところだ。そういうことが何度もあった。買い手が買うのをやめてしまうのだ。がっかりした競売人はますます意気消沈する――まるで、車でリビングルームに突っ込んでつま先をぶつけた上に、晩飯を解凍するのを忘れていたことに気がついたみたいな顔だ。

ビーゴは漁業の中心地である。魚のなかにはポルトガルから来たものもあるし、遠くはアイルランドから、高値がつくことを願う業者が運んできたものもある。だがビーゴにとって、鮮魚市場はほんの氷山の一角にすぎない。一九六〇年代、ガリシア人のあるグループが、漁業の未来は漁船で混み合う近海漁業ではなく、何千キロも離れた南太平洋にあるということに気づいた。彼らは、加工・冷凍設備を備えた「トロール漁船」隆盛の一翼を担った。冷凍は食肉業界から学んだ方法だ。それはつまり、捕獲した魚をすぐにその場で梱包して保存でき、漁船は何週間も漁をし続けることができるということである。ビーゴのほとんどの住民が、その最初のトロール漁船で働いた誰かを知っている。

ペスカノバというその会社は、アルゼンチン、ナミビア、モザンビーク、アンゴラの海域で漁をする権利を交渉で得た。ペスカノバは世界最大の水産会社となり、それは、納税申告がいい加減であることがわかり、緊急に企業体質の改善を迫られて経営危機に陥るまで続いた。今でもペスカノバは大企業だ――他の一二社とペスカノバを合わせた漁獲量は、世界の総漁獲高の一〇分の一以上を占める。現代の漁業技術には目を瞠るものがある。シーフード製品のなかには、港に着く時点ですでに、スーパーマーケットにそのまま並べられるよう加工されているものがある――ダンボールの箱入りで冷凍されて。漁船が何か月も漁を続けられるように、魚が海上で貨物船に移されることもある。

僕は市場から離れ、海岸に沿って、巨大な冷凍トロール船に向かって歩く。フォークランド諸島から、一五〇〇トンのイカを積んで戻ったばかりの船だ。ほとんど神話に出てきそうなほど大きい。この港にはたしかに神話めいたものを感じる。港の責任者は、人当たりのよい、元政治家だったエンリケ・ロペス・ヴェイガという男で、「海に生きる人たちは、躾はなってないが規律を求める」と言う。

ビーゴに来て僕は、漁業というのは魚とはほとんど関係がないということに気づいた。畜産農家は飼っている家畜を熟知し、経営状況や慣習の縛りのなかで動物の都合に合わせようとする。だが漁業は、魚を育てるのではなく、海中から引き揚げるのがその作業の中心になる。だから、業界内部の自制が利きにくい。ビーゴはまた、漁業に疑問を投げかけるのがなぜこれほど難しいのか、その理由を見せてくれた。魚には感情移入ができないというだけではないのだ。魚を捕る、ということは、家畜を飼うことよりも、人間の達成感に訴えかけるのである。人間は、農作を始める前から魚を捕っている。数時間前に捕れたばかりの新鮮な魚は、僕たちをその場所に結びつける。世界の反対側から運ばれてきた冷凍魚は、人間と荒海の闘いを象徴している。陸で暮らすように進化した生き物である僕たちはこうして、地球の表面積の三分の二を占める海を征服した。人間は水の上を歩くことはできないが、海で生計を立てることはできるというわけだ。

ビーゴでは、漁業に疑問を差し挟むことなどできないし、漁業に腹を立てることなど到底できない――そんなことをすれば、この街の存在意義そのものを疑うことになる。ここは素晴らしい街だ――コーヒーの値段はロンドンの三分の一だし、おまけにケーキが無料でついてくる。クリスマスの電飾は、少なくとも市長に言わせれば世界の羨望の的だ（たしかに、そのなかには四階建ての高さのある銀色のクリスマスツリーが含まれている）。もしも人間が魚を捕まえたことがなかったら――もしも僕たちの祖先が、海を一目見るなり、ダメだ、あの中には二度と戻らない、と言ったとしたら――ビーゴは今みたいな街にはなっていなかっただろう。同じことはここ以外の、海岸沿いに存在する何千という都市、町、村にも言える。たとえばアムステルダム、アバディーン、オールボルグもその一部だ――少なくともその歴史のある時点で、喩えて言えば「海から引きずり出された」街である。

畜産という、実直で高潔な職業に疑問を呈するのだって十分につらい。漁業に疑問を投げかけるのは、何百年もの間人々に食べ物を届けるために命懸けで漁をしてきた船員たちの覚悟と犠牲に疑問を投げかけることである。漁業は昔ほど危険ではなくなったとは言え、スコットランドからアラスカまで、漁業はよく、最も危険な職業の一つに挙げられる。アメリカでは、商業漁業者の致死率は今でも、平均的な職業の二九倍である。その約半数は船の沈没によるものだ。船員がライフジャケットを着けずに海に落ちることも多い。世界のどこでも、漁船の多くは、ろくに訓練を受けていない船員がひどい待遇で働いている。『ニューヨーク・タイムズ』紙の記者、イアン・

アービナが会った、ラン・ロンという名のカンボジア人男性は、タイで強制労働者として売られ、三年間陸に上がれず、逃げようとすると甲板に金属製の首輪と鎖で縛りつけられたという。ラン・ロンのような話は珍しくない——水産業は、搾取と強制労働の巣窟なのだ。

陸に上がった人間は、日常的に動物に生命を脅かされることがなくなると、彼らへの思いやりの気持ちが高まった。だが海は今もなお漁師の生命を脅かしている——そしてそのことが、漁師だけでなく、僕たちみなが魚を思いやることを困難にしている。

僕は、ビーゴの港で見たことを、文化というお荷物に振り回されずに理解しようとしてみた。サメ類の捕獲にはいろいろな方法が使われるが、大西洋で捕獲されるアオザメの九〇パーセント（重量換算）は延縄漁《はえなわ》によるものだ。延縄は巨大で、六〇〜八〇キロメートルほどにもわたって海中に張られ、三メートルおきに金属製の針が下がっている。延縄は、ときには針に生きた魚が餌として突き刺された状態で、海中に一日か二日放置される。延縄を巻き入れると、アオザメはバタバタと身を捩らせながら水から上げられ、金属製の縄をしっかり巻きつけられる。そして船の上に引き揚げられ、刺し殺されるのだ。屠殺場よりもよっぽど残酷だ——たとえ水に戻されても、アオザメの三分の一は死んでしまう。サメ類とエイ類は軟骨魚と言って、進化の過程で、マスやマグロのような硬骨魚類の祖先から四億年前に枝分かれした魚だ。彼らが感じる痛みについては僕たちはほとんど何も知らない。だが、彼らが痛みを感じると仮定すると、彼らは死ぬ前に、長時間にわたって激しい苦痛を味わうことになる。延縄を巻き上げるには何時間もかかる。僕が港で見たアオザメもおそらく同じ目に遭ったのだろう。人間は、海のチーターを狩っているだけでなく、そのやり方は至極野蛮なのである。

アオザメが延縄で捕獲されるのは恐ろしいことだが、もっと恐ろしいのは延縄にアオザメがかからないことだ——なぜならそれは、もうあまりアオザメが残っていないということを示唆するのだから。二〇一五年から二〇一八年の間に、大西洋北部で捕獲されたアオザメの重量は四分の一減っている。二〇一八年には絶滅危惧種に指定された。大型海洋生物のうち、最も絶滅危惧種の割合が高いのがサメ類で、四分の一の種が絶滅の危機に晒されている。ホホジロザメとジンベイザメはともに、今世紀中に絶滅すると言われている。なかにはサメが好きな人もいるが、進化の過程において、人間は概してサメと敵対してきた。マスコミの報道は僕たちに、最大の問題はアジアにおけるフカヒレスープの人気だと思わせようとする——だが実際には、より状況を悪化させているのは、肉が目的の捕獲だ。

普通の人にとって、サメは今でも危険の象徴だ。エリザやクレオとアニメを見ていると、映画『ジョーズ』の影響が残っているのがわかる。『ジョーズ』に登場するサメは六人の人間を殺す。僕たちが知る限り、アメリカ史上、一年に五人以上の人がサメに殺されたことは一度もない。いつか娘たちが、サメは平均すると一年に四人の人間を殺すが、人間は一年におそらく一億匹のサメ類の魚を殺しているということを知る日が来るかもしれない。一九七〇年代に「クジラを救え」キャンペーンが始まったとき、シャチ、別名キラー・ホエール（殺人クジラ）も同様に、人間にとって危険な動物だと考えられていた。学名を由来とする「オルカ」という呼び名を作ってシャチのイメージを変えたのは環境保護主義者たちだ。

僕たちがサメのことを大事にできないのはサメに対する恐怖のせいかもしれない。だが、僕たちがサメを残酷かつ必要以上に殺すのはそれが理由ではない。人喰いマグロを主題にした恐怖映画を作った人はいないが、それでもマグロは極端に乱獲されているのだ。延縄で捕獲されることが多いクロマグロの個体数もまた壊滅寸前なほど減っている。魚に目がない日本では、正月に最初に水揚げしたクロマグロが競売にかけられ、金のあるレストランが店の宣伝に利用する。二〇一九年には、二七八キロのクロマグロに三億三三六〇万円の値がついて新記録となった。体重一キロあたりで比べても、トロフィーハンターがライオンやゾウの捕獲のために支払う金額の数倍だ。ウシやブタをそんなふうに宣伝に利用するところを想像できるだろうか——僕が思いつく一番近い例は、ホワイトハウスが年に一度、感謝祭用のターキーを殺さずに逃してやるという風習だけだ。

水産業には、人道的に魚を殺す方法など影も形も見えない。たとえばトロール船で捕獲される魚の多くは、網が海中を引き摺られる際に多くの魚が潰れて死ぬが、死ぬまでには何時間もかかることがある。網が深海から引き上げられる場合、減圧作用によって魚は嚢が破裂し、口と肛門から内臓がはみ出ることもある（一番有名なのはブロブフィッシュ［和名ニュウドウカジカ］だ。世界で最も醜い生き物、と呼ばれることもあるブロブフィッシュがぶよぶよしたゼリー状の塊みたいに見えるのは、深さ六〇〇メートル以上の海底から引き上げられる際に形がなくなってしまうからだ。自分のペットにそんなことが起きるのは耐えられないだろう）。生きて船に引き揚げられた魚はバタバタともがく。内臓をえぐられる魚もいる。残りはただ放っておかれて窒息死する。魚にとってはそれが一番時間のかかる死に方の一つで、死ぬまでに何時間もかかることもある。「人間が魚を殺す方法は狂っているとしか思えませんよ。中世における哺乳動物の殺され方を思わせます」――オープン・フィランソロピーのルイス・ボラードは言う。

今では、ヨーロッパに暮らす人の四分の三が、魚は痛みを感じると考えている。だがそういう考え方はまだ、漁業のやり方に反映されていない。野生魚の殺し方に関する規則は存在しないのだ。そういうもの――たとえば、魚が疲弊するまで泳がされる時間を短くするためにもっと小さい延縄を使わなければいけない、というような――が存在していたら、水産製品はこれほど安く生産できない。魚を殺す前に意識を失わせる電気スタナーを装備している漁船は世界に数えるほどしかないが、これはウシやブタなどの家畜には必ず行われていることだ。

魚を人道的に殺す方法について、誰よりもいろいろ考えているのは日本の漁師だ。たとえば「活け締め」という手法は、魚の脳にピックを刺し、えらに沿った弓形のラインと尾びれの根元に切り込みを入れ、それから尾を身体の方に折り曲げ、金属製のワイヤーを脊髄に沿って突き刺して感覚が脳に伝わることが決してないようにする。それから魚は血抜きのために氷水に浸ける。

活け締めは見た目は恐ろしいかもしれない。あるユーチューブの動画では、金属製のフックの先に引っ掛けて水中から引きずり出されたマグロが甲板でバタバタし、頭にピックを差し込まれながらのたうち回っていた。「気に入らなかったみたいだな」と漁師が言う。活け締めは、魚の脳がどこにあるかを漁師が知っていなければできない。

このやり方を支持する人たちは、こうすると魚がジタバタする時間が短く、乳酸が大量に放出されないため、身の味が良いし、血抜きするので新鮮さが長続きすると主張する。こうやって殺されるのは高級寿司のネタになる魚だ。僕が衝撃を受けたのは、活け締めされた魚の身体がいかに傷つき、血まみれであるか、ということだ。尾は切断されたりちぎれたりしている。率直に言おう。料理として供される魚のほとんどは、人道的に殺されてはいない。苦しんで死んだのだ。レストランでまるごと一匹供される立派な魚は、放置され、窒息死した可能性が高い。僕がビーゴで目にしたのは、人間と海獣の間に繰り広げられる、ロマンチックで神秘的な闘いとは程遠い。それは産業としての殺戮であり、僕は一切関わりたくない。だが、もしかすると捕獲に代わる方法はもっとひどいかもしれない。

魚とタコの養殖

サケ、マス、そして、餌が最も効率よく肉になる魚の一種で主に草食の、テラピアというアフリカ原産の魚が養殖されていることは聞いて知っていた。だが、魚の養殖場がどういうところなのかはまるで見当がつかなかった。畜産場と違い、僕が子どもの頃読んだ絵本には魚の養殖場は出てこなかったし、娘たちの絵本にも登場しない。それはもしかすると、農場と違って養殖場には、昔の牧歌的な思い出が伴わないからかもしれない。舌の肥えた欧米の消費者は、自分たちが食べる魚がコンクリート製の養殖池や水中の檻の中で大量生産されたとは考えたくないのだ。

政府の発表によれば、今、人類史上初めて水産製品の半分を養殖製品が占めている。だが現実にはおそらくその割合はそれほど高くないだろう――なぜなら、政府統計に含まれない、非合法的に行われている遠洋漁業もたくさんあるからだ。とは言え、養殖魚の数は五一〇億匹から一六七〇億匹のどこかであり、十脚甲殻類（エビ、小エビ、カニなど）の数は二五五〇億匹から六〇五〇億匹の間だ。苦しむ生き物の数で言うならば、家畜のなかで一番数が多いニワトリと比べても桁違いである。

人間が魚を養殖するのは、海には十分な水産資源がないからだ。国連食糧農業機関（ＦＡＯ）の推定によれば、漁獲量は一九八〇年代以降頭打ちになり、七八〇〇万トンと八六〇〇万トンの間で推移している。実際には、この傾向はもっとひどいかもしれない。海洋生物学者ダニエル・ポーリーが行った調査によれば、僕たちは、一九五〇年から二〇一〇年まで、公式に発表された数字より五〇パーセントも多くの魚を捕獲している。もしもそれが正しければ、漁獲漁は激減しつつあり、水産資源は一般に考えられているよりももっと悲惨な状況にあることになる。

養殖場は水産業の未来を担う存在だが、動物愛護意識の高い消費者にとっては大して役に立たない。それは驚くにあたらないだろう――いったん畜産場の欠陥を目にし、魚が知能を持っていることを知ってしまえば、魚の養殖場に問題がありそうなことは容易に想像がつく。世界中で養殖されるシーフードの種類は五〇〇種類を超える。養殖業界では、そのそれぞれの種に理想的な心理的・社会的環境の再現は重視されてこなかった。産卵のためにサケが川を遡上するのは、記憶力と忍耐力を要する、自然界でも最も驚異的な能力の一つだ。それなのに僕たちは、川を遡上させる代わりに彼らを檻に閉じ込めていいのだろうか？

養殖場のサケは、淡水の水槽で育てられ、それから沖合の海中に作られた囲いに移される。囲いは檻と網でできていて、上から見ると巨大なスチール製の円に見える。サケは、野生の環境で味わう刺激がほとんどないこの殺風景な環境のなかで、全部でおよそ三年を過ごす。ほとんどの養殖場では、サケを健康な状態に保つという基本的な課題をクリアすることさえ難しい。サケの成長を早めるために、養殖場では選択的にサケを育成し、常時光に当て、濃縮された餌を食べさせる。この餌のおかげでサケの身は灰色がかってしまうので、消費者が期待するピンク色にするために色素を食べさせなければならない。理由は不明だが、養殖場はサケの聴覚に不可逆のダメージを与える——ノルウェーで行われたある調査では、一〇〇パーセントの成魚の聴覚が一部機能していなかった。

スコットランドやノルウェーの養殖サケは、皮膚に損傷や病気があるものが多い。特に問題なのは海シラミだ。海シラミは甲殻類で、体長は二センチに満たない。サケにくっついて、その粘液、皮膚、細胞組織などを食べる。野生環境でも海シラミは発生するが、過密な養殖場ではそれが蔓延しやすい。海シラミは少数でもサケのストレスの原因となり、ときに永続的な損傷を引き起こすが、一匹のサケに何百匹もの海シラミが見つかったこともある。養殖サケのなかには、皮膚があまりにもひどく傷つき、赤い身が見えているものも多い。産卵のために移動する野生のサケも、養殖場からの海シラミやその幼虫に接触し、感染することがある。ノルウェーの養殖場の一部は、海シラミの駆除のためにソメワケベラを使う——そして、何百万匹ものソメワケベラが、サケと一緒に殺されるのだ。全体的に見ると、スコットランドの養殖場では、およそ四分の一——年間一〇〇〇万匹以上——のサケが、成熟する前にさまざまな病気で死ぬ。病気にやられていたり奇形だったりすることが多いこうしたサケの死体は、浜辺のゴミ廃棄所に山積みにされる。僕が死んだ子ブタを入れた容器が工業規模になったようなものだ。嵐で沖合の囲みが損傷すると、何万匹もの養殖サケが逃げ出すことも多い。スコットランド政府によれば、釣りをする人は、ひれやえらや口先の損傷で養殖サケを見分けられる可能性があるという。

仮に養殖場がサケの扱い方の問題を解決できたとしても、畜産場と同じ問題は残る。生産効率が悪いのだ。養殖サケには、サケとは別の野生の魚を捕獲したもの、あるいは穀物を餌として与えなければならない。タダで手に入る食べ物などないのである。食料問題に取り組む「フィードバック」という活動団体によれば、スコットランドのサケ養殖場では、一トンのサケを生産するために二・五トンの野生の魚を捕獲する。人間がその魚の一部を直接食べれば、サケから摂れるのと同じ量のオメガ3系脂肪酸が摂れ、しかもその半分は捕獲せずに済むのに。目が利く消費者が養殖場の実態を知っていたならば、魚を食べる量が減るに違いないと僕は思った。ところが、僕はビーゴで、その逆のことが起きているのを知った。シーフードの養殖を諦めるどころか、僕たちは養殖する生き物の種類を増やそうとしているのだ。

人間は、哺乳動物の、人間に似ている部分を魅力的に感じる。魚にしても、進化の過程で人間が魚から受け継いだものは見て取れる。ところがタコの場合、その魅力は人間との違いにある。五億年以上前に人間の進化の道筋から分化したこの生き物には驚嘆せざるを得ない。タコは人間とはあまりにも異質で、それを正確に絵にすることさえできない。僕は、ピクサーのアニメーション映画『ファインディング・ドリー』のキャラクター担当アートディレクターだった、ジェイソン・ディーマーというアニメーターに会ったことがある。「タコは、四〇〇回くらい描いてみないと、それがどんなに厄介なことか気がつかないんだ。想像してみろよ」とディーマーが言う――「脚を四本くらい描くと、残りを描くスペースがなくなっちまう。科学的な視点で描かれたものでない限り、どんなタコの絵を見ても、ほとんどのアーティストは脚を全部は描いてないよ」。たしかに、『ファインディング・ドリー』に登場するタコのハンクは七本脚で、物語の筋書きのなかで脚を一本なくしたことにしなければならなかった。僕の娘たちの絵本に登場するすべての動物のなかで、タコほど不正確に描かれているものはない――赤い風船に脚がついたものがタコとしてまかり通るのだ。

脚の数は、タコと人間の間にある素晴らしい相違点のほんの一点にすぎないということに、近年までほとんどの人が気づいていなかった。タコの脚には、タコが持つ五億個のニューロンのほとんどが集中している。タコの種類によっては、脚は切っても再生する。タコの脚は、コウイカと同様、カモフラージュのため、あるいは気分によって色が変わる――頬を赤らめるという人間特有の能力を思わせる特徴だ。タコの場合、〇・〇三秒で色を変えることができる。

タコは魚類ではない。イカやコウイカと同じく、軟体動物の一門である頭足類で、巻き貝も同じ門に含まれる。タコは頭が良くて、カニの捕獲網にかかったカニを全部食べて逃げていくし、サメに捕まらないように貝のふりをすることもできる。パズルを解き、その答えを記憶することもできる。水族館では、飼育係が一番親しくなるのがタコであることもある。タコは、人を見分けることもできる。

タコは、人間とは異なった知性のあり方を象徴している。タコは往々にして単独行動動物だ――他のタコと一緒にすると食べてしまうこともある――が、人間に撫でられるのが好きだ。知性を示すが、寿命は一般に、わずか一年程度である。タコの脳がどのように機能し彼らが周囲の世界をどのように認識しているのかについてはまだまだわからないことだらけだが、少なくともタコが、ときには魚たちと協力して、非常に正確に獲物を捕らえるのを目にすることはできる。タコは遊ぶのが好きだし、好奇心も強く、見たことのない物体には興味を示し、人間のことをじっと見る。またタコは、他の生き物の目に何が映っているかを察知することもできる――デヴィッド・シェールという生物学者によれば、タコは、目だけしか見えないように物の背後に隠れるという。

この一〇年ほどの間に行われた研究は、タコの持つ能力について僕たちの目を覚ましてくれた。二〇一二年の「意識に関するケンブリッジ宣言」には、無脊椎動物では唯一タコだけが、意識を持つのに必要な生物学的基盤を持っていると書かれている。二〇一六年には、ニュージーランドのナショナル・アクアリウムで飼われていたインキーという名前のタコが、海につながっている排水管を見つけ、まさかの脱出を果たした。BBCとネットフリックスにはタコのドキュメンタリーがあるし、ピーター・ゴドフリー＝スミスは『タコの心身問題　頭足類から考える意識の起源』というベストセラーを書いている。

だが、僕たちが目を覚ましたところでタコの役には立たない。人間はタコについて知りたいことがものすごくたくさんあるはずだが、今のところ人々が一番関心があるのは「どうやって食べようか？」ということのようだ。

インターネット上には、生きたまま食べられるタコや、生きたまま脚を一本ずつ切られるタコの、ゾッとするような動画がある。そういう動画はアジアから配信されていることが多いが、アメリカのレストランが同じようにしてタコを供さない理由はない。ニューヨークのクイーンズに二〇一〇年に開店した韓国料理レストラン「シッケク」は、タコを生きたまま韓国から輸入し、店の前の水槽に入れて、生きたままの、あるいは直前にさばいたタコを調理する。くねくね動くタコの足は客寄せになる。僕たちはラットにだってこんな無慈悲なことは決してしない──しかも普通のタコには、ラットの六倍の数の神経細胞があるのだ。

頭足類の年間漁獲量は、一九八〇年代と比べると三倍の四〇〇万トンに増えている。もともとはタコを食べなかった国でさえ、消費者が家畜を食べることに神経質になるにつれてタコを食べるようになった。オーストラリアにおけるタコの養殖に関する公式報告によれば、タコの需要は「レッドミートとホワイトミートの消費量の減少に伴って」増加している。

ガリシアに住む人々にとってタコはご馳走だ。だが、あまりにも高額であるため、高級レストランでさえ、メニューからその姿が消えた。二〇一八年には、卸売価格が一キロあたり一八ユーロに値上がりした──タコがほとんど見つからないためだ。二〇二〇年の初頭には、漁獲高は九〇パーセント下落した。では、タコの安定した供給が可能だったらどうだろう？　サケと同じようにタコを養殖できるとしたら？

アンヘル・ゴンザレスがしようとしているのはまさにそれである。五〇代前半のゴンザレスはカリスマ性のある生物学者で、ある金曜日の午後、コンクリートのブロックでできた研究所で僕が彼と会ったときは、聞き覚えのある問題に取り組んでいた──どうすればタコの幼生を水槽で育てられるのか？

一匹の雌のタコからは、二〇万匹の幼生が生まれる可能性がある。野生の環境では、タコの子どもは海流に乗って暮らす。何百メートルも沖まで浮かんで流れ、その過程で食べるものが変化していくのだ。「野生環境でタコが何を食べるかはわかっています。僕たちが解明しようとしているのは、幼生の胃の中で何が起こっているかということです」とゴンザレスは言う。

ビーゴの大手漁業会社の一つ、アルマドーラ・ペレイラ社と提携して研究をしているゴンザレスは、いつ養殖タコが食べられるようになるかは言いたがらない。「二年後かもしれないし、三年後、あるいは五年後かもしれません」。別のチームはペスカノバ社と提携しており、二〇二三年には養殖タコを店に並べたいと言う。それがいつのことになるにしろ、失敗は目に見えている。

タコは、養殖にはまったく不向きに見える。タコの社会生活は僕たちの理解を超える。新しもの好きだし、すぐに逃げ出すところを見ると、一か所に拘束されるのは嫌らしい。ピーター・ゴドフリー＝スミスは『タコの心身問題』（みすず書房、二〇一八年刊、夏目大・訳）の中で、餌をもらったらレバーを引く、という作業を拒み、その代わりに、「多くの時間を、水面より上に目を向けて過ごし、誰か水槽に近づく者がいると、その人間に向けて水を噴射した」チャールズという名のタコの話を紹介している。殺し方についてはどうかと言えば、タコが痛みを感じることを示すエビデンスがある。ある実験では、白いボールを攻撃したタコに餌を与えた。次に赤いボールを見せると、タコは同じくボールを攻撃したが、一部のタコに電気ショックを与えたところ、そのうちの一部はすぐさま赤いボールを攻撃するのをやめた（イカについても同様に、痛みを感じるというエビデンスがある）。

ゴンザレスには、タコが非常に興味深い、驚異的な生き物であることはわかっている。彼はアイフォンで、ある朝彼が見つけたタコの写真を見せてくれた――ドアの枠にいたのである。それでも彼は計画を推し進めている。彼と話していると、タコの養殖は現実のものになるかもしれない、と気が滅入る。僕は外に目をやり、大きくて窓のない倉庫を眺める。タコの養殖場はあんなふうになるのだろうか？

「だといいですね」とゴンザレスが言う。

僕は彼に、タコがどう感じるかは心配ではないか、と尋ねる。タコは寿命が短いですから、と彼は言う。「タコは動物ですよ。悲しむ必要はない！　僕たちは研究者で、動物のことは大事にしています。最終的には、社会のためになることをしようとしているんですよ」

ゴンザレスの研究に対する僕の反発は、もっと根本的なものであるように僕は感じた。タコを養殖するべきではないと言っているのではないのだ——そもそもタコは食べるべきではない、と思ったのである。食べ物というのは、味が良くて栄養があればいいというものではない。もしそうならば、僕たちは死んだペットや親戚だって食べるだろう。だが人間には、自分以外の生き物に対する感嘆の念を最優先すべき場合があるのだ。僕にとって、タコを愛する、ということはつまり、彼らをそっとしておくということだ——僕がタコを一口食べるたびに、タコの養殖の夜明けが近くなる。一歩下がって、タコの味よりもその独自性を大事にできないのなら、僕たちは動物を愛しているとは言えない。

安心して食べられるシーフード、二枚貝

ガリシアにはもう一か所、最後に立ち寄りたいところがあった。僕はビーゴから、近くのブエウという港に車を走らせた。港に着いた僕の目の前で、建築現場の掘削機くらいの大きさのバケットが、黒と金色のムール貝［和名ムラサキイガイ］を漁船から大型トラックに積み替えているところだった。カモメが数羽鳴いた。こんな不手際は進化という過程では珍しいが、カモメはムール貝の殻をこじ開けることができない。ただしすでに割れているものなら食べられるし、実際に食べる。カニが一匹走り回っている。

僕は、ムール貝の養殖をしているマティアスと、彼の船の上で会った。

「これは農業だよ」と、ムール貝を一匹持ち上げて彼は言う。「農作物と同じさ」

カキやハマグリやホタテやザルガイと同じで、ムール貝は軟体動物の綱の一つである二枚貝の一種だ。人はよ

く、顔のあるものは食べるなと言う。実際、ダーウィンのように、顔の表情と感情の間に関連があると思うならば、これは議論の出発点として正当化できる。ムール貝には顔があるようには見えない。近くでよく見ると、一番目立つ特徴は、殻の間から伸びて岩に貼りつく十数本の足糸《そくし》（ひげと呼ばれることもある）だ。

ムール貝は、養殖の部分と天然の部分が奇妙に混ざっている。網で捕獲されるわけでもないし、天然のホタテ貝のように、海底をボロボロにする浚渫《しゅんせつ》という手法で採取されるわけでもない。ここでは、ムール貝は河口で育つ——巨大な木製プラットホームの底から海中に吊り下げられた太いロープにくっついて育つのだ。ムール貝はろ過摂食性、つまり、水中に浮遊するプランクトンその他の有機物を食べる。また、下水や化学肥料から出る窒素を水中から取り除く。

ガリシアは、スペインで採れるムール貝の九〇パーセントを生産する。家族経営で、一家族あたり一個か二個のプラットホームを所有していることが多い。港から数百メートル沖にあるマティアスのプラットホームは、スチール製のコンテナに支えられ、数トンのセメントにロープでつながっている。

危険と勇敢さという神秘的な雰囲気がつきものの漁と違い、ムール貝の養殖は簡単だ。マティアスは、小指の爪ほどの大きさもない、小さな稚貝を見せてくれた。手漕ぎの小舟で岩場を回って稚貝を見つけ、それを自分の浮き台の上でロープにくっつけるのだと言う。そのロープを水中に下ろすと、ムール貝はそこで成長するのである。人間がすることはほとんどない。夏になるとマティアスは上半身裸で、太陽の下、浮き台を歩き回る。彼の友人たちは彼を「浮き台のターザン」と呼ぶ。ムール貝が成長するにつれ、外側に新しいムール貝が出現する。それがほんの数個なら問題ないが、あまりに多くなりすぎると、ロープ全体に過剰な負担がかかる危険性がある。それを防ぐためにマティアスは父親から、ヒトデを見つけてムール貝の稚貝を食べさせるという秘訣を教わった。毎年夏になると彼は、浮き台が海藻で滑りやすくなりすぎないようにタールの一種を塗る。

その朝、マティアスは五〇〇〇キロのムール貝を海中から引っ張り上げ、キロあたり約一ユーロで売ったところだった。彼は大型リュックくらいの大きさの袋を持ち上げ、僕たちは昼食を摂るため彼のアパートまで歩いた。フライパンで、水に少々レモンを搾ってムール貝を蒸すと、間もなくムール貝の口が開き始めた――ピンク色の肉がオレンジ色になる。僕は自分の分を食べた――罪の意識を感じるべきか否か、よくわからないまま。

甲殻類がおそらく痛みを感じるということは知っていた。ある実験では、ヤドカリに電気ショックを与えた後に新しい貝殻を与えて移れるようにしたところ、電気ショックを受けた個体の方が貝殻を乗り換える確率がずっと高かったし、新しい貝殻を調べる時間も短かった。電気ショックの後一日経つまで新しい貝殻を与えなかった場合でも、その行動には変化が見られた。ロブスターは、茹で始めてから最長一分間生きていることを示唆するエビデンスもある。決定的ではないものの、彼らは痛みを感じるのではないかと考えるには十分だ。二〇一九年、スイス政府は、ロブスターその他の甲殻類を生きたまま茹でることを禁じ、調理の際には、頭にナイフを刺したり冷たくして感覚を鈍らせるなど、より痛みを伴わない殺し方をするよう命じた。また、氷漬けではなく、水中という自然な環境のなかで輸送することも義務づけられた。

では、ムール貝には意識はあるか？　彼らは痛みを感じるのか？　生きたままムール貝を蒸すのは、ロブスターやカニを生きたまま茹でるのと同じくらい残酷か？　トラックでムール貝を運ぶのは無慈悲なことか？　ムール貝は、タコと同じく軟体動物だ。だが、軟体動物という門は広範で多様な生物を含み、現時点で約五万種の海洋生物がいることがわかっている（そして毎年、五〇〇種類近い新種が同定される）。タコをはじめとする頭足動物は大きな脳を発達させたが、ムール貝その他の二枚貝はそうではない。それどころか、二枚貝には中枢神経系がなく、したがって、ファインバーグとマラットの仮説によれば感覚情報を統合させることができず、意識を持つことも痛みを感じることもできない。

ムール貝は痛みを感じないと考える理由はもう一つある。二枚貝の多くは自由運動ができないのだ。スイス政府が節足動物を生きたまま茹でるのを禁じる根拠となった研究を行った、クイーンズ大学ベルファストの生物学名誉教授、ロバート・エルウッドによれば、このことは、痛みを感じることができても進化の過程ではあまり役に立たないということを意味している——たとえばムール貝やカキは、走って逃げて身を隠すことができないのだから。痛みを感知するための神経系を維持するには、ほとんど何の役にも立たないのに多大なエネルギーをそのために費やすことになる。「痛みの感覚系を持つことで、そのために必要なものを埋め合わせて余りある何かを彼らが得るのか、私には疑問ですね」とエルウッドは言う。

ムール貝は身を護るために殻を閉じることはできるが、それには反射神経があれば十分なのかもしれない。実際、殻は痛みに代わるものなのかもしれない。二枚貝と、背板・楯板があるフジツボ属の貝は、「それぞれに異なった防御の方法を持つ、別々の形で進化したようです。どちらも、邪魔者がやって来ると殻を閉じ、その後、殻を開いて再び食餌を始めます」とエルウッドは言う。「イカやロブスターと比べ、二枚貝やフジツボ属は痛みを感じる必要性が低いのです」。一方、捕食者から身を護る身体的構造を持たないタコは、生き残るために知性を発達させた。二枚貝はそれとは違うのだ。

ただし、とエルウッドは言う。二枚貝に関しては——フジツボ属にしてもそうだが——あまり研究されておらず、現時点での推測は覆される可能性もある。「動物の倫理的扱いを求める人々の会」（ＰＥＴＡ）は、ムール貝は足糸を違う場所にくっつけることでゆっくりと移動できる、と指摘し、「カキが痛みを感じるかどうかはまだわかっていないが、仮に感じるとしたら、膨大な数の動物が苦しんでいることになる」とも述べている。

僕は、二枚貝は痛みを感じない可能性が高いと思う。二枚貝の養殖は持続可能だし、わかっている限り、ひどい扱いも受けていない。ムール貝、ハマグリ、カキは——浚渫して採取したものではなく養殖に限るが——、ヴィーガンが罪の意識なく食べられる唯一のシーフードかもしれない。

（エビは魚類でも軟体類でもなく甲殻類だが、痛みを感じるかどうかについては、魚と似たエビデンスがある。触角に酸を塗ると、途端に尾をバタバタさせ、それから念入りに触角を整えるのだ。だが、先に麻酔薬を触角に

塗っておくと、身繕いの時間は短くなる）

嬉しいのは、ニューヨーク市のブルックリンからブロンクスまで、「カキ礁」が復元されつつあることだ。これには嵐による被害から住民を護るという恩恵もおまけについてくる。イギリスでは、デボン州ライム湾に初めての大型海洋ムール貝養殖場が建築された。この養殖場にとっての一番の課題は、人々がどれくらいムール貝を食べるかということだ。「ムール貝はだいたいどこでも育ちます」と言うのは、この養殖場の共同創設者であるジョン・ホルムヤードだ。彼の推定では、イギリス人は年間一万トンしかムール貝を食べない。一方フランス人はその一五倍、スペイン人は二五倍食べる。

ムール貝は、ヴィーガンが、動物に苦しみを与えていないと安心して食べられるシーフードだ。なんだかそれは、奇妙な気休めのように感じられる——まるで、ウエディングリスト［欧米には、結婚を控えたカップルが結婚祝いに贈られたいものをリストアップし、友人・知人がそこからプレゼントを選んで贈る習慣がある］で残っている品物のなかに、たった一つだけ、醜くもないし五〇〇ポンドもしないものがあるのを見つけたみたいに。

だが、その逆もある——強烈な苦痛を味わわせることさえも正当化される場合が。

動物実験を考える

動物実験のための施設は、人里離れたところにある、陰鬱で目立たない建物だ、とあなたは思っているかもしれない——ゴミの埋め立て地やアマゾン社の倉庫がそうであるように。そういうものもなかにはあるのだろう。だがそうではなく、街なかに立つ、明るくてごく普通のオフィスである場合もある。

ロンドンブリッジに近いガイズ病院の地下では、何千匹ものマウスが実験を待っている。その多くは毛が白くて目と鼻が赤く、入れられた箱の蓋を取ると、箱の縁まで這い上がってその向こうには何があるのか見ようとする。だが箱から出ようとはしない。実験用のマウスでなかったら、彼らは素敵なペットになるだろうと思う。

窓のないその施設は、すごくカビ臭い。各室には、合計七五〇〇箱のマウス入りの箱が、六〇個ずつラックに積み上げられている。「どの部屋も同じに見えると言う人が多いですよ」――この施設の責任者、ステファン・ウッドリーが言う。「それを目指しているんです。臨床研究環境ですからね」

動物実験は、人間と動物の関係にまつわるさまざまな問題のなかでも一番有害なものだろう。それは、肉を食べることよりも、トロフィーハンティング［生きるための食料としてではなく、戦利品として誇示するために動物を殺すこと］よりも、さらに人々の争いの種になる。そもそも、動物実験をしている研究所に入ること自体が難しい――なぜなら研究者たちには、それがほんのちょっとマスコミに取り上げられただけで罵倒の手紙やインターネット記事の嵐が巻き起こることがわかっているからだ。動物愛好家のなかには、人間の薬を開発するために故意に犬に疾患を引き起こすことを知って激高する人たちもいる。オックスフォード大学の学生だった一時期、僕は毎日のように、新しい動物実験場に抗議する人たちのデモに遭遇したものだった。彼らが掲げるプラカードの、傷ついた恵まれない動物たち、なかでも檻に入れられたチンパンジーの姿は、僕の頭から離れなかった。

僕自身、学生のときに一度、臨床試験に参加しかけたことがある。手っ取り早く二〇〇〇ポンドがもらえると書いてあった雑誌の募集広告に応募したのだ。だが、自分が何をされようとしているのかまったく知らずに応募したのだということに気づいてやっぱりやめた。医学の研究に参加する人間とは違って、実験動物には選択の余地はないし、彼らには何の見返りもない。同意書を提出することもないし、土壇場になって参加を取りやめることもできない。人間なら怖気づいてやめることもできるが、動物にはそれができないのだ。そして実験が終わると、たとえ完璧に健康であっても、殺されるのが普通である。

「霊長類を使った実験をしていたことがありますが、つらいのは実験が終わったときです。正直に言いますが、泣きたくなりますよ。彼らには殺されることがわかっているような気がいつもしていました」――研究所を案内してくれながら、ウッドリーはそう言った。「霊長類を研究するのは大好きでしたが、もう一度やりたいとは思いませんね」

イギリスの研究所では、犬を使った実験もほとんど行われない。だがウッドリーは、単に他の、もっと規制が緩い国で実験が行われているだけなのではないかと懸念する。「間違っていると思いますね」と彼は付け加える。彼は自分のことを、ペットショップに入って不健康そうな個体を見ると苦情を言うタイプの人間だと説明する。実験動物技術者にはそういう人が多いのだと言う――「動物に夢中でない技術者はあまりいませんよ」

こうした窓のない研究所では、実験動物の少なくとも一部は、畜産場の家畜よりもひどい生涯を送る。それを正当化する理由は、それが人間に大きな恩恵をもたらす可能性がある、ということだ。彼らが苦しむのは人間の快楽のためではなく、人間が生き延びるためであるというわけだ。非生物には彼らの代わりはできない――少なくとも、それが正当化の論拠である。

ウッドリーと僕は、ビニール製のエプロンとヘアネット、それに靴カバーを身に着け、手を消毒して研究所の中に入った。この研究所では、がんを含むさまざまな疾病の、遺伝子治療の研究にフォーカスしている。僕たちは、廊下でジェームス・アーノルドという研究者に出くわした。彼は、がん性腫瘍はあまりにも複雑で、コンピューターや培養皿の中でそれをシミュレーションすることはできないと言って譲らない。「動物実験を他のものに置き換えるのは、少なくとも私が生きている間は無理だと思いますね」

マウスを見ても嫌悪感は湧かなかったが、カエルの入った水槽が並ぶ小さな部屋に入ったときは気分が悪くなった。水槽はそれぞれ、靴箱二個分ほどの大きさで、中には八匹のゼノパスことアフリカツメガエルが入っている。水槽には、水、カエル、カエルの卵以外には何も入っていない。植物もなければ、サハラ以南のアフリカの水たまりや川という彼らの自生環境を思わせる特徴は何一つない。

一九三〇年代に科学者たちは、妊娠している女性の尿をアフリカツメガエルに一滴注射すると、カエルが翌日排卵することを発見した。これは最初の妊娠検査方法として、一九六〇年代まで使われていた。研究所から放出されたりペットとして売買されたりしたおかげで、アフリカツメガエルは今や、アメリカ、日本、チリ、イギリス、イタリアその他で侵入種となっている。またそれらから、世界中で両生類を死に追いやっている恐ろしい菌が広がった可能性もある。研究所で今でもアフリカツメガエルが使われているのは、彼らが非常に多数の卵を産み、その遺伝子を科学者が操作できるからだ。

アフリカツメガエルは、奇妙に膨らんだ体型をしており（ウッドリーは、「持ち上げるのが難しいんですよ。動く石鹸みたいなんです」と言う）、水の中で四肢を伸ばした状態で重なり合って横たわっている。水槽に貼ってあるステッカーを見ると、そこにいるアフリカツメガエルの多くは、この殺伐とした環境で少なくとも二年飼われていることがわかる。

ウッドリーによれば、研究所のなかには作り物の睡蓮の葉を使っているところもある。本物の睡蓮は「ろ過に支障をきたす」らしく、そもそも自然光がないので育たない可能性もある。「トンネルを作る予定です。理想的には、大きな水槽で飼いたいんですがね」と、大きな水槽を示す手ぶりをしながら彼は付け加える。明らかに、ここは理想の世界ではないらしい。

水槽にいるカエルたちを見ている僕には、彼らの世界がどういうものか、彼らがこの状況を苦痛に感じているのか、まったく見当がつかない。彼らを擬人化しても役には立たない。だが研究によれば、飼育環境を良くしてやるとカエルたちの共食いが減ることがわかっている。そこには僕たちが知らない精神的プロセスがある。問題は、霊長類やマウスに対しては与えられた配慮がカエルに対しては与えられないことだ。

最後に僕たちは、魚を見に行くことにする。医学の研究と聞いて魚を思い浮かべる人はいない。だがゼブラフィッシュは、繁殖が速く、マウスよりも安いし、人間の病気に関連する遺伝子の八〇パーセント以上を持っている。熱帯淡水魚で、その名前は紺色と銀色の縦縞から来ている（とは言え、タツノオトシゴ〔海馬〕がウマに見えないのと同様、シマウマには似ても似つかない）。この一〇年ほどで、彼らは医学的実験に使われる常連になった。イギリスでは、霊長類を使った実験一件に対して、魚を使った実験が一六〇件ある。マウス以外で医学の研究に最も広く使われているのがゼブラフィッシュなのだ。この数字には、法的規制のない、受精後五日経たないゼブラフィッシュの胚は含まれない。胚には苦痛を感じる能力がないと考えられているからだ。

ここは最新式の研究施設であり、独立した魚の研究所としてはヨーロッパ最大だ。水槽の列に沿って一台のロボットが稼働しており、それぞれの水槽についているバーコードをスキャンして、水槽の中のゼブラフィッシュの数と年齢を確認してから餌を投入する。各水槽には、六匹から一二匹のゼブラフィッシュが、二リットルほどの水の中を泳ぎ回っている。カエルの水槽と同様、それらの水槽もガランとしている――小さなプラスチック製の緑色の葉っぱが置かれている二つばかりの水槽を除いて。

その他にゼブラフィッシュの飼育環境を良くするものと言えば、水が流水であることと、生き餌を与えられるということだけだ。研究所のマネージャーであるブルーノは彼の携帯で、チューブが配置されている水槽の動画を見せてくれた。ゼブラフィッシュはチューブの中を泳ごうとはしない。「興味ないんだよ！」と彼は言う。それに、そういうものがあると研究所の技術者がゼブラフィッシュの健康度をチェックできなくなるのが心配なのだ。

ある典型的な実験の場合、ゼブラフィッシュは、がん細胞の増殖あるいは筋肉の奇形の研究のため、遺伝子を操作して繁殖させる。こうすることで、どの遺伝子が疾患を助長または抑制するかがわかり、治療法や薬の効果を試せるのである。ほとんどの処置は「軽微な」苦痛しか与えないと言われるが、約四万種類の処置については、その程度が中程度、または激しい苦痛を伴うと査定されている。ゼブラフィッシュにとっての中程度の苦痛とは、白血病を発症させたことによって泳ぐのに支障が出たり（問題が検知されるとすぐにゼブラフィッシュは殺される）、耳鳴りを引き起こすために大きな音を聴かされたことによるストレスなどが挙げられる。激しい苦痛は、毒性のある物質や薬のテストを行う際に起こる場合がある。なかには、魚が苦しんでいても人道的な殺し方が法律上許されないケースもある——研究者が実験動物の死亡を評価項目としなければならない場合である。

研究所は一般の人の目が届かないので、虐待が起こり得る。二〇一九年には、動物愛護活動家が、ドイツのハンブルクにある有名な研究所で撮影された、複数のマカクが首に金属製の首輪を嵌められている動画を入手した。檻の中にはマカク以外何もなく、マカクにはすることもなければ座って休む場所もない。あるのは鉄格子だけだ。そのうちの数匹は、実験が行われていないときでも情緒不安定に見え、檻の中を走り回っている。首輪をつけたマカクの一匹は、クルクルとその場で回転していた。ビーグル犬は床に血のついた檻の中で横たわっている。この研究所はその後閉鎖された。だが、あなたがこれを読んでいる今も、お粗末な研究のやり方と査察不在のせいで、これと同様の恐ろしい飼育環境に耐えている動物が他にいるかもしれないのである。

少なくとも一部の西欧諸国では、実験動物にひどい扱いをしても法には触れない。二〇二〇年の初め、ハーバード大学とサンパウロ大学の研究チームが、ストレスが実際に白髪の原因になることを示唆する論文を発表して話題になった。だが報道機関は、彼らがどのようにしてその結論に至ったかは報じなかった——彼らは、マウスにものすごいストレスを与えたのである。一部のマウスはその身体を拘束した——つまり、マウスの身長と同じくらいの長さしかない透明合成樹脂の箱に、一日四時間、二〇日間入れたのである。それとは別の一部のマウスには、檻を傾けたり、寝床を濡らしたり、照明をつけたり消したりするなど、予測できないストレスを与えた。三つ目のグループは、痛みを生じさせる薬と鎮痛剤を注射した。

白髪の治療方法が見つかるかもしれないと期待してマウスに激しい苦痛を与えるというのは、弁解の余地がない行為だ。このような実験は倫理審査委員会の審査に合格する必要があるが、そうした委員の三分の二は自身も動物実験を行う研究者であるため、当然ながら実験を許可しやすい傾向にある。アメリカの倫理審査委員会は、連邦規格を満たさない研究でも承認するということが、正式に行われた調査で明らかになっている。しかもその連邦規格からして厳しいとは言えない。たとえば、頭足動物を実験に使うことについては何の規制も行われていないのだ。シカゴ大学のある研究室では、何千匹というイカ、コウイカ、タコを飼育し、それらを「科学研究界の新顔」と呼ぶ。ジョンズ・ホプキンス大学で最近行われたある実験は、社会性のないタコにエクスタシー［メチレンジオキシメタンフェタミン（ＭＤＭＡ）の別称］を与えて、行動に変化が表れるかどうかを調べるというものだった（エクスタシーを与えられたタコは、人間の場合と同様に、他の個体と接触する頻度が高まった）。タコにはタコ特有の特徴があり、感覚や四肢再生について調べるには実に興味深い被験動物である。だが同時に、その特異さゆえに、科学者はタコをどう扱ったらよいのかわからない――タコに与えられた痛みを、鎮痛剤を与えることによってタコが感じなくなるかどうかさえわからないのである。

世界の他の地域では、規制の基準はもっと厳しい。たとえばカナダでは一九九一年、ヨーロッパ諸国では二〇一三年以降、研究用の頭足動物には脊椎動物と同じ保護が与えられている。マウスを使った白髪治療薬開発の実験は、イギリスではおそらく承認されなかっただろう――イギリスでは、すべての動物実験はまず倫理審査機関によって、次に内務省によって査定されて、その実験の潜在的利益と生じ得る害が天秤にかけられる。基準が厳格であることを誇りにしているイギリスでは、チンパンジーとゴリラは研究には用いられない。化粧品開発のための動物実験はご法度だ。魚の幼生やミバエといったごくわずかな例外はあるが、すべての実験動物は、政府が発行する年間統計に含まれている。

驚くのは、規制をもっと厳しくしたいと思っている人の多さだ。二〇〇一年の調査では、アメリカ人の六五パーセントは、医学研究を目的とした動物実験は倫理的に許されると答え、反対する人は二六パーセントだった。ところが二〇一九年には、この差が五一パーセントと四四パーセントに縮まった。動物実験は、毛皮を着るのと同じくらい倫理的に問題なのだ。また女性の大多数は実験に反対である一方、男性は賛成派が多い。イギリスでは、他に方法がない場合に医学研究のために動物を利用することさえ、良しとする人は三分の二にすぎない。動物実験に反対するのは若者が多いので、近いうちに反対派が多数を占めることになるだろう。ただし今のところは、動物実験に反対でも、消費者が個人的にできることはないに等しい。処方薬を摂るのをやめるなんてばかばかしい。でも、美容のためにボトックスを注射するのはやめた方がいいかもしれない——なかには、今でもマウスが実験に使われて麻痺を引き起こしている製品もある。ボトックスは注射なので、動物実験が禁じられている化粧品には含まれない。

興味深いのは、畜産や魚の養殖には反対していない英国王立動物虐待防止協会が、動物を使った研究や実験のすべてを段階的に禁止したがっているということだ。協会の実験動物部門を指揮するペニー・ホーキンスがこの問題への取り組みを始めた一九九〇年代には、ほとんどのマウスが殺風景なケージに入れられ、十分な鎮痛剤が与えられることはめったになかった。以来状況は改善されたが、ホーキンスは、反復できない実験が多すぎると主張する——おそらくは実験室の環境が劣悪なせいで。「研究の質が低いのよ」とホーキンスは言う。「動物の生命が無駄になっているわ」。そして、動物実験に代わる手段の開発に投じられる資金が少なすぎるのだと言う。最終的にそうした代替手段には、医薬品に過剰に頼るのではなく、がんの罹患率を低下させることに重点を置くという健康についての考え方も含まれる。

ウッドリーは、実験室で飼われる動物とそうでない動物の間には遺伝子に違いがあると強調するが、ホーキンスは、どちらもその進化の上で必要とするものはまったく同じであると言う。「誰かの家を訪ねて、ペットがあんなふうに扱われていたら、あなたはどう思う？　砂利が敷いてあれば——なんなら砂利の写真だって——魚にとってはありがたいのよ」とホーキンスは言うのである。

研究室を訪ねてよくわかったのは、僕たちが、人間と非常に大きく異なっている生物種をいかに容易く無視するか、ということだった。周囲をどのように感知しているのかがまるでわかっておらず、ほとんどの人にとっては感情移入しようがない魚類の場合、動物実験に使われる危険性は特に大きい。研究者たちが自分の研究室で使うサルの数を減らそうとするのは感情に突き動かされてのことだが、ゼブラフィッシュに対しても彼らが同じように感じるとはなかなか言い切れない。

動物――個々の動物というよりも動物全般の話だが――が動物実験の恩恵に与る場合もないではない。たとえばウマに対しては幹細胞治療が行われているし、ペットのための化学療法もある。動物専用の薬が開発されていない疾病に対しては、人間用の薬を使う獣医もいる。だが魚となると、そんな希望の光は見えない。魚を獣医に連れて行く人はほとんどいないのだ。

動物の生命を大切にするということは、物事のやり方を変えるということを意味する。もしも動物が、生物学的に人間に近いという理由で研究に使われるのなら、僕たちはまた、彼らが感情的にも人間に似ているということを受け入れなくてはならない――刺激を必要としたり不快感を感じたりするという意味で。実験動物たちから僕たちが受けている恩恵を考えれば、動物実験には慎重すぎるくらい慎重になって然るべきだろう。

一九五九年、ビル・ラッセルとレックス・バーチという二人のイギリス人科学者が、研究に使われる動物の生活環境を改善する方法を考えた。可能ならば動物実験以外のやり方をすること（Replacement）、実験に使われる、意識のある動物の数を減らすこと（Reduction）、苦痛を軽減させるために実験手法を洗練させること（Refinement）である。「３Rの原則」と呼ばれるこの方針は、以来研究者の間に根づいている。だが、これだけでは十分ではない。欧州連合がすでに規制に盛り込んでいる、より広いアプローチでは、その研究が本当に必要かどうかを問い、研究所の動物たちが快適に生きられるようにする必要性を強調している。いかなる動物も、長期にわたって激しい苦痛を味わうべきではない。だが科学者たちは、強制されない限り、この新しいやり方をなかなか受け入れようとはしない。

僕は、野生生物のドキュメンタリーで生きた魚も見ているし、魚市場の死んだ魚も見た。だが、僕が一番魚とのつながりを感じたのはこの、ロンドンにある研究所だったと思う――人間と魚の共通点を理解したのだ。人間の健康のために動物実験が必要だからといって、動物を愛することをやめる必要はない。それはつまり、僕たちは彼らに借りがあるということに気づくということだ。僕たちは、人間が行う研究に貢献してくれた動物たちの存在を評価するべきだ。もしも薬のボトルに、その薬の実験にどんな動物が使われたかが記載されていれば、僕たちはきっと、今よりももっと責任を感じるはずだ。

漁業が存在しない世界への道

カリフォルニア州の北部には、ウィネマム・ウィヌトゥというネイティブアメリカンの部族が住んでいる。一九四〇年代にシャスタ・ダムが完成すると——当時、それは世界で二番目の高さを持つコンクリート製のダムだった——、彼らが祖先から引き継いだ土地の九割が水に沈んだ。毎年、少なくとも数万匹のチヌークサーモンがマクラウド川（部族の人々はウィネマム・ウェイワケットと呼ぶ）を遡上していたのが、ダムができてからは、遡上するサケは一匹もいなくなった。

ウィネマム・ウィヌトゥの人々に伝わる予言がある。サケがいなくなったとき、ウィネマム・ウィヌトゥもいなくなる、というものだ。現在、部族のメンバーがわずか一二六人であることを考えると、この予言は非現実的とは言えない。ウィネマム・ウィヌトゥの創造神話によれば、サケが人間に声を与え、人間はサケを代弁する責任を引き受けたという。ウィネマム・ウィヌトゥの人々は、シャスタ・ダムの建設を止められなかった自分たちはその責任を果たせなかったのだと考えている。二〇一〇年、数人のウィネマム・ウィヌトゥ族が、一〇〇年ほど前にチヌークサーモンの導入に成功したニュージーランドに飛んだ。彼らはそこで、チヌークサーモンに謝罪し、北カリフォルニアに戻ってきてほしいと懇願した。それだけで問題が解決するとは思えなかったし、実際に解決しなかった。ウィネマム・ウィヌトゥの人々は、サケを故郷に連れ帰るという計画のためにクラウドファンディングで一〇万ドル以上を集め、カリフォルニア州の内務省開拓局は、ニュージーランドからサケを連れ帰り、ダムを迂回してサケが遡上できるルートを建設するために、さらに数十万ドルを部族の人々に支払った。だがそれと同時に開拓局は、シャスタ・ダムをさらに高くして、ウィネマム・ウィヌトゥ族に残された先祖伝来の土地をダムの底に沈めようと計画している。

カリフォルニア州の太平洋サケにとって、ダムがないところでも未来の見通しは暗い。その原因には、干ばつ、乱獲、農作物（アーモンドから大麻まで）が川の水を灌漑に使っていることなどが挙げられる。たとえこうした問題が解決できたとしても、カリフォルニアの川の水温は高くなりすぎている。ウィネマム・ウィヌトゥの人々の、サケとの関係を護ろうという努力は絶望的なことに思える。それでも、自分たちの管理の手が届かない動物に対する責任を全うしたいという彼らの気持ちからは学ぶべきものがある。

人間が本当に責任を果たそうとしている海や川の生き物は唯一、クジラだけである。捕鯨をやめさせることができたのは、一つには、クジラの肉と油に依存している人が非常に少なかったことと、そのため捕鯨産業がほぼ存在しなくなっていたことが挙げられる。一九七〇年代になる頃には、ソビエト連邦と日本というたった二国だけで捕鯨の九割近くを占めていた。今、他の人々がクジラを食べたいと思ったとしても、すぐにその気をなくすだろう——水銀の含有量が高く、クジラの肉は有毒だからだ。

今では、捕鯨は遠い過去のことのように思えることが多い。かつてスペインの捕鯨産業の中心地だったガリシアでは、捕鯨反対派の活動家たちが一九八〇年に二艘の捕鯨船を沈没させている。博物館に行くと、浜でクジラの死体の周りを男性たちが囲み、ピンク色の手袋と赤いエプロンを着けた女性たちが巨大な肉の塊を切り刻んでいる古い写真が展示されている。海に出れば、過去の捕鯨の影響はさらに色濃く残っている。アラスカ沖でクジラが捕獲された結果として、シャチは別の食べ物を探さざるを得なくなり、ラッコを食べるようになった。そしてそれが連鎖反応を引き起こした——昆布を食べるウニの数をラッコが制御できなくなったからだ（一匹のラッコは一日一〇〇〇個のウニを食べることがある)。魚類の乱獲が陸や海にどんな影響を与えるか、僕たちは推測することしかできないのだ。

問題は、魚を捕るのをやめるのは捕鯨をやめるよりももっと難しいということだ。魚を蛋白質の主な供給源としている人は推定三〇億人いる。貧しい国、特にアフリカとアジアに住む人々には、他に選択肢がない。だが遠からず、気候変動によって、彼らの手に入る魚は減るだろう。「気候変動に関する政府間パネル」によれば、気候の温暖化によってすでに、海から捕獲しても資源の回復が可能な魚種の数は減少している。中南米、アフリカ、インド、そして、世界で最も漁獲量の多い南太平洋では、魚の個体数の減少が予測されている。ヨーロッパとアメリカに住む人たちにとって、これは大きな試練だ。乱獲のため、近海の天然魚を大量に捕獲し続けることはできないし、気候変動や地元の需要があるため、熱帯地方から大量の魚を輸入し続けることもできなくなるだろう。

漁業が存在しない世界には犠牲が伴う。それはつまり、人間の食料を生産するためにより多くの農地が必要になるということだし、それだけ野生動物の暮らす土地が減るということだ。僕たちは、こうしたさまざまな生物種についての比較評価を行うためのきちんとした方法を持たないが、実際には、一頭のクジラを殺すより、何千匹もの魚を殺す方がいいという判断を下している――仮に一頭のクジラから数千匹の魚と同じだけの重量の肉が取れるとしてもだ。それは恣意的な判断なのだ。僕たちにできることは、慎重になること――できるだけ多くの魚を海に残し、可能な限り多くの農地を野生動物に返してやることだ。海は、ハーマン・メルヴィルの時代ほど恐ろしいところではなくなったが、同時に、この先もずっと人間が食べる魚がたっぷり捕れるわけでもなくなったのだ。

漁業においては、魚を、人道的な殺し方で殺さなければならない動物として扱うことが必要だし、殺風景な囲いの中に閉じ込めることもやめなければならない。魚の養殖は畜産と同じくらいに悲惨な状況だ。倫理的に天然魚の漁を行えば、魚の殺し方にも注意が払われるだろう。それによって魚の値段は上がるかもしれないが、これは、家畜を屠殺する際に何の留意もしなければ肉が安くなるのと同じことだ。今現在、僕たちが食べる魚のほとんどを生産している水産業界は、残酷で無駄が多い。動物愛テストに一貫して合格するシーフードは、養殖されたムール貝、カキ、ハマグリだけだ。

さまざまな損害を与えているにもかかわらず、漁業に対しては未だに多くの人が、残酷どころか牧歌的なものというイメージを持っている。いつの日か、これが広報活動の模範例として教科書に載る日が来るだろう。一方、人間が動物を殺す方法のなかには、漁業とは逆の問題を抱えているものがある。狩猟である。狩猟は評判が悪いが、実は僕たちが思っているほど残酷ではない可能性がある。

5 サイコパスの休暇旅行

鳥や動物を、見たり、狩ったり、写真を撮ったり、その他の形で出し抜くのを好まない者は尋常ではない。それは人間の文明を超越しており、私としては、そういう人間にはどう接していいかわからない。

アルド・レオポルド

『バンビ』と現実のシカ問題

僕が初めてシカ狩りに行ったのは、一一月の寒い月曜の午後だった。田舎のとある私有地で狩りをする手配をしたのである。僕は、編み上げウォーキングブーツの紐を結び、動物に銃弾を撃ち込むなんてことが僕には本当にできるだろうかと考えた。

こんなことをすることになろうとは思ってもみなかった。思い出せる限り、僕は哺乳動物も鳥も殺したことはなかったし、殺したいと思ったこともない。子ども時代にモルモットをトイレに流したこともなかったし、一〇代の頃に車でキツネを轢《ひ》いたこともなかった。飼っていた猫のクランブルがネズミをいたぶっているのを見つければ、僕は必ず——気の弱い進歩主義者なら誰でもそうするように——国際連合流の「人道的介入」を行おうと努めた。クレーピジョン［粘土を焼いて作った円盤状の、クレー射撃の標的］を何個か撃ったことなら一度あったが、それさえ陶器の無駄遣いに思えた。狩猟は動物にとって公平な行為かと問うなら、答えは絶対にノーだった。

ことの始まりは『バンビ』だったのだと思う。ディズニー映画の『バンビ』は、僕が子どものときに唯一経験した「狩り」だった。これは、森の中を自由に走り回る子鹿の生活に、あるとき銃が入り込む物語だ。バンビの母親が実際に撃たれるシーンはないが、バンビが、自分の世界の中心が消えてしまったことに気づく場面がある。「お前の母さんはもうお前と一緒にいられないんだ」と父親はバンビに告げる――これ以上に残酷なシーンなどなかなか想像できない。それはまた、非常に人間的なシーンであることは間違いない。ディズニーのアニメーターは、人間の赤ん坊の顔の写真を参考にしているのだ。僕は、三歳の娘エリザと一緒にこの映画を観たが、スージーはこのシーンを早送りしろと言って聞かなかった。それは多分、僕たち全員にとって一番差し障りのない選択肢だった。

『バンビ』は、一九四二年に公開されるとアメリカの狩猟家たちを激怒させ、映画は赤字だった。可笑しいのは、ウォルト・ディズニーはこれをもっと辛辣なものにしたがっていたということだ――彼はハンターが山火事で焼け死ぬ場面を描きたかったのである。この残酷な因果応報が、子ども向け映画に最終的に含まれなかった理由は想像できるだろう。それでも『バンビ』は動物愛護活動家を刺激し、一般大衆に広く知られる映画となった。ポール・マッカートニーは「僕はこの映画のおかげで、狩猟は良くないと思いながら育ったんだと思う」と回想している。二〇一八年には、ミズーリ州の裁判官がシカの密猟者に、一年間の服役中、自分の犯した罪の深刻さに気づくため、少なくとも月に一度『バンビ』を観るよう命じている。*

『バンビ』の影響は、僕が二〇代、三〇代になっても無意識のうちに残っていたに違いない。二〇〇四年にイギリスでキツネ狩りが禁じられたとき、僕は喜んだ。いったいなんだって、山高帽を被っておめかしした人間がキツネをいじめるのだろう――しかも大抵週末に？　二〇一五年にアメリカの歯科医がセシルというライオンを撃ち殺すと、その悲惨な死に対する怒りでインターネットは炎上した。「これが楽しいだって?!」。ジミー・キンメルというコメディアンは、共有回数が最も多かった動画の一つで怒りをぶちまけた。「あんた、自分より強い相手を殺さずにいられないほど勃起しないわけ？」」。味方につく側を選ぶのは難しいことではなかった。その後も、僕のツイッターフィードは時折、シカやキリンやゾウの前で平然とポーズを取るトロフィーハンターに対する憎悪のツイートであふれた。

フェイスブックが登場する以前から、狩猟はすでに道徳観が問われる行為ではあった。だが、ソーシャルメディアにとって、これほど単純化するのが簡単な話題はかつてなかった。インターネット上では、狩猟が動物愛護の精神に反することは一目瞭然だった。狩猟を擁護する人々でさえ、その確信が揺らいでいるように見えた。一九九六年から二〇一六年の間に、アメリカ人の成人で狩猟をする人は二五〇万人減少し、全人口の五パーセントを切った。東海岸と西海岸地域では三パーセント以下だ。アメリカでは、バードウォッチングをしに行く人の方が狩猟をする人よりも多い。伝統的に狩猟が盛んなオーストリアでは、狩猟許可証を持っている人は六〇人に一人いない。ドイツでは二四〇人に一人である。イギリスでは、早くも一九五八年には、シカ狩りやキツネ狩りを禁止することを望む人が大半だった。その頃にはすでに、田舎に暮らすイギリス人は五人に一人になっていた。二〇一九年には八五パーセントの人々が、トロフィーハンティングの禁止を支持した。トロフィーハンティングを禁じるのを望む人の方が、酒を飲む人よりも多いということである。

狩猟は、動物に対する人間の支配力と、人間が自分たちの行動を自制する用意があるかどうかを示す象徴的な行為となった。食肉処理場や養魚場や医学実験が行われる研究所がいずれも人の目につかないところにある僕たちの社会において、狩猟が驚くほど人の目につくのは、屠殺場で働く人たちと違い、ハンターたちは自分が写っ

＊『バンビ』はまた、森林火災に対する僕たちの考え方にも影響を与え、森林火災の発生を抑制するというアメリカ西部の慣行に寄与している。だが現在では、これは逆効果だったと土地管理者の多くが考えている——それによって、燃えやすい森林が増えるからだ。

ている残忍な写真をインスタグラムに投稿するからだ。娯楽のために動物を殺すのが倫理に悖ると考える人たちは何百年も前からおり、清教徒もそこに含まれる。今、致命傷を負って膝から崩れ落ちるゾウや、死んで地面に横たわるヒョウの動画ほど、人々の感情を揺さぶるものはない。「トロフィーハンティング禁止運動」は、娯楽のために動物を殺すのは「残酷かつ不必要であり、文明社会にはふさわしくない」と主張する。コメディアンのリッキー・ジャーヴェイスはもっと単刀直入だ――ハンターはサイコパス（精神病質者）だというのである。だとすれば、狩猟ツアーはサイコパスの休暇旅行というわけだ。

だが、食肉処理場や畜産農場で働いてみた僕は、こうした風潮にちょっと違和感を感じる。畜産と漁業はどちらも、何らかの形で動物を殺すことはやむを得ないということを思い出させてくれた。畜産に関して言えば、僕が嫌悪感を覚えたのは、動物の死そのものよりもむしろ、彼らの意味のない一生だったし、漁業に関して言えば、その見境のない非人道的なやり方だった。人間が動物を殺すことの一切合切に僕が反対していたかと言えば、答えはノーだ。僕が異論を唱えていたのは、人間が何も考えずに大量の動物を殺すことだった――殺されるまで幸せに生きることが許されていない場合は特に。一方、畜産場や動物園の動物とは違い、狩猟の標的となる動物は（例外はあるが）自然の環境のなかで生きている。彼らは、進化の結果がもたらした自然な生き方をするのが容易だったはずだ。

その上、理論的には、狩猟には論理的根拠があるのだ。生態系には世界中で狂いが生じている。アメリカにあまりにも多くの野生馬がいたり、イタリアにイノシシが二〇〇万頭いたり、というふうに。これは主に人間が起こした過ちが原因だ――僕たちは捕食動物の一部を殺し、侵入種をばら撒き、動物たちの生息地の上に都市を築いた。その結果、もしも今僕たちが動物を間引かなければ、その個体は死なずに済んでも生態系が壊れてしまう。僕たちは、僕たちが排除した捕食動物の代わりをしなければならないのだ。人間はすでに、あまりにも多大な介入を行っており、もはや引き返すことはできない。狩猟は、自然界の複雑さを、そしてそれに対処する方法の多様さを僕たちに見せつける。

コロンビアに住んでいたある日、僕が乗っていたバスが突然止まった。嫌な予感がした。通常それは、運転手に何か用事ができたことを意味する。僕は、いったいどんな不運が僕たちを襲ったのかと辺りを見回した。すると、乗客たちがバスの後ろの窓にぴったりと張りついている。そこは湿地帯で、野生動物が豊富だったから、誰かがハチドリでも見つけたのかと僕は思った。「素敵ね！」と乗客の一人が言った。「すごくきれい！」と別の乗客が言った。僕はそこで、彼らがシカの写真を撮っていることに気づいた。一匹のオジロジカである。

僕は首をひねった。イギリスにはシカが多い。僕たちの先祖が狩猟のために新種のシカを導入し、オオヤマネコ、オオカミ、クマなどの捕食動物を一掃したからだ。イギリスにシカが何匹いるか、正確にわかる人はいないが、その数はゆうに一〇〇万匹を超えると思われる。シカは、森の辺縁部に好んで棲む。現代のイギリスには、彼らに適した生息地がたくさんある——農業補助金制度が、農場に木や生け垣を配して、シカが若い葉を食べたり動き回ったりしやすくするよう奨励しているからだ。シカは美しい動物だが、あまりにも大食いなため、他の動物の繁栄の邪魔をする。

アメリカでも同じことが起きている。オジロジカは、一度はアメリカの多くの地域からいなくなってしまったのだが、今では推定三〇〇〇万匹のオジロジカがおり、その多くは捕食動物がいないところに棲んでいる。この数字がピンとこなければ、こう言えばどうだろう——アメリカでは毎年、動物が関係する交通事故が二〇〇万件起きるが、その四分の三はシカが関与しているのだ。コロンビアでシカを目にすることさえめったにないのに対し、アメリカではシカとぶつかることさえ珍しくない——毎年、車を運転する人の一五〇人に一人がそういう目に遭うのである。その被害総額は一〇億ドルを超え、おそらくは一五〇人ほどの人が生命を落とす。スコットランドでは、シカが関与する交通事故が一日三〇件ほどある。

シカはまた、他の動物に与える影響も大きい。シカが木の葉や草を食べるところでは、地上の虫の数が四〇パーセント少なく、クモの巣の数は半分である。考えてみれば当たり前だ――クモが巣を作れる低木や若木をシカが食べてしまうのだから。小鳥が巣を作る場所も減る。食べ物が少なくなると、シカがリスと食べ物を奪い合ってリスの数が減る。森林火災が起きれば、シカは森の再生を阻害しかねない。ある実験によれば、人為的に起こされた野火の後、樹木の多様性が減少した――シカが、オークなどの若木を食べてしまったからだ。

僕は動物が大好きなヴィーガンだった。でも僕は現実の世界に生きていたかった。シカの存在が、他のさまざまな生物を除け者にしていいとは僕には思えなかった。もしかしたら、誰かがシカを殺さないわけにはいかないのかもしれない。銃の銃爪《ひきがね》を引く人がそのことに喜びを覚えようが、それはバンビにはどうでもいいことではないか？　動物には、彼らに向かって銃爪を引くのが誰であろうと関係ないはずだ……たとえばそれが僕であったとしても。

シカ狩り

コーンベリー・パークは、ロンドンから西に一時間ばかりのところにあり、増えすぎたシカの狩猟ができる場所として宣伝されている。石造りの建物がいくつか立っているところに着くと、僕くらいの年齢のトムという男性が小さな事務所に案内してくれた。壁には雄鹿の枝角が十数個掛かっていて、その横には「ベジタリアン：下手くそな猟師を指す古いインドの言葉をいい加減に訳したもの」と書かれたポスターが貼ってある。幸先が悪い。

この日はたまたま停戦記念日［一一月一一日］である。戦争の犠牲になった人の命を追悼することと、罪のないシカを殺そうとすることが、真っ向から対立するとは僕は思わない。とは言え、ちょっとタイミングが悪いな、とは思う。

無精ひげを生やしたトムは、数年前から、理屈の上ではシカ狩りがしたいのだが実際には殺せないかもしれない、という都会暮らしの金持ちの相手をしている。「目の前に生きたシカが現れたら君はどう感じるかな」とトム。「僕には撃てない、と言うかもしれないし、興奮しすぎて狙いが定まらないかもしれないな」。僕は自分に言い聞かせる――銃爪が引けないほど緊張しないこと。興奮のあまり連続殺人犯見習いみたいに見えないようにすること。大事なのはバランスだ。

「結局のところ、生きた動物だからね。撃てる人もいるし、撃てない人もいる。プレッシャーを感じる必要は全然ないよ」

でもプレッシャーはある――シカ狩りに出かける前に事務所に立ち寄った、ピーターという名の常連ハンターがその正体だ。彼は、ツイードのハンチング帽を被り、ツイードのジャケットとツイードのズボンを身に着けている。僕には仮装用の衣装としか思えないいでたちだ。少年じみた、愛想のいい男である。

「あんたの名前が書いてある雄鹿がいたよ」と彼は言って、ぼやけた写真を見せようとアイフォンを僕の方に差し出した。「車から撃てるんじゃないかな」と言って彼はウインクする。僕は再び自分に言い聞かせる――ピーターの言うことは無視すること。

トムと僕はカートに乗って、射撃練習場の役割を果たす小さな石切り場に着く。トムは石切り場の一方に、標的が描かれた紙をピンで止め、反対側にライフルの準備をする。僕は頬を木製の銃床に押し当てて照準器を覗き込む。これだ。これが本物の銃だ。「ゆっくり狙って――」とトムが言う。「銃爪を引くんだ」

銃爪を引くのがどんなにちっぽけなことか、いくら強調してもし足りない。「パッとしないだろ」とトムが言う。そのとおりだ。ニンジンを切るよりも簡単なことなのに、天井が崩れるほどのパワーが炸裂する。ライフル銃を撃つ身体的負担は、グーグルに検索語を打ち込むのとさして変わらない。インターネットを検索するのと同じような感覚で動物を殺せるのだ――大事なところはテクノロジーがやってくれる。

そうこうしているうちにピーターがやって来て、自分の弾が当たらないのはなぜなのかと訝《いぶか》っている。彼はまた、フェイスブック上でハンターのことを「ブタ」と呼ぶ人たちについて文句を言う。

生きた標的を撃つ準備は整った。僕はトムの後について道を逸れ、森の中に入る。三頭のシカが顔を上げ、すぐに逃げていく。戻ってくる気でいたとしても、僕がうっかり小枝を踏みしだき、それから咳が出て止まらなくなってしまった後では気が変わったことだろう。歩いてシカを追うのは失敗だ。

僕たちは車で、今度は座ったままシカを撃てるところに行く――森の中の、幅の狭い通路のような空き地を見晴らせるところにある、高床式の小さい木の小屋だ。近くでシカが二頭、草を食べている。幸先がいい、とトムが言う。

脚が短くて大きな齧歯動物のように見えるキョンが二頭、二〇メートル先のワラビの茂みの中に姿を現す。東アジア原産で一九世紀にイギリスに導入されたキョンは、小さいため誰も狩りの獲物としては大して関心を示さず、今から数十年前、その数が増えすぎて手がつけられなくなった。僕の目の前にいるキョンは、一頭がもう一頭を追いかけ回している。トムが銃を構える。二頭のうちの大きい方が母親だ。母親を撃つことはできない――母親に頼っている子どもがいたら飢えて死んでしまうからだ。だが小さい方はれっきとした標的だ。僕たちはバンビの母親ではなく、思春期のバンビを撃とうとしているのだ。僕は深く息をした。

シカ狩りは、ただ弾が当たればよいのではなく、撃って殺すのが原則だ。シカを狩るのと鳥を狩るのとでは、この点が明らかに異なっている。鳥の狩猟では、少しでも弾が当たればよく、撃たれた鳥は犬が捕まえるか、どこか別の場所まで飛んでいってそこで苦しむ場合が多い。シカ狩りをする者に少しでも自尊心があるならば、傷ついたシカが森の中に逃げ込んで、長い時間苦しみながら死ぬところなど見たくない。だからシカの胸の、直径一〇センチほどの円を狙って撃つ。そのためには、シカが横向きになり、その部分を直接狙える必要がある。もしもキョンの身体が今、横向きになり、僕の弾が正確に命中すれば、キョンが痛みを感じるのはほんの一瞬だ。だがキョンはワラビの茂みの中から動かず、照準器を通して見えるのは茶色いぼんやりとした影だけだ。そしてキョンは、僕たちには気づかず行ってしまった。

その後は何も起こらなかった。シカは姿を見せない。ツリーハウスの中に黙って並んで座っているトムと僕をつなぐのは、昔ながらの、男らしさというぼんやりした何かである。もしかしたら、一九五〇年代に父親と息子が一緒に時間を過ごすのはこんなふうであったかもしれない。三〇分経ち、さらに三〇分が経過するが、僕たちは一向に何を殺す気配もない。もしもこれが食肉加工場だったら倒産するところだ。あまりにも寒くて身体が痺《しび》れ、僕は、自分がうたた寝をして自分で自分を撃ってしまったのではないかと思ったほどだ。

ついに、遠くにシカが現れた。僕は照準器を覗き、十字線の中央をそのシカの胸に合わせて様子を探る。その瞬間、僕は思ったほど感情的にならない。だがシカは遠すぎて、命中するかどうかわからない。シカは森に戻っていき、僕はちょっとがっかりする。「あと五〇メートル近ければ撃ったんだがな」とトムが言う。

寒さが強まり、空が暗くなる。二時間近く小屋で過ごした後、とうとうトムが匙《さじ》を投げる。「もうやめとこう、日が暮れちまう」。トムは狩りの不出来を、寒さ、雨、渦巻く風のせいにした。風がシカの鼻孔に入り込み、シカは落ち着いて草を食べなくなるのだと言う。僕は頷いた。

トムの車で事務所に戻ると、僕は料金を支払った。午後中シカを追い、指導料も含めた料金は一八〇ポンドで、木の箱の中で寒い思いをするという特権の値段としてはちょっと高いような気がした。

トムと別れた後、タクシーが捕まらないので、僕は月明かりだけを頼りに田舎道を歩いた。道路脇の茂みの中の、銃を通して見たよりも近いところでシカが動いた。

パブに着くと、僕は地元に住んでいる男性と話を始めた。彼は狩猟が——そして狩猟をするお上品な奴らが——大嫌いだと言った。「ひどい奴らだよ。全部じゃないが」。これは一つの真実を突いた言葉だった。イギリスでは、狩猟は階級制度と密接に関係している。より正確に言えば、所有意識——土地とそこに住む者たちを自分が支配している、という意識が関係しているのだ。シカの棲む森への一般人の立ち入りを禁じた中世の王たちと、今日広大な私有地でシカを狩る人々は、一本の線でつながっているのである。

僕は自分が、銃や生き物を殺すということにさして抵抗を感じなかったことに気づいた。僕にとって、狩人にはなれない一番の理由は、自分がコーンベリー・パークに属する人間ではなく、僕は彼らの友人ではない、という感覚だった。言い換えれば、それは動物とは何の関係もなかったのだ。だがひとたび動物に集中すれば、僕は狩りというものを、余計なお荷物もインスタグラムというフィルターも通さずに見ることができた。それは、鳥獣管理という一つの機能的活動と捉えることもできるのだ。

狩猟に関する倫理の変遷

狩猟が倫理に反するように感じるのはどうしてだろう？　動物を愛する人なら誰だって、動物の苦しみや死を楽しいとは思わないだろうし、動物の数が減るのを喜ばないだろう。最終氷期が終わる頃、大型哺乳動物――たとえば現代のゾウほどの大きさがある巨大な地上性ナマケモノのような――が絶滅した大きな原因の一つが狩猟であったことはほぼ間違いない。そうした動物はものすごく巨大かつ幻想的で、僕は未だに、人間が彼らと共生していたということを信じられずにいる。

狩る者と動物たちの力の均衡が崩れるにしたがって、狩猟は正当化しづらくなっていった。一九世紀になると、銃の製造技術が飛躍的に向上し、動物の個体数が激減した。北米大陸では、狩猟によってごっそり消えた動物もいた。数百万頭いたバイソンは、わずか数百頭に減った。ヘンリー・デイヴィッド・ソローによればドングリをまるまる飲み込むことができたリョコウバトは、かつて北米大陸で最も豊富に存在した鳥で、その数は数十億羽に及んだが、野放しの狩猟のおかげで、一〇〇年にも満たない期間で絶滅し、最後の一羽が一九一四年にシンシナティ動物園で死んだ。

一方、帝国主義を振りかざすイギリス人はアフリカを闊歩し、目に入るものを片っ端から撃った。一八四〇年代にアフリカ南部を歩いたイートン校の卒業生、ルアレン・ゴードン＝カミングは、サディスト的としか言いようのないやり方で自分が仕留めた獲物を自慢した。あるサイを殺したときのことを、彼はこう語っている――「肋骨に弾をぶちこんで礼儀を教えてやった」。彼のような探検家は英雄視された。彼らは、自分たちは単に「最適者生存」というダーウィンの概念にあてはまっているだけだと考えていたのである。だが実際には、彼らの狩猟は、人間にとっての娯楽であるという以外に正当化できる理由はなかった。フレデリック・セルースというハンターには少なくとも、アフリカでの狩猟を恥じていると認めるくらいの正直さはあった――大きなゾウは、イギリスの狩猟動物よりも弾を命中させるのが易しいという理由で。

だが、狩猟が常に無駄な行為であったわけではない。人間もまた、常にさまざまな動物に殺される危険に晒され、食料とするために作物を育てることをまだ知らなかった時代があったのだ。動物を殺すことが倫理的に正しいことか、という疑問は、初めのうちは起きなかっただろう。人間社会が複雑さを増すにつれ、狩猟採集民である人間は、狩猟をめぐって複雑な行動や信念を構築していった。なかにはアラスカのユピック族をはじめ、人間は動物より上位ではなく動物と同等の存在であると考える人々もいた。彼らは動物の死を、相手を尊敬し、正しく管理し、ときに生まれ変わりを含む、人間と動物の関係性の一部として受け取った。ユピック族の神話では、動物は殺されるために自らを差し出し、その動物の霊魂は、別の動物として生まれ変わる前に胆嚢に集まるとされた。冬に行われる「ブラダーフィースト（胆嚢の饗宴）」という祭りはそのことを記念するものだ。

ブラダーフィーストを含むこうした信念や風習は今も続いている。カナダのチプウィアン族の人々の一部は、動物はその同意がなければ殺すことができないと主張する――こう考えることで、動物を殺すことに対する人間の罪の意識がやわらぐわけだが、それは同時に、将来動物が殺されることに同意してくれなくならないよう、正しい方法で殺す、という義務を生む。正しく殺すというのは必ずしも、動物が苦しまないようにするという意味ではない。サハラ砂漠に住むクン族の人々は、毒矢で動物を殺した。ヌーやキリンは、死ぬまでに少なくとも一日かかった。

狩猟採集民族は、動物は知性や意図やさまざまな気分を持つと考える。その一方で、西欧から訪れるエコツーリストが決して触れてはならないと考える動物も殺す。たとえばアマゾンのヤノマミ族は、サルやオオハシやオウムを殺すし、カラハリ砂漠近辺のクン族はキリンやダチョウを殺す。そうした行為は、僕たちがしているような動物の区分に疑問を突きつける。僕たちは、一部の動物は知性的すぎて殺せないと考えるが、狩猟採集民族は、すべての動物は知性があり、すべての動物は殺せる、と考えるのだ。農業の持つ可能性に限界があり、今でも狩猟が必須である先住民のコミュニティは、北極からアマゾンまで世界各地にある。だがそういう場所でさえ、狩猟の継続は危ぶまれている。その原因の一つは、動物にとって必要と僕たちが考えるものと狩猟が衝突するからだ。イヌイット族は、クジラやアザラシを残忍に殺す、と言って動物愛護活動家や自然保護活動家に糾弾される。ただし、グリーンピースは現在は彼らの捕鯨を支持しているが。クン族は、以前と比べるとあまり狩猟をしなくなった――彼らもまた野生動物保護に関する規制の対象だし、トロフィーハンターのために若干の動物は残しておかなければ、というわけだ。カナダの先住民族ルツェル・ケディネの場合、昔はカリブーが「そこらじゅう、どこにでも」いたが、今は一時的にカリブーを狩るのをやめている――気候変動と人間の活動によってカリブーの数が激減したためだ。

一九世紀、西欧のハンターたちは、自分たちの銃がもたらした惨状に直面した。フレデリック・セルースは一八七〇年代に、自分がしたことも一因となってアフリカ南部からゾウが姿を消していることに気づき、自然保護主義者に転向した。西欧人が考える倫理的な狩猟とは、二つの概念を融合させたものだ――動物に与える苦しみを最小限にすることで彼らへの尊敬を表すことと、生態系のバランスを護ることによって健全な自然環境を保つ、ということである。そうした考え方の旗頭となった二人と言えば、アルド・レオポルドと、セルースの友人であったセオドア・ルーズベルトだろう。

　偉大なるアメリカ人自然保護主義者であったレオポルドは、オオカミ、コヨーテ、シカ、そして鳥を狩った。彼にとって狩猟はアメリカを象徴するものだった。それは、アメリカという国がどのようにして創られたかを思い起こさせたのだ。狩猟というスポーツを楽しむ者には、観客もいなければリーダーもおらず、「神以外に審判する者はいなかった」。鳥の愛好家と同様に、彼らもまた、アメリカの大自然の「美しさに魅了され」たことがその動機であった。彼は、ハンターたちは自制心を持っていると強調した。ときに、動物を撃たないことが撃つのと同じくらい立派な場合があるし、彼自身、確実に殺せる銃よりも手作りの弓と矢を使うことも多かった。

　レオポルドにとって狩猟とは、弁解を必要とすべきことではなかった。それは「人間性を支える生物学的基盤」の一部だったのだ。狩猟はまた、人々をその土地と結びつけた。「縁石に続く小さな土地であろうと、広大なオレゴンの森であろうと、すべての土地は狩猟にふさわしい」と彼は言った。できるだけ多くの人が狩りをすべきだ――レオポルドは、ヨーロッパでの狩猟は、本来なら「貧しい者の権利」であるべきなのに、上流階級にしかそれが許されないことが不満だった。現在アメリカでは、狩猟をする人の一〇人のうち九人は男性であり、九七パーセントが白人だ。だがイギリスと違うのは、驚くほど幅広い階層の人が狩猟をするということだ――大卒の人とそうでない人、年収が三万ドルの人と一五万ドル以上の人では、狩猟をする人の割合は変わらないのである。

　偉大な自然保護活動家が同時に大の狩猟好きであるというのは、二一世紀の今日では通用しない。BBCの番組の合間にデイビッド・アッテンボローが散弾銃の手入れをしたり、ジェーン・グドールがキリンの死体の前でポーズを取った写真をフェイスブックに投稿したりするところを想像してみてほしい。それは一〇〇年前でさえ議論を呼んだ。当時有名だったもう一人のアメリカ人自然保護主義者、ジョン・ミューアは、一九〇三年、ルーズベルト大統領に「ルーズベルトさん、あなたはいつになったら子どもじみた殺戮をやめるのですか?」と書き送っている。セオドア・ルーズベルトは、撃てるものなら何でも撃つことで有名だったのだ。共和党支持者だったにもかかわらずルーズベルトを史上最悪の大統領だと考えていたマーク・トウェインは、ルーズベルトが勇敢にも仕留めたクマが実はウシだった、という風刺に満ちたエッセーを書いている。だがルーズベルトは九三万平方キロメートルの土地を保護した――狩猟という動機がなければこのような偉業は不可能だっただろう。今日、アメリカの一八八万平方キロメートルの土地を管理する野生動物保護機関の予算のうち、六〇パーセント近くが、狩猟と魚釣りのライセンス料、それに銃や銃弾、アーチェリーの用具、魚釣りの用具と船の燃料に課される税金で賄われている。

テディベアという玩具のアイデアのもととなったのもルーズベルトだ――これは、一九〇二年にミシシッピ州に狩りに出かけたルーズベルトが、投げ縄で捕らえた子グマを助けてやるところを描いた漫画に因んだものである。その漫画は、ルーズベルトの持つ自制の倫理を象徴するものだったが、実際にはその子グマは、ルーズベルトの随行者の一人があっさりとナイフで殺してしまった。レオポルドと同様に、ルーズベルトが自然に対する並外れた愛情を持っていたことは疑いようがない。彼は動物虐待を憎み、博物学を愛し、成人後はペットが死ぬと専用の墓場に埋葬した。

倫理的に狩りをする者は、個々の動物に逃げるチャンスが与えられていることを必ず確かめる。たとえば、懐中電灯でシカを照らし、その場で動けなくして撃つのは非倫理的な行為とみなされる。アメリカでは、それが違法であるところも多い。GPS、暗視装置、五〇〇メートル先の標的に命中させられる銃などに恵まれた昨今のハンターのなかには、それらが自分をあまりにも有利な立場に置いているのではないかと考える者もいる。これは野生動物をどう管理するかという問題であるだけでなく、良心が咎《とが》めるかどうかの問題でもあるが、また自制の精神を支えるものでもある。倫理的に狩りをするというのは、何を殺すかだけでなく、どう殺すかが問題なのだ。

つまり、倫理的な狩猟というのは次のようなものである。自然を護り、野生動物の数を維持するためのものであること。残虐な殺し方、楽な殺し方はしないこと。自然を大切にすること。動物は苦痛が比較的少ない方法で死ぬこと。このような観点から『バンビ』を真に理解するためには、バンビの母親は手際よく殺されたのか、シカの個体数の維持は可能なのか、さらに、狩りをしなければその土地は切り拓かれて農地になってしまうのか、といったことを知る必要がある。そう、ネットフリックスが映画化権の獲得を急ぐもののようには聞こえないのである。

僕は、レオポルドとルーズベルトの遺したものが今も生きているかどうかを確かめたかった。そこで、ダイアナ・ハンティングツアーという企業にEメールを送った。この会社は「世界最大の狩猟ツアー専門旅行代理店」と名乗り、恥ずべき企業と批判されている。ダイアナ・ハンティングツアーは六大陸で――グリーンランドでのジャコウウシ狩り（三日間で四六九五ドル）からジンバブエでの大型動物狩り（五日間で一万四四九五ドル）まで――狩猟ツアーを提供する。すべてのツアーは「倫理的に正当化でき」、「環境を破壊しない」と謳っているどころか、なかには「動物のためになる」と明確に宣伝されているものさえある。数日後、僕はポーランド行きのツアーに申し込んだ。

人はなぜ狩りをするのか

サイコパスの休暇旅行はベルリンの鉄道駅からスタートした。ゴワゴワした顎ひげを生やし、カーキ色のズボンを穿いた痩せぎすのイェンス・フーが、マクドナルドの大きな看板の下で僕を待っていた。

すぐに、イェンスは僕がこれまで会ったなかで一番熱心なハンターであることがわかった。ベルリンからポーランドの中心部にある狩猟小屋まで車で六時間、彼はずっと狩猟のことをしゃべり続けた。少なくともそう想像している――僕は途中で寝てしまったから。

一年前、彼は肺塞栓症で危うく死にかけ（医者は「どうして君がまだ生きているのか不思議だ」と言った）、その経験が彼に、狩猟に関する正しい知識を普及させることに残りの人生を捧げる決意をさせた。故郷スウェーデンの彼の家の近くでイノシシを撃ったときのこと、大変だったジンバブエでのゾウ狩り、そしてナミビアでのキリン狩り。彼に言わせれば、キリンは「変な形をした肉の塊」だった。

イェンスによれば、ライオンのセシルが殺されたことに対する強い反発にハンターたちはうろたえた。愛くるしい動物たちの動画を観ながら育った世代が、死んだ獲物と写っているハンターの写真にどんな反応を見せるかを、彼らは予測していなかったのだ。「ものすごく閉鎖的なコミュニティだったんだ。狩猟関係の団体と狩猟をしない人たちの間には一切交流がなかった。二年前は、ハンターなら誰だって獲物と一緒に記念写真を撮ったもんだ。それが当たり前のことだったのさ。そういう写真を目にするのはハンターだけだったんだ。ところが今では、写真を見る人の九九パーセントはハンターじゃない。今でもハンターたちは写真を撮るが、ソーシャルメディアには載せるもんじゃないってことが少しずつわかってきてる」

そこでイェンスは、狩猟反対派に戦いを挑むことにした。彼は、大型の動物を競売にかけ、最高入札者に売るという話題集めを試みた。トレバー・ノア、リッキー・ジャーヴェイス、ケヴィン・ピーターセンといった狩猟反対派の有名人に公開書簡を送って、南アフリカのサイを救いたくないか、と尋ねたのである（競売の開始価格は六八万ドルだった）。反応は「まったくなかった」と、心底驚いたようにイェンスは言った。

それにもひるまず、イェンスは、ルイス・ハミルトン、エド・シーラン、ボリス・ジョンソンのパートナーであるキャリー・シモンズを含む、動物好きで知られるさらに多くの人たちに、ハンターたちの入札額を上回ればナミビアのキリンを一〇頭救える、と書いた書簡を送りつけた。当然今度も反応はなかった。イェンスに言わせると、このことは彼の主張を裏づけていた――「年寄りのキリンなんか誰も欲しくないんだ。当然だろ？　キリンなんか買ってどうすんだ？」。彼は予定通りナミビアに行き、一緒に行ったハンターたちと一〇頭のキリンを仕留めた。

「狩猟が好きになってくれとは誰にも言わない。だが、それを受け入れるか、さもなければ別のシステムを作ってくれ、とは言うよ。俺が覚えている限り、人は昔から狩猟を嫌ってる。だから狩猟の代わりになるものを見つける時間はあったはずなんだ」

イェンスの狩猟好きは生まれつきのものではない。彼はデンマークの出身で、機械工学士だった父親は、田舎暮らしに憧れてちょっとした土地を買ったが、子どもだったイェンスにはそこでの狩りを禁じた。イェンスは初めのうち動物の写真を撮ることに熱中したが、父親の農園を手伝っていた年長の男性が狩りの話をするのを聞いて狩猟に興味を持った。彼は父親が家を留守にするのを待ってその男性の銃を借り、独学でシカの撃ち方を覚えた。そのとき彼は一一歳で、四年後には合法的に狩猟をするようになった。

「狩猟許可証を手に入れるやいなや、俺は親父の農園で密猟を始めた。親父は議論好きでね。ずいぶんと議論を戦わせたよ」とイェンスは回想する。彼の狩猟熱が高まるにつれて、父親もより強固に狩りに反対するようになった。父親は一時、自分の主張が正しいことを証明するために肉を一切食べなくなったこともある。だが無駄だった。息子はすっかり狩猟の虜となっていた。

四八歳になったイェンスは、これまでおそらく二〇〇〇日くらいを狩りに費やしたと見積もる。五年半の計算だ。「狩猟はスポーツと言うよりライフスタイルなんだ」と彼は言う。狩猟をスポーツと考えるのは、「非常にイギリスとアメリカ的な考え方」だと。

僕たちはポーランドで、スウェーデンから来たハンターたちのグループと合流した。かなりの金を払って、三日間、イノシシとシカを撃つためにやって来た人たちだ。今日の狩りは「巻狩り」と呼ばれる方法で、ハンターは決まった場所から動かず、棒を持った「勢子《せこ》」が猟犬と一緒に歩き回って、獲物をハンターたちの銃の方へと追い立てる。

イノシシの数は生態系に影響を与えるだけでなく、イノシシは家畜や人間に病気をもたらす危険性がある。このときは、アフリカ豚熱コレラがこの地域に発生する危険性があったため、この一帯の一万ヘクタール近い野原や森を所有しているポーランド政府は、できるだけ多くのイノシシを殺したがっていた。娯楽のための狩猟は動物の個体数を減らすのにはあまり役立たないという若干のエビデンスがある――イノシシは、ハンターの避け方を覚え、近くの野原を通って逃げるのが巧みだ。ハンターたちは楽に仕留められる獲物を好むので、土地の所有者は、獲物がたっぷりいる状態にしておきたがる。だがここでは、本当にイノシシを殺す必要性があるように見える。

「やつらはそこらじゅうにいるよ！」と、この狩りのオーガナイザーであるヒューバートが言う。ヒューバート――クリップボードを持った大男だ――はときどき、「エコテロリスト」への軽蔑を露わにする。政府をはじめ、森の管理方法を彼よりもよく知っていると主張する人たちのことだ。

その頃ヒューバートが腹を立てていたことの一つが、ポーランドでは個体数が増えつつあるオオカミの猟が禁じられていることだった。「誤って勢子を撃っちまったと言っても、オオカミを撃ったと言うほど問題にならないんだもんな！」。それで思い出したように彼は、三週間前にポーランドで勢子が死んだと言う。おそらくは、岩に当たって跳ね返った銃弾が命中したのだ。それでも、僕が生き残れる確率の方がイノシシが生き残る確率よりも高い、と僕は思った。

一度目の追い込みで、僕はアーランドという名前の男の横に配置された。アーランドは迷彩色のリュックサックを下ろし、凍った木の葉をどかして自分の位置の印をつけ始めた。僕たちは無言で立ったまま動物が現れるのを待った。

雌のイノシシが――僕が思っていたよりずっと大きい――五〇メートル先に現れた。イノシシは木の陰でためらう様子を見せ、それから小走りで去っていった。その後ろを、六～七頭のイノシシの子どもが追いかける。母親はすでに、アーランドには撃てないほど遠くにいる。僕たちの一〇〇メートル先にいる人がイノシシを撃った。僕はライフル銃の音の大きさに驚いた。それは耳の中に鳴り響き、実際に銃弾を浴びるというのはいったいどんな感じがするのか、想像もつかなかった。

逆の方向から二発の発砲音が聞こえ、続いて無線から、イノシシを仕留めたという知らせが流れた。僕たちがそちらに歩いて行くと死体があった。大きな灰色のそのイノシシの口はボクサーみたいに血まみれで、目と目の間に弾痕があった。その一発はイノシシを殺したのに、どうしたわけかイノシシは走り続け、ペールという名のハンターが胸にもう一発撃ち込んでようやく止まった。「自分が死んだってことに気づくのに三〇秒かかるんだよ」とイェンスが言った。彼は、開いたままの目の片方を突いて、獲物が本当に死んだかどうかを確かめる方法を教えてくれた。

その死体からは湯気が立っていた。イノシシは縦に腹を裂かれ、肉を保護するために内臓は取り除かれている。血まみれの動物はいつ見ても気持ちの良いものではない。でもそのイノシシは、食肉処理場や畜産場で見た死体ほどむごたらしくはなかった。少なくともそれは、実際にこの世に存在する動物のように見えた——家畜化されて、肉でできたミニチュアの飛行船みたいな親戚とは違い、それは均整の取れた、毛むくじゃらのイノシシだったのだ。

次の追い込みが始まり、同じパターンが繰り返された。道に沿って五〇メートルずつ間隔を空けて並び、動物が姿を見せるのを待つ。

空は青く、足の下の葉は凍っている。僕たちはブナノキとオークに囲まれていた。特に人里離れている場所ではなかった——チェーンソーの音や車が行き交う音が聞こえるし、砂利道が四方八方に伸びている。だが、大事な問いについて考える時間はたっぷりあった。僕の場合、その問いには、どうして靴下を二枚重ねて履かなかったんだろう?というのも含まれていた。

「巻狩りを始める人が増えているんだ。いろんなことが起きてる、興奮するよ」――木の幹の横に立って動物を待ちながらアーランドが言った。興奮と言っても、サッカーの試合や面白い会話に感じる興奮ではない。それはもの静かな、自然界との実存主義的なつながりだ。新型コロナウイルスが流行する以前、会社勤めしていた僕が、日々自分の生活のなかから締め出していた世界。人間の存在そのものが依存している世界。僕の感覚――聴覚、嗅覚、視覚――は研ぎ澄まされ、僕は自分が森に対して、ハイキングのとき以上に繊細な注意を払っているのを感じる。森に立って動物を待つという行為には、森との直接的なつながりがある――生命には始まりと終わりがあり、行動は結果につながる、ということが理解できるのだ。正しく行われるならば、狩りには意味がある。

狩猟と戦争の一番の共通点はおそらく、じっと立って待っている時間が大部分だというところだ。木々の葉がカサコソと音を立て、雄のアカシカの一群が枝の間から姿を現した。一頭、二頭……全部で一〇頭、どれも立派な枝角を持ち、この季節には狩ることが固く禁じられている。シカたちは木々の枝を勢いよくかき分けて進み、近くの草原に出るとその歩みがゆっくりになって、ホッとしているのが見た目にもわかるほどだった。

僕たちはさらに二回ほど追い込みをした。ハンターがイノシシを撃ったびに、ヒューバートが手近なところにある小枝を見つけ、その半分をイノシシの口に差し込み、残りの半分を撃った人に渡す。これは、「最後の一口」と呼ばれる、中央ヨーロッパの伝統的な慣習だ。もちろん、枝そのものはイノシシにとっては何の意味も持たないが、畜産業界の大部分で欠落している、動物に対する敬意を示すものである。

一一人のハンターが三時間で仕留めたイノシシはたった三頭だった。これに比べたらオンラインでデートする方が効率がいい。イノシシの個体数を減らしたり、豚熱が広がるのを防ぐのに貢献しなかったことは確かだ。驚いたことに、ハンターたちは不満を言うわけでもなく、何も仕留めなかった人たちもそのことを気にしている様子さえ見えなかった。獲物を仕留められる保証がないということも、狩りという一連の行為の一部なのだ。

獲物の死体は、緑色の金属製の小型トレーラーで搬送された。イノシシの一頭の後脚が、別のイノシシの腹を開いた状態に保つのに使われていた。腹の中の温度を下げるためだ。集合場所に戻ると、イノシシは地面に敷いた松の枝の上に降ろされた。写真を撮るために、仕留めたイノシシの隣でポーズを取る人もいたし、ブーツでイノシシの口を開けて珍重される牙を見せる人もいた。彼らはサイコパスでもなければ動物愛護活動家でもなかった。そこには楽しく陽気な雰囲気が漂っていたが、羽目を外した様子は感じられず、まるで村対抗のクリケット試合が終わったところか、これから結婚式が始まろうとでもしているみたいだった。

宿泊所に戻るとみな、狩りの後のアクティビティに熱中した。ある人は自分の寝室の外に、「泥酔した人間の横断に注意」と書かれたパロディのプラスチック製警告標識を掛けた。レモンフレーバーのウォッカ一リットル入りの瓶を持ち出して、みんなと一緒にワム！の歌を歌い始める人もいた。ほどなく別の人が、女の気持ちが理解できるやつはノーベル賞をもらうべきだ、自分の場合、自分の気持ちを妻に伝えたいときは、適切な歌を見つけてアイフォンで聴かせるのだと言った。さらに別の人が、戦争で活躍する優秀な狙撃兵の九〇パーセントは狩猟をする人だ、なぜなら彼らはすでに「一線を越える」のを経験済みだからであると言った。この点に賛同せず、会話からさっさと抜ける人もいた。

ハンターたちは、僕よりも森のことをよく知っていたし、森の維持のために僕よりも貢献していた。三日間の狩猟旅行の代金は一人頭二〇〇〇ポンドだ。イノシシを仕留めれば、その体重にもよるが、一頭あたりさらに八〇〇ポンド程度の費用がかかる。リヴァプールFCファンで、今日イノシシの一頭を仕留めたトニーは、その日彼が一番嬉しかったのはアカジカの群れが野原の向こうに走っていくのを目にしたことだと言った。数人が、イギリスで行われている狩猟鳥の狩りと、肉体的な努力を要さず鳥を撃つだけのハンターについて盛んに文句を言った。「それは射撃であって狩りじゃない。この二つは全然違うんだ」と一人が言った。

だが、今回の狩りにも痛みは伴っていた。翌日、男たちは朝六時からイエーガーマイスターを飲み、そのすぐ後に朝食を摂った。朝もやが晴れると、僕たちは森の中の窪地が見下ろせる場所で銃を構えた。美しい情景は長くは続かなかった。ハンターの一人が――もともとあまり腕の良いハンターではなかったのだが――イノシシに傷を負わせただけで殺せなかったのだ。そのイノシシは通り道の脇に横たわり、後脚に犬が噛みついたままの状態で悶《もだ》え苦しんでいた。ヒューバートは、イノシシのところまで歩いていくとその喉を掻き切った。イノシシの身体はけいれんし続け、後脚は、今では不可能となった駆け足をするかのような動きを見せ、何かを食べようとするかのように頭を低く垂れた。

僕にとって、この狩りで一番心を掻き乱された瞬間は、血とは無縁だった。それは、勢子と一緒にハンターから見えるところに動物を追い込む作業だったのだ。ここで起きていることに自分が加担しているということを、そのとき僕は感じた――野生動物はこうやって、死に追いやられているのである。狩猟自体は、その動物種全体にとって良いことだと正当化することもできる。だが、どの個体が生き残り、どの個体が死ぬか、その恣意的な選択の責任は人間にある。僕たちは、大声を出し、ときどき叫び声を上げながら低木の茂みの中を歩いた。それから動物の慌てたような足音が聞こえ、葉がカサコソと音を立て、彼らに死が近づく。必ずしもそれが間違ったことだと感じたわけではないが、重苦しい気持ちになった。

人はなぜ狩りをするのか？　狩猟に反対する人々は、ハンターは暗い心理的な問題を抱えているのではないかと考える。ハンターが獲物を自慢する写真――いわゆるニコパチというやつだ――の中の笑顔がどれだけ本物であるかを分析しようとした研究者もいる。人が狩猟をする進化上の理由も研究されている。だがその結果ははかばかしくない。人間にとって狩猟とは、社会的地位の向上あるいは性的な魅力を高める手段なのだろうか――いわばペットを飼うみたいに？　オーストラリアの先住民であるメリアム族の人々においては、狩猟の腕前が良い男性は他の男性よりも子どもやパートナーが多い。あるいは、動物に痛みを与えるのを良しとするような反社会的行動と狩猟には相関関係があるのだろうか？　仮にそうだとしても、その証拠はない。

僕に言えることは、このスウェーデン人ハンターの一団は心理的な問題を抱えているようには見えなかったということだ。残忍さや殺戮に取り憑かれているわけでもない。彼らが狩猟をする理由――野外での活動が好きなこと、動物を殺すのは生態学的に必要な行為であること――はいかにももっともだった。

狩猟をするのは圧倒的に男性だ。チンパンジーの狩りについての研究によると、彼らの狩りの獲物の七〇～九八パーセントは雄のチンパンジーに殺されている。人間の狩りにおいても、狩猟で重要なのは必ずしも腕力ではないにもかかわらず（狩猟採集民族の間でも、狩猟で一番大変なのは獲物の追跡であることが多い）、これと同じ性差による偏向が見られる。カラハリ砂漠では、クン族の男性は大型の動物の雄と雌を儀式として殺すまでは結婚できない。女性は狩猟の行方を左右するとされる――悪い意味で。女性が触れた矢は何も殺すことができないし、狩りの前夜に女性と性交を持った男性もだ。もちろん、クン族では女性もたくさんの食べ物を部族に提供するが、それは肉よりも野菜である。人類学者ローナ・マーシャルは、死んだダチョウを持ち帰った男性たちを讃えて女性たちが踊る場面を目にしている。「敢えて言うが、野菜を持ち帰った女性たちが同じように迎えられたためしはない」――一九七〇年代に彼女はそう書いている。数十年経った今でも的を射た言葉だ。とは言うものの、狩猟をするのが昔からずっと男性ばかりだったかと言うとそうでもない。米大陸では、少なくとも七〇〇〇年前の埋葬地で狩猟道具とともに埋葬されていた遺体のうち、五分の二は女性である。現在の西欧文化において、もしも狩猟が倫理的かつ社交性のあるものであるならば、狩猟をするのはこれほど男性ばかりではないはずだ。

ポーランドを去るとき僕は、自分は狩猟には向いていないと思った。酔っ払う口実なら他にある。でも僕は、ずいぶん久しぶりに自然を身近に感じた。一〇〇年前にアルド・レオポルドがそうしたであろうように、自然に耳を傾け、目を凝らして。

僕は狩猟というものを尊敬するようになっていた。たとえばラグビーやアメリカンフットボールのように、僕の子どもには参加させたくないスポーツもある――根本的に危険だからだ。また、ボクシングのように、禁止すべきだと思うスポーツもある。あるいは闘牛のように、どうしてそれを楽しめる人がいるのか理解できない残忍なスポーツもある。狩猟は——少なくとも僕が目にした狩猟は——それらよりマシだ。それは必要なことであるように感じるし、そこには節度があり、つながりがある。

ベルリンに戻る車中でイェンスは、塞栓症からの回復を狩猟が助けてくれたのだと話してくれた。「死という概念は怖くない。俺は何も怖くないんだ」と彼は言った。

ハンターにとって、イノシシを殺すのは野蛮なことではない。驚くようなことですらない。「現代社会ではそういうふうに感じてはいけないことになってる。死というものは、邪悪で醜いものだとされてるんだ」とイェンスが言った。『バンビ』には、死が避けられないものであってほしくない、という考え方が根底にある。だがハンターたちはもっと賢かった。

生態系のバランスを保つ

もしも動物たちに、痛みを感じ、決定を下し、社会的な関係を築く能力があるならば、彼らの死には意味がある。世界からは生きた存在が一つ失われ、他のイノシシたちにとっては仲間を失ったことになる。僕は、イノシシの立場になって考えようとした。その朝、イノシシは何を感じただろうか。ハンターは、子どもを連れた雌のイノシシを殺すと子どもも一緒に殺す——飢えによる、もっとつらい死を避けるためだ。それでも、その後には何かが残るはずだ——そのイノシシの不在に気づく何者かがいるに違いない。

動物を殺すのは根本的に間違っていると信じる人々がいる。それを誰よりも徹底しているのが、ヒンドゥー教と深い関わりのあるジャイナ教の信者たちだ。すべての動物には魂が宿ると彼らは言う。敬虔なジャイナ教徒は、単なるベジタリアンでもヴィーガンでもなく、ジャガイモ、ニンニクその他の根菜も食べない——根菜を食べればその植物が再び育たなくなるからだ。食べ物は、たかるハエを叩きたくならないように密閉容器に保存し、虫を轢き殺さないように車に乗ることもしない。機械で移動するのを徹底的に避けるため、インドの外でジャイナ教の僧や尼僧に会うことはめったにないのだが、数人の尼僧が、ロンドンの東洋アフリカ研究学院で学ぶことを特別に許された。僕はその一人に会うために彼女の家を訪ねた。ロンドンの北にある、以前はザ・フットボール・アソシエーションの地方支部であった建物だ。セントラルヒーティングががんがんに効き、四月だというのにまだクリスマスカードが飾られていて、そこはなんだか現実離れした雰囲気だった。

プラティバという名の尼僧が白い衣を着て現れた。「私は猫だったことも犬だったこともあるの。この世には、私たちがなったことのない生き物はいないのよ」と彼女は説明してくれた。「私たちは、たくさんの生き物の形をとって何度も何度も転生しているんです」

プラティバは、仲間のジャイナ教徒が死ぬまで断食していると言った。彼は、死ぬときが来た、と決意し、食べることも人と会うこともやめたのである。「二日後かもしれないし、四日後かもしれない。一四日かかるかもしれない」とプラティバは言う。「瞳を動かして反応することすらしないの」。僕は狼狽を隠せない。僕たちは、工場畜産場や、精神的な解放に近づきたいという彼女の希望に話題を移す。

プラティバに会ってからというものずっと、僕はジャイナ教徒の固い覚悟に畏怖の念を抱いている。インド人のうち、ジャイナ教徒が一パーセントに満たない理由もよくわかった。非暴力(アヒンサー)を最も純粋な形で実践すれば、現代社会の活動の多くに参加できない。だが、最も敬虔なジャイナ教徒でさえ、虫を潰してしまうことはある——現実的には、彼らは自分たちにできることには限界があるということを受け入れている。

僕には、ジャイナ教の教えは、実行可能な選択肢というよりも、優しくありたいという願望であるように思えた。人間が支配する世界の生態学的な現実に、それが対応できるとは思えなかったのだ。ガチョウの狩りが禁じられたオランダでは、増え続けるガチョウが農作物を食べたり飛行機を危険に晒したりすることに政府が頭を悩ませ、今度は五〇万羽のガチョウを毒ガスで殺そうとしている。だが狩猟は禁じられたままだ。ときには、動物を殺さないためには動物と出会わないようにするしか方法がないことがある。そしてそれはまさに、僕たちが避けようとしている世界である。

自身もジャイナ教に影響を受けたガンジーは、真のアヒンサー（非暴力）と、盲目的なフェティシズムとしてのアヒンサーを区別した。真の非暴力には、たとえば、動物が飢え死ぬのを防ぐために殺すことも含まれる。生態系の維持がいかに個体数の管理に依存しているかを考えれば、真の非暴力を実践できる可能性は大きくなるかもしれない。

狩猟に痛みが伴わないわけではない。僕はポーランドでイノシシを追ったときのことを、一頭が地面の上で苦しみにのたうち、喉を掻き切られたことを思い出した。イノシシが暮らす森が破壊されてイノシシがまったくいなくなってしまったり、オオカミによってバラバラにされたりするよりも、そちらの方がマシである、というのは受け入れられる。それでも、だからと言ってハンターに責任がなくなるわけではない。現在、サファリクラブ・インターナショナルという狩猟団体は、ピストルや石弓など、猟銃に代わる武器の使用を促進している。ハンターたちは、動物への敬意よりも目新しさへの欲望を優先させているのだ。

動物を殺せば波及効果がある。たとえばゾウの場合、年長の個体には社会的な機能がある。アドゥ・エレファント国立公園で歳取った雄のゾウが間引かれると、続いて雄の死亡率が高まり、牙が折れたり刺し傷が増えたりしたことが調査でわかった。一頭の雄ゾウはサイと交尾しようとした。年長の雄ゾウを殺したことで、若い世代のゾウにとっての教師がいなくなってしまったのだ。

捕食される側として進化した動物でさえ、人間による狩猟の方が苦しみは大きい。なんとなれば、彼らは人間に捕食されるために進化したのではないのである。アカジカとノロジカは、不規則に人間が存在する地域にいる方が、天然の捕食者がいる地域にいるよりも強いストレスを感じるように見える。ポーランドの動物たちは僕たちを恐れていただろうか？　僕はそう感じた。進むのをためらうイノシシもいたし、まだ若いイノシシは右往左往しながら犬たちから逃げていった。撃つことを法で禁じられているアカジカは、僕たちから離れると嬉しそうに見えた。

動物は、ハンターを実に巧みに認識するように見える。ある女性は、スコットランドにある彼女の地所では、アカジカが、一〇月の後半に狩猟シーズンが終わると途端に食べ物を求めてやって来ると言った。「わかってるのよ。一〇歳から一二歳くらい。とにかく狩猟シーズンがわかってるの」。スウェーデンのハンターが、森に入るときにチェーンソーを持っていったという話も聞いたことがある。ヘラジカは、木こりは怖がらなくていいということを覚えたからだというのだ。ケニアのゾウは、槍で攻撃してくるマサイ族の男性とそれ以外の地元住民を、着ている服の色で見分けられるようになった。

仮に狩猟が生態系のバランスを保つのに役立つとしても、それはおそらく同時に、動物たちを変化させる。ガラパゴス諸島を訪れたダーウィンは、銃は「ほとんど用無しである――私は木の枝に止まっていたタカを銃口でどかしたほどだ」と言っている。動物を狩るという行為によって僕たちは、人間を信頼する動物を淘汰しているのだ――動物たちに、人間を恐れるよう仕向けているのである。ハンターたちは一番大きい個体を殺すので、その動物は個体のサイズが小さくなっているかもしれない。カナダでは、子グマを連れた母グマを撃つことは禁じられている。その結果母グマたちは、以前より一年長く子グマと過ごし、それによって自分たちの身を護るようになった。

僕が一番ハッとしたのは、あることを想像したときだった。もしも宇宙人が地球を眺めて、手に負えないほど多くなってしまった生物を間引こうと決めたとしたら、真っ先にその対象になるのは人間ではないだろうか？　僕たちは、隣人の一人が買い物に向かう途中、生態学的なバランスを保つためという理由で間引かれるのを許せるだろうか？　グーグル本社から化け物みたいなＩＱモンスターが逃げ出さない限り、銃を持っているのは僕たち人間だけだ。人間は、生態系全体のことを考えられる唯一の生物なのであり、野生動物を護る義務がある。

動物を愛する、というのは、死も苦しみもない、どこかおとぎ話に出てくる夢の国を想像するということではない。動物を愛するというのは、僕たちのニーズと、動物たちの繁栄と豊かさのバランスを保つということだ。食べるために狩猟をする必要はない。シカとイノシシだけを大切にするなら、彼らをそっとしておき、増えるに任せればいい。だが、森に棲むもっと広範な生き物を大切に思うならば、その数をコントロールしなければならない。野生動物の個体数をコントロールするために何千ユーロも払う気がある人がいるなら、僕はそれに反対するつもりはない。

でも狩猟には、それを正当化するもっと良い理由がある。狩猟は、動物たちが繁栄できる自然環境を護るのだ。

トロフィーハンターと地域経済

ライオンのセシルは悲惨な最期を遂げた。ライフル銃で胸を撃ち抜かれたのだったら、セシルは即死したかもしれないが、彼を殺したウォルター・パーマーが使ったのは、ライフルよりも狙いが不正確な複合弓だった。そこそこ腕の立つハンターなら、大口径のライフルで二七〇メートル先の動物を殺せる。パーマーは、九〇メートルまでなら複合弓で殺せると思っていたらしい。実際に何が起こったにせよ、パーマーは急所を外し、セシルが死ぬのには何時間もかかったのだ。

だが、セシルの死に浴びせられた非難の声――ソーシャルネットワークへの投稿の数々、署名、ミネソタ州にあるウォルター・パーマーの歯科医院の外で繰り広げられた抗議のデモ等々――はちょっと行きあたりばったりな印象があった。セシルはワンゲ国立公園に暮らしていたが、ここでライオンが撃ち殺されたのはセシルが初めてではない。一九九九年から二〇一五年の間に、六五頭のライオンが射殺されている。セシルは研究者によって首輪をつけられていたが、同様の首輪をつけられたゾウがボツワナでハンターによって殺されたときは、大した注目は集まらなかった。

セシルの死に対する抗議が炎上したのはまた、いくつかの誤解が原因だった。そのなかでおそらく一番重要なのは、セシルの死によってライオンという種の存続が危うくなった、というものだろう。人々がなぜそう考えたのかは容易に理解できる。ライオンは、ほとんどの大型動物と同様に、恐ろしい運命を辿っている。昔から彼らが暮らしてきた生息地の九〇パーセントが失われた——農地になったり人間が住みついたりしたためだ。これはそんなに昔の話ではない。ディズニーが最初の『ライオン・キング』を一九九四年に公開し、リメイク版を二〇一九年に公開するまでの間に、野生のライオンの数は約半分になっている(それでもサウンドトラックは素晴らしかったが)。だが、普段から狩猟が行われ、セシルが撃ち殺されたアフリカ南部では、ライオンの数は減っていない。むしろ増えているのだ。南アフリカ共和国には、狩猟が行われる私有地が二〇万平方キロメートルある。同国の全面積の六分の一だ。ライオンにとっての状況がもっと厳しかったケニアでは、一九七七年に狩猟が禁じられている。

ジミー・キンメルは、セシルの殺害について怒り狂い、ライオンを追跡調査していたオックスフォード大学の研究所 WildCRU のウェブサイトを番組で紹介して視聴者に寄付を呼びかけた。一〇〇万ドルを超える寄付金が続々と集まり、ウェブサイトは機能停止に陥った。WildCRU は、二〇年以上にわたってワンゲ国立公園のライオンを研究している。キンメルの番組の視聴者は驚くかもしれないが、WildCRU は狩猟に反対していない。それどころか二〇一九年には、WildCRU の研究員エイミー・ディックマンが、趣味の狩猟を禁じるべきではないと公言する一二八人の科学者の代表を務めていた。狩猟を禁止すれば、広範囲に及ぶ動物の生息地に悪影響を与えるだけでなく、地元住民から、野生動物を殺す以外の収入の道を奪うことになる、と彼らは主張した。

輸出入の記録から判断すると、トロフィーハンターによって殺される野生ライオンの数は年間二〇〇頭に満たない。最終的には、多くの大型動物にとっての最大の脅威は外国からやって来るハンターたちではなく、そこに動物がいることに経済的な恩恵を見出せない地元住民なのである。地元住民は、大型哺乳動物の隣で暮らすことによって、農作物を食べられたり、家畜を殺されたり、果ては子どもが襲われるなどの不都合を被っている。WildCRUの代表、デヴィッド・マクドナルドは、トロフィーハンティングを禁止してもライオンが殺されなくなるわけではないと指摘する。多くの場合、おそらくは、ハンターの代わりに別の人、つまり農場主に殺されることになるのである。ベジタリアンであるディックマンは、そうやって動物が殺されてもソーシャルメディアに投稿されることはない、と言う。彼らの判断するところでは、トロフィーハンティングも一定の条件が揃えば自然保護に役立つのである。

その条件とはまず、ハンターが金を持ってくることだ。土地の所有者は、そこを自然の生育地として維持するに値するだけの収入を得なければならないし、近隣のコミュニティにも恩恵がなければならない。狩猟はおそらく、サハラ以南のアフリカに、年間二億ドル以上の金をもたらす。パーマーは、ライオンを狩る権利のために五万ドルを支払ったと言われている。その一部は政府の、一部は狩猟ツアーの運営者の懐に入る。狩猟者の一行とその金は、野生動物の観光に訪れる人たちよりも辺鄙《へんぴ》な地域にまで到達する。男らしさというものにどんなマイナス面があろうが、おそらくは男らしさを標榜するおかげで、ハンターたちは、ガタガタ揺れる車にもツェツェバエにも甘んじて耐えようとする。滑稽なことだ。

ナミビアでは、地域の自治体が運営する自然保護団体のほとんどは、狩猟——特にゾウ狩り——からの収入がなければ組織の運営費を賄えない。この二五年間で、ゾウの数は三倍にも増えている。観光客やハンターたちの金が国立公園の管理官や地方自治体の活動の資金となり、また辺鄙な地域に彼らがいること自体が密猟を阻止しているのである。一方、狩猟を管理し、非合法な密猟者を排除する能力がない国も多い。タンザニアではライオンの数が減り、今では狩猟用の自然保護区にも標的となるライオンはほとんどいなくなってしまった。撃ち殺される動物の数が多すぎれば、狩猟は維持できなくなる。

「多すぎる」とはどれくらいの数のことを言うのだろう？　ライオンがどれくらいいるのかがわからないので、適切な割当量は知りようがない。大雑把な目安として、二〇〇〇平方キロメートルあたり一年に一頭が適切な数だと提唱した専門家もいる。つまり、一年に一頭のライオンを殺すためには、ニューヨーク市の二・五倍近い面積の土地が必要だということだ。それでも、ハンターたちはライオンを殺すためなら喜んで大金を払うので、土地を農作に使わずに残しておく動機にはなる。そしてライオンの数は、その土地に棲むすべての動物とともに維持されるのである。

サハラ以南のアフリカでは、国立公園よりも猟区の方が広く、その面積は一四〇万平方キロメートルに及ぶ。テキサス州の二倍だ。それがあるおかげで、動物や手つかずの自然は、さもなければそれらを護る理由などほとんどない人間にとっても価値のあるものとなる。

狩りのためにポーランドに出かけるちょっと前に、僕は出張でモンゴルに行った。モンゴルで合法的に狩猟が可能な動物のなかで一番料金が高いのは、アルタイアルガリという、ねじれた大きな角を持つ野生のヒツジである。モンゴルは世界で最も人口密度が低い国で、一平方マイル（二・六平方キロメートル）あたりの人口は五人。アメリカの九〇人、イギリスの七〇〇人以上と比較して非常に少ない。だから他の動物にはたっぷりの土地があるはずだ。だが実際には、モンゴルの大部分は家畜のための牧草地であり、悲しいことに、狩猟が大好きなモンゴル人は、野生動物の多くを撃ち殺してしまった。ソビエト連邦崩壊後の混乱期、動物の革や毛皮はモンゴル経済の命綱だったのだ。かつては首都ウランバートルの周囲で草を食んでいたアカジカたちもいなくなってしまった。ある人は、昔は道路沿いをオオカミが走っているのを見かけたものだと言った――それも今はもういない。共産主義体制の終焉後、アルガリの数も激減した。

近年、モンゴルはアルガリの保護に努め、年間に発行される狩猟ライセンスの数は一〇〇に満たない。アルガリを狩るという特権を得るためには、最高で一五万ドルかかるという。僕は、桁が間違っているのではないかと思った。たしかにアルガリは地球上で一番大きなヒツジである。だがヒツジはヒツジだ。ヒツジを殺すためにそんな大金をいったい誰が払うのだろう？

タグソという名前の、モンゴル人のハンティングツアー運営者がそれに答えて言った。「ドナルド・トランプ・ジュニアだよ。彼が僕の客かどうかは言えないけど、ほら、これが彼のパスポートの写し」

タグソが僕に見せてくれたアイフォンには、どう見てもドナルド・トランプ・ジュニアのパスポートらしきものの写真があった。「君んとこの王室の人たちもここに来るよ」。タグソはまた、「ロシアで六番目の金持ち」——名前は言えないが——も彼の会社の得意客であると言った。そして悟ったように「金持ちは良い人ばかりじゃないよ」と付け加えた。

アルガリ狩りは非常に高額なので、ほんの数頭仕留められれば大きな収入になる。ユーチューブには、アメリカ人のハンターが徒歩で、あるいはウマに乗って、アルガリに近づき、それから上腹部に一発の銃弾を撃ち込む動画がある。ハンターの一人はこう回想する——「近くで見ると、なんで野生のヒツジがこんなにデカくなれるのかマジで不思議だったよ。二〇〇キロはあるように見えたね、どんなに少なく見積もってもさ」

猟銃で撃ち殺された大型動物の写真ほどソーシャルメディアを炎上させるものはない。ハンターにとって、大型動物を仕留めるのは何よりも名誉なことだ。よく考えるとそれはちょっとおかしい——標的は大きければ大きいほど命中させるのが易しいのだから。それに、一八〇メートル離れたヒツジを撃つならば、大きいからと言って危なくはない。

だがタグソによれば、殺すのに一番いいのは、巨大な牙や枝角を持つ雄の個体だ。歳取ったアルガリは、冬を越せるかどうかわからないからだ。「一番歳取った、来年まで生きられない雄のヒツジを選ぶんだよ。年寄りが死ぬのを待つのではなくて、殺して金をもらうんだ」。彼はアイフォンで、大きな角のあるアルガリの写真を見せてくれた。「角がすごくねじれてるだろう。素晴らしい」

アルガリを殺した人はどんな気持ちになるんだろう、と僕はタグソに訊いた。「その日を夢見てずっと生きてきた人もいるからね。どんな気持ちかって？ それはもう夢心地だよ。ある女性の場合、本人は狩猟はやらなかったが、夫が仕留めたい動物のリストを未完のまま残して死ぬと、独学で射撃を覚えたんだ。その人は、ゴビ・アルガリを仕留めた後、夫の遺灰を空に向かって撒いて、あなたの夢を叶えたわ、と言ったよ」

アルガリ狩りは、自然保護の成功例である。狩猟が行われるグルザット保護区では、二〇〇三年にはアルガリはわずか一六一頭しかいなかった。狩猟が開始された二〇一〇年の時点では七二四頭。四年後にはその数は倍増し、一五〇〇頭を超えている。

タグソは自分のビジネスに満足だった。「三年先まで予約でいっぱいだよ」

僕が彼に会った数か月後、ProPublicaというアメリカのウェブサイトが、ドナルド・トランプ・ジュニアが本当にモンゴルでアルガリ狩りをし、狩猟許可を取ったのが事後だったことを明らかにした。その話は、トランプの一族が政治力を私利私欲のために利用するというパターンにぴったり合致していた。しかも彼のモンゴル旅行には、七万七〇〇〇ドルの税金が使われていたのである。その数か月後、セシルを殺した歯科医、ウォルター・パーマーもまた、金を払ってアルガリを撃っていたことがわかった。

だが僕は、彼らを批判する人たちは、狩猟が持つ罪のない一面を見逃しているような気がしてならない。ヒツジを殺すためにそれほどの大金を支払うことで、実はドナルド・トランプ・ジュニアとウォルター・パーマーは、本人たちも予期せず自然保護に貢献したのである。

各国の狩猟事情

ここまで書いたところで、狩猟は役に立つから進んで行うべきだ、と結論できたなら嬉しかっただろう。だが実際には、ことはそれほど単純ではない。

アメリカの山林はオジロジカにあふれ、他のさまざまな生き物がその犠牲になっている。そして、逆説的になるが、その原因はオジロジカを殺すハンターたちなのである。一九四〇年代以降、狩猟動物の管理当局は、シカの数が爆発的に増えるのを心配した。森は伐採されてシカの通り道ができ、一方彼らの捕食者であるオオカミやクーガーは狩猟によって絶滅した。アルド・レオポルドは晩年、この問題に取り組んでいる。彼は、自分も含め、狩りをする人々が、アメリカの大部分の地域からオオカミを駆逐したことによって自然のバランスを崩してしまったことを理解していた。「シカの群れがオオカミに対して強い死の恐怖を感じるように、今、山はシカたちに対して強い恐怖を感じているのではないだろうか」と彼は書いている。

レオポルド亡き後、ハンターたちは、シカの数を減らすことにはほとんど関心を示さなかった。シカは多ければ多いほど仕留めるのが楽になる――それが環境にどんなダメージを与えようとも。シカの数をコントロールするためには、雄鹿だけでなく雌鹿も殺さなくてはならないし、二歳以上になる雄鹿の数を増やさなければならない――そうすることでそのうちの一部が群れを支配し統制できるようにするためだ。だがハンターは、雌鹿よりも雄鹿を、とりわけ大きな枝角を持つ雄鹿を撃ちたがる。各州の猟獣委員会の資金源はハンターたちなので、シカの数を決めるのは事実上彼らである。一九五〇年代には、ペンシルバニア州猟獣委員会の生物学者、ロジャー・レイサムが、ハンターたちにもっと雌鹿を撃たせようと試みた。レイサムは、柵で囲んだ地区を作り、そこからシカがいなくなると他の動物たちがどれほど繁栄できるかを示してみせた。だが彼は委員会をクビになった。二〇〇〇年代の初頭には、同じくペンシルバニア州猟獣委員会の別の生物学者ゲーリー・アルトが同様のやり方を試みた。「ハンターたちは、その生息地が維持できる以上の数のシカを求めている」と彼は嘆いた。アルトはハンターたちに、「シカにばかり注目するのをやめてその生息地全体を見ろ」と促したが、激しい抵抗に遭い、ハンターたちとのミーティングには防弾チョッキを着て出席するようになった——そして、苦労しながらもある程度の功績を残した後、彼は早期退職した。アメリカ全土でシカの数は事実上制御不能に陥っているが、それでもハンターたちは適切な管理に否定的だ。彼らにとっては、適切なバランスの取れた環境よりもシカの数の方が重要なのである。

ハンターたちは、自分たちの目に入るシカの数が多ければ満足するのであって、さまざまな（あまり目立たない）昆虫、爬虫類、鳥、植物などによって成り立っている生態系全体はどうでもいい。現在、スポーツとして狩りをする人たちの一部は、トウモロコシを購入して冬の間シカに食べさせる。これは、狩猟によってバランスの取れた生態系を維持するという考え方にますますそぐわない。アメリカでは狩猟をする人たちは高齢化している——一九九六年から二〇一六年までで、ハンターの総数は減っているが、そのうち六五歳以上の人の数は一〇〇万人から一六〇〇万人に増えているのだ。そして彼らは仕留めるのが簡単な獲物を求めているのである。

「ハンターというのは習慣の生き物なんですよ」——ウィスコンシン大学の生態学教授、ドナルド・ウォーラーは言う。「その大部分は年長の白人男性です。歳を取るにつれて、以前ほど自分のトラックから遠くまで行かないようになるんです」

アラスカ州ではこうした傾向がもっとあからさまに見られる。鳥獣保護の法的な目的は、「人間が多数の猟獣を捕獲できるような環境を実現し、永久に維持すること」なのだ。言い換えれば、シカさえ撃てれば、それ以外の野生動物はどうでもいいということだ。ハンターたちは、撃ち殺せるヘラジカやカリブーの数が増えるように、ヒグマやクロクマやオオカミを間引きする権利を求めるロビー活動を行った。一九八〇年代以降、アラスカ州猟獣委員会は彼らの要求を認めている。オオカミは罠で捕らえられ、毒ガスで殺され、あるいは上空から撃ち殺されている——倫理的な狩猟とは呼べない方法だ。ハンターには、ヒグマをドーナツでおびき寄せたり、オオカミやコヨーテの子どもたちを夏の巣穴依存期に殺したり、クロクマの巣穴を照明で照らして母グマや子グマを見つけて撃ち殺すことが許されている。広い範囲にわたってヒグマの数を減らそうとしているのは世界中でアラスカ州だけだ——多いときには年間九〇〇頭のヒグマが殺される。国立公園局は再三にわたって、猟銃委員会による捕食者数の管理範囲から国立公園を除外するよう要請した——猟獣の数を最大限まで増やすというのは、自然界で起こることを保護するという国立公園局の法的義務に抵触するというのがその理由だ。だが猟獣委員会はこの要請を無視している。二〇一五年にはオバマ政権がこの問題に介入し、連邦政府が所有する土地の一部を保護したものの、六年後にはトランプ政権がその規制を撤廃した。狩猟が正当化されるのは、それが自然界の維持に役立つ場合だけだ。現在のアラスカ州で行われている狩猟は自然を破壊し、シカを最優先させている。

ウィスコンシン州は、シカの数を減少させる方法を見つけた。一九九六年、天然資源省が「Earn a Buck（雄鹿を撃つ権利を手に入れよう）」という制度を発足させたのだ。ハンターはまず枝角のないシカを殺してからでないと枝角のあるシカは撃ってはいけない、というものである［制度名は「金儲けする」という意味の「earn a buck」と掛けたもの］。それはシカの数を減らすための、合理的な政策だった。ところがハンターたちは、雌鹿を殺していないという理由で雄鹿をみすみす見逃さなければいけないのを嫌がった。不満を抱えたハンターたちからのプレッシャーに負けて、二〇一一年、ウィスコンシン州議会は、スコット・ウォーカー知事の支持のもと、この制度を禁止した。二〇二〇年には魚類野生生物局がこの制度を復活させようとしたものの、ハンターたちは住民投票によってこれを否決したのである。

シカの数が着々と増えていくのを目にして自身も狩猟を始めたウォーラーは、苛立ちを抑えきれない。それは一つには、シカ以外の生物種の将来にはシカ一頭一頭の命よりも価値があると考えるからだ。これは価値観の問題である。でも僕には、バランスを取り戻すべきと考えるのは正しいことのように思える。ウィスコンシン州の一部では現在、シカの数はおそらく一平方マイルにつき一〇〇頭に近いだろう。ウォーラーは、その環境にもよるが、一〇～二〇頭であるべきだと考えている。

ウォーラーによれば、増え続けるシカの数をコントロールする最良の方法は、オオカミと同じようにもっとシカを狩ることだと言う。「国土の大部分で捕食者を排除したのならば、私たちには、私たち自身が捕食者になる責任があるのです」。大きな枝角を持つシカ——つまり一番自慢できるシカだけを殺すのではなく、他のシカも殺すということだ。たとえばオジブワ族などのネイティブアメリカンが土地を管理している地域では、シカの数は少なく、それはおそらく、彼らがオオカミに対してより寛大、かつあらゆる種類のシカを狩ることに抵抗がないためであると彼は指摘する。「雄鹿ではなく雌鹿を撃つべきなんです」とウォーラーは言う。「狩猟期間をもっと長くして、ハンターには、二頭以上のシカを撃つように求めるべきです」。だがハンターたちはそれに同意しない。

ウォーラー案に代わるものとしては、オオカミを——あるいはクマやクーガーを——導入することが考えられる。そうすれば、時間はかかるかもしれないがシカの数は減るだろう。ただしそれで苦しむシカが減るわけではない。『バンビ』の中で一番ゾッとする、そうと知っていたら早送りしたであろう場面は、ハンターがバンビの母親を殺すシーンではなく、犬が、バンビの友だちを八つ裂きにするぞと脅かす場面だった。それに、捕食者を導入しても、シカを間引きする必要がなくなるとは限らない。導入された捕食者のなかには、オオカミのように、畜産農家の頭痛の種になったものもいる——オオカミは家畜を食べるし、またそのために殺されてしまうこともある。オオカミは都市部でも歓迎されない。また、現在狩猟の対象になっている動物のなかには、たとえばゾウのように捕食動物がいないものもある。

雌鹿に避妊手術を施す（卵巣切除は二〇分ほどでできる）のも、狩猟が許されない都市郊外では特に、もう一つの選択肢だ。動物愛護活動家はシカを間引くよりもそちらの方法を好む。シカを殺さなくて済むからだ。だが、避妊手術は侵襲的かつシカにストレスを与え、長期的な影響が残る可能性もあるので、間引くよりも倫理に悖るという考え方もある。金も時間もかかる。もしもアメリカが本気でシカの数を減らし、すべての生物種が健全に生きられるように森を管理したいならば、そのためには、趣味のハンターとシカの避妊手術と専門家による間引きを組み合わせる必要があるだろう。オジロジカの頭数管理に関して博士号を持ち、現在はその数を減らすために自治体政府に雇われているアンソニー・デニコラは、通常一晩で一五〇頭のシカを殺すという。「ハンターは、一日に一頭仕留めれば御の字だが、私の場合、目に入ったシカを全部殺せなければその日は失敗なんです」と彼は言う。デニコラの仕事は、シカと車の衝突事故とダニ媒介性疾患を減らすことが目的だ。森の包括的な健全性というのは「よく使われるリップサービス」だと彼は言う。「誰もそんなこと皆目理解していない。森なんて緑色してりゃそれでいいと思ってるんです」

ハンターの行動が問題となっているのはアメリカだけではない。スコットランドでは、古くは一九五九年に政府当局が、シカ狩りが行われる私有地では殺されるアカジカの数が十分でないと言っている。一九六三年には、森を監督する「アカジカ委員会」が、ほとんどの地主が彼らの提言に従わず、「シカの棲む森は、シカ狩りというスポーツが重要視されすぎて正しい管理に支障をきたしている」と嘆いた。だが、金を払ってシカを狩るハンターたち——その多くは西ドイツとアメリカからやって来る——は、雌鹿ではなく雄鹿を殺したがるし、鹿肉は高く売れない。だから大地主たちには雌鹿を殺す動機がないのである。一九八六年の時点でスコットランドには雄鹿の二倍近い雌鹿がおり、その数はそれ以降も増え続けている。信じがたい状況だ——自然保護主義者たちは何十年も前からもっとシカを殺すように訴え続けているのに、狩猟業界はその重い腰を上げようとしないのだ。デンマークでは、ガチョウ狩りをする人々は、狩猟に出かけるたびに一羽か二羽のガチョウを仕留めればご満悦で、全体として、その個体数を管理するには不十分である。

その一方で、アメリカの多くの地域でシカが増えすぎているのに、ハンターたちのためにシカを繁殖させる飼育場が複数の州に存在する。そうした飼育場のシカのなかには、慢性消耗病の検査で陽性だったものがいる――牛海綿状脳症と同様の命に関わる病気で、シカは劇的に体重が落ちてしまう。これを聞いてアメリカのシカの管理があまりにも非合理的だと思うなら、もっとひどい話がある。テキサス州では、ハンターに撃たせるために、シマウマやオリックスをはじめとする外来有蹄動物を一〇〇万頭以上育てているのだ。シカの増えすぎの原因となったハンターたちが、問題をさらに大きくしているのである。

問題はここだ。人間は、環境に必要なことにはお構いなく、自分たちの望みどおりに狩りをしたがるのである。ある管理方法が制定されると、それは環境保護に必要なこととは切り離されてしまう。イギリスのキツネ狩りは、もともとは害獣の駆逐が目的だったが、スポーツとしてあまりにも人気が高まり、野生のキツネが足りなくなってしまったため、ハンターたちはキツネを育てて森に放たなくてはならなかった。ときには、別の日にキツネを殺すことができるように、狩りを途中で止めることさえした――そしてそれは実質的に、キツネの苦しみを長引かせることになった（とは言うものの、イギリスでオオカミやオオヤマネコやクマが絶滅したのと違ってキツネが絶滅しなかったのが、人々がキツネ狩りを楽しんだからだというのは皮肉である）。

キジ狩りも同様だ。往々にして狭い檻の中で育てられたキジを、裕福な人々が狩りをするために森に放すのである。イギリスでは、少なくとも四七〇〇万羽のキジとヤマウズラが、毎年飼育場で育てられて野に放たれる。その生物量は、イギリスのそれ以外の鳥の生物量の二五倍ほどにもなるかもしれない。イギリスで飼育されて放されたキジの総体重の方が、すべての在来の野鳥を足し合わせたよりも大きいのだ（それなのに、カモメが多すぎると思っている人がほとんどだ）。こうすることで地主たちは裕福な顧客に、一日狩りをすれば、射撃の腕が大したことなくても何百羽という鳥を撃てますよ、と約束できるわけである。これではまるで、温室で育てたイチゴをトラックに山積みしてイチゴ畑に撒き、イチゴ摘み大会を開催するようなものだ。ライチョウ狩りの場合、ライチョウは野生だが、彼らが巣をつくるのに適した植物の成長を促すために、炭素の多い泥炭地を燃やさなければならない。これでは明らかに、自然環境のバランスの回復にはつながらない――むしろバランスを崩している。さらに馬鹿げたことに、モリバトが農作物に大変な被害を与えるため、農家は専門のハンターを雇って何千羽ものモリバトを殺している。モリバトはとても機敏で、スポーツとしての狩りの対象とするのに向いている。だがイギリス人ハンターたちは、昔ながらのキジ狩りやライチョウ狩りをしたがるのである。

地中海地方のハンターたちは、すでに個体数が減りつつある鳴き鳥を撃つ。ただ撃つのではなく、鳥の鳴き声を録音したものを流して鳥を引き寄せるのである。これは個体数の管理などではない。ただの殺戮だ。動物の生息地を破壊したり苦しみを与えたりするのを正当化する理由など一切存在しない――キジ肉は人気がないのだからなおさらだ。フランスではようやく、糊を塗った棒を森の中に立てる鳴禽類の罠猟――鳥は糊で動けなくなり、残酷な死に方をする――が禁止された。

南アフリカでは、外国からやって来るハンターたちがいつでも撃てるように、囲いの中で飼育されているライオンがいる。この「キャンド・ハンティング」は、野生の動物狩りの代わりにもっと安価で行われるもので、工場畜産のようなものだ。最近になって南アフリカは、シマウマ、チーター、ライオンを含む三三種の野生動物を飼育場で飼育できる動物として指定し、ブリーダーが「遺伝的に優れた」個体――つまり、ハンターにとってより魅力的な個体を育てる試みを可能にした。これは狩猟の精神に悖るだけでなく、そうした個体が野生の個体と交配するという深刻な危険性もある。もっともなことだが、外国から訪れるハンターたちは今のところ、南アフリカのこのやり方には嫌悪感を覚えているようだ。

狩猟が「必要な行為である」という理由を突き止めるのは難しい。ゾウは何頭いたら「多すぎる」のか？　ジンバブエは一九九〇年代に、ゾウの数が限界に達したと宣言したが、その後その数は倍増している。ボツワナは二〇一四年にゾウ狩りを禁止したが、二〇一九年には、多くの人がゾウに殺されたのを受けてゾウの数を減らすことにした。どこで線を引くかは主観的な決定なのだ。ボツワナの場合、ゾウ狩りを禁止しても平和好きな観光客が増えなかったこともおそらくはその判断の一助となったことだろう。

スペイン政府は、年間数百頭のオオカミ狩りを許可していた。農家はオオカミが家畜を殺すと言って嫌う。だが、狩猟を許可する妥当性は低い。オオカミの数が増加中のある県では、家畜への被害はむしろ減っているのである(おそらくオオカミは、家畜ではなく野生動物を食べているのだろう)。狩猟による歳入は微々たるものだ――一頭のオオカミを殺すライセンス料は現在、およそ三五〇〇ユーロである。二〇二一年、スペイン政府はついにオオカミ狩りを禁止し、自然保護活動家たちを喜ばせた。

理論的には、狩猟を正当化するのは簡単だ。だが実際には、正当化を裏づける決定的な調査結果は存在しない。調査が行われていないか、行われたとしても、特定の地域の特定の動態に限っての調査であったり、あるいはそれに関する反事実を僕たちは知らなかったりする――つまり、狩猟が一切禁じられたら自然環境はどうなるのか?ということだ。それに対する決定的な答えは、すばしっこいイノシシのように、僕たちの目には見えてこない。

この混沌とした状況のなかで、僕は慎重派の考え方に賛同する。批判し、規制し、願わくば、無意味な狩猟――キジ狩りやライチョウ狩り、キャンド・ハンティングなど――を排除する。公の土地での狩猟を禁じ、私有地の所有者にも狩猟を禁じるよう圧力をかける。一部のハンターによる、生息地を破壊するような狩猟の仕方を変えさせる――たとえば、狩猟をしない人が規制当局の予算をより多く負担し、それによってより大きい発言権を持つような仕組みを考える。ただし、生態系に適した狩猟――動物の数を適切に保ち、自然保護のための資金源となるような――は残す。後者のような狩猟を禁じれば、僕たちは良い気分になるかもしれないが、殺し合う動物が減るわけではないし動物が増えるわけでもないのである。

動物を支配していることを受け入れる

動物を殺すことに喜びを感じても本当によいのだろうか？ 僕にはどうもピンとこなかった。狩りをするのは通常男性で、殺すのは雄の動物だ。そしてそれは、人間と自然とどちらが強いか、という薄っぺらな考えの上に成り立っている。僕はインスタグラムで熱心なハンターたちをフォローし、獲物を自慢する写真を――カメラに向かってニンマリしている写真を――眺めた。それはあまりにも短絡的かつ説得力に欠けるが、そういう意味では狩猟反対派の写真も同じだ。正直なところ僕は、ハンターたちが、大陸をまたいで野鳥観察に出かけ、何百という種類の鳥のリストに「観察済み」マークをつけるバードウォッチャーと比べてそんなに変な人たちだとは思わない。

僕たちの頭の中には、いくつかの異なった種類の「狩り」がある。生きるための狩り、娯楽のための狩り、自慢のための狩り、個体数管理のための狩り。だがこうやって分類しても役には立たない。チンパンジーだって、単に食べ物を得るためだけに狩りをするわけではなく、そこには社会的な役割がある。狩猟は娯楽であり、同時に実用的な行為でもある。生きるために狩猟採集する人々にとって、狩猟は社交の場でもあり、笑い声にあふれる、男たちが絆を育む場でもある。と同時に、生きるために狩りをすることは貧しさを意味しない。人類学者によれば、ベネズエラとコロンビアの国境付近で暮らしていた遊牧民族クィーヴァ族は、週に二〇時間以下しか働かず、一日一五～六時間をハンモックで過ごしたが、毎日ビッグマック五個分の肉を食べていた。彼らの狩猟にはさしたる危険も伴わないようだった。

狩猟は、生きるためのものにも自慢のためのものにもなり得る。ヤノマミ族は、サルの頭からアルマジロの骨まで、狩った獲物を台所に飾る。こうした戦利品は、勝利を誇示し、不運を追い払うのだ。戦利品としての獲物も食べることはできるし、小さなキョンも含め、ほとんどすべての哺乳動物は、戦利品として壁に飾ることができる。西欧人ハンターが「立派な個体」と言うとき、それはほとんどの場合、成熟した雄のことだ。それを批判する人は、若い雌よりも歳取った雄を殺す方がひどいと言いたいのだろうか？　一方、東アフリカのマサイ族の男性たちもまた、人に見せびらかすためにライオンを殺す——男らしさを誇示するための通過儀礼として。

要するに、「トロフィーハンティング」という言葉はあまり役に立たないのだ。人々はトロフィーハンティングという言葉を、勝利を記念するという意味ではなく、無節操に動物を殺して絶滅に追いやること、という意味で使っている——ルアレン・ゴードン＝カミングがかつてアフリカでそうしたように。狩猟反対派は狩猟を「動物絶滅請負業界」と呼ぶ。だが現在は、少なくとも理論上は、狩猟は許可制だし種が維持できる範囲で行われる。ライオンのセシルのように、許可なく動物が殺されたことに対しては僕たちは激高して然るべきだ。だが、基本的に、狩猟を憎むのは時代遅れである。重要なのは、どういう状況で狩猟が行われるかなのだ。今、野生のライオン一頭に対して一〇人のアメリカ人歯科医がいる。だからアメリカ人歯科医の全員がライオンを撃とうと思えばそれは問題だ。だが、アメリカ人歯科医の全員がシカを撃とうとすれば、それは問題の解決になるかもしれない。そしてもし、アメリカ人歯科医の全員が一〇頭のシカを撃てば、シカ以外の動物たちはものすごく助かるかもしれないのだ。

トロフィーハンティングは、著名人、政治家、一般人を動物の味方にした。だが、それがいかに残酷なことであろうと、それに対する怒りは度を越えている。楽しみのための無益な殺生をやめさせたければ、畜産業に注意を向けるべきだ。肉を食べることもまた、楽しみのための殺生なのである——味覚、という楽しみのための。畜産業こそ、本当の「動物絶滅請負業」だ。イギリス人の八五パーセントはトロフィーハンティングに反対するが、ベジタリアンは五パーセントである。優先順位が完全に間違っているのだ（アンケート調査の設問には、自然保護への恩恵については触れられていない）。工場畜産には、狩猟の欠点のすべてが備わっている——動物も苦しむし、種を絶滅に追いやる。一方、狩猟の良いところは何一つ持ち合わせていない——僕たちを自然に近づけてくれるわけでもなく、生態系のバランスを取り戻すこともなく、野生動物保護の資金にもならない。僕なら家畜の肉を食べるよりも野生のイノシシやシカの肉を食べる方がいいし、美味しくて、そのハンターが信頼できれば、その肉を買うだろう。食肉処理場より巻狩りの方がずっとマシだ。

人間は、自然とのつながりを失うと、それを個別の勝利や悲劇の集合として捉える危険性がある――バンビの母親やライオンのセシルのように。だが、一つ大きな悲劇があるとしたらそれは、ある生物種がまるごと、人間の活動のせいで減少する、あるいは絶滅する、ということだ。僕の娘たちが成長したときには、この世界にライオンのセシルはいるはずもなかった――セシルは死んだとき一三歳だったし、野生のライオンが一五歳以上になることはめったにないからだ。でも娘たちが大人になったとき、この世界にはたくさんの野生のライオンがいてほしいと僕は思う。本当に悲しいのはセシルが死んだことではなくて、彼の死が、本当に大事なことに人々の注目を集めなかったことだ――つまり、動物たちが繁栄できる場所をこの世界につくる、ということに。狩猟をするということは、僕たちはときに動物を殺してもいい、そのことに喜びを感じることさえある、ということを受け入れるということだ。でも、正しく行えばそれはまた、人間以外の動物を理解し、自然界における人間の立ち位置を認識するきっかけにもなるのである。

狩猟をつぶさに観察したことは僕に、人間がいかに動物を支配しているかを受け入れるよう促した。それは気持ちの良いことではなかった――動物を「多すぎる」とか「殺してもいい」ものとして見るようになると、僕はそれまではほとんど神聖視していたさまざまな動物の死に正当性を見出すようになっていた。たとえば、イギリス全土で保護の対象になっているハリネズミは、スコットランドでは海鳥を護るために間引かれる。それが現実なのだ――動物とともに暮らすためには動物を殺さなくてはならないのである。僕たちが考えなければならないのは、その際どうやったら苦痛を最小限にできるか、ということだ。

一日中自然のなかで過ごし、何も殺さなくても満足して帰宅する人々、環境のバランスというものがわかっている人々を僕は目の当たりにした。狩猟採集民族は動物を、その鳴き声や足跡やこれまでの行動から熟知している。ヤノマミ族は、尿の跡を見て動物の種類を見分け、その動物がそこにいたのがどれくらい前のことだったかがわかる。ライフル銃を手にするハンターたちにはそれほどの知識はないが、それでも多くの人よりも動物をよく知っている。動物の暮らし方や考え方について考察せざるを得ないからだ。

動物愛テストの結果、僕は家畜を食べること、動物からできた衣服を着ることを一切やめた。魚は養殖すべきではないし、野生魚の漁獲高ももっとずっと減らすべきだと考えるようになった。だが、人間が動物を殺すことを正当化できる状況も存在する――そして狩猟はその一つかもしれない。それは僕たちが自然界と再びつながろうとする試みの、初めの一歩かもしれない。動物愛テストの後半では、動物を生かしておくことを目指す人々を見ていこう。

動物を愛す

PART 2

Loving Animals

6 歴史の方舟

動物園には失望せざるを得ない。

ジョン・バージャー

動物園をなくしたい理由

「僕が受け継いだのは偽善だ！　組織じゃない——偽善だよ！」

ダミアン・アスピノールには、ものすごく裕福で背が高くてハンサムな人ならではの自信が備わっている。彼が言う偽善とは、二つの動物園のことだ。イギリスの南東部にあるハウレッツ・アニマルパークとポート・ラインプネ・アニマルパークは、型破りなカジノのオーナーだった彼の父親、ジョン・アスピノールによって一九七〇年代に建設された。父親が二〇〇〇年に亡くなる頃には、ダミアンは、こういう形で動物を飼うのは金の無駄だし、倫理的にも間違っていると考えるようになっていた。

「二つのアニマルパークを引き継ぐことを正当化するために、できるだけ多くの動物を自然界に戻す方法を見つける他になかったんだ」と彼は僕に言った。

ここまでは、フロイトの言うとおりだ。息子が父親のしたことを喜んでこき下ろす一族というのは、アスピノール家が初めてではない。アスピノール家が他と違うのは、息子が大胆なビジョンを持っていたことだ。今、世界中の誰よりも声高に動物園を批判しているのが彼である。それはまるで、ドナルド・トランプ・ジュニアが税金回避に反対するキャンペーンを始めたようなものだ。ダミアン・アスピノールは、自身が二つの動物園を経営しながら、動物園をなくしたがっているのである。

僕が彼に会ったのは、ロンドンのスローン・スクエアに程近い、彼の立派なオフィスだった。座っている彼の後ろの壁には、額装したダミアン・ハーストの作品が掛かっている。僕の目の前には、ペレ［「サッカーの王様」の愛称を持つブラジルの元有名サッカー選手］からの直筆の誕生日カードが置かれている。

「君が子どもたちを動物園に連れて行くと、無意識のうちに、トラを小さな檻に入れて眺めていいんだと教えていることになる。かわいそうなゾウやライオンを眺めて、それでいいんだと――その動物たちは、君たち子どものためにそこにいるんだから、君たちよりも少しの権利しか持っていないんだとね。僕たちは、自分たちの楽しみのためだけに彼らを奴隷にしてもかまわないと言っているんだ。もうそろそろ、自分たちを動物の一種と考えて、おい、もうこんなことをする必要はないんじゃないか?と言ってもいいんじゃないかな? 僕たちは子どもたちの心を汚しているんだよ」

僕が不安そうに見えたのだろう、アスピノールは僕を安心させようとして「誰も責めてはいないよ、誰のせいでもないんだ!」と言う。「そういう文化だったんだ」

動物園が大好きだった父親と動物園が大嫌いな息子のいずれもが主張するアスピノール哲学とは、すべての動物――少なくともすべての哺乳動物――は人間と同等の価値がある、というものだ。それはまた、人間は最も獰猛な動物とも共生できるとする。まるでモーグリ［『ジャングル・ブック』に登場する、オオカミに育てられた少年］の上流階級版みたいに、アスピノール一族は自分たちの身の回りにトラやサルを集め、家の中は動物だらけだった。ヒットラーの優生思想を称賛した嫌われ者のジョン・アスピノールは、自分の子どもたちを預けるならソーシャルワーカーよりゴリラの方がいいと言ったことがある。ダミアンは、最初の二人の子どもが赤ん坊だったとき、ゴリラと仲良くなるように遊ばせた。ただし、三人目が生まれたときには、社会福祉課に介入される危険を避けることにしたが。

ときには悲劇も起きた。ハウレッツ・アニマルパークとポート・ラインプネ・アニマルパークでは、一九七五年から二〇〇〇年の間に、トラとゾウによって飼育係が五人殺されている。動物園では、人に怪我をさせた動物は必ずしも安楽死させられないので、一九八九年に二歳の男の子の腕をもぎ取ったチンパンジーは、一九九四年には二五歳の動物学の学生の親指と人差し指を噛みちぎった。その他にも事故は起きている。ダミアンの最初の妻ルイーズは、トラの子に噛まれて一五針縫う羽目になった。ただし二人の離婚はそれが原因ではない。二人目の妻ビクトリアは、オオカミに襲われて目の上に深い傷を負った。二人は今も夫婦だ。

手短に言えば、アスピノールは尋常ではない環境で育った。だがおかげで彼は、動物園というところは動物の自然な生育地を護るという選択肢には敵わないという結論に達したのである。「動物園に行くと『我々がしているのは自然保護だ、動物を繁殖させて絶滅から救っているのだ』と言われる。だがどうやって？　そんなデータがどこにある？　動物園が絶滅から救ったと言える哺乳動物は一〇種類くらいだ。一〇種類だよ！」。彼の調査によれば、ヨーロッパの動物園で飼われているおよそ八五〇種類の哺乳類のうち、絶滅寸前とされる絶滅危惧IA類の動物はわずか四五種で、そのうち自力で繁殖可能なのは三種にすぎない。動物園の動物は異種交配されたものが多い――つまり、ある種の生物とその類似種を、偶然に（たとえば、その二つの種が科学的に類別されていなかった場合など）あるいは便宜のために交配させたものだ。典型的な遺伝的ボトルネック効果も見られる――ある生物種の個体がすべて、あまりにも少数の個体の子孫である状態だ。野生動物の間でも異種交配は起きるが、種の保全活動においては、人間に飼育されている環境で生まれた個体は自然界に放すことは許されない。

「たとえばベンガルトラ。飼育されているインド産のトラは一〇〇パーセントが交配種だ。種の保全という意味ではまったく価値がない。動物園は君にはそんなことは言わないだろう！　君にトラ用の囲いを作るための金が一〇〇〇万ポンドあったとしたら、その金を動物園で使うのと、インドかスマトラで使うのとどっちがいい？

僕にとって一番不愉快なのは、メッセージの不誠実さなんだ」

特定の生物種を飼育すべきかどうかを、動物園は熟慮すべきだ、というのがアスピノールの考えだ。野生のまま保全できる種はそうすべきだし、すでに飼育されている動物ですぐに絶滅する危険性のないものは自然に帰すべきだと彼は言う。

「たとえば、有識者たちがこう言うとする――この動物は現在では希少だ、どうすればいいだろう？　自然の環境のなかで保全できるだろうか？　いかなる形でもそれが不可能だとすれば――そんなことはありっこないが――その一部を動物園に連れて来ざるを得ないだろう、とね。だが、実際には誰もこういうプロセスを踏んでない」

アフリカゾウはアスピノールの基準を満たさない。ある世代以降の西欧人は、動物園にはゾウがいるものと思って育ち、象牙の密猟が害悪であることを知っている。アフリカゾウの数は、二〇〇七年には六五万頭だったものが二〇一六年には五四万頭に減った。密猟が続いていることが一因だ。

だがアスピノールは、その解決法が動物園であるという考え方には同意しない。「まだ五〇万頭以上のゾウが残っているんだよ。一部の地域では密猟されているが、南アフリカには、密猟から完全に護られている保護区に二万頭のゾウがいる。絶滅から救うためのゾウの銀行だよ。だったらゾウを檻に入れる理由なんてどこにある？　どこにもないさ！」（これはボツワナとジンバブエを含まない話だ――前章で見たように、ボツワナとジンバブエではゾウの数は増加している）

「深刻な危機」種に分類されているヒガシクロサイでさえ、動物園で飼育されるべきかどうかのテストには合格しない。ヒガシクロサイは角を求めて乱獲され、スーダン、南スーダン、エチオピアなどの数か国では絶滅し、一九七三年以降、その数はおよそ九〇パーセント減っている。二〇〇二年の段階では、成熟したヒガシクロサイは五一二頭で、アメリカ連邦議会の議員の数よりも少なかったが、その後は若干増加している。「サイの囲いを何百万ポンドもかけて造り、世界中で飼育員の給料に何百万ポンドも使う代わりに、保護区を四つ作ればいい――タンザニアとケニアに」とアスピノールは言う。「気候も食べ物もその方がいい」

動物園を閉園するのには、アスピノールが思った以上に時間がかかっている。死んだ動物や他所に移された動物もいる（「父が生きていたときはトラが三〇頭いたが、今は四頭だ」）。自然界に帰すよりも繁殖のスピードの方が速い動物もいる。その結果、アスピノールは今も、八〇種類、約一四〇〇匹の動物を所有している。そのなかには、世界最大のニシローランドゴリラの群れと、かなりの数のクロサイも含まれている。彼の動物園はまるで、一年中閉店セールをしている店みたいだ。

「ちょっとずつ減らしてはいるんだよ」と彼は言う。「常に、おそらく一〇種類くらいの動物を野生の環境に戻す準備をしている。小規模ビジネスだからね、一度に五〇種類はできない。どこに送るかがものすごく難題なんだよ」。ハウレッツ・アニマルパークとポート・ラインプネ・アニマルパークは、彼が経営を引き継いだとき、二つで年間四〇〇万ポンドもの赤字を出していた。近年は経営は改善されたとは言え、僕たちが会った前の年にはまだ一〇〇万ポンド近い損失だった。

絶滅危惧種であるワウワウテナガザルの、インドネシアへの再導入プログラムを開始するには一〇年かかった。アスピノールはまた、動物園を牛耳る組織が協力的でないと言って非難する。絶滅が危惧される動物に関しては、すべての動物園におけるその個体数を、「スタッドブック・キーパー（血統登録台帳管理者）」と呼ばれる人々が統括している。「スタッドブック・キーパーの九割は、動物を自然に帰すことに反対なんだ」と彼は嘆く。「彼らの同意がなければ動物は動かせないんだよ」

ある動物園の園長とアスピノールのやり取りを話題にすると、彼はやれやれという顔をし、金ばかりかかって少しも動物のためにならなかった、と言う。「僕のことを、頭がおかしいいかれた変質者と呼ぶのは簡単だ。父もよくそんなふうに言われていたよ」とアスピノールは嘆息する。

今彼が願っているのは、この先三〇年で――つまり彼がハウレッツとポート・ラインプネの経営を引き継いだときから五〇年で――動物園が段階的に廃止されることだ。「なぜ二〇年から三〇年かかるかって？　動物を安楽死させることはできないからだよ」

新型コロナウイルスが流行する以前も、それ以降も、アメリカでは毎年、アメリカンフットボール、バスケットボール、ホッケー、野球のプロリーグの試合の観客動員数を足し合わせたよりも多くの人が動物園を訪れている。世界動物園水族館協会（ＷＡＺＡ）による最新の推定によれば、二〇〇八年には世界中で七億人が動物園に行った。現在はおそらくそれよりも多い。なぜなら、すべての動物園がＷＡＺＡに登録されているわけではないし、二〇〇八年以降、中国だけでも数十の動物園が開園しているからだ。動物園や水族館を「生き物を飼って一般に公開しているところ」と定義するならば、世界にはそういう場所が二三〇〇か所以上あり、そのうち、一定の水準を満たしてＷＡＺＡのメンバーと認定されているのは四〇〇にすぎないのである。農園に付属したアニマルパークや動物を囲いの中で飼っているレストランなどを含めれば、一万以上あるかもしれない、と野生動物保護団体ボーン・フリーは言う。

動物園を段階的に廃止するというアスピノールのビジョンは、二〇三五年までに畜産業をなくす、というインポッシブル・フーズの目標ほど野心的ではないが、近いものがある。現在六〇代の彼は、自分が生きているうちにそれが実現するとは思っていない。

僕たちが会ったとき、彼はイギリスで生まれた二頭のチーターを南アフリカに移動する計画の詳細を詰めているところだった。何千キロも車で走ってチーターを放す保護区を決め、一年以上かけて南アフリカ政府と交渉してきたのである。「僕たちは親代わりみたいなものだが、彼らはペットじゃない――決まったところで排尿や排便をさせられるわけじゃないしね。そもそも、チーターは成長すると親から離れるものなんだ」

動物と親しい関係にあることは利点だと彼は言う。「言ってみれば僕は兄貴、僕の妻が母親だな。僕たちが野生に帰したゴリラが病気になったとして、彼らが僕たちのことを覚えていれば、川に出てきたところで薬を与えることができるからね。チーターと散歩して、谷を見せたり、レイヨウの居場所を教えてやったりもできる。たとえ彼らが狩りがうまくならず、少々餌を補ってやらなければならないとしても、それが何だ？　自然のなかで自由に、雌のチーターと暮らせる方が、動物園に閉じ込められているよりはいいだろう？」

さまざまな研究が、飼育された環境で生まれた動物が自然に帰された場合に生き残る確率は、野生環境で生まれた動物が他の場所に移動させられた場合よりも低いことを示している。アスピノールの試みのなかには、計画どおりにいかなかったものもたしかにある。たとえば二〇一四年にガボンに放されたニシローランドゴリラ一〇頭のうちの五頭は死んでいるのが見つかった――おそらくは、野生に生まれたゴリラと共生することのストレスで死んだのだと思われる。ザンベジと名づけられたクロサイは、二〇一九年、タンザニアに輸送される機中で死んだ。ただしそれ以外のサイは移転に成功している。アスピノールは何年もかけて、ワウワウテナガザルのつがいを野生に帰して繁殖させようと試みたが、雌ザルが野生のテナガザルと一緒に逃げてしまって、雄ザルだけが寂しく取り残された。「いつも必ず、想像もつかないようなことで驚かされるってことがわかったよ」

チーターの野生復帰がうまくいかなかったら？

「やめないよ。どこがまずかったんだろうと考え、次の二頭を選んで今度はもっとうまくやろう、と言うよ。やろうとしていることは決して諦めない。評判なんかどうでもいいんだ――僕の仕事は、できる限り多くの動物を野生に戻すこと。檻に入れておく必要がないと思われる動物が檻の中にいるのを見るたびに、僕は義務を果たしてない、と思うんだ」

僕の両親は、アスピノールの両親のように僕をゴリラに抱かせることはなかったが、それでも僕は動物園好きな子どもだった。ロンドン育ちの僕は、動物園に行き、動物園の会員になり、動物園に通った。動物園にいないときは、行ったときに撮った写真を眺めて過ごした。

今でもその頃に見たゾウを思い出す。フェンスの向こうにヌッと現れるキリンの頭。何よりもよく覚えているのは、僕が九歳になって間もなく――一番熱心に動物園通いをしていた頃だ――ロンドンに到着した、チャチャとミンミンという名前のパンダだ。こういうことに、僕は何の疑問も感じなかった。動物園にいるのはただもう至福の時間だったのだ。

僕は自分がかなり本格的な動物園好きだと思っていたが、僕の妻スージーと知り合うと彼女はそれ以上だった。後でわかったのだが、彼女はチャチャがメキシコで無事に子どもをつくったときに動物園にお祝いの手紙を書き、返事までもらっていた。本気とはこのことである。

二〇代のあるとき、僕は動物園通いがつまらなくなったが、それがなぜなのかはよくわからない。物理的には何が変わったわけでもなかったが、感情的に、そのインパクトが薄れていた。スージーと僕は、エジンバラ動物園まで、二頭のパンダ詣でに行ったことがある。動物園はなかなか良かったが、そのときの経験には生気がなく心が動かなかった。それはまるで警察の面通しみたいだった――この動物は、『ナショナル・ジオグラフィック』誌で見た写真と同じ動物か?

だから僕は娘たちを動物園に連れて行くのを避けた。それは容易なことではなかった。動物園に手紙を書いて、動物を送ってください、と頼む（そして受け取る）子どもが主人公の絵本『どうぶつえんのおじさんへ』は、世界中で八〇〇万冊以上売れている。動物園は天使のふりをしようとする。ロンドン動物園を運営するロンドン動物学協会は「我々が目指すのは、野生動物が元気に生きられる世界です」と言う。トリップ・アドバイザーによれば世界で一番人気のサンディエゴ動物園は、自分たちは動物園ではなく、「世界中の動物種を絶滅から護ることに取り組む組織」である、と言う。パリ動物園は「現代的動物保護区」と自称している。

僕たちは動物園の正当性を信じたがり、嫌な出来事があってもすぐに忘れる。ベルリン動物園の人気者だったホッキョクグマの子グマ、クヌートが、わずか四歳だったある日、突然倒れて溺れ死んだとき、人々は大いに悲しんだが、のちにクヌートには稀な免疫性疾患があったということがわかった。二〇一四年にコペンハーゲン動物園が雄のキリンを安楽死させ、入園客の目の前でその身体を切断してライオンに食べさせたとき、人々は激高したが、動物園は、これはデンマークに特有のことだと説明した。ネットフリックスの番組『タイガーキング』が、トラを人工的に繁殖させることの残酷で悪質な現実を見せつけたとき、人々は夢中になったが、その番組が焦点を当てたのはアメリカに見られる客寄せ用の小型動物園であって、裕福な都会人が行く立派な動物園ではなかった。

僕の場合、動物とより良い関係を築きたいと思うなら、初めの一歩は今でもやはり、動物園に行くことだ。動物園に行くのを拒否するのははっきり言って不便でもあった。動物園に行くというのは、親子でするしごく当たり前の行為である。動物園は絵本の中に入り込むようなものだ。イギリスとアイルランドでは、年間三二〇〇万人が動物園を訪れる――これは人口のほぼ半分にあたる数字だ。ところが僕は、天気の良い土曜日の午後に娘たちを連れて行くどこか別の場所を考えなければならなかったのだ。僕は本当に、娘たちを動物園に連れて行かないという良心の呵責に耐えられるのか？

そもそも、自分たち以外の動物を飼育する動物は人間以外にいるだろうか？　僕が唯一見つけた例は、ある種のアリがアブラムシが作る蜜を食べるというものだ。アブラムシの集団が飛んでいってしまうのを防ぐため、アリがアブラムシの翅《はね》を噛みちぎってしまうこともある。アリはまた、アブラムシをおとなしくさせる化学物質を分泌する――これもやはりアブラムシが飛んでいってしまわないようにだ。蜜のお返しに、アリは捕食者からアブラムシを護る。この他には、自分たち以外の動物を飼う動物というのは人間だけのように見える。

ノアの方舟がなかったら、僕たちは動物園を不自然だと思ったことだろう。人間が動物を監禁して助けるというこの物語は、教会や多くの学校で繰り返し語られる。大洪水が出てくる物語は他にも——たとえば『ギルガメッシュ叙事詩』にあるが、キリスト教バージョンでは、間もなく神が世界に大洪水を起こしてすべての生き物を殺すことがノアに告げられる。当然だがこの隠喩は自然保護活動の世界でも広く使われている。たとえば、あらゆる絶滅危惧種の写真を残そうとしているARKive（アーカイブ）、絶滅が危惧される両生類を救おうとしているAmphibian Ark（アンフィビアン・アーク）という取り組みがある［方舟は英語でark。ノアの方舟はNoah's Ark］。イギリス西部のサマーセットとアメリカ南部のジョージア州にはNoah's Ark Zoo（ノアの方舟動物園）がある。リージェントパークの北端にあるロンドン動物園自体も、初めの頃、Ark in the Park（公園の中の方舟）というニックネームがついていた。

動物園に行っても、その歴史はどこにも書かれていない。それはもしかすると、動物園の始まり方は良いものではなかった、と誰もが思っているからなのかもしれない。事実、その起源はひどいものだ。何千年も昔から、人間が、捕まえた動物を手ひどく扱っていたという事例がある。僕が一番ショックを受けた話は三〇〇年前のものだ。

アウグスト強王は、何でも過度なことを好んだ。ザクセンとポーランドの統治者として、彼は芸術作品や城を蒐集した。一七三三年に彼が、ほかでもないアルコール中毒で死んだとき、彼には三〇〇人以上の非嫡出子がいた可能性がある。彼はまた、動物も蒐集しており、金を出して遠征隊を北アフリカに送り、動物を持ち帰らせた。

野生動物に関するドキュメンタリーどころか、珍しい動物の絵さえ普及していなかった当時、こうして集められた動物を見るのは驚異であったに違いない。訪れる人にとってそこは、野生と文明が出会う場所だった。その少し前まで人々は、カバは神話上の動物ではないかと思っていた。だがこのとき、ローマ時代以降初めて、サイがヨーロッパでお披露目されたのだ。一五一五年には一頭のサイがリスボンに、もう一頭が一六八四年にロンドンに到着している。当時の大人はサイを見て何を感じただろうか？　そして、もしも自分がサイだったとしたら？

アウグストは、動物を眺めるだけでは満足せず、現代の博物館の学芸員なら「体験型展示」と呼ぶかもしれないことをするのが好きだった。たとえば一七一九年に息子が神聖ローマ帝国皇帝の娘と結婚したとき、アウグストは招待客をもてなすため、ジャムや軽食を供すると同時に、ライオン、トラ、雄ウシ、クマ、イノシシ、そしてサルを闘わせる大げさな舞台を用意した。みな興味津々だったが、動物たちだけは違った。ライオンのうちの一頭は、寝そべっておとなしく寝てしまった、と当時の雑誌『メルキュール・ド・フランス』は伝えている。

やがてアウグスト強王はしびれを切らし、残った動物すべてを撃ち殺したが、一頭のライオンだけは絞め殺され、種類が不明の別の動物は出血多量で死んだ、とある。今度誰かの結婚式で、花嫁の義父の態度がちょっと高圧的だと思うことがあったら、この話を思い出すといい。「こうしてこの催しは終わり、イタリア流の芝居が始まった」――『メルキュール・ド・フランス』の記事はそう唐突に報じている。アウグストが開いた別の行事では、一〇〇〇体以上の動物――その多くはキツネと野ウサギだった――を空中高く投げ上げた（結果的にそれらの動物は死んだ）。

残酷な逸話の持ち主はアウグストだけではないが、これらは、僕たちの祖先が、捕まえた動物が死のうが生きようが一切意に介さなかったということを示している。動物を捕まえても、そこには何ら倫理的責任は生まれなかった。動物園の持ち主は、動物を気の向くままに扱った――じろじろと眺めることも殺すこともできたのだ。我々は野生動物に勝利した、というわけだ。勝者にとって動物は戦利品だった。

動物園は、こうして動物を見世物にすることが別の形をとったものだ。一九世紀に動物園が世の中に根づいたのは、動物を絶滅から護るためではない。一八四〇年代にアフリカのサバンナを自由に歩き回るライオンを見た人たちが、「大変だ、ロンドンの真ん中に閉じ込めなければ絶滅してしまう」なんて思うわけがないではないか。違う。動物園は、啓蒙主義に基づいて世界を蒐集し、分類し、支配する方法を模索するという行為の延長線上にあったのだ。

書かれたものを見ると、ほとんどの場合、パリ動物園が現代的な動物園の最初のものだったとされている。フランス革命を起こした人々は、ルイ一六世が蒐集した動物たちを閉じ込めてある場所の豪華さが気に入らず、動物たちを自然史博物館内の別の場所に移動させた。だがその環境は劣悪で、ほとんどの動物が一年以内に死んでしまった。動物園の時代はこうして前途多難な幕開けを迎えたのだ。とは言え、一八二八年にはロンドンに、続いてベルリンに動物園ができた。ニューヨークのセントラルパーク動物園がようやくできたのは一八六四年のことだ。

動物園は、その前身である動物の展示場とは違っていたが、抱える課題は共通していた。まず、客が見たがる珍しい動物を入手すること。そのためには自然界に身を投じ、動物の赤ん坊を手に入れるために近親の動物を多数殺さなければならなかった。

珍しい動物の商人として最も有名な者の一人、カール・ハーゲンベックは、ライオン、クマ、ゾウをはじめとする何千頭もの動物を売った。殺された動物の数はその数倍にのぼる。だがそうした殺戮は動物園を訪れる人の目には見えない。ブロンクス動物園の園長だったウィリアム・ホーナデイはハーゲンベックに、インドサイの子どもを四頭捕まえるために成獣を四〇頭殺したことには言及するなとはっきり言っている。彼はこの殺戮を正当化する理由として、これらのインドサイは、「ネパールのジャングルを走り回ってたまに少数の無知な現地人に目撃されるよりも、ニューヨークにいる方が世界に貢献できる」と言った。

ドイツ植民地帝国の軍隊が、ベルリン動物園のためにゾウを捕まえる遠征に出たことがある。彼らはゾウの群れを見つけ、周囲を柵で囲んで逃げられないようにし、成獣をすべて撃ち殺した。残ったのは七頭の子ゾウで、そのうちの三頭が生き残り、ベルリンまで連れ帰れたのは一頭だった。「大自然のなかの強大な野生動物たちと比べると、我々はひどくちっぽけでつまらないものに思えた」——奇妙なことに、遠征に行った陸軍大尉、ハンス・ドミニクはそう言っている。一九世紀に行われた、自然を破壊する狩猟に僕たちが向ける怒りは、動物園にもまた向けられて然るべきである。

生き残った動物たちは、死んだ方がマシだったと思ったかもしれない。ハーゲンベックが輸送したあるゾウアザラシは、四〇日間、水浴もできず食べ物も与えられなかった。動物園で動物たちを待っていたのは、混み合った檻や殺風景な囲いだった。囲いは、入園客が動物を取り囲んでできるだけよく見えるように設計されていた。それは捕食者から逃げるのが習慣になっている動物にとっては恐ろしい経験だった（だがこのデザインは、たとえば一九七四年にオープンしたトロント動物園にまで継承された）。

初期の動物園は膨大な数の動物を必要とした。なぜなら動物を生かしておくことができなかったからだ。ロンドン動物園では、大型の猫科動物の平均寿命は二年だった。最初のゴリラは、一八八七年に、チーズサンドイッチ、ソーセージ、それにビールを与えられた後に死んだ。こうして早死にした動物を、動物園はさして気に留めなかった。博物学者が死んだ動物を喜んで研究に使ったのだからなおさらだ。こうした問題が起きたのは、動物園の黎明期だけではなかった。パリ動物園では、第二次世界大戦後も、ほとんどのサルが飼育され始めて二年以内に死んでいる。

これはみな何のためだったのだろう？　歴史的に見ると「動物が大量に移動するのは帝国が存在する時代だけ」だと言うのは、エクセター大学の考古学教授、ナオミ・サイクスである。動物を集めて見世物にするのは、裕福な人々の好奇心と名声欲を満足させた。動物園が発達したのはヨーロッパの帝国時代だ。それはまさに帝国主義の産物だったのである。アルフレッド・ラッセル・ウォレスは博物学者として、またフレデリック・セルースはハンターとして記憶されているが、二人とも動物を自然史博物館に送っていた。動物を輸送するというのは、人間の力の象徴だったのである。

植民主義は道徳的優越感の上に成り立っていた。そして動物園はその構図にピッタリだったのだ。植民者と同様に、動物学者は、そこには立派な科学的目的があると主張した。ロンドン動物園は、ロンドン動物学協会が作った、世界初の科学的な動物園と言われている。開園当初、入れるのは富裕層だけだったが、次第に大衆化した。それは、動物園の所有者がもっと入園料を必要としていたことも大きな理由だった。

金が必要であったことが、動物園をもう一つの不品行に導いた。ロンドン動物園は、動物のブリーダーや科学者に動物を売っていたのである。野生動物を護る代わりに、彼らは家畜化された動物をつくろうとした。寄付をした人限定で蒐集や狩猟のために動物を提供し、さまざまな交配種をつくろうとも試みた。そのなかには、ロバとホウギュウ（南アジア原産の、こぶのあるウシ）を掛け合わせたものもあった。ブリーダーは、動物学協会に種付け料を払ってホウギュウやシマウマと自分の家畜を交配させることもできた。ニジキジと呼ばれる色鮮やかなキジを家畜化しようという試みもあった。ビクトリア女王も含むその支持者は、ニジキジを撃ちたかったのだ。一〇〇〇羽を超える野生のニジキジが集められたが、ロンドンに戻る途中でほとんどが死んでしまい、雛が孵ったのはほんの数羽だった。ヒマラヤ全域に棲むこの鳥は現在、ロンドン動物園の助けなしに立派に繁殖している。

一九世紀の終わりには、動物を家畜化しようという動物園のもくろみは崩れ去ったが、人々は平気で動物の自然の姿をもてあそび続けた。二〇世紀が始まってからずいぶん経つまで、アシカに人魚の服を着せたり、ロバにシマウマの縞模様を描いたりしたのである。チンパンジーを茶会に連れて行くこともあった（人間の服を着せたチンパンジーを紅茶の広告に使うアイデアはここから来ている。PGティップス［イギリスのティーバッグのブランド］のチンパンジーだらけの広告は、イギリスで最も長命な広告キャンペーンで、一九五六年から二〇〇二年まで続いた。演技をさせられるなどの扱いを受けたトラウマのおかげで、最後に生き残ったチンパンジーは動物園になかなか馴染めなかった）。

動物園は、自分たちはサーカスとは違うと思っていたが、二つの間にはつながりがあった。一八八二年にはロンドン動物園が、ジャンボという名の雄のゾウを、サーカスで身を立てた興行師、P・T・バーナムに売り、バーナムはサーカスで演技させるためにジャンボをアメリカに送っている。まだ駆け出しの頃、奴隷廃止論者に転身する前に黒人を見世物にしていたこともあるバーナムは、融通の利く道徳観の持ち主であり、彼のような人間がサーカスには求められていた。ゾウはイギリスの動物園にいるよりもアメリカのサーカスでの方が値打ちがあるということをバーナムは知っていた。ジャンボは商業的に当たったが、サーカスで三年過ごした後、オンタリオ州で、次の興行地に行くために荷馬車に引かれていく途中、列車に轢かれて死んだ。ところがロンドン動物園は、ジャンボの代わりとして、彼とカップルだった雌のゾウ、アリスを喜んでサーカスに売った。バーナムは、アリスが一八八六年に火事で死ぬまで、生きた雌ゾウと死んだ雄ゾウを一緒に見世物にした。

動物は使い捨てにされた。一九四三年、東京の上野動物園の飼育員たちは、二七匹の動物を殺している。戦時中の犠牲の必要性を示すために、政府が企んだ殺戮だった。だが三頭のゾウが、毒入りの餌を食べるのを拒否したため餓死させられた。後日、「殉死」したこの動物たちの追悼式が行われれた。日本帝国の、その他の動物園もこれに倣った。

悪意よりも蔓延していたのは無知だった。ロンドン動物園は、哺乳動物の赤ん坊を親から引き離してお茶会を開いた。来園した子どもは巨大なカメの背中に乗ることもできた。来園客は動物に餌を与えることが許されていた――この慣習は、一九六〇年代にアフリカゾウが、パンをもらおうと身を乗り出して柵の中の溝に落ちて死ぬまで続いた。ロンドン動物園の初代科学部長エドワード・ヒンドルは、一九五〇年に、野生動物の縄張りは餌を奪い合う競合相手や捕食動物によって制限されているのだから、動物園の動物にも広い空間は必要ないと主張している。「実際、原則として、動物に適切な収容設備を準備するに際し、スペースの狭さが真剣に憂慮すべき問題であるかどうかは疑わしい」と彼は言った。ヒンドルはまた、「ゾウと猛禽類は動物園で飼うのが最も容易な動物であり、一般に長命である」と考えていた。

歴史上最も影響力のあった動物園長と言えばおそらく、一九四〇年から一九五〇年代にかけてバーゼル動物園とチューリッヒ動物園の園長だったハイニ・ヘディガーだろう。ヘディガーはいくつかの点で動物園を近代化した。彼は、動物園に対して動物の囲いの中を殺風景でなくすように促す本を著し（ただし多くの動物園は彼の言うことを無視したが）、ゾウに水浴場がなく、そのために皮膚が乾燥して毛が抜けていると言って動物園を非難した。そのへディガーでさえ、ゾウはおとなしくすることを学ぶために「夜間は鎖につながれることに慣れるべきである」と思っていた。ところがこれもまた大間違いだったのである。

動物園には、動物たちよりも優先しなければならないことがあった。まずは集客だ。一八三六年にロンドン動物園に初めてキリンが到着した翌日、動物園には五〇〇〇人以上の小学生がキリンを見に来た。だが、物珍しさを提供するのはどんどん難しくなっていった。詩人E・E・カミングズが一九二五年に、動物園というのは「貧乏くさくて退屈で味気ない場所だ」と言ったとき、彼が本当に不満だったのは、そこにはサーカスで味わう「とてつもなく強烈な経験」が欠落している、ということだったのである。

一方、動物園の飼育員たちは、動物はみな――どんなに大きかろうと、どんな自然・社会環境で生活するよう進化したものであろうと――飼育できるものと信じていた。「適度な独創性と十分な資金を持つ人が数人いれば、クジラをヨーロッパで飼育することも実現可能である」とへディガーは言った――クジラを飼おうとは！　すべての動物は熟知することが可能だし、そうするべきである。デイビッド・アッテンボローの最初のテレビシリーズ『Zoo Quest（動物を求めて）』は、世界中を旅して、マダガスカルのキツネザル、ニューギニアのオウム、パラグアイのアルマジロその他、大量の動物を、ロンドン動物園でよく調べるためにイギリスに持ち帰るという内容だった。「ほとんどの動物園は、展示できる動物が自然界には無尽蔵にいると考えていた」と、後年アッテンボローは語っている。動物園ができてからほぼずっと、動物園は僕たちの好奇心を満たすために存在してきたのだ。

最高クラスの動物園がしていることにさえ問題があったとしたら、一般的な動物園の状況は恐ろしいものだった。一九七三年、アメリカ人の動物蒐集家、ピーター・バッテンは、テキサス州にあるグラディス・ポーター動物園に、二四匹の哺乳動物と鳥を寄贈した。そのわずか六週間後、そのうちの五匹は死に、六匹が怪我をしたり不具になったりしていることがわかった――世話の仕方が杜撰《ずさん》だったためだ。彼は、二〇〇か所近い動物園を見て回り、それらの「動物飼育方法が不適切で、なかにはまったく世話が行われていないところもある」と腹立たしげに結論した。

子どもを動物園に連れて行く前にこういう歴史を話したら、子どもたちはおそらくどこか他の場所に行きたがるだろう。動物園を作るためにたくさんの動物が傷ついたのだ。だが、そんな歴史があるからと言って、必ずしも今、動物園が動物に親しむための良い手段になり得ないかと言えば、そんなことはない。でも、一般的に言って、動物園の主な目的が動物の幸福や動物保護ではなかったこと、ごく近年までその環境が、議論の余地がないほど劣悪であったことを知れば、動物園は今も問題を抱えているということに納得しやすくなるだろう。

スペースが足りない

動物園が動物に対して保証できることが一つあるとすれば、それは長生きすることだ、と僕は思っていた。だが、少なくともゾウの場合、僕は間違っていた。学術誌『サイエンス』に掲載されたある論文は、一九六〇年から二〇〇五年までの間に世界中の動物園で飼われていたゾウの約半数にあたる、七八六頭のゾウの生存記録を検証し、ケニアとミャンマーにいる四〇〇〇頭近いゾウと比較した。その結果は目を瞠るものだった。

動物園で飼われたアフリカゾウの寿命の中央値が一六・九歳だったのに対し、ケニアの国立公園では五六歳――人間が原因の死亡を含めた場合でも約三六歳だったのである。

アジアゾウの場合、動物園での寿命の中央値は一八・九歳、一方昔からゾウが労働力として使われてきたミャンマーの木材産業では、中央値は四二歳近かった。木材産業で使役されるゾウの方が動物園のゾウより長生きなのだとしたら、動物園は何かがひどく間違っているように思える。

論文は、「全体として、ゾウを動物園で飼うことはその生存能力に著しい影響を与える」と結論している。この論文が発表されたのは二〇〇八年だ。それ以降にゾウの寿命が改善されたのなら、アメリカ動物園水族館協会は最新のデータを公表できるはずだが、彼らはそれをしていない。僕は何度も協会にEメールを送ってその理由を尋ねたが、彼らは返答を拒んだ。代わりに彼らは、もっと最近の、さまざまな動物園でのゾウの状況を比較した――つまり動物園のゾウと野生のゾウを比較したのではない――論文を読めと言った（紹介された論文の一つは、アメリカの動物園にいるゾウの四分の三は太りすぎだと結論している）。

動物園でゾウが何をして過ごしているかを検証した論文もある。それによれば、餌を食べた後に最もしばしば観察されたのは、野生の環境では見られない、何の役にも立たないように思える行動だった。ゾウが身体を前後左右に揺らすのである。アメリカの動物園にいるゾウの八五パーセントで日中この行動が見られ、三分の二は夜これを行った。それがなぜなのか、考え得る理由の一つは、動物園では野生のゾウと違って食べ物を探す必要がないということだ。生物学者はこれを「常同行動」と呼ぶ。こうした異常行動はまた、動物園の硬い床が原因で起こることが多い脚の病気があるゾウにより高確率で見られる。さらに、動物園はかつて、夜になると、攻撃的な行動を避けるためという理由で動物を鎖でつないでいたが、ゾウが他のゾウと交流するのに重要な時間帯は夜なのだ。ゾウは夜、二時間から四時間程度しか眠らないし、眠っている間は身体の一部を重ね合うようにしている。動物園では多くのゾウが今も個別の飼育室に閉じ込められ、人間のスケジュールに強制的に合わせられている。

繁殖に関してはどうだろう？　僕は新聞で、動物園で母親の脚におずおずと身体を擦りつける子ゾウの写真をたくさん見たように記憶している。だが実際は、動物園でゾウを繁殖させるのは容易ではない。雌ゾウは飼育された状態では排卵しないこともあるし、雄は性欲が弱く、精子数も少ない。遺伝的多様性を保つ唯一の方法は、もっとゾウを輸入するか、あるいは今いるゾウを世界中あちこちに運んで繁殖させることだけなのだ。

二〇一〇年、ワシントンDCにある国立動物園に勤め、ゾウの繁殖に詳しいジャニーン・ブラウンは、北米にあるすべての動物園のゾウは「ほんの数十年のうちに」不妊が原因で死に絶えるだろうと予測した。ベルリンにあるライプニッツ動物園野生動物研究所では、獣医であるトーマス・ヒルデブラントが率いる研究チームが、新しい人工授精の方法を開発した。ゾウほど複雑な知能を持つ動物にとって、それはかなり侵襲性の高い処置である。またそれによって問題が解決したわけでもない。アメリカの動物園の一部は、今も野生のアフリカゾウを入手し続けている。ダラス動物園、ネブラスカ州のオマハ・ヘンリー・ドーリー動物園、カンザス州にあるセジウィック動物園は、二〇一六年に一八頭のゾウをスワジランド［現エスワティニ王国］から輸入した。スワジランドの野生生物局によれば、輸入しなければスワジランドで間引かれることになっていたゾウである。動物園は、こうした動物の生命を救っているのかもしれないが、それはゾウに長くてストレスの多い移動を強要することになるし、アメリカ国内で自己永続的なゾウの集団を確立することもできずにいる。Species360という組織のデータベースによれば、アメリカの動物園には現在、アフリカゾウは一五〇頭程度、アジアゾウは九五頭しかいない。遺伝的多様性を確保する努力にはますます金がかかり、正当化する理由は減っている。二〇一八年、メルボルン動物園は、オンガードという名のゾウを輸送用コンテナでズー・マイアミに搬送したが、それには五〇万ドルの費用がかかった。

動物園のゾウが短命で、繁殖回数が少なく、自然界では見せない行動を取るのはなぜなのだろう？　動物園という環境——子どもにとってはリラックスできて自然な場所だ——には、実はさまざまな危険が潜んでいる。ゾウは動物園から動物園へ長時間かけて輸送され、母親との接触を絶たれることが多い。野生のゾウには複雑な家族関係があり、母親、娘、赤ん坊からなる母系の群れを作って暮らす（ただし種によって違いがある。アジアゾウはアフリカゾウよりもむしろ絶滅したマンモスに近いということを考えれば当然だ）。こういう社会関係がないと、繁殖能力は下がるのである。人間と同様に、成熟したゾウは、祖母が近くにいる方が子育てが楽だ。ミャンマーの木材産業やアフリカの自然公園に棲むゾウの間では、祖母が一緒に暮らしているゾウの赤ん坊の方が死亡率が低い。ミャンマーの場合、祖母がいると、雌ゾウが生む子どもの数も多い。動物園では、繁殖計画、経済的理由、さらにスペースの制約にしたがって動物が運び込まれては送り返される。なんとも陰鬱な皮肉だ——動物園は家族で楽しむためにできているのに、そこに棲む動物の家族のことは考慮されないのである。

ヨーロッパと北米の動物園のほとんどは、雄のゾウは飼われていても一頭だ。だから、他の雄から学ぶ機会がない。これは、雄のゾウは攻撃的で、生来単独行動を取るのが習性であるという考え方が一因にある。だが実際には、雄ゾウは一頭だけで飼われているときの方が攻撃的になることがある。それに自然界では、雄ゾウは群れの近くにいることが多いし、雄だけの集団を作っている。ある調査によれば、成長した雄のゾウは別のゾウから三〇メートル以内のところにいる時間が全体の半分を占める。彼らは、長い間続く、安定した社会関係を築くのだ。若い雄ゾウはさらに仲間に依存している。雄ゾウは、家族集団から離れて雄だけの群れのなかで過ごすようになるのが一五歳を超えてからのこともある。こうやって、誰と一緒にいるかを自然に試したり選択したりするのとは違い、動物園のゾウは、それが誰であろうとそこにいるゾウと一緒にいるしかない——そうして囲いの中が窮屈になれば他の動物園に移される。動物園で「攻撃的」あるいは「問題がある」ように見えるゾウがいる理由の一つは、一緒にいるゾウを選べなかったり、他のゾウとの距離を保てなかったりすることだ。シェアハウスに住んだことのある人なら誰だってわかるだろう。ダミアン・アスピノールのハウレッツ・アニマルパークは、少なくともゾウを群れとして飼い、ときどき雄を混ざらせる。そこで生まれた子ゾウの数は世界のどの動物園よりも多く、イギリスの全部の動物園を足し合わせたよりも多いと彼らは主張する。だがハウレッツ・アニマルパークでさえ、人間がまだ完全に理解していない複雑な社会関係を管理するのには苦労している。

これが動物園というものの明らかな現実だ——広さが足りないのである。アメリカ動物園水族館協会は、ゾウには少なくとも屋外に五〇〇〇平方メートルの広さのすまいを与えることを推奨している。自然界では、アジアゾウは数百平方キロメートルの範囲を移動する。トイレ一個とサッカー場数個くらいの差だ。ゾウが自然界で暮らす環境は、アメリカとヨーロッパの動物園の多くと比べて暖かい。緯度が高く、寒冷な気候の動物園で飼われているゾウは、ゾウが進化した環境に近い気温のところで飼われているものと比べてストレスホルモンの濃度が高い。

端的に言えば、動物園が持つ物理的な制約を、ゾウが社会的・心理的に必要とするものに合わせることは困難なのである。ゾウのための広大な棲みかを、ロンドンの地下鉄で簡単に行けるところに作ることなどできない。僕たちは、アウグスト強王のように故意に動物を苦しめているわけではない――僕たちが動物を苦しめるのは、自分勝手さと無知、野生動物に良い棲みかを提供できるという過信の結果である。それを愛と呼ぶなら、これほど的外れな愛情はない。

動物園は、ゾウたちの生活をどうしたら改善できるかを学びつつある。たとえばゾウは、室内にいるか屋外にいるかを選択できる方が調子が良いし、飼育員との関係がうまくいっているとストレスが少ない。かつて動物園はゾウを支配しようとした。「我々はゾウの群れの一部であり、群れの頂上部分にいます。それがあるべき姿なのです」――一九九四年にBBCで放送されたドキュメンタリー番組の中で、ロンドン動物園の飼育員はそう言っている。ヨーロッパ動物園水族館協会は、飼育員とゾウの接触はすべて防護壁越しに行わなければいけないと決めた。これは、人間がゾウに対して支配的な立場に立たず、ゾウがより自立しやすくするためだ。動物園はこの決定を実施するのに二〇三〇年までの時間を与えられている。だが、現在のような形の動物園では、ゾウは野生環境と同様の暮らしはできないということを示す強いエビデンスがある。

ゲルフ大学で生物学の教鞭を執り、『サイエンス』誌に掲載されたゾウの寿命に関する論文の共著者の一人であるジョージア・メーソン教授は、十分な金をかければ動物園はおそらく、ゾウを健康に飼育する方法を開発できるだろうと言う。だが、かけた金に見合うだけの価値があるだろうか、と教授は疑問視する。「その価値があるだろうか？　ゾウを健康に飼育するためにかかる大金は、スリランカに保護区を作るのに使う方がよいのではないか？　あるいは、野生環境では絶滅に瀕しており、飼育環境で見事に生育できる可能性がある、別の生物種を保護することに使われるべきではないか？」

その答えは明らかだと僕は思う。問題は、どうやってゾウを飼えばいいのかではない。ゾウは小さな屋外の囲いの中で飼われるべきではない。そもそも動物園にいるべきではないのだ。

デトロイト動物園の園長、ロン・ケイガンは、徐々にそのことに気づいた。ケイガンは動物園業界のなかでは珍しい存在だ。子どもの頃、彼は二つのことに夢中だった——モーターレースと動物だ。だが彼は、自動車レースのドライバーとしては成功しなかった。「馬鹿げた話だと言おうと思ったが、私の体験だからね。事実は事実だ」——彼は電話で僕にそう言った。

動物園で働き始めた最初の頃、ケイガンはゾウが問題行動を起こしているのを目にした。彼はケニアに行き、アンボセリ国立公園で雄ゾウに関する草分け的な実地研究を行ったジョイス・プールに会った。「彼女に尋ねたんだ。野生のゾウの問題を目にすることがあるか、脚や皮膚に問題が起きたり、問題行動があったりするか、とね。言い方は穏やかだったが、ジョイスはきっぱりとこう言ったよ——お馬鹿さんね、あるわけないでしょう。私はそれが聞きたかったんだ。なぜならその頃私は、動物園のゾウがさまざまな問題を抱えているのを見て悩んでいたし、動物園業界では誰一人その問題に触れようとしていなかったからね」。あるときなど、動物園に到着したゾウが、輸送コンテナから降ろされるときに「悲鳴を上げた」という。

ケイガンは基本的に、動物が何を求めているかについての動物園の理解は、ペットの飼い主や農作物を育てる農家に後れを取っていると考える。そして、彼が思うに、動物が求めているのは「行為者性」である——決定する自由があり、人間の近くにいたいか、屋内と屋外のどちらにいたいかといった、生活における重要な点を自分で決められるということだ。

「人間の男性と女性を牢屋に入れて、長い間彼らを健康に生かしておくことは可能だ。でもそれは、彼らが幸福であることを意味しない」

デトロイト動物園は、ゾウの囲いを大きくした。だがデトロイトの冬は寒さが厳しく、ゾウが氷で足を滑らせれば大怪我をする危険があるため、動物園としては思うようにゾウを屋外に放しておくことができなかった。二〇〇四年、ケイガンは、デトロイト動物園はもはや責任を持って二頭のゾウを飼い続けることができないと判断し、二頭をカリフォルニア州の保護区に送ると発表した。「ここでは適切な母系の群れを作ることができないし、我々に気候を変えることはできない（ただし気候変動は起きているが）。一〇平方マイルだか二〇、三〇平方マイルだか知らないが、そんな土地もない。ゾウを飼うのはどう考えても馬鹿げていた」と彼は回想した。だが、正式認可を受けたアメリカ国内の動物園にいるゾウを監督する権限を持つアメリカ動物園水族館協会はこれに反対し、ケイガンに、二頭のゾウをオハイオ州コロンバスにある動物園に送るよう要求した。そこにはデトロイト動物園より広いスペースがあるわけでもなく、気候が温暖なわけでも、やわらかい地面があるわけでもなく、ゾウはブルフック「ゾウ使いがゾウの取り扱いと訓練に使用するツール」を使って扱われる。ケイガンは要求を無視してゾウをカリフォルニアに送った。アメリカ動物園水族館協会はケイガンを三か月の停職処分にした。

以来、ゾウの展示をやめた動物園は他にもある。サンフランシスコ動物園、アラスカ動物園、ロンドン動物園などだ。だがそうした動物園はほとんどの場合、人間はゾウの世話の仕方を知らない、という本質的な理由を認めるのではなく、施設の都合によるものと説明している。ロンドン動物園はそのゾウを、姉妹施設であるウィップスネイド・サファリパークに移した。サファリパークはある面では動物園よりマシだ。たとえばチーターは、ロンドン動物園では子どもが生まれなかったがウィップスネイドでは生まれている――ライオンから遠いところにいられるからだ。だがこの二つには根本的な違いはない。ウィップスネイドでも、ゾウが歩き回れる土地は三

○エーカー、つまり○・一二平方キロメートルにすぎないのだ。

一方、ゾウを手放そうとしない動物園もある。ワルシャワ動物園では、ゾウたちのストレスを軽減させる試みとして、医療大麻であるCBD（カンナビジオール）を与えている。

動物園に向かない、という意味で、ゾウは特別なのだろうか、それとも他の動物もみなそうなのだろうか？ゾウの身体が大きいことと、社会的な動物であることは、たしかにゾウならではの問題を生む。哺乳動物のほとんどは、飼育された方が野生でいるよりも寿命が長い——捕食動物がいないというのも大きな理由だ。また、ライオンを含む多くの動物は動物園で繁殖しやすい。その一方で、何百年も前から人間に飼育されていても動物園では繁殖させられない動物も多い。アメリカの動物園では、一九七〇年から二〇一一年の間に、四分の三のチーターが子どもをつくらずに死んだ。チーターは絶滅危惧種だが、動物園はその個体数を増やすことができないのだ。

動物園には動物があまりにもぎっしり詰め込まれていて、よく見れば、何かがおかしいことに気づかないわけにはいかない。動物園の入場者がキリンやシカの走る姿を目にする可能性は低い。展示から展示へと、動物より人間の方がよっぽどよく動く。野生のオウムはだいたいいつも群れをなしているが、初期のロンドン動物園では、客によく見えるようにオウムは柱につながれていた。今はそんなことはないが、オウムたちは、生来の行動範囲よりもはるかに小さい飼鳥園の中で飼われている。野生のウミガメは三〇〇メートル以上も潜水するが、それを再現できる水族館はない。野生のホッキョクグマの行動範囲は広大で、動物園はその足元にも及ばない。

動物園に行ったことのある人ならおそらく、動物たちがどう考えてもおかしな行動をしているところを見たことがあると思う。壁を舐めるキリン。囲いの中を行ったり来たりするトラ。羽根を抜き続ける鳥。ゾウが身体を揺らすのと同じ常同行動だ。動物園に行く人が見たいのは、動物たちが、野生環境にいるときと同じ行動を取るところだ。でも、動物園には決して自然を真似ることはできない。動物園は動物を人為的なグループに分け、動物の餌の食べ方を根本的に変えてしまう。野生のキリンは、ある特定の集団を作るのではなくしょっちゅう集団を行き来するし、特定の時間に餌を与えられるわけではなくて一日中草を食べている。動物園は、与える餌も間違っていることが多い。パンダは竹しか食べないと誰もが思っているが、野生のパンダは他の物も食べるし、そのなかには他の動物が食べ残した肉も含まれている。竹だけしか食べないのは、彼らの生息地が失われたときだけで、竹は「元来は飢饉のときの食べ物」である——そう言うのは、動物園で死んだ動物の骨を調べ、どんな餌を与えられてきたかを理解しようとしているナオミ・サイクスである。捕食動物は、動物園では獲物を狩ることができない——とりわけ子どもにそういう場面を見せたくないからだ。「私たちは生きたヤギをライオンの囲いの中に放したりはしないけど、ライオンにとってはそれが一番なのよ」とサイクスは言う。だが大型の猫科動物は、せいぜい自分から食べ物に手を伸ばすことが許される程度だ。もちろん、移動性の動物は移動することができない。

さらに、人間の存在がある。たとえばアカカンガルーのように、入場者が増えるとより用心深くなる動物もいれば、オランウータンのように恥ずかしそうにする動物もいるし、ミーアキャットのように動じない動物もいる。動物園のほとんどの動物について、人間の存在がその幸福度にどう影響するのか、僕たちには皆目わからないのだ。

だが、新型コロナウイルスによるロックダウンによって、少なくとも希少な動物の一部は人間がいない方が幸せであることが示された。イギリスから中国への香港返還一〇周年を記念して中国政府から贈られた二頭のジャイアントパンダ、盈盈（インイン）と樂樂（ルールー）が香港海洋公園に到着したのは二〇〇七年。二頭の子パンダは、中国の有名な臥龍パンダ保護研究センターから贈られたもので、送別会、特別仕立ての檻、五人の世話係付き、と予想に違わぬ鳴り物入りでやって来た。「すぐに子どもをつくってくれることを願っています」——中国の民政事務局はそう言った。展示の初日、動物園には彼らを見に二万人を超える人が訪れた。

ところが二頭のパンダは、交尾にまったく関心を見せなかった。香港海洋公園の飼育員は、二頭が性的に成熟した後、一〇年にわたって交尾させようと努めた。それから二〇二〇年一月後半に、公園はコロナウイルス流行のため閉鎖された。数週間後、繁殖期の始まりに、二頭の行動に変化が起きた――雌のインインは水の中で長時間遊ぶようになり、一方雄のルールーはインインの匂いを求めるようになったのである。二頭は四月初旬に初めて交尾した。いったいぜんたい何が変化したのかはわからないが、何百人、何千人という赤の他人にじっと見つめられなくなったことが嬉しかったのだとしても驚くにはあたらないのではないだろうか？

動物学者のなかには、動物園の動物は野生の動物と同じように行動できる必要はないと言う人もいる。動物がものすごく遠くまで歩いたり飛んだりするのは、餌を見つけ、捕食者を避ける必要があるからにすぎない、一方動物園では動かなくてもそれができる、というのである。「それを聞くと私は嬉しくなるんだ。実に愉快だ――だってものすごく馬鹿げた理屈だからね」。意見を尋ねた僕にケイガンはそう言った。「ヘンリー、君に素敵な家をあげよう。君が好きな食べ物を五、六種類教えてくれたら、その五、六種類の絶品料理を毎日食べられるようにしてあげる。君は家にいればいい、歩き回る必要はないよ、食事は用意してあげるから――私がそう言ったらどう思うかい？　当然、誰だって気が変になるだろう」

デトロイト動物園は、ワシ、コンドル、フラミンゴなどの大型鳥類も移転させることにした。「ほとんどの鳥は空を飛ぶ」とケイガンが言う。「大型の鳥が飛べないとしたら、根本的に、その生活の大部分を奪っていることになる。私には彼らの言葉は理解できないから、あんたなんか大嫌いだ、と言ってるかどうかはわからないが、ものすごく不満なのはたしかだと思うよ」

ケイガンは、野生環境にいるよりも動物園にいる方が向いている動物もなかにはいると言う。「たとえば野生のペンギンは、あらゆる動物にいじめられてばかりいる――殺されなければの話だが。でもこの動物園のペンギンの生活は充実しているよ。この動物園の動物全部について同じことが言えればいいんだが、その自信はないよ」

デトロイト動物園は、そうした動物が死ぬまで過ごせる安らぎの場所であろうとしている。ゾウがいなくなってから、入場者数は年間一〇〇万人から一四〇万人に増えた。それでもケイガンは、自分のメッセージは他の動物園の共感を得られないでいると感じている。「私の取り組みが主流派であったらいいとは思うが、仕方がない」

イギリス生まれで、動物園の設計と運営にキャリアを捧げているデイヴィッド・ハンコックスは、シアトルのウッドランド・パーク動物園を運営していたとき、動物たちの生活を改善させようと試みた。霊長類のための新しい囲いを作り、生きた木や低木を植えて、動物たちが登ったりその間を探索できるようにしたのである。だがハンコックスはやがてそれが無意味であることを思い知った。「他の動物園は、私たちがしてきたことに追随する気がまったくないのは明らかだった。私が、メルボルン動物園のゴリラのためのコンセプトデザインを作るまで、もう一〇年以上、そんなことをしようとした者は誰もいなかったんだ」

動物園はゴリラの飼育環境にエンリッチメントを――つまり、彼らが触れたり使ったりできるものを――提供してはいるが、「それは人間が老人ホームで与えられるような類の物」である、と彼は言う。全般的に見れば、「一九六〇年代の動物たちの状況と現在の状況は何も変わっていない」のである。

飼われている動物は退屈ではないのだろうかと僕はよく思っていた。ゾウは、少なくとも一日のうち二〇時間、飼われている囲いの中ですることを見つけなければならない。人間の目には、飼われている環境は退屈に見えるが、僕たちには本当のところはわからない。ジョージア・メーソンと、共同研究者であるベッキー・メハーは、ミンクを、毛皮のためにミンクを飼う飼育場が使っているのに似た檻に入れる実験をした。檻は、水桶やゴム製の犬の玩具など、ミンクがいじることのできるものが入っているものと、何も入っていないものがあった。その後、別の玩具をミンクに与えると、空の檻に入っていたミンクの方がより大きく反応した。メーソンとメハーは、学者らしい慎重な言い方で、ミンクの見せた行動は「退屈という状態に合致している」と結論した。僕たちは、動物園に行って退屈したら帰ればいい。だが動物たちにはそれができないのだ。

動物園が動物の幸福度に関心を持つようになったのは、びっくりするほど最近のことだ。関心がない動物園もある。ある評判の良い動物園の園長は僕に、「状況が劣悪で、閉園させられるべき動物園はたくさんありますよ」と言った。動物園の世界では、ひどい動物園が存在することは誰もが認めるのだが、誰もその名前を挙げようとはしない――誰が見ても明らかな、最たるものは例外だが。フランス北東部にあるアムネビル動物園には白いベンガルトラが三頭いて、毎晩、数百人の観客の前で火炎ショーを披露する。それでもこの動物園は世界動物園水族館協会のメンバーだ。

最上級クラスの動物園でさえ、さまざまな妥協や未知の問題に頭を悩ませている。デトロイト動物園にはホッキョクグマが二頭いて、彼らが泳ぐところを入場客が下から眺められる通路がある。ロン・ケイガンは、飼育されることで恩恵を被《こうむ》っている動物の例としてペンギンを挙げたが、少なくともペンギンのうちの一種類――オーストラリアとニュージーランドが原産の小型のペンギン――は動物園の入場客を不快に感じていることを示す研究がある。二十数種いるペンギンのすべてが、それに合わせて進化した自然環境の中よりも動物園の中にいる方が幸福であると言えるエビデンスは存在しない。見物客がいるのが好きだと飼育員が言う動物もいるが、それはもしかすると、見物客でもいなければ、彼らの飼育環境があまりにも退屈だからなのかもしれない。

僕たちにできる最低限のことは、種を保存する火急の必要性がない限りは動物を動物園で飼うのをやめることだ。だがちょっと待ってくれ――そもそも、動物園にいるすべての動物は、種の保存に貢献しているのではなかったのか?

種の保全に果たす役割

動物園の飼育員と話をすると、動物園の正当化の仕方には三通りあった。一つ目:我々は野生の生き物について人々を教育しているのだ。二つ目：我々は、園内での繁殖プログラムと園外の動物保護プロジェクトの資金集めを通して動物種を保全しているのだ。そして三つ目はちょっと曖昧だ――もはや動物園が存在しないわけにはいかない、動物園がなくなったら、我々が蒐集した数十万の動物たちはどうすればいい？

つまり、彼らはある意味、一部の動物の犠牲が他の動物のためになっている、と主張しているのである。一〇〇年前、生物種が今ほど絶滅の危機に瀕しておらず、動物園もそれほどたくさんなかった時代なら、動物園の存在は正当化できなかったかもしれない。だが今、その理屈でいけば動物園は必要である。もしかしたら人間はそもそも動物の蒐集と飼育を始めるべきではなかったのかもしれないが、今ではそれを止めることができない、というわけだ。

自己正当化の一つ目、教育については、検証するのが難しい。動物園の入場者は、動物について何かを学びはするが、学ぶことは多くない。これまでに行われた最大のアンケート調査は五六六一人の動物園入場者を対象にしたもので、生物多様性に関する質問票に、入場時と退場時に答えてもらった。論文の著者らはこの調査を、動物園が教育に果たす役割の重要さを示す「これまでで最も説得力のあるエビデンス」と呼んでいる。だが実際の調査結果は実は大したことがない。一人ひとりが生物多様性を維持するためにできることについて、ある程度理解していた入場者の割合は、入場時には五一パーセント、退場時には五九パーセントだったのである。よくできたドキュメンタリー番組だって、これと同じかそれ以上の教育効果はあるはずだ。トラやサイの外見を教えるためなら動物園は要らない――ぬいぐるみやテレビで十分だ。

動物を近くで見ることが裏目に出ないとも限らない。ある調査では、自然環境を背景にチンパンジーの写真を見せ、チンパンジーは絶滅危惧種だと思うか、と尋ねた。別のグループにも同じチンパンジーの写真を見せたが、今度はチンパンジーの隣には人間がいた。すると、後者のグループのなかでチンパンジーを絶滅危惧種だと答える人の割合は前者の三分の二だったのである。

これは直感的に納得できる——その動物が身近な存在に見えれば見えるほど、それが地上から姿を消しつつあるということが信憑性を失うのだ。たとえばキリン。キリンは動物園で最も目立つ動物だ。ロンドン動物園など、キリンの囲いは道路からでも見えるところにあり、いわば通りすがりの人が入園料を払ってでも入りたいかどうかを決めるための無料サンプルの役割を果たしている。その結果、キリンは安泰で、絶滅の危機などないかのように見える。一九九〇年代初頭にロンドン動物園の財政が困難になり飼育動物を減らさなければならなかったとき、デイビッド・アッテンボローはこう言った——「キリンのいないロンドン動物園など誰が想像できるだろうか?」。そのとおりだ。キリンのいない動物園など想像できない。ということは、キリンのいない世界など想像できないということだ。一九八五年以降、野生のキリンの数が四〇パーセント以上減り、キリンの亜種の一部は今や絶滅の危機に瀕しているという事実が非常に意外に感じられるのは、おそらくこれが理由である。

動物園を正当化する二つ目の言い訳として動物種の保全を挙げるのが問題であることはすぐにわかる。動物を自然の環境に放したいなら、通常は、飼育して繁殖させるよりも、どこか別の自然環境から移動させた方がいいのである。一九九三年、ナミビア政府は、絶滅寸前のクロサイを救いたかった。ナミビアの動物園にはクロサイはいなかったので、国立公園から一一頭のクロサイが放牧場に移された。現在では、推定五六〇頭のクロサイが私有地にいる(法的にはナミビア政府がそれらの所有者だが、土地の所有者は、クロサイ狩りの権利を売って金儲けをしている)。

動物園が動物を絶滅から救ったという明確な例もいくつか存在する。たとえば、レイヨウの一種であるアラビア・オリックスは、主に狩猟が原因で一九七二年までには野生の個体は絶滅していた。ところが、自然保護活動家たちは少数のアラビア・オリックスを捕獲して、アラビア半島に気候が似ているために選ばれたアリゾナ州のフェニックス動物園を皮切りに、いくつかの動物園に送っていた。そしてこれらの動物園はオリックスを繁殖させ、ヨルダンやオマーンなどの国々にオリックスを放ったのである。アメリカを原産とする唯一のイタチ、クロアシイタチは、絶滅したと思われていたが、一九八一年に若い雄がワイオミング州で発見された。探すと他の個体も見つかり、クロアシイタチは繁殖されて、ワシントンDCの国立動物園に送られた。国立動物園はこれらの動物を訓練して、アメリカのプレーリー地帯、メキシコ、そしてカナダで自然に帰している。また、後の章で詳しく紹介するカリフォルニアコンドルもその一例だ。だがこういう成功例は多くはない。一方、絶滅危惧種は数万に及ぶ。動物園での繁殖に成功して再び野生に導入された動物は、いったいそのうちの何種なのだろう？　ある研究者グループは、カリフォルニアコンドルとモンゴルのモウコノウマを含め、全部で一七種だと言う。別のグループは、そのうちの三種については動物園が関与していたかどうかは疑わしいとする。ダミアン・アスピノールが動物園の実績を疑うのも無理はないのだ。

動物園にとって、動物を飼育下で繁殖させることは主目的ではない。世界中の動物園と野生動物保護センターには、およそ二万五〇〇〇種類の脊椎動物がいる（これには亜種と亜品種が含まれるので、やや多めに推定されている）が、そのうち、管理された繁殖プログラムの下にあるのは七〇〇種強にすぎない。動物園にいるあらゆる脊椎動物種、亜種、品種のなかで、絶滅の危機に瀕している、またはそれに近い状況にあるのは七分の一で、動物を野生に再導入する取り組みのほとんどは動物園によるものではない――そうした取り組みは、別の自然環境から、あるいは野生動物の研究センターや保護機関から野生動物を連れて来るのである。

動物種保全という意味で動物園が最も貢献したのは両生類だが、それにもマイナスの面がある。一九九〇年代の後半、生物学者たちは、ある種のカエルの個体数が壊滅状態にあることに気づいた。今では、その原因が、両生類の皮膚に影響を与えるツボかびであることがわかっている。二〇世紀の初めに東アジアで発生し、おそらくはペットとしてのカエルの売買や医学研究のせいで世界中に広がったツボかびは、野生生物に歴史上最も大きな被害を与えた病気の一つで、ほとんど世界中あらゆるところでカエル、ヒキガエル、サンショウウオが被害に遭った。アメリカの動物園は、両生類の輸入を制限することに反対するロビー活動を行うことで、ツボかびの拡散を助長させた可能性がある。アメリカの動物園はまた、たとえば予備の個体群を育てておくといった、病気に罹った両生類を救うための努力を何もしなかった。

僕は、動物園には少なくとも保険の役割があると思っていた――動物をたくさん飼っておいて、いつか必要になったら繁殖させて自然に放すことができるように。二〇一一年の時点では、動物園にいる哺乳類、鳥類、両生類、爬虫類の四分の三については絶滅の危機はなかった。ミーアキャットやアカカンガルーやヒグマは、保存優先度が最も低い動物だ。これらの動物は、本来なら絶滅が危惧される動物たちのために使われるべきスペースを占領しているのである。両生類は小さいし、飼育環境でうまく繁殖するし、両生類の約四〇パーセントの種は絶滅の危機に瀕している。だが、二〇一一年の時点で、存在がわかっている両生類のうち動物園にいるのは二〇種に一種だった――それに対し哺乳類と鳥類については、四種に一種が動物園にいたのである。費用に対して最も保護の効果が高いのは、無脊椎動物、両生類、コウモリなど、小型で繁殖に時間がかからない動物だ――だが動物園がこうした動物の飼育に力を入れている様子はない。

絶滅危惧種を飼育している動物園や水族館でも、普通は飼育されている個体数は五〇匹に満たない。五〇というのは種の繁殖にとって重要な閾値とされている。現存するカリフォルニアコンドルは三〇羽以下の個体から繁殖させたものだが、他の動物の場合、遺伝的多様性を維持するためにはもっとずっと多くの個体が必要だ。たとえ動物園に絶滅危惧種の個体が五〇匹以上いる場合でも、それらは通常、複数の動物園に分散されており、そうした動物園は共同で繁殖させるのが現実的でないほど離れていることもある。二〇一一年にはある研究チームが、「動物園で飼育されている動物のほとんどについては、種の保全に貢献するに足る個体数、増殖率、遺伝的多様性、予測される長期生存率が確保されるように管理されていない」という結論に達している。言い換えれば、保険は穴だらけなのだ。

動物たちは、動物園に長くいればいるほど野生に戻すのが難しくなる。また、動物園にいることで動物が半家畜化してしまう危険性もある。動物園は、その動物の本来の生息環境が求める性質よりも、おとなしいという理由で個体を選ぶ傾向にある。野生に生まれたフクロギツネを別の場所に移転させるという、オーストラリアで行われた実験の結果が参考になるだろう——移転後の生存率が最も高いのは、人間に抱かれることを一番怖がった個体だったのである。動物は、捕らわれの身でいることによって、野生環境で生きるのに必要なスキルを失いかねないのだ。飼育される狩猟鳥は、捕食者から彼らを護る行動の一部を失ってしまう。

　動物園は、動物園の中でも外でも動物種保全のために資金を投じている。二〇〇八年には、世界動物園水族館協会の会員であるおよそ三〇〇の動物園と水族館が、総額三億五〇〇〇万ドルを種の保全のために使ったと報告している。その大部分がどのように使われたかは明らかではない。この総額は、自然保護慈善団体のなかでも最高レベルであり、ザ・ネイチャー・コンサーバンシーよりは少ないが世界自然保護基金よりも多い。とは言えこれは、アメリカの動物園の収入の二〜三パーセントにすぎない。動物園のなかには一切資金提供を行わないところもある。良心的な動物園でも、収入のほとんどは動物の展示のために使わなければならない。ロンドン動物園とウィップスネイド・サファリパークの持ち主であるロンドン動物学協会は、二〇一八年から二〇一九年にかけて、飼育している動物の管理に約三八〇〇万ポンドを投じている。入場料と会費からの収入は三六〇〇万ポンドにすぎなかった。ロンドン動物学協会は約二〇〇〇万ポンドを科学的研究と自然保護に使っているが、したがってその多くは、動物園そのものではなく寄付や政府からの補助金で賄われているのだ。捕らわれの身の動物を人々に見せる、というのは、金を調達する方法としては効率が悪いようである。慈善団体の多くは、寄付金集めに使う一ポンドにつき五ポンド集め、それがさまざまなプロジェクトに使われる。

　実は、一九九〇年代にロンドン動物園が経営難に陥ったのは、公的助成金に頼っていたからだった。助成金がなくなると、飼っている動物の一部を殺さなければならないだろうとさえ噂された。新型コロナウイルスの流行はこのときのことを彷彿とさせる。ドイツのノイミュンスター動物園は、もしも財政が本当に厳しくなれば、一部の動物を他の動物の餌にし、鮮魚を必要とするアザラシは安楽死させる計画であることを認めた。動物園の財政は不安定で、自然保護にとっては信頼できる金づるではないのである。

二〇一九年、僕は、ロンドン動物学協会が野生動物の不法売買に立ち向かうために果たしている役割についての記事を『フィナンシャル・タイムズ』紙に寄稿するため、モンゴルに取材に出かけた。モンゴルはロシアと中国に挟まれており、かつてはソビエト連邦時代のロシアに動物の毛皮を売っていたが、現在は動物の身体を薬や装飾品にするために中国に売っている。僕たちは、町なかの市場でソウゲンワシの死体が売られているのを見た。動物園が国境の税関職員と探知犬に野生動物を検知する方法を教えていることも聞いた。数か月前には、一匹の探知犬が、中国に向かうモンゴル人男性の腹に、殺したばかりのシカの尾四つがポリエチレンラップで巻きつけられているのを発見した。男性の同行者は、靴下の中にクマの歯を三つ隠していた。別の探知犬は、列車でモンゴルに送られようとする四万九〇〇〇発の銃弾を発見した――これが不法な狩猟のためのものであったことはほぼ間違いない。これは立派な仕事だが、そのために、檻に入った動物たちの遊園地が世界の反対側にある必要はない。

動物園を悪く言うのは心苦しい。動物園には優しくて親切な飼育員がたくさんいるし、善意の塊だ。また畜産場に比べれば、動物園が個々の動物に与える害は微々たるものである。だが動物園は、自分たちは高潔な存在で、重要な目的を担っていると主張する。だから僕たちは、その点に照らして動物園を採点しなければならない。

最悪の動物園というのは、ほとんど何の管理もされていない、いわば現代版見世物小屋だ。ネットフリックスの『タイガーキング』の舞台となった、オクラホマ州にあるGW動物園は、動物保護（や、その他いろいろ）の観点から言って最悪である。創業者である「ジョー・エキゾチック」ことジョセフ・マルドナド＝パッセージの指揮の下、この動物園では、入場者はトラの子どもを抱くことが許されていた。トラは小さな檻に入れられ、入場者から隠れることができない。トラの子どもは母親から引き離されて、どこへとも知れずに送られた。抱き上げるのには大きすぎる子トラは、撃ち殺されて埋められた、という噂もある。

この番組を見た人なら、ジョー・エキゾチックや、同じような動物園を運営する彼の仲間が、きちんとした評判の良い動物園の園長たちと同じ言い訳をしていることに気づくだろう。教育。トラの保全（動物の蒐集家から転身した動物園長の一人は、「野生のトラはもはや存在しない」と言った）。彼らは、トラ愛好家であるキャロル・バスキン――ジョー・エキゾチックと彼女の争いが番組の目玉なわけだが――が運営する保護区ではトラがもっとひどい状態に置かれていると訴える。最高の設計が施されたしっかりした動物園と、動物を飼育しつつ動物と触れ合いたいという入場者の願望を満足させるというジョー・エキゾチックの欲望は無関係ではない。もしもあなたが、珍しい動物を閉じ込めて飼育するのは良いことだと大声で言えば、それを少々歪めて解釈する人もいるだろう。ウシやヒツジと遊べるふれあい動物園が許されるならば、どうして他の動物とも同じことができないのかと考える人もいるはずだ。良い動物園も悪い動物園も、結局は同じシステムの一部である。僕たちはこのシステムそのものを変えなければならないのだ。

ジョー・エキゾチック自身は、捕らわれの身になるという経験を自ら味わうと、さらに極端な結論に達した。二〇二〇年、殺し屋を雇ってバスキンを殺そうとした廉《かど》で、彼は二二年の実刑判決を受けたのである。「檻の中の生活がどんなものかを二二年前に知っていたら、俺は決して動物園を作らなかった」――刑務所の中から、マリアナ・ヴァン・ゼラーというジャーナリストに彼はそう語っている。「トラだろうがアレチネズミだろうが関係ない。動物は檻に入れるもんじゃない」

動物の人権

教会では大声で言わない方がいいが、ノアは素人だった。彼の方舟に、八〇〇万種の動物のすべてを乗せることなど無理に決まっていた（仮に、娘たちの絵本の方舟には必ず乗っているホッキョクグマを迎えに行く時間がノアにあったとしてもだ）。それに、各動物がたった二体の個体しかいないのに、種として持続可能な群れを繁殖させることは不可能だ（この問題はアダムとイブにも言えることである）。さらに、洪水が終わったことを祝うために一部の動物を食べたり、神が人間は「動いている命あるものはすべて」食べてよいとし、人間に「産めよ、増えよ、地に満ちよ」、と言ったものだから、自然保護主義者としてのノアの評判にはちょっと傷がついてしまった。

だが、ノアの視点から見れば、素人なのは僕たちの方だ。彼は一年そこそこ舟の上で過ごした後、動物たちを自由にしてやった。動物園もノアと同様の、一つのことに的を絞ったやり方をすべきなのだ。そうすれば、何のためにそうしているのかをきちんと定義もせずに動物を溜め込むこともなくなるだろう。

ときに「保全生物学の父」とも呼ばれるカリフォルニアの教授、マイケル・ソーレは、一九八六年に「人口動態の冬」という概念を考案した。人口は今後数百年増え続け、それが熱帯樹林を破壊し、二〇〇〇種類の大型陸生哺乳類の絶滅につながる可能性があるというのである。人口が減るまで、こうした哺乳動物を飼育し続けるのは動物園の仕事だと彼は言う。だがこれには落とし穴がある――「人口動態の冬」は、五〇〇〇年から一〇〇〇年続くのである。人口統計学者は現在、人口は今世紀のある時点で横ばいになると考えているが、熱帯樹林や多くの生物種が直面している危機は、とりわけ気候変動の影響で、ソーレの言葉と同様の現実性を帯びている。ソーレは動物園というものを過信している。動物園には、昔も今も、遺伝的多様性を備えた生物種を一〇〇〇年にもわたって飼い続ける能力などない――ゾウの群れを数十年維持することさえできないのに。動物園は苦境に立っている――種の保存に必要のない動物を抱えて立ち往生しているのだ。

つまりノアの方舟は、比喩としてさえ現在の動物園にはそぐわない。動物園は何十年も前から動物を檻に閉じ込め、二〇〇年近くにわたってさまざまな生物種を飼育してきた。彼らを野に放つ見通しは少ない。現在の動物園は、その前身である動物の見世物小屋が奇妙な形で姿を変えたものだ。観る者を教育し、楽しませ、科学者に情報を提供し、動物を繁殖させ、ビジネスとしても成立させ——と、あまりにもいろいろなことをしようとしすぎたのだ。そして、動物のためになることはほとんど何も達成していない。

掛け声一つで動物園をなくせるわけではない。Species360によれば、現在、世界中の動物園、水族館その他の施設には、一七〇万羽の鳥、一四〇万匹の哺乳動物、四六万匹の両生類、そして一五万五〇〇〇匹の爬虫類がいる（この他に、客寄せ用の小型動物園にどれくらいの動物がいるかは誰にもわからない）。こうした動物の多くは、今より良い生活環境を与えられて当然だ。

なかには保護区に新しい棲みかを見つけてやらなければならない動物もいる。たとえば、ブロンクス動物園には今、皮肉にも「ハッピー」と名づけられたアジアゾウが一頭だけ飼育されている。彼女は一九七〇年代にタイからアメリカにやって来た。一緒に来た六頭の若いゾウのうちの二頭は結局サーカスで使われることとなった。アメリカに来て間もないうちは、ゾウたちは入場者を背中に乗せたものだった。囲いは一・二エーカー、小さめのサッカー場くらいの大きさしかなかった。野生のアフリカゾウが摂氏一五度以下の気温を経験することはめったにない。ところがブロンクス動物園の冬は、零度以下になることがしょっちゅうだ。二〇〇六年にもう一頭の雌ゾウ、サミーが安楽死させられてから、ハッピーにはゾウの仲間はいない。

二〇〇五年、ハッピーは、鏡の中の自分を認識する初めてのゾウとなった。ハッピーの顔の横側に白ペンキで十字を描く。次に全身が映る鏡に近づいたハッピーは、繰り返し自分の頭の十字を触ったのである。これは、人間以外のほとんどの動物にはない高度な自己認識力を示している。間もなく五〇歳になろうとしているハッピーは、動物園で飼われたほとんどのゾウより長生きである。だが、動画には異常な行動が写っている——鼻を左右に振ったり、脚を一本か二本、地面から離して立ったりするのである。病気のある脚に体重がかからないようにしているのかもしれない。

ノンヒューマン・ライツ・プロジェクトという名の活動団体は、ハッピーをテネシー州のザ・エレファント・サンクチュアリーに送るよう強く求めている。この団体は、ゾウには人権が与えられて然るべきだと主張している――なぜなら、ほとんどの人間と同様に、ハッピーは選択の自由を行使できるからだ。動物園は何ら法律に違反してはいないが、法律そのものが間違っている、と彼らは言う。ゾウの専門家であるシンシア・モスとジョイス・プールもこれを支持し、プールは、もっと広い保護区に移せばハッピーの行動は正常に近づくだろうと言う。「我々は、社会的正義を求める運動を始めようとしているんです」――そう言うのは、元ハーバード大学法学科教授でノンヒューマン・ライツ・プロジェクトの創始者でもある、エネルギッシュなスティーブン・ワイズだ。彼がその論拠とする歴史上の事実は明快だ。彼のオフィスには、奴隷制度とその廃止に関する本が一四七冊あり、マーティン・ルーサー・キング・ジュニア牧師の「倫理に適った世界が描く円弧は長いが、それは正義の方向に曲がっている」という言葉を好んで引用する。一方、動物の世界の円弧は曲がる気配がない。ブロンクス動物園は、ハッピーは適切に世話をされているし、保護区までの移動に耐えられない可能性があると主張する。他のゾウとは仲が悪いが、飼育係とは長年にわたる関係がある、とも言う。ノンヒューマン・ライツ・プロジェクトは、ハッピーに問題があるという主張を否定する。これまで彼女と一緒に飼われていたことのあるゾウは四頭しかいないし、そのうちの二頭とはハッピーは仲が良かったのだ。

問題はハッピー自身にあるのであって周囲の環境ではないという主張は、ブロンクス動物園で「問題のある」ゾウはハッピーが初めてなのだとしたらもっと説得力があるだろう。だがそうではないのだ。一九〇〇年代初頭、グンダという名の雄ゾウがインドからここにやって来た。グンダは最初のうちはおとなしく、子どもたちを背中に乗せていた。ところが数年後、飼育員によればグンダは凶暴化した。彼は鎖につながれ、入場者は彼の扱われ方を嘆き、もっと大きな囲いに入れてはどうかと言った。それに対してブロンクス動物園は、グンダがまるで反抗的な囚人であるかのような言い草だった。「あとはグンダ次第：グンダの鎖は、彼が安全になればすぐに外されるだろう」——一九一四年、『ニューヨーク・タイムズ』紙は、ブロンクス動物園の管理者の言葉を引用してそんな見出しの記事を掲載した。グンダの運は尽き、それから一年と経たないうちに彼は射殺された——飼育員を襲ったからだとのことだったが、いずれにしろ彼は展示動物としては用無しになっていたのだ。「殺してやるのが親切だったんだよ」と、ブロンクス動物園の園長であり、同時に熱心な剝製師でもあったウィリアム・ホーナデイは言った。ハッピーを見れば、その頃から状況はずいぶん変化したように思える。

ニューヨークの裁判官は、ハッピーに関するノンヒューマン・ライツ・プロジェクトの主張の根底にあるものに共感を示し、現行の法律が世界を「人間」と「物」に二分化していることに疑問を投げかけた。「当法廷は、ハッピーが単なる物質、あるいは所有物でないということに同意する。ハッピーは知性を持ち自立した存在であって、敬意と尊厳を持って扱われて然るべきであり、自由を与えられる権利がある」——二〇二〇年、アリソン・トゥイット判事はそう書いている。だが彼女は、先の判例に従い、動物は法的義務を負うことができないので人権は認められないという判決を下した。同じ判例には、法律を変えるのは政治家であって裁判官ではないとも書かれていた。農家、動物園、水族館を代表するロビー団体は、ノンヒューマン・ライツ・プロジェクトが裁判に勝てば、畜産場、動物園、そして家庭内で飼われている「事実上すべての動物」が解放される可能性があると警告した。裁判はまだ続いている。一方、ノンヒューマン・ライツ・プロジェクトの「クライアント」にはハッピーの他にもチンパンジーがいるし、近い将来オルカも加わるかもしれない。裁判で動物が自由を勝ち取れなかった場合、運動家らは、この件をカリフォルニア州の住民投票に託す可能性もある。

僕たちの民主主義社会には、動物に声を与える方法が他にもある。オンタリオ州キングストンにあるクイーンズ大学の哲学研究者スー・ドナルドソンとウィル・キムリッカは、家畜化された動物は「共同市民」として扱うべきだと主張する——彼らは社会の一員であり、民主主義というのは、社会の構成員は規則がどのように作られるかについての発言権を持つべきであるという原則の上に成り立っているのだから。家畜化された動物は、投票はできないが、だからこそ国は行政監察官を用意して彼らの利害に気を配る、あるいは彼らを代弁する人間のために国会に議席を確保すべきだというのである。本当に目指すべきは、人間は特定のやり方で動物を使うことができるという大前提を覆すことだ、とドナルドソンとキムリッカは言う。二人は、人間とどのような相互関係を持つかを家畜自身が選択できるようにしたいのであり、動物保護区は、より公正な未来に向けた実験の場となり得ると考えている。

だが、たとえすべての動物園がゾウを保護区に移すことに同意したとしても、その費用は莫大だ。デトロイト動物園とアラスカ動物園はゾウの展示をやめて、飼っていたゾウをパフォーミング・アニマル・ウェルフェア・ソサエティに送ったが、彼らによれば、一頭のゾウの世話をするためには年間七万ドルが必要である。ハッピーを引き取ることに同意したテネシー州のザ・エレファント・サンクチュアリーではもっと費用がかかる——そこでは、動物園にいたゾウや芸をさせられていたゾウを五つ星の待遇で迎えるのだ。見物客の入場は許されないが、短い動画で、一一平方キロメートル（ハッピーが今暮らしている場所の二〇〇〇倍以上の広さ）に及ぶ森、湖、草原を動き回るゾウたちを見ることができる。現在アメリカの動物園にいる二五〇頭近いゾウに保護区のような待遇を与えたければ、その運営費は、パフォーミング・アニマル・ウェルフェア・ソサエティの計算では年間およそ一七〇〇万ドル、ザ・エレファント・サンクチュアリーの数字を使えば八五〇〇万ドルになる。そしてゾウは七〇年以上生きることもある。ヨーロッパにはゾウの保護区は一つもない。

同時に動物園は、入場者の教育のためという曖昧で検証しようのないお約束の陰に隠れるのをやめるべきだ。動物園はまず、飼っている動物をきちんと扱うことを約束すべきなのだ——それが入場者にとっても何よりの教育になるのだから。オランダのアーペンハウル・パークは、霊長類を入場者とともに自由に歩かせる。ゴリラはそれ以外の霊長類から離さなくてはならないが、彼らを隔てるのは壁や檻ではなく、水を溜めた堀である。冬になればパークは六か月間閉鎖される。ここは僕たちが知っている動物園とは似ても似つかない。個々の動物を大切にすれば自ずとそうなるのだ。こういう動物園なら動物愛テストに合格だ。

生物学者ジョージア・メーソンは言う――「やり直せるとしたら、（動物園で）飼う動物の種類はもっと少なくするわ。すごく賢いトリアージ［重傷度や治療緊急度に応じた『傷病者の振り分け』を意味するフランス語］に基づいて、保護してやらなくても大丈夫な動物、保護が必要だけど動物園には合わない動物、保護が必要で動物園がそのために向いている動物を判断するの」

未来の動物園は、絶滅の危機に瀕しており、飼育環境で繁殖しやすく、また、土地が確保されていて密猟者が排除されているため野生に戻せる可能性がある程度見込める、少数の動物種だけを飼育することになるだろう。パンダを世界中に送るのは、中国政府のイメージ向上には役立ったが、パンダの繁殖に最適な環境は提供しなかった。

現在デトロイト動物園にいる動物は「わずか」二〇〇〇匹である。「一万匹の動物を見る必要があるかい？そんなのは馬鹿げているよ」と同動物園園長のケイガンは言う。「見世物小屋じゃないんだから」。しかも動物は容易には見られない。「ゴリラを見るのに五分も一〇分もかかることもあるよ、何エーカーもある施設の中を歩き回らなければならないからね。そのことにすごく腹を立てる人たちがいる――わかってくれる人もいるがね。そういう人には、他のやり方もありますよ、と言うんだ――一五〇〇ドル払って二週間ルワンダに行き、何千か所も蚊に刺されながら山に登れば、三〇分くらいゴリラを見られますよ、とね。私はこれをマクドナルド効果と呼んでいる――みんな、何でもすぐに見られることに慣れてしまっていて、見れば満足する。これを見なきゃ、と言って、見たらすぐ次に行く。そんなのは意味のある経験とは言えない。まるでスーパーマーケットだ。大した価値はない」

だがケイガンは、動物園は人々の期待を変えられると言う。「一般の人たちの大部分は、ちゃんと説明してやれば、ああそうか、知らなかった、そういうことならわかった、やり方を変えよう、と言うよ。全員一致というわけにはいかないだろうが、一般の人たちを信じるべきだ」。こう考えてはどうだろう――動物園に足を運んだ人がそのことに納得できないなら、動物園がもっと広い意味で大衆を教育できるわけがないではないか、と。

人間による支配の限界

動物園には行くまいという僕の決意はサンフランシスコで崩れ去った。

僕たちが動物園に着いた日は曇り空で、平日だったのでほとんどの子どもたちは学校にいた。角を削り取られたサイが、大きな青いボールを頭で転がしていた。異様に興奮したクズリが八の字を描いて走り回っている。もうすぐペンギンの給餌の時間だ。入場者が少ないと、コンクリートに覆われたところがいかに多いかに気がつく。家族連れや乳母車のための歩道は広い。入場者を自然に近づけるのが自慢の場所にしては不気味なほどに人工的だ。

自然のなかでこれらの動物を見つけたのだったら、僕は喜んで何時間でもそこに座って眺めただろう。だがここは動物園で、いろんな物に囲まれている。僕はなんだか立ち止まってはいけない気がした。エリザとクレオ、それに僕は、ニシローランドゴリラの囲いへと歩いていった。そこには五、六頭のゴリラが、互いに一〇メートルくらい離れておとなしく座っていた。ニシローランドゴリラの飼育はうまくいった例ばかりではない。僕は、自分の毛を抜いてしまうゴリラがいたというのを読んだことがある――野生のゴリラは決してしない行動だ。プロザック［抗うつ剤の名称］を処方されたゴリラもいる。僕たちの目の前にいるこのゴリラたちは幸せだろうか、それとも惨めなのだろうか？　二〇一六年には、シンシナティ動物園で、ハランベという名のニシローランドゴリラが、囲いの中に入った四歳の男の子を掴んだ後に射殺された。

サンフランシスコではそんな悲劇が起こるとは思えなかった。若い雄のゴリラが、金属製の蛇口に口をつけて水を飲み、それから左足を摑んだまま背中から転がった。成熟した雄ゴリラがラグマットを引っ搔いている。囲いの中はなかなか快適そうだったが、妙に周りにそぐわない感じがした。動物園の職員が、ゴリラの生息地が消えつつあること、その一因は金属採掘であることを懸命に説明していた。「もしも古い携帯電話を持っていたら、リサイクルすると環境保護に役立ちますね。この動物園でも古い携帯のバッテリーをリサイクルしているはずです」

「他の動物が見たい」とエリザが、最初はおずおずと、それからきっぱりと言った。展示標識には、若いゴリラは「人間の子どもと同じように」癇癪を起こす、と書いてあった。僕は、娘はどこに行きたいかを僕に言うことができるが、ゴリラにはそれができないのだ、とはたと思った。子どもの頃の僕には、動物園に行くのは何よりも楽しいお出かけだった。でも今僕は、あれは幻想だったのだと思う——動物たちは騒音だらけの小さな囲いの中での暮らしに向いているし、動物はたくさんいてすぐに手に入る、と思っていたのは。

動物園は変わりたがらない。その一因は、客足が遠のくのが心配だからだ。「動物園がしていることは、一八二八年から変わっていませんよ。大きくて、珍しくて、危険で、彼らの言うところの『カリスマ性のある巨型動物』を捕まえるんです」——建築家で、以前は動物園をデザインしていたデイヴィッド・ハンコックスは言う。カリスマ性のある巨型動物という言葉が最初に使われたのは一九八〇年代で、トラ、パンダ、サイその他、大人なら誰でも名前を挙げられる動物のことを指し、こういう動物が動物保護全般に対する支持を集められれば、という願いが込められていた。ところが、ロンドン動物園で行われたある調査によれば、動物園にいる動物の人気を決める大きな要素は、動物園の入口とその動物の囲いが近いことだった。

動物園の動物の扱いを改善するのは入場者たちである、とハンコックスは言う。「動物園が変わろうとしないのなら、一般大衆が変えてやるんです」。一般大衆が動物のサーカスに飽き飽きしているのは確かだ。うんざりし始めているのである。P・T・バーナムのサーカスの後継者の一つであるリングリング・ブラザースは二〇一七年に廃業した。二〇二〇年にイギリスで野生動物のサーカスが禁じられる直前には、許可された動物は三〇頭に満たなかった。動物保護活動家たちがサーカスを激しく攻撃したためだ。だが彼らは、リングリング・ブラザースを相手取った訴訟には敗訴した。またイギリスでは国会議員が、ある動物がサーカスには向かないという科学的エビデンスはないと指摘している。だがそんなことはどうでもよかった――人々は科学的な証明など待つ気はなかったのだ。サーカスはもはや楽しいものではなくなっていた。いずれは、今のような形の動物園もまた楽しくなくなるかもしれない。家畜を食べる必要がなくなったと同様に、珍しい動物を娯楽に用いる必要もなくなったのである。素晴らしいドキュメンタリー番組が、動物が自由に、自然に行動するところを見せてくれる。ドイツのあるサーカスは、生きた動物の代わりにホログラムを使うようになった。

サンフランシスコからイギリスに戻ると、僕は娘たちを水族館に連れて行った。そこには種の保全のために必要な生物はほとんどおらず、ヒトデに触るとプラスチック製のバッジをもらえる。最後から二番目の展示室には、一〇代の少女が人魚の格好をして床に座っていた。何よりも絶滅の危機に瀕しているのはこの水族館のビジネスモデルかもしれない。

愛するためには、しっかりと見てゆっくり考える必要がある。だが動物園のおかげで僕たちは性急になり、動物を僕たちの好きなときに見られるのが当たり前になってしまった。ゾウのハッピーと鏡の実験の他、動物園で先駆的な研究を行ったフランス・ドゥ・ヴァールは、動物園の囲いの中の動物を見る大人は、「一日中でも見ていられるわ」と言った後、すぐに次の展示に移っていく、と僕に冗談を言ったことがある。中国南西部の福州では、カンガルーが、彼を動かそうとして入場者が投げた石によって死んでしまった。動物園は、人々が座ってのんびりしやすいようにデザインされなければならないはずだが、とは言え動物園にできることには限界がある。

自然がもたらす本当の喜びとは、個々の動物を見世物にして眺めることではない。それは、動物が自分で意思決定し、他の動物と触れ合い、さまざまな生き物が自然界を形作ることだ。生態学的な過程の壮大さや、僕たちがちっぽけな存在であることを感じられることこそが、自然の喜びなのである。動物園ではそれは得られない。コペンハーゲン動物園が二〇一四年にキリンのマリアスを殺処分することを決めたときに人々が激高した理由も、それである程度説明できる。自然に生きている環境から動物を排除する動物園は、僕たちを混乱させるのだ。

動物園はかつて、動物の監獄だった。残酷で、居心地の悪い場所だったのである。僕もデイヴィッド・ハンコックスに同意するが、昨今の動物園はどちらかというと、絶え間のない苛立ちに満ちた介護施設に近い。そこには根本的な事実がある――人間というものは、僕たちが思っているほど賢くないということだ。僕たちは、世界の果てまで行って動物を捕まえ、地球を半周して連れ戻り、生かしておくことはできる。だが僕たちには、自然の生育環境と社会力学を再現することはできないのだ。帝国主義時代においては、動物園は動物に対する人間の支配力の大きさを象徴していた。だが今、動物園はその力の限界を象徴しているのである。

アスピノールは、子どもを動物園に連れて行くなと言うが、僕は娘たちを彼の動物園に連れて行った。ポート・ラインプネ・アニマルパークには木があるし、動物が人目を避けることができる囲いもある。娘と僕は、ほとんど偶然に、森の端で休んでいるバクを見つけた。数百メートル先に、サイが草を食べながら姿を現した。一度見たことがある野生のサイよりもそれは遠いところにいた。それは、動物を並ばせて名前を当てるというのとは違い、ほとんどイマージョン・プログラム［言語の学習方法の一つで、没入法とも言われ、その言語のみを使う環境に身を置かせる］に近かった。チーターやスナドリネコなど、どこにも姿が見えない動物もいた――それを見るためにわざわざ遠くから来た人には気の毒だが。エリザとクレオは、他のお出かけと同じくらい楽しんだ様子だったが、それは主にアイスクリームを食べたからだ。その日僕が学んだことは、子どもは一度に何百種類もの動物を見る必要はないし、それどころか、最も珍しい動物を近くで見る必要すらないということだ。

一方、野生の動物には、自由に暮らせるスペースが必要だ。ポート・ラインプネ・アニマルパークには良いところもたくさんあるが、それでも囲いのなかには正直なところ小さすぎるものもある。アスピノールは彼の動物を、ゆっくりと野生に帰している。だが彼の予測はかなり悲惨なものだ。「人間が最終的に自然を完全に破壊してしまうことは止めようがないと思う」と彼は言った。「五〇年後には、保護区がポツポツと存在するだろう——サイの保護区、ゴリラの保護区、ゾウの保護区、というふうにね。小さな保護区だよ。一部の国での人口の増え方を見れば、それは避けようのないことだ」

本当に、それよりマシな未来は望めないのだろうか？　ノアは、聖書によれば、非難されるべきところはなかった。もしかすると、僕たちはノアではないのかもしれない。ネイチャーライター、カール・サフィナの言葉を借りれば、僕たちこそが洪水なのだ。

7 あるのは足跡だけ

空飛ぶ鳥の姿が消えてしまってもよい、たとえ不毛の世界となっても、虫のいない世界こそいちばんいいと、みんなに相談もなく殺虫剤スプレーをきめた者はだれか。そうきめる権利がだれにあるのか。

レイチェル・カーソン（邦訳『沈黙の春』新潮社、一九八七年、青樹簗一・訳）

土地を買いなさい、もうつくっていないのだから。

マーク・トウェイン

広がる農地、減る生息地

ネットフリックスのドラマシリーズ『ナルコス』の冒頭で、アメリカの麻薬捜査官がマイアミからコロンビアのボゴタに飛ぶ。機上からアマゾンの熱帯雨林を見下ろす彼には、特に感銘を受けた様子はない。『ナルコス』で腹が立つことはいろいろあるのだが、これもその一つだ。アマゾンの密林はボゴタから数百キロ南下しなければ始まらないのだから、マイアミからの飛行ルートでアマゾンが見えたのだとしたら、その飛行機は迷子になっている。それに、アマゾンは地球上で最も美しい風景の一つだから、シニカルな麻薬捜査官だって感動するはずだ。上空からは、果てしない樹冠と紅茶みたいな色をした川、雲海、それに時折虹が見える。ジャガー、オオハシ、ヘビその他、僕たちの目の届かないところで、僕たちの存在にまったく気づかずにいる動物たちのことを考えずにはいられない。わずか一エーカーの熱帯雨林には、おそらく六〇〇〇種類の昆虫がいる。「木は木だよ。何本見たって同じだろう」と言ったのはロナルド・レーガンだ。彼は間違っていた――規模が重要なのだ。森は大きければ大きいほど、一エーカーあたりに生息する生物の多様性が高まるのである。

　だが、『ナルコス』で何よりも腹立たしいのは、一見動物の生息地のように見えるところのほとんどが実はコカインの製造工場である、と匂わせていることだ。「一万フィート上空から見るコロンビアは、手つかずの熱帯雨林の天国だった」と麻薬捜査官のナレーションが入る。「だが地上に降りれば話は別だ。パブロ（・エスコバル）と彼の相棒は、ちょっとした都市ほどの大きさの超大型麻薬製造所を作っていた」。つまり、熱帯雨林を護りたければ麻薬を撲滅しろ、というわけだ。

　二〇〇五年、大学院生として初めてコロンビアに行ったときの僕も同じように考えていた。密林の破壊を中産階級のコカインユーザーのせいにしている新聞記事を読んだことがあったのだ。人間社会に悲劇をもたらしているだけでなく、コロンビアの麻薬をめぐる抗争は環境にも良くないようだった。その理由を挙げるのは簡単だった――コカの農場、化学薬品を森に捨てるコカイン製造工場、ゲリラ兵によるパイプラインの爆破が原因の原油流出。僕たちは動物愛護家で、奴らは野蛮人、というわけだ。

　だが僕は次第に、ある不愉快な事実に気づいてしまった――人間にとってはゾッとするようなコロンビアの抗争は、自然にとってはそれに代わる選択肢よりもマシなのである。ゲリラ兵たちは、どんな罪を犯しているにしろ、自身が身を隠す木を伐ってしまうほど愚かではない（抗争から逃げ出したゲリラ兵の話を聞いたことがある――反乱軍としての生活とはどんなものかと訊かれた彼は、目にするものが緑ばかりでうんざりしたと言った。ボゴタにはない問題だ）。抗争のおかげで、数千平方キロの密林のほとんどは人が立ち入れなくなった。国際的な採掘会社は、社員が誘拐される危険性のあるところに資本を投じたがらず、畜産農家も、隣国ブラジルでしたようにアマゾンに入植するのを嫌がった。

コロンビアの熱帯雨林は、麻薬戦争が「あったのに」護られていたのではなく、ある意味、麻薬戦争が「あったから」護られていたのだと言える。大企業が熱帯雨林に興味を示さなかったために、コロンビア政府は国の四分の一以上を先住民族の土地に、一〇分の一を国立公園に指定することができたのだ。国立公園と先住民の保護地は一部重なり合っているが、両方を足すと、コロンビアに属するアマゾンの熱帯雨林のほとんどが含まれる。先住民族のコミュニティはさまざまだ。隣のブラジルには、資源の採掘を支持する先住民族もいる。だがコロンビアでは、多くの先住民族——特に、過去に疾病や植民者によってバラバラにされなかった人たち——が、土地に対して根本的に異なる価値観を持っている。山、川、そして森は、神聖なるものの棲みかであり、それらを傷つけることは冒瀆的な行為なのである。彼らは採掘企業や林産企業を望まない。彼らは、熱帯雨林とともに暮らせることを望んでいるのである。コロンビアには、他のどんな国よりも多くの種類の鳥がいる。コロンビアに住んでいた三年間、僕は、ハチドリやらツメバケイやらホウカンチョウやら、ものすごい数の鳥を見たが、コカインは一グラムたりとも見なかった。

ところが、二〇一六年の和平合意以後、コロンビアは時代が変わった。牧場主がアマゾン地帯に入ってくるようになり、コロンビア政府はそれを歓迎している。パームオイルのプランテーションや広大な単一栽培農地が手つかずの自然に取って代わりつつある。木々が失われ、上空から撮った動画には、アマゾンの密林の中に切り拓かれた明るい緑色の長方形が写っている。そのほとんどはウシの放牧地だ。「ウシがコロンビアのアマゾン熱帯林を食べているのよ」——コロンビアで一番有名な生物学者、ブリジット・バプティストは言う。ウシの放牧は、土地を事実上自分のものにするための、手っ取り早くて安いやり方だ。国の行政府が実質的に存在しない地域では、所有してしまえばそれが法なのだ。

完全なままの熱帯雨林は暮らしやすい場所だ——ただし人間にとってではないが。そこは、日光を奪い合うひょろっと背の高い木々、ふっくらした植物や地衣類、そびえる蟻塚、鳥や甲虫の立てる音が満ちあふれている。熱帯雨林の面積は地球全体の陸地の約六パーセントだが、世界中で存在が知られているすべての陸上動物種のうちの八〇パーセントはアマゾンにいる。アマゾン盆地で存在が確認された魚種は、北大西洋で確認されたものよりも多い。僕は、アマゾンカワイルカと並んでカヤックに乗り、サルたちの鳴き声も聞いたし、漁師たちが、空中で呼吸をする巨大な魚、ピラルクの話をするのも聞いた。朝のうちは、双眼鏡であちこちの樹冠を観察した。熱帯雨林に入ると、植物がものすごく密集して生えているので、道から数メートル逸れただけで二度と元の道が見つからなくなってしまいかねない。ところが、いったん木々が伐り倒されてしまうと、そこがかつて森であったことすらわからなくなる。大抵の場合は、芝生と大して変わらないくらい退屈な、のっぺりした牧草地があるだけだ。高さ数十メートルに及ぶ草木と生き物が、一〇センチになってしまうのだ。そういう土地が役に立つのは、人間と家畜くらいのものだ。たとえ一エーカー分の熱帯雨林を六〇年かけて再生させても、貯蔵できる炭素量は元の森の半分以下だし、二〇年間で再生する植物種は半分がやっとである。

コロンビアは、世界的な潮流に従っているにすぎない。過去二〇〇年間に、地球上の農地面積は四倍になり、その拡大は今も進行中だ。現在、世界中の居住可能な土地の半分は農地なのである。僕は、新婚旅行で行ったボルネオで、パームオイルのプランテーションが森を削り、オランウータンをほんのわずかな生息地に追いやったのを目にしている。オランウータンはそこで、人間が与えるバナナに頼って生きているのである。大規模なパームオイルのプランテーションは、毎年、インドネシアの原生林を八〇〇平方キロメートルにわたって破壊している。チェーンソーの音が止むことはほとんどなかった——川は違法な資源採掘現場から出る堆積物でいっぱいで、魚はほぼ全滅だ。動物の生息地がなくなるとき、動物たちはただ姿を消すわけではない——木を焼き払う炎に焼き殺され、残った生息地では食べ物を奪い合わなければならない。プランテーションの近くで生き残れるオランウータンもいるが、農家に撃ち殺されるものもいる。慈善団体に救助されるものもいるが、そのうち、森に戻されて生き残れるのは五頭に一頭くらいだろう。

僕たちは他の動物たちと調和して生きている、と感じるのを邪魔する最大の要因は、動物たちが地球上から姿を消しつつあるという逃れようのない事実だ。地球上の、氷に覆われていない土地の三分の一以上は農業に使われている。農作物や家畜の生産、森林破壊、木材プランテーションその他の活動によって、ホモ・サピエンスは、地球上の全生物が使えるエネルギーのうちの二五パーセントを消費する。「動物たちには、彼らを生かしてやっていることを僕たちに感謝することができないかもしれないし、僕たちの立場が逆だったらそんなことは決してしないだろう。だが、人生に意味を求めるのは僕たちであって彼らではない」──小説家ジョナサン・フランゼンはそう書いている。僕は娘たちの絵本の動物を眺める。ホッキョクグマは絶滅危急種だし、ペンギンとミツバチはその多くの種で数が減少している。ライオンも絶滅危急種で、ほとんどの生息地が奪われている。北米やヨーロッパでは、ほとんどの子どもの寝室に、カメの形をしたものが何かしらあるはずだ──たとえばカメが出てくる絵本があるだけだとしても。だが、七種類いるウミガメのうちの六種類は、絶滅危惧種あるいは絶滅危急種である。高い知能を持っている動物も、それだけで生き残れるわけでもない。たとえばニュージーランドの、確率の概念を理解するケアオウムは、海外から導入されたオコジョや猫などの捕食動物によって絶滅の危機に晒されている。この好奇心の強い鳥はまた、人間の善意による介入からも被害を受けている──彼らの天敵である哺乳動物を殺すことを意図した毒入りの餌や、観光客が与えるジャンクフードを食べて死んでしまうのである。見た目が人間に似ていることすら、動物を護るには不十分だ。オランウータン、ボノボ、チンパンジー、ゴリラなど、類人猿はおしなべて絶滅の「危機」または「深刻な危機」に瀕しているとされている。

僕は長い間、種の絶滅なんてまずあり得ないと考えて生きてきた。学校では、モーリシャスで一七世紀に絶滅した鳥、ドードーの話は、人間の愚かさを示す例外的な事例で、繰り返してはならないことの例として教えられた。僕は、九歳くらいのときに一度、ゾウが絶滅する可能性があるだろうかと考えたことがあるが、そのときこう思ったのを覚えている──そんなこと起こりっこない、もしも本当に危なくなったら、大人がなんとかしてくれる。だってそれよりも大事なことなんてないじゃないか?

だが、二〇一九年の時点で絶滅の危機に瀕する動物は、哺乳類では二五パーセント近く、鳥類では一三パーセントに及ぶ。人間が知っている哺乳類のうち、「深刻な」絶滅の危機に瀕する動物は二〇〇種を超える――「野生絶滅」あるいは「絶滅」の一歩手前である。「生物多様性及び生態系サービスに関する政府間科学―政策プラットフォーム」(IPBES)によれば、動物の絶滅はすでに、「過去一〇〇〇万年の平均の何千倍もの速さ」で進んでいる。そして絶滅のリスクは、ちらほらと発生しているのではなく、大挙して発生している――地球上におよそ八〇〇万種類ある動物と植物のうち、約一〇〇万種の存続が危ぶまれているのである。そのなかには、「絶滅が避けられない」とされる五〇万種の陸生動物が含まれている。つまり、理論的には生息地さえ回復すれば存続できるのだが、現在の流れのままでは絶滅する、という意味だ。また、絶滅して初めて科学者がその生物の存在に気づく、という危険性も高まっている。ブラジルの北東部原産のインベイカマドドリは、正式に生物種として認められたのは二〇一四年だが、以来一度も目撃されず、五年後には絶滅が宣言された。イタリアの首脳の在任期間の方がまだ長い。保護活動は、その速度を遅くするのに役立ってはいる――ある分析によれば、一九九六年から二〇〇八年の間にそのために使われた金で、哺乳類、鳥類、両生類の絶滅の速度が二〇パーセント以上遅くなり、過去一〇年間に、二五種類の哺乳類と鳥類が絶滅を免れているのだ。だがそれは、何針も縫わなくてはならない傷に絆創膏を貼るようなものである。

IPBESのリーダーの一人であるアンディ・パーヴィスによれば、過去に人間が絶滅に追いやったのは「そもそも環境に敏感な」動物だった。たとえば、飛ばない鳥ドードーはある特定の島にしか生息していなかった。だが現在は、大陸においても、より幅広い種類の動物が絶滅の危機に瀕している。たとえば一九七〇年代以降、カエルの品種のうち約三パーセントが絶滅したが、その多くはカエルの皮膚に感染するツボかびが原因だった。ツボかびは絶滅の連鎖を引き起こした――カエルがいなくなると、カエルを餌にするヘビもいなくなってしまうのだ。ツボかびの感染その他、動物の存続を脅かすものを考慮に入れると、両生類の五種に二種が絶滅の危機に瀕していることになる。アフリカでは過去数千年にわたり、他の大陸で見られるような巨型動物の絶滅が回避されてきた。大型の動物が人間とともに進化し、狩猟から身を護る術を身につけたためだ。だが、狩猟から身を護る術は、生息地や気候の変化から動物を護れるわけではない。

絶滅が危ぶまれている生き物の一覧には正直なところ愕然とする。クリスマス島に特有のアブラコウモリ、*Pipistrellus murrayi* が最後に目撃されたのは二〇〇九年のことで、今では絶滅したとされている。バンクーバーマーモットとフィリピンワニも絶滅寸前で、野生にはそれぞれ二〇〇匹以下の個体しか残されていない。だが、そもそも彼らの存在を知っていた人がどれくらいいるだろうか？　生き物の多くは昆虫であり、昆虫の多くは甲虫だ。動物と植物の種の状況を追跡しようとする人間の最善の努力の結果である、国際自然保護連合のレッドリスト［絶滅のおそれのある野生生物の一覧。絶滅の危険性の高さによって四つに分類される］を眺めていると、近藤麻理恵の声が聞こえてくるような気がする——四〇万種類以上の甲虫が本当に必要か？　その一つひとつにときめきを感じるか？　世界中の甲虫全種類を安全にオーストラリアに集めて、それ以外の場所には一切いないようにしたら僕たちは幸せか？　——もちろんそんなことはない。

種の絶滅に注目することにはもう一つ問題がある。人間がいくら頑張っても、ある動物を「絶滅」させるのはとても難しいことなのだ。「絶滅」するためにはまず、その生物種は人間に認識されなければならないが、生物種の多くは認識されていない。次にその個体数を人間が把握する必要があるが、たとえば人間が知っている魚種のほぼ半数についてはその数が把握されていない。大抵の場合、種が絶滅するためには、その種のすべての生息域で三〇年間一切目撃されないことが必要要件である（だとすれば、二〇二一年にならなければソビエト連邦が消滅したと言えないということになる）。そういうわけで、絶滅「寸前」の生物種が多いのだ——絶滅した可能性がある、あるいは、自然界では絶滅しているという状態である。たとえば、あるカタツムリが生息しているのはロンドン動物園のプラスチック製の箱の中だけかもしれない。ほとんどの生物種については、最後の個体――自然保護活動家はそれを「エンドリング」と呼ぶ――が死に、世界が立ち止まって哀悼の意を示し、失われたものを実感する瞬間はやって来ない。

僕が悲しいのは、生物が絶滅すること自体というよりも、この地球が空っぽになっていくことなのだということはわかっている。生物種は増えたり減ったりするものだが、僕は、動物全体の生命が人間によって絶えず奪われ続けることのない世界を願っていた。世界自然保護基金の「生きている地球レポート」によれば、陸生脊椎動物と淡水に棲む脊椎動物の個体数は、一九七〇年から二〇一四年の間に平均六〇パーセント減少している。この数字は、少数の生物に起こった極端な変化のせいで多少歪んでいるが、自然保護主義者なら、野生動物が危機に直面しているということ自体を疑う人はいない。動物の個体数の統一尺度を作るためには、データが、特に熱帯地方で不足しているのだ。これとは別の、二万八〇〇〇種近い陸生脊椎動物に関して行われた分析の結果は、そのうちの三分の一で個体数と生息域が減少していることを示していた。絶滅の危険性が最も低い種でさえその影響を受けていた。個体数と種の絶滅は関連している。最低限の個体数がいなければ生物種は存続できないし、最低限の個体数が維持できるかどうかは通常、他の動物種に存続可能なだけの個体数がいるかどうかにかかっている。「生物多様性がなければ個体数は増えない。そして個体数が多くなければ生物多様性は生まれない」――ケンブリッジ大学の自然保護論者、アンソニー・ウォルドロンは言う。

僕たちは、動物が姿を消しつつある理由を複雑に考えすぎることがある。生物種の絶滅を脅かす原因はそれぞれの生物種で異なるし、場所によっても違うが、単にこう考えることもできる――陸生動物の数が減っているのは、彼らの棲むところが消えつつあるからなのだ。ロンドン動物学協会の指標によれば、鳥類、哺乳類、爬虫類に関しては、狩猟、公害、それに気候変動の影響を足し合わせたよりも、生息地の消失の方が影響が大きい。「自然保護率の指標が一つあるとしたら、地球上に新たに生まれてくる人間のためにどれだけの土地が新たに必要か、ということです」とウォルドロンは言う。「それをゼロにしたいのです」。僕たちはその目標からはるかに遠いところにいる。

二〇一〇年、アメリカを除いて世界中のほぼすべての国が、二〇二〇年までに自然生息地の喪失率を、少なくとも半分、可能な場合はゼロに減らすことを公約した。だがそれとは裏腹に、二〇一六年、二〇一七年、二〇一八年には、二一世紀に入って以来最も速い速度で森が消失している。二〇一九年には六秒ごとにサッカー場一個分の森が消えた（そしてこのなかには、まだ存在はしているものの、伐採や家畜の放牧や火災によってその豊かさが失われてしまった森は含まれていない）。これらの国々はまた、絶滅が危惧されていることがわかっている生物種については、この先一〇年でその絶滅を防ぎ、保護状況を改善する決意を表明したが、この目標も達成されていない。有害な助成金を廃止し、公害を減らし、先住民たちが自然保護のために行っていることを尊重するという目標もだ。僕たちはまるで、陶器店の客みたいだ──商品を叩き割りながら、自分が引き起こしている損害を謝罪しているのである。

アフリカでは、ライオンやゾウやチンパンジーの生息地が、道路や農地によってズタズタにされてしまった。タンザニアとケニアにまたがるイースタン・アーク・マウンテンの森は、三〇〇〇万年前からそこにあり、地球上ここ以外では見られない植物や動物が数百種ある。だが毎年、五〇万ヘクタール以上の森が、主にトウモロコシを栽培する小規模農地となって消えていく。イースタン・アーク・マウンテンの生き物のうち、少なくとも三分の一が絶滅、あるいは絶滅寸前であると考えられている。残っている森の三分の一は、森の入口からの奥行きが三〇〇メートル以下だ。熱帯の生き物──主に昆虫──は、生息域が狭く特定のニッチに棲む傾向があるので、森が農地や放牧地になったり、森の縁でカラカラの風に晒されたりすればことのほか絶滅しやすい。

状況が改善される気配はなく、特に熱帯地方ではそれが顕著だ。インドネシア、コンゴ盆地、そしてアマゾンでは、森の中を通る新しい道路が作られ、それによって森林破壊が進む。ブラジル側のアマゾンでは、右翼政権のジャイール・ボルソナーロによって、森は搾取のために――あるいは「排除する」ために――あるのだという考え方が復活した。二〇一九年には、一分間にサッカー場一個分というスピードで火災によって森が焼失し、二七〇〇キロほども離れたサンパウロの空が煙で黒くなった。ボルソナーロは火災が起きていることを頭から否定し、森林破壊に関するデータは「嘘」であり、アマゾンは湿っているのだから燃えるはずがない、と言って譲らなかった。その翌年、世界がコロナウイルスに気を取られると、ボルソナーロ政権の環境相はこれを、アマゾンに「家畜を移住」させる好機として歓迎した。ボルソナーロの理屈によれば、アマゾンは世界のものではなくブラジルの所有物であり、ブラジルにはそれを破壊する権利があるのだった。だが実は、その選択は僕たちのものでもある。二〇一九年、ブラジルは再び世界最大の牛肉輸出国かつ世界最大のダイズの輸出国となった。輸出されたダイズは主に、中国のブタとヨーロッパのウシを太らせるためのものだ。ブラジル最大のダイズの産地であるマトグロッソ州では、年間三〇万ヘクタールの森と草地が伐り払われている。犯人は貧しい入植者ではなく、工業規模の農園である。森林開拓の四分の三は、平均的なイギリスの農家の一〇倍規模の農園によって行われる。

環境保護活動でおなじみの標語に「とっていいのは写真だけ。残していいのは足跡だけ」というのがある。世界は人間の足跡や、タイヤや蹄の跡に覆い尽くされつつある。そして僕たちには、かつてそこに棲んでいた動物たちの写真だけが残される。

僕は以前、平和と繁栄によってコロンビアは、そして世界は、より環境に優しいところになるだろうと思っていた。だが僕はそれとは違う現実に直面した――僕たちのようなやり方で人間が進化すれば、自然は侵食されるのだ。僕はずっと、この地球上のどこか一部分だけは、動物が自由に、本来の生息地で暮らせるよう残されているものと思い、安心していた。だって、自然のドキュメンタリー番組の目的はそういうことではなかったのか？ 動物たちがどこかで自由に暮らせるべきなのはなぜなのか、それを理解させるということが？ だが、野生動物が繁殖する土地というのは往々にして、人間が暮らせない場所である――たとえばチェルノブイリの立ち入り禁止区域のような。問題は、麻薬王でもゲリラ兵でもない。問題は僕たちなのだ。

自分たちが家畜に与える影響にだってなかなか気づけないのに、自分たちの行動と野生動物の運命の間にある関係なんていかにも希薄に思える。だってまだどこかにライオンはいるんじゃないか？　さっきテレビで見なかったっけ？　――だが野生動物は人間に見られることを望んでいるわけではない。棲むところが欲しいのだ。

では、どうやったら僕たちはそれを彼らに与えてやれるのだろう？

ハーフ・アース――地球の半分を自然保護のために

一九九〇年になる頃、ダグ・トンプキンスは、妻でありビジネスパートナーでもあるスージーと不仲になっていた。彼は役員間の抗争に敗れ、二人で一九六〇年代に創業したアパレルブランド、エスプリの、彼が所有する会社の半分を、一億五〇〇〇万ドルでスージーに売却した。彼は昔から冒険心に富んでいた。そして今や大金持ちでもあった。昨今のサンフランシスコの億万長者のように振る舞うこともできたはずだ――葡萄畑を買い、若手起業家に投資し、喜んでインターミッテント・ファスティングをしたりして。

だがトンプキンスはそうせず、チリに行って一万ヘクタールのウシとヒツジの畜産場を五〇万ドルで買った。それが、おそらく個人によるものとしては史上最大の、途方もない自然保護の取り組みの始まりだった。トンプキンスはちょっとした印象派絵画のコレクションを持っていた。また彼は登山家であり、環境保護活動家でもあった。彼は、絵を売れば、何千ヘクタールという土地が買えることに気づいた。彼は消費者文化に背を向け、生態回復に注力した。それからの四年間で、彼はチリの県の一つの五分の一を買った。

トンプキンスと、彼の二番目の妻で衣料品の会社パタゴニアの元最高経営責任者、クリスが運営するトンプキンス・コンサベーションは、その後チリとアルゼンチンで、湿地、サバンナ、亜寒帯林、熱帯雨林を含む、八〇万ヘクタールを超える土地を保全することとなった。それに促されてチリ政府はさらに数百万ヘクタールの土地を保護区にした。この地域の他の国々と同様、軍がチリの政権を握り、手つかずの土地を開拓して農地にした人に報酬を支払っていた時代からの完全な方向転換だ。保護された地域には、ペンギン、アシカ、コンドル、ピューマ、シカ、サル、その他さまざまな動物が生息している。

広大な土地を買いたい海外の大金持ちたちにとっては、チリはどこよりも好都合と言って差し支えなかった。比較的人口が少なく、経営がうまくいっていない畜産場を売りたがる地主がいたからだ。また一九七四年にアウグスト・ピノチェトが率いる軍事政権が制定した法律によって、外国人にもチリ人と同じ権利が与えられていた。トンプキンスは楽園をつくることを夢見ていた。そして彼はこの上なく頑固だった。彼の伝記を書いたアンドレ・アゾカーは、彼をスティーブ・ジョブズと比較している――実は、トンプキンスがサンフランシスコでジョブズに会ったとき、彼はテクノロジーが世界に与えるネガティブな影響についてジョブズを非難した（トンプキンスは携帯電話を持っていなかった）。だがジョブズと同様、彼もまた美意識を非常に大切にし、異常なまでに細かく仕事を管理した。

トンプキンスはときに人の神経を逆なでした。土地を入手するための交渉は強引だったし、自分のプロジェクトに地元住民の賛同を得る必要性を感じず、汚染の原因となるサケの養殖場をはじめ、地元の人々に仕事を与えている既得権益に闘いを挑んだ。チリ人のなかには、トンプキンスはユダヤ国家をつくりたがっているのだと言って非難する人もいたし、彼がチリを二つに分断していると言う人もいた（彼が最初に入手した土地は、チリの南部を、アンデス山脈から太平洋岸まで横断していた）。チリの環境保護活動家さえ、彼のおかげで海外の篤志家は、チリにはこれ以上の財政的支援は要らないと思ってしまう、と不平をこぼした。クリスは地域の人たちを味方にする努力をしたが、二人はチリの住民にはついぞならなかった。二人が本当にチリの人々に歓迎されるようになったのは、彼らが自分たちの土地をチリ政府に寄贈するようになってからのことだ。

ダグとクリスの行動のきっかけは動物ではなかった。彼らが愛していたのはその土地の景観だったのだ。二人は畜産場を買うと、ウシとヒツジを売り払って草地を野焼きし、道路は土で覆った。だが一五年も経つと、何かそれ以上のものが必要であることが明らかになった。「土地を持っているだけでは不十分でした。土地は元通りに回復させ、きちんと機能するようにしなくてはならず、それは多くの場合、頂点にいる捕食動物を再導入するとか、そういうことを意味しているの」とクリスは回想する。「それで再野生化に取り組み始めたんです」。二人は、チリに自生していた動物を復活させようとした――コンドル、ピューマ、アメリカヌマジカなどだ。アルゼンチン北東部の湿地帯には、狩猟と畜産の影響で二〇世紀に根絶されたオオアリクイが再導入された。パンパスジカとタテガミオオカミもだ。ベニコンゴウインコの再導入はあまりうまくいかなかった。「ほとんどのインコは飛び方を知らなかったの」とクリスは言う。「飛び方を教えたり、筋肉を鍛えたり、どういう果物が好きなのかを教えてやらなければならないのよ」。次はジャガーだ。「野生に戻せる個体を準備するだけで一〇年かかるわ」

ダグ・トンプキンスは、二〇一五年、チリで乗っていたカヤックが転覆して死亡した。七二歳だった。そのときまでには、彼とクリスは財産の大部分を使い果たしていた。彼らの財団は、活動継続の資金調達を、医療機器で億万長者になったスイスのハンスユルグ・ヴィースなどに頼っている。ヴィースは二〇一八年に、自然保護のために一〇億ドルを寄付すると約束した(ヴィースもまた、初めに魅了されたのは野生動物ではなく雄大な自然の景観だった)。

とは言え、トンプキンスが自然の保護と近辺に作った有機農場のために費やした四億ドルは、大富豪の基準で言えば大した金額ではない。二〇一九年にノートルダム寺院の屋根と天井が火災で焼失した際には、フランスの四つの家族から四億ユーロが寄贈されている。サウジアラビアの皇太子ムハンマド・ビン・サルマーンは、レオナルド・ダ・ヴィンチがイエス・キリストを描いた『サルバトール・ムンディ(救世主)』を四億五〇〇〇万ドルで購入した。縦六五・七センチ、横四五・七センチのただの絵だ――僕は、ダグとクリスの方が良い買い物をしたと思う。もしも地球上の最も裕福な一万人が、その資産と影響力のほぼすべてを自然保護に使ったならば、世界は一夜にして変わるとダグは言った。世界には億万長者と呼べる人が二〇〇〇人いる。そのうち、この世界を救うことに貢献するチャンスに応えたのは、ほんの数人にすぎない。

どうしてもっと多くの人がそうしないのだろう？「みんなお金を手放すのが金輪際いやなのよ。全部自分の子どもたちに渡したいの。馬鹿みたいだわ」とクリス・トンプキンスは言う。「アンドリュー・カーネギーのような人はめったにいないの。カーネギーは彼と同じような金持ちにとても批判的で、金持ちのままで死ぬのは罪だと言ったの。私もどちらかというと同じ考え方ね。『多くを得るほど多くを与えよ』を家訓にしない家族がどうしているのか、理解できないし、この先も一生理解できないかもしれない。貯め込まれた財産の額は本当に驚くばかり。裕福な人の多くは、自分にとって大切な分野に財産を提供することが人生最大の喜びをもたらしてくれるということが理解できないの。そんなこと想像もできない人がほとんどなのよ」

別に裕福である必要はない。僕はモンゴルで、調査助手をしている間にユキヒョウに恋をしてしまった、バヤルジャガル・アグヴァーンツェレンという女性に会ったことがある。なぜユキヒョウなのか？「美しいのよ、とても美しいの――同時にとても謎めいているの。落ち着きがあって」。ミントティーを飲みながら彼女はそう説明した。それまで彼女は野生のユキヒョウを見たことがなかったが、テレビでは何度も見たことがあり、ユキヒョウがモンゴルになくてはならないものであると信じていた。現在残っている野生のユキヒョウは七〇〇〇頭足らずで、そのうちモンゴルにいるのは一〇〇〇頭に満たない。

彼女がユキヒョウの保護を考えていた土地はモンゴル南部の、中国との国境に近いところにあり、鉱物の採掘会社が目をつけていた。モンゴルでは、ユキヒョウは何よりも家畜を殺す動物として知られており、ユキヒョウを好きな人はほとんどいなかった。アグヴァーンツェレンは一〇年にわたって、地元のコミュニティと話し合いを続け、執拗にロビー活動を続けた。そしてとうとう彼女は、七〇万ヘクタールの保護区を作り、その地区の採掘許可をすべて取り消すよう政府を説得したのである。「大金を逃した人はいると思いますよ。でも私たちが彼らを相手にする必要はありませんでした――政府の決定ですから」と彼女は言った。政府でさえ、自然遺産を経済的利益より重要視することはできるのだ。

ケンブリッジ大学のアンソニー・ウォルドロンはこう言っている――「自然保護というのは人間と自然の闘いではなく、自然保護主義者と非自然保護主義者の闘いである」。そしてときには自然保護主義者が勝つこともあるのだ。ある土地を保護地域にするというのはシンプルなことだし、それには効果がある。なかには管理が行き届かずしっかり保護されていないところもありはするものの、保護地域は森林破壊率を低下させることが示されている。世界中、保護地域に指定されたところでは、同様の環境で保護地域になっていないところと比べ、生息する動物の種類が一〇パーセントほど多いのである。

とは言え、僕たちは今、間違った方向に進んでいる――二〇一九年には、ダグとクリスが三〇年間に買った土地の広さに匹敵する熱帯雨林が三か月で伐採された。

ハーバード大学の生物学者エドワード・O・ウィルソンは、動物の搾取をやめるために、人間が地球の表面積の半分を自然保護のために確保するよう提言している。その論拠は一部心理学的なものだ――五〇パーセントというのは人々が理解しやすい目標だというのである。それはまた生物学的にも意味がある――彼が考案者の一人である「島の生物地理学理論」によれば、地球の土地の半分があれば八五パーセントの生物種が維持できる。ウィルソンの提案は「ハーフ・アース」と呼ばれるが、これは僕たちが現在行っている取り組みを圧倒するものだ。僕が生まれた一九八二年、世界国立公園会議は、地球上の陸地の一〇パーセントを保護地域にするという目標を定めた。二〇一〇年には、その目標を引き上げて二〇二〇年までに一七パーセントを保護地域にすることとし、それはほぼ達成された。ハーフ・アースの支持者たちは、今度は二〇三〇年までに三〇パーセントを、続いて二〇五〇年までに五〇パーセントを保護地域にすることを目指している。

現在までに、チリとモンゴルは国土の約五分の一を保護地域にしており、これは世界の平均よりも高い数字だ。すでに五〇パーセントを達成している、あるいはそれに近い国は、ナミビア、ネパール、ブータンという数か国にすぎない。アメリカはたったの一二パーセントで、これには国立公園と自然保護区域が含まれるが、狩猟や木材生産に使われる連邦政府の所有地は含まれていない。どこの国も、実際にはほとんど保護されていないような土地まで数えてその数字を膨らませようとする。イギリスは特にそうだ。紙の上ではイギリスの土地の二六パーセントが保護されているが、そのなかには、住居を建てたりヒツジを放牧したり自生種以外の木を栽培できたりライチョウ狩りのために野焼きしたりできる土地が含まれている。ある程度効果的な管理がなされている地域だけを数えれば、保護地域はイギリスの国土の一一パーセントにすぎず、そのほとんどは良い状態にあるとは言えない。ウィルソンは、コンゴ民主共和国の森林部や、ブラジルの大西洋岸の森林、そしてオーストラリア、クイーンズランドのサバンナなど、生物多様性が最も高い地域にフォーカスしたがっている。

想像してみてほしい。これはアメリカでは、イエローストーン国立公園やヨセミテ国立公園の一ヘクタールにつきあと三ヘクタールを保護するということだ。現在世界中にある保護地域のすべて、行ったことのある国立公園のすべて、ハイキングしたことのある自然保護区のすべてについて、そのそれぞれ二倍の面積を保護しなければならないのだ。ダグとクリス・トンプキンスのような人たち一人に対して、億万長者があと三人ずつ、何億ドルという金と数十年という年月を費やす必要があるということなのだ。

二〇二一年初頭の時点で、イギリスとフランスを含む五〇か国ほどが、二〇三〇年までに国土の三〇パーセントを保護区にするという目標に合意しているが、オーストラリア、ブラジル、インドネシアはこれに含まれていない。そのための経費は、年間三五〇億ドルから一一〇〇億ドルのどこかだと推定されているが、これには既存の公立公園の管理費は含まれていない。これは、世界中で一年間に消費されるソフトドリンクの金額よりもずっと少ない。土地の購入費は、保護地域の管理費に比べれば比較的少ない。人間以外の生き物のために地球の半分を分けてやるというのがハーフ・アースだとしたら、ずいぶん高くつくように思えるかもしれない。だが自然保護活動家たちは、それよりも人間が受ける恩恵の方がずっと大きく、自然公園は、それが取って代わる経済セクターと同等の経済的重要性を持つと主張する。たとえば南アフリカでは、観光産業の方が農業よりも国の経済に貢献しているのだ。

森林破壊が人間の健康に悪いことは確かだ。人獣共通感染症——動物から人間に感染する病気——は、人間が自然に手を入れて変えてしまったところの方が、その近くの、人間の手がついていないところよりも頻繁に発生する。自然界の姿を変えれば、僕たちは新しい生き物と接触することになり、したがって新しい病原菌にも感染するわけだが、同時に、さまざまな動物の間の均衡も崩れる。人間が、たとえば熱帯雨林のような環境を悪化させると、人間にうつる病原菌を持たない齧歯動物やコウモリや鳴禽類はいなくなり、いる動物が繁殖するという傾向がある（人間にうつる病原菌の出処として一番大きいのはもちろん、ウシやブタなどの家畜だ——人畜共通ウイルスの半分は、一二種類の家畜から見つかっている）。したがって、人畜共通ウイルスに対する僕たちの反応は、動物を好きでなくなることではなく、生態系の完全生をもっと愛することであるべきなのだ。動物から人間に感染する可能性があるウイルスは五〇万種類を超える。人間は毎年、五種類以上の新しい疾患に罹患する。そうしたウイルスをすべて把握したり、一つひとつに対してワクチンを作ることなどできっこない。野生動物の売買や農地の拡大など、人畜共通ウイルスが人間に感染する条件が揃った環境を作るのをやめることが必要なのだ。その方が、新型コロナウイルスが引き起こした経済的被害よりずっと安くつく。動物と生態系を愛すれば、それだけの見返りがある。パンダを護ればパンデミックは（ある程度は）収まるのである。

ハーフ・アースは、地球の半分を野生にするという意味ではない。完全に無垢の自然など存在しない。人間は、地球全体の大気中の炭素濃度を変え、その結果、気温と降雨量も変えてしまった。アマゾンの密林さえ、ヨーロッパ人が南米にやって来る以前に、その広い範囲が炭で肥沃化され、耕作されていた。アマゾン川の河岸は、ヨーロッパ人がその卵を略奪するまでカメだらけだった。現在僕たちが原生熱帯雨林だと思っているものは、実は一部人間の手が入ったものなのだ。アマゾンのように動物が豊富なところにも人は住んでおり、彼らはどうしたらアマゾンを保護できるのか、西欧の自然保護活動家よりずっとよく知っている。

問題は、人間と動物の関係ではなくて、自然保護のしわ寄せが先住民族にまともにいくことだ。一九世紀終わりから二〇世紀にかけて国立公園が登場したとき、その多くは、そこに住んでいた人々を追い出して作られた。これら先住民族の人々が環境に与える損害は、彼らを追い出した側の人間に比べてはるかに少なかった。だが彼らは放牧地を失い、狩猟をする権利を奪われた。その土地の生態系を熟知していた彼らは、自分たちとは何のつながりもない土地へと移住させられたのである。そこに住む人々よりも動物を大事にするという自然保護主義者のメンタリティが彼らを苦しめた。そしてそういう考え方は近年まで続いていた。今は亡きオランダ人慈善家、ポール・ファン・フリシンゲンが始めた民間自然保護団体、アフリカン・パークスは、アフリカの国立公園を管理し、警備を厳重化する。二〇〇四年には、エチオピア南部にある二つの国立公園と契約を結び、そこに暮らしていた数千人の人々を退去させるのは自分たちの問題ではないと言った。サハラ以南のアフリカに住む人の多くは貧しく、その土地に依存して生きているという現実に鑑みて、それは倫理に適ったやり方ではなかったし、それがうまくいくはずもなかった。三年後、アフリカン・パークスは、地元住民が家畜を公園内で放牧するのをやめさせる解決策にエチオピア政府が合意しないことを理由に契約を終了した。動物を最優先すれば、地元住民の存在を問題視する「要塞型保全」という考え方に陥りがちだ。

現在、自然保護活動家のほとんどは、地元コミュニティと協力し合おうと懸命に努力する。一般的に言って、自然保護地域は地元住民にとって悪いものではない。狩猟は収入につながるし、観光客もだ。世界中の自然保護地域に関するある調査で、観光地である公園の近くに住んでいる家族の収入は、そこから遠いところに住んでいる家族より一七パーセント多いことがわかった。また、公園の近くで育った子どもは背も高く、栄養状態が良いことを示していた。すでに観光産業から得られる収入は、残っている野生のライオン、アフリカゾウ、クロサイ、その他ガラパゴスアホウドリといった動物の、二〇～三〇パーセントを保護するのに使われている。新型コロナの流行前は、こうした自然保護を念頭に置いた観光事業が急速な成長を見せていた。

だが観光産業には限界がある。北米の国立公園で観光客が使う金は、アフリカと南米の国立公園の観光収入を足し合わせた額の三倍だが、アメリカやヨーロッパから裕福な観光客をもっと熱帯地方に呼び込むためには、何千人もの人が地球を横断しなければならず、環境に負荷がかかる。野生のままの土地が欲しければ、地元の人々に報酬を払ってそれを保護してもらわなければならないのだ。環境保護活動を行っている慈善団体は、地元の人に現金を渡すことを試みている——それによって、彼らが森を伐採する必要性が低くなることを願って。メキシコやコスタリカの住民は、木を伐らず、それによって炭素貯蔵や洪水の軽減といった生態系サービスを維持することに対して報酬を受け取っている。けれどもこれは万全の策ではない——シエラレオネで行われた無作為化試験では、現金を支払ったことがむしろ熱帯雨林の伐採を、少なくとも短期的には加速させるという結果だった。だが、大抵の場合はこのやり方はうまくいくはずだ。アマゾンを残したければ、地元住民に、不法な伐採をせず森をそのままにしておくことに対する経済的動機を保証しなければならない。つまりはっきり言えば、裕福な国々から、野生動物が最も豊富な貧しい国々へと金が動かなければならないということなのだ。

一九九六年、イギリスのケンブリッジシャー州で、四〇〇人ほどの住民にナミビアのクロサイについての情報を伝え、彼らを保護するためにいくら寄付する気があるかと尋ねる調査が行われた。クロサイは絶滅に瀕している多くの動物の一つにすぎないと説明された人たちは、それでも平均して一五ポンドの寄付を申し出た。トロフィーハンティングが許されていると聞くと、この金額は一三ポンド近くまで下がったが、仮にイギリスの成人の全員がクロサイ保護のために一三ポンドを寄付するならば、その総額は七億ポンドになる。それだけあればかなり役に立つ。だがもちろん、そんなことは現実には起こらない。世界自然保護基金のイギリス支部が年間に受け取る寄付金は三五〇〇万ポンドにすぎないのだ。定期的に「自然保護、環境、あるいは歴史保全」のための慈善団体に寄付をすると言うイギリス人は八人に一人にすぎず、犬の里親探しやロバの保護区など、動物愛護団体に寄付をする人はその半分以下である。イギリス人は、アフリカでのトロフィーハンティングには反対するが、それに代わる地元住民の収入源を提供しようとはしないのだ。

アメリカ人は、ウミガメの保護には年間一九ドル、アザラシの保護には三五ドル、そしてオオカミの保護のためには二〇ドルから四〇ドルを寄付してもいいと言う。スリランカ人は、ゾウを護るためなら年間一六ドルを提供すると言う——これは平均年収の一パーセントという驚くべき金額だ。カリフォルニア州オレンジ郡の人たちは、二〇〇一年、地元のすべての絶滅危惧種を保護するためなら世帯あたり年間五〇ドルから六〇ドル寄付してもいいと言った。だがこうした金額が実際に集まることはない（オレンジ郡の場合、いずれにしろその金額では土地の保護には不十分であると調査員は結論している）。こうした調査そのものに難癖をつけることはできない。だが、責められるべきは主に僕たち自身だ——僕たちは、動物はいてほしいけれど、そのために金は出さ——そもそも、クロサイ保護に関する調査に参加する人たちというのは、イギリスの国民を代表する母集団ではないのである。

一九八〇年代に保全生物学が学問として登場したとき、その基本理念は、動物や植物には本質的な価値があるということだった。動物行動学者や神経科学者によって、動物の持つ感情の豊かさや社会生活が明らかにされる一方、逆説的ではあるが、動物を動物自身のために保護すべきという考え方から分かれた新しい自然保護活動家の一派が生まれた。この新しい一派は、保護地域をどこまで拡大できるかには懐疑的だ。地球には空っぽの土地は存在しないと彼らは指摘する。彼らの推定では、地球の半分を保護地域にすれば、おそらく一〇億人が住んでいる土地に影響するのである。そこで彼らが提案するのは、野生動物と人間が共生する場所にもっと注力するということだ。ほとんどの人は、人間が立ち入れない保護地域よりも、自分たちが歩き回れる保護地域を望んでいるのだと、環境保護団体、ザ・ネイチャー・コンサーバンシーの主任研究員だった生物学者、ピーター・カレイヴァは言う。

こうした新しい考え方をする自然保護活動家のなかには、アメリカの国立公園が、住居や農場を含むイギリス型の国立公園のようになることを望む人もいる。だが、環境活動家でジャーナリストのジョージ・モンビオが指摘するように、イギリスの国立公園は手本とはなり得ない――なぜなら、ヒツジがいるところには他にはほとんど何もいないし、ライチョウ狩りが行われるときには、その邪魔にならないよう、管理者がノスリやオオタカその他の猛禽類に毒を食べさせたり撃ち殺したりする疑いがあるからだ。こんなやり方は誰も真似するべきではない。むしろ逆のことに注力すべきなのだ。アメリカの公有地と公共の水源地では現在、多目的利用を義務づける法律に基づいて、原油、ガス、石炭の生産が行われている。人間は土地から奪うものを減らし、もっと保護に力を入れるべきだ。

動物たち自身のために動物を保護する、という考え方は、そう簡単に諦めるべきではない。人間が動物を愛しているのは事実だ――『ブルー・プラネット』のようなドキュメンタリー番組は何億人もの人たちが観ているわけだし、ペットを飼っている人だって何億人もいる。自然保護活動家たちが自然を語るときに使う言葉がよそよそしく聞こえるのは残念なことだ。生物の種類や、それぞれの生き物の中のさまざまな遺伝子、さらにその中の細かい違いを示す概念である「生物多様性」という言葉は、ほとんどの一般人にはピンとこない。短い間ではあるが生物多様性のシンクタンクで働いたことがある僕がそう言うのである。「生態系サービス」というのは、人間が自然から受け取る恩恵のことを指す言葉だが、なんだかまるで、ソフトウェアの会社が売りつけようとする、要りもしないアドオンみたいに聞こえる。だが、生き物の世界の尊厳――僕たちが他の生き物に感じる、感情的・倫理的なつながり――こそが何よりも重要であることに変わりはない。動物の存在は僕たちにとって喜びなのだ。彼らが苦しんでいれば僕たちは悲しい。自然のなかにいる彼らを見たいし、子どもたちにもそういう機会を与えたい。そのために、二〇ドルは多すぎる金額だろうか？　一〇〇ドルは？　スリランカの人々が、収入の一パーセントを寄付してもいいと考えるなら、僕たちにもそれができないだろうか？

僕たちが護らなければならない土地はどこだろう？　地球上の、氷に覆われていない土地の約半分は、人間の影響が及んでいないか、あってもわずかである。そのなかには、保護地域に転換できる放牧地も含まれているが、問題は、人間の影響が少ない半分は保護には不適切な半分だということだ――砂漠、ツンドラ、北方林などが多く、温帯湿地や乾燥熱帯林があまり含まれていないのである。だから、そういう土地をもっと保護するのと同時に、人間が多大な影響を及ぼしている土地を回復させる必要もある。

ハーフ・アースの支持者でさえ、地球の半分を封鎖できるとは思っていない。でも現実は認めざるを得ない――動物の多くは、人間がいない方が繁栄できるのだ。カリフォルニア州では、人間の声が聞こえるとクーガーは獲物の死体から、少なくとも一時的に離れてしまう。人工光に混乱した虫は、産卵場所を間違えたり、光源の周りを飛ぶのに疲れ果てて死んでしまったりする。浜辺についた人間の足跡は植物が育つのを妨げる。パンダは昔は中国全土に見られたが、研究によれば、今では彼らはハイキングトレイルの五〇〇メートル圏内、幹線道路なら五キロメートル以内には近づこうとしない。ハイイログマは、一日にたった二〇台しか車が通らない道にも近づかない。トラの生息域では、道路があると周囲の哺乳動物の数は五分の一になる。観光客の存在も動物を動揺させる。ケニアでは、観光客が多い地域の雌チーターが生む子どもの数を平均すると、そうでないところの半分以下である。サファリトラックが、食べ物を狩る邪魔になるからだ。ニュージーランドでは、水面に上がって呼吸する必要があるマッコウクジラが、観光用ヘリコプターが近づくと深海に潜ってしまうし、釣りのように環境に優しい観光でさえ、アシカの子どもの死亡率を上昇させる。動物たちが臆病なのは、おそらく人間の過去の行動が影響しているのだろう――チャールズ・ダーウィンがチロエ島でその頭をハンマーで叩いたキツネのように、臆病でない動物は長生きできなかったのだ。

だからこそ、パタゴニアやロシア東部、それにコンゴの森林のような人里遠く離れた場所がとても重要なのである。これらの土地とてまったく手つかずの自然が残っているわけではないが、より自然に近いし、辺鄙なところにあればあるほど破壊はされにくい。アマゾンでは、森林が破壊されているのはほぼすべて、道路、あるいは船が通れる川に近いところだ。良心的な観光客でさえ自然破壊のリスクをもたらす――南極を訪れる観光客が増えれば、侵入生物種を運び込んでしまう可能性も高まるのである。

小さな自然公園をばらばらにたくさん作るのではなく、苦労してでも大きな自然公園を作るのは、それだけの価値があるのだろうか？　過去一〇年ほど、生物学者たちの間で、自然保護と農業を両立させるために最も効率的なのはどういう方法かについての議論が交わされている。それぞれの農場に少しばかりの森や休閑地が付属している形（ランド・シェアリング）がいいのか？　それとも、大きな土地で集約的に農作を行うことによって、かなり大きな自然保護地域が作れるようにする（ランド・スペアリング）の方がいいのか？　ほとんどの研究結果は、少なくとも熱帯地方においては、野生動物はランド・スペアリング環境下の方が暮らしやすいということを示している。大きな自然保護区が一つある方が、小さいものがたくさんあるよりもいいのである。ほとんどの動物は、農業による自然への影響から遠く離れたところの方が元気だ。農業というものは、単位面積あたりに投下される労働、資本の集約度合いや、有機栽培であるか否かとは関係なく、それぞれの生き物の繊細な生態的地位を攪乱する。集約農業が行われている農地は、空撮映像で見ると恐ろしいが、動物を救いたいならばそれが解決策の一つかもしれない。パームオイルのためのプランテーションには問題も多いが、その生産効率は高く、一ヘクタールあたりの生産量はココナッツオイルやサンフラワーオイルの五倍にあたる――だから、それ以外の土地が適切に保護され、汚染防止の管理が行われる限り、大型のパームオイル・プランテーションを作る方がよいのである。

必要なのは行動だ。「大事なのは行動すること。その機会はあるのだから」。新型コロナウイルスによる最初のロックダウンが終わってクリス・トンプキンスと話をしたとき、彼女はそう言った。「世界中の人が三か月家に籠もると思った？　思わなかったわ。でも籠もったでしょ。それでわかったの、十分にプッシュすれば人間はかなりのことができるのよ。私が脳天気なわけじゃない。私は概して悲観的な方なのよ」

捕食動物の隣で暮らす人々の悩み

ずいぶん前のことだが、僕はジャガーとアナコンダが闘うビデオに夢中になったことがある。一時は絶対的に形勢不利に見えたジャガーが身を翻し、威風堂々、平然とアナコンダに襲いかかり、その爪で引き裂く。そしてアナコンダがぐったりすると、ジャガーは興味を失ってしまう。そのビデオを数十回見た後、僕は野生のジャガーを見たいと夢見るようになった。そしてついに、南米中央部にあるパンタナール湿地へと飛ぶことにした――観光客が、ほぼ間違いなくジャガーを見られるとされているところだ。

僕たちは朝早く宿を出て、モーターボートに乗り込み、全速力で川を下った。大して行かないうちにモーターボートのエンジンが止まり、ガイドが激しくある方向を指差した。川岸にジャガーがいた――明け方の、オレンジ色の光を全身に浴びながら、少し口を開け、川上にいる僕たちの動きを目と耳で追っている。その後ろには、半分茂みに隠れるようにして彼女の子どもたちがいた。

僕たち観光客にとって、それは旅のハイライトであり、一〇〇〇ドル払った価値があった。だが、ある晩遅く、いくらか酒を飲んだ後で、保護区の職員の一人が、自分はときどきジャガーを撃ち殺すこともある、と口を滑らせた。動物は観光客を連れて来るが、家畜を殺すこともある。だから殺さなくてはならないこともあるのだ。僕はアンデス山脈でも似たような経験をしたことがある。一人の老人が――彼は自然愛好家だった――彼の山小屋の扉を開けると、絶滅危惧種であるメガネグマの皮があったのだ。

これが自然界の現実だ。パワフルな動物を、遠くから眺めて愛する人もいれば、間近で見なければ気が済まない人もいる。再野生化で最も重要なのは、カリスマ性のある動物を呼び戻すことだ。なぜなら、彼らなしでは生態系はバランスに欠けるからだ——たとえばイエローストーン国立公園にオオカミが戻ったことで、より小さくて回復力のあるシカの群れが生まれたように。

大型の野生動物の存在は僕たちからあまりに遠すぎて、彼らの危険性を判断し損なうという場面もある。アメリカでは、二〇〇八年から二〇一五年まで、平均すると年間二〇一人が動物に殺されており、その半数近くはカリバチ、スズメバチ、犬によるものだが、僕たちはこうした生き物を危険が伴うものとは考えない——なぜなら、彼らの重要性がわかっているからだ。ところが、オオカミ、ワニ、クマとなると僕たちは恐怖に身を震わせる。

ブラジルやタンザニア、その他多くの国で農場に暮らしている人なら、大型ネコ科動物については、カリスマ性云々ではなくその費用対効果を考える。費用というのは単に経済的なことだけではない。ノルウェーの研究者、キム・ヤコブスンは、（ライオンのセシルが棲んでいた）ジンバブエのワンゲ国立公園の近くに暮らす人々の健康と幸福にライオンの存在がどのように影響するかを調査した。すると、住民の八〇パーセント近くが、ライオンが近くにいることによる恩恵は何もないと答えたのだ。家畜をライオンに殺された人たちは、その後ずっと恐怖と不安感が消えなかった。こういう感情的なインパクトは、金で埋め合わせができるものではない。実際にヤコブスンの見積もりでは、ライオンがもたらす不安感に対する補償金の中央値は五八〇〇ドルで、失った家畜の値段の数百倍だ。ヤコブスンの国、ノルウェーでも同様のことが起きている——農家は、直接的な経済的損失の保険制度が存在するにもかかわらず、オオカミの再導入に強く反対した。オオカミは、殺された家畜以上のもの——都会に住む人々による新しい価値観の押しつけ——を象徴しているのである。その結果、ノルウェーにいるオオカミの多くが不法に殺されている。ヤコブスンは、地元住民を肉食動物と共生するよう説得するには金だけでは不十分であると結論している。むしろ、報酬を提供するというやり方をすれば、動物が持つ金銭的価値以外の存在価値を人々が認めなくなってしまう可能性がある。ジンバブエの人々のなかにはライオンに文化的価値を認める人もいるが、ライオンを単なる取引の対象として見れば、そうした価値は人々の頭から「押し出され」てしまうかもしれない。自然保護活動家は、捕食動物が家畜を襲う危険性は人々が考えているよりも実際にはずっと低く、それをさらに低くする方法もあるということを人々に納得させるべきだ、とヤコブスンは言う。

問題の多くは、野生の捕食動物が家畜を殺すことから発生する。僕たちが肉を食べるのをやめれば、オオカミはヒツジやウシではなくシカを殺すだろう。そして、野生の動物の習性を僕たちが理解すれば、その存在に適応する方法が見つかるのだ。たとえばケニアでは昔から、農作物が、腹を空かせたゾウに踏み潰されてきた。ところがゾウはミツバチが嫌いなので、ゾウを畑に入れないためには、養蜂箱を組み込んだフェンスで畑を囲むというのが一つの方法だ。おまけに蜂蜜もついてくる。

だが悲しいかな、それだけでは十分ではない。サハラ以南のアフリカは、経済的に成長し、人口が増えつつある。世界資源研究所によれば、二〇一〇年から二〇五〇年までに、食料の需要は三倍以上になると予測されている。飢えと栄養失調を減らせるならばそれは朗報だ。だが、仮にサハラ以南のアフリカの作物収量が増加し、なおかつアフリカが食料の大部分を輸入し続けるとしても、アフリカ大陸には二〇五〇年までに、あと一億ヘクタールの耕地と一億五〇〇〇万ヘクタールの牧草地が必要になる。これはテキサス州の三・五倍の面積であり、現在アフリカで保護地域に指定されている土地の半分以上にあたる。新たに必要とされる耕地と牧草地は、動物にとってなくてはならないこうした保護地域——主にサバンナと森林——に及ぶだろう。ライオンその他の動物の数は減少を続け、彼らの棲みかは、しっかりと保護された少数の自然公園だけになるだろう。

でも、これとは別の、もっと明るい未来もある——追加の食料を得ることができ、かつ耕地や牧草地に変換される土地が少なくて済む方法が。森林やサバンナの保護に対して報酬を支払い、ある程度のトロフィーハンティングと高額な観光事業を許可することによって、畜産離れを促進すればいいのである。たとえば、ライオンが餌にする動物が、人間が食べるために不法に殺されなければ、アフリカの国立公園にいるライオンの数はおそらく三倍になる。そうすれば、公園を適切に管理するための数十億ドルの資金が手に入るのだ。

それでも、相当な面積の野生の土地が切り拓かれずに済むと考えるのは非現実的だ。サハラ以南のアフリカにある国の多くはすでに、ヨーロッパの国々と比べて国土のより多くを保護していると言える。それに対してできることの一つは、アフリカの国々で自然の土地が失われたら、その分を僕たちの国の中で補填することだ。世界のどこかに手つかずの土地が残っていると知るのは素晴らしいことだが、それが自分の身の回りにあるのはもっと素晴らしい。

イギリスで広がる再野生化

「ここはちゃんとしたオークの森だよ!」

マーリン・ハンベリー＝テニソンは彼の農場を二つに分けている。片方はまさに、イギリス南西部の温帯雨林だ。大気は湿気を帯び、澄んだ川が勢いよく流れ、僕たちを囲む木々からは顎ひげみたいな地衣類が垂れ下がっている。

金属製の門がある空き地に出る。「ここが特別なのは、今通ってきたところがあるからだよ」とハンベリー＝テニソンが言う。「そしてこっちは……」と彼は芝居がかって間をとってみせる。「違うんだ」

「こっち」というのは、塀で囲まれたヒツジの放牧地だ。牧草とワラビ。オークも数本立っているが、地衣類はほとんどついていない。これらのオークにはおそらく、隣の温帯雨林を繁栄させている、地中の真菌ネットワークも欠けているだろう。「この木はバラバラで存在しているんだ……環境に与える恩恵も少ない」

ハンベリー＝テニソンの計画はシンプルだ——自分の農場全体を温帯雨林にしたいのである。「この塀を取っ払って、サッカーの試合の観客みたいに塀に押し寄せてるこの森を広げられれば——可能性はある」と彼は言う。

二〇一三年、ジョージ・モンビオが『Feral（野生）』を出版した。それは、農家、土地の所有者、そして一般市民に、レイチェル・カーソンが言った「沈黙の春」を、野生の「騒がしい夏」で置き換えよう、と促す内容だった。モンビオが頭に描いていたのは、過去の自然環境——それがどのようなものであったにせよ——に戻るということではなく、ヒツジとシカを減らして他の動物が繁殖できるようにするというものだった。ビーバーやオオカミ、それにゾウなどが増えれば土地は再び生き返る。そして彼は、「オオカミのためにそうするのではなく、人間のためにそうする」のであると強調した——人間がようやく、野生を再び感じることができるように。

『Feral』はムーブメントを起こし、一部の土地所有者たちを刺激した。彼らは、美しいものとされているイギリスの田園風景——耕された畑、整った生け垣——が実はさまざまなものの欠落の結果であることを知っていたのだ。ビーバーもいない。オオヤマネコもいない。鳥もカエルもわずかしかいない。イギリスの森林地方の美しさを代表する、ブルーベルが咲き乱れる広大な野原さえ、地面を掘り返す野生のイノシシの不在の証《あかし》だった。

ハンベリー＝テニソンも、そうやって考え方を変えた地主の一人である。彼は生まれて初めて、自分の土地をきちんと知りつつあった。「勉強すればするほど恥ずかしくなるよ」と彼は言った。「以前の僕は、この森を歩いても、そこにあるのがハシバミなのかナナカマドなのか、オークなのかブナノキなのかもわからなかった。葉がない冬は特にね」

彼の父親が一九六〇年にその農場を買って以来、利益を求めてそこはさまざまに姿を変えた。初めは数種類の作物と家畜。それからアカジカの養殖場になり、イノシシの養殖場になったが、口蹄疫の流行でそれをやめた。現在は、主にヒツジを育てている借地人に貸している。「うちの借地人は、動物より政府からの補助金で暮らしてるよ」

イングランドの農家の半数近くは、公的な補助金がなければ赤字である（スコットランドとウェールズの農業はイングランドとは別に管理されているが、そこの状況はさらにひどい。スコットランドとウェールズのほとんどの農家は補助金がなければ赤字だし、ウェールズの農場の五軒に一軒は補助金があっても赤字である)。イギリスが欧州連合を脱退した後、政府は、食料などの商品だけでなく、炭素貯蔵や生物多様性といった公共財を公金で買い取ると約束した。これは土地の管理に革命をもたらすアイデアであり、ダグ・トンプキンスのように土地を購入する必要もない。補助金が正しく使われれば、農家が自然保護活動家になれるのだ。

まさに革命である。イギリスは、野生の土地を極端に過小評価してきた国だ。陸生の大型捕食動物もいない。曲がりなりにも手つかずの自然、と呼べるような土地はほとんどない。光害から逃れられればそれだけで御の字だ。イギリスは人口密度が高く、町や村が点在し、国土の三分の二が農場である。大きな森林は数百年をかけて木材の製造や農地化のために伐採された。イギリスで最初の国立公園ができたのは一九五一年になってからのことだ。伐採された森の一部は再生し、森が覆う国土は一〇〇年前の五パーセントから現在は一一パーセントになっている。それでも、ほとんどすべてのヨーロッパ諸国よりも低い数字だ。しかも新しい森の多くはプランテーションで、動物が棲むのには向かないし、低木が群生する荒地や草原、牧草地など、生き物にとって重要な生息地は回復していない。イギリスの学術研究上重要地域——野生動物にとって最も重要とされる土地——のうち、満足できる状態にあるのは約半数にすぎない。少なくとも、それが最善の見積もりだ。これらの地域の半数は、もう何年も検証されていない。それらの改善の責任を負う団体「ナチュラル・イングランド」の運営資金は、この一〇年ほどで四分の一に削減された。一九七〇年代以降でさえ、イギリス全土で状況は悪化しており気が滅入る。動物の豊富さ、つまりその個体数は一三パーセント減少しているし、おそらくさらに減るだろう。現在イギリスに存在する鳥の半数と陸生哺乳動物の四分の一が、イギリス諸島から姿を消す危機に瀕している。

熱帯地方の場合、野生動物を保護するのに一番良いのはランド・スペアリング、つまり農業と自然を分離することだ。ヨーロッパでも正解はおそらく、食料の生産と野生動物の保護を両立させようとしてどちらもうまくいかない、小規模で非効率的な農場ではないだろう。ただし、ヨーロッパ大陸では古くから農業が広く普及したため、現在生き残っている動物は、熱帯の動物よりも農業に対する耐性が高い傾向にある。イギリスとポーランドで行われた研究では、農場での方が繁殖しやすく、ランド・スペアリングが向かない鳥もいることがわかっている。そういう鳥を考慮すると、一番良いのは二つのやり方の真ん中、つまり、自然保護区と集約農地、それに野生動物が生きやすい農場の混在なのかもしれない。ハンベリー＝テニソンのちっぽけな土地にも果たせる役割があるのだ。さらに、不耕起栽培を行い殺虫剤の使用を減らして、昆虫や鳥や哺乳動物が移動できるコリドー（回廊）を提供する農場も役に立つ。不耕起栽培農場は異常気象に強いので、収穫高は必ずしもそれほど低くない。つまり、不耕起栽培だからと言って同量の作物を育てるためにより広い面積を必要とするわけではないのである。

現在三〇代半ばのハンベリー＝テニソンにとってこれは、自然が自らを癒すという話ではない――どうすれば自然が人間を癒やせるか、という問題だ。彼は九年間兵役し、アフガニスタン侵攻も三度経験している。その後は数年間、ロンドンで経営コンサルタントとして、ビジネスについて実際よりもよく知っているふりをして過ごした。家族の農場を継ぐことになってはいたが、それが何を意味するのかはよくわかっていなかった。そんなとき、精神的な問題を抱えていた彼は、この温帯雨林を眺めながらある天啓を受けたのだった。彼は心が安らぐのを感じた。

イギリスの全土で森が伐採されていくなか、彼の土地の木々は生き残った。斜面が急で岩だらけだったために伐採を免れたのだ。そこには、まったくの手つかずで他とは違った自然があり、僕は何度も、自分がまだイギリスにいるということを思い出さなければならなかった（もっとも、ハンベリー＝テニソンに言わせれば、僕たちがいるのはイングランドではなくてコーンウォールだったが）。僕たちが今肉を食べるのと同様の真剣さで野生動物のことを考えれば、イギリスはこういうふうになれるのだ、と僕は思う。

ハンベリー＝テニソンは、再野生化の手始めとしてまず、ワイヤーフェンスを引き抜き、川にビーバーのつがいを放した。ビーバーは、イギリスにおける再野生化の顔である。その毛皮と肉を求める人々によって一四世紀に絶滅に追い込まれたビーバーは、近年、再び河川に放されている――そのなかには、合法的に放されたものもいるし、野生動物公園から不法に放されたものもいる。個々のビーバーは、川の流域三キロメートルを縄張りとする。イングランドでは、ビーバーが魚を食べると苦情を言う人がいる。三万五〇〇〇エーカーの土地を所有する億万長者、ジェームズ・ダイソンさえそう言っている。だが実際は、ビーバーは菜食である。人々が勘違いするのは、ひょっとすると、C・S・ルイスの『ナルニア国物語』のなかにビーバーが魚を揚げている（そしてビールを飲んでいる）場面があるからなのかもしれないし、僕たちがあまりにも肉食を好むために、他の大型哺乳類が肉を食べずに生きているなどとは想像もできないからなのかもしれない。長期にわたる調査の結果からは、ビーバーは魚の数に影響を与えないし、人間に健康被害を及ぼす危険性もないし、ダムを作ることで川の下流の洪水リスクを低減させることがわかっている。「ビーバーという動物の九割は良いところで悪いところは一割だが、その一割も簡単に解決できる」――調査のアドバイザーの一人であるアラステア・ドライバーはそう言った。ビーバーが引き起こす問題、たとえば彼らが作るダムがある限定された範囲で川の水をあふれさせることは、一部の地域でビーバーのダムを取り除いたり、水がダムを通過できるようにする「ビーバー騙し」の仕組みを設置することで回避できる。最悪の場合、一部のビーバーを殺処分することもできる。「人間は一度ビーバーを絶滅させてるってことを忘れちゃいけない」とドライバーは言う。実際、土地の所有者たちがそれを繰り返す危険性はある。二〇一九年には、スコットランドのビーバーの五分の一が合法的に殺処分されている。

ハンベリー＝テニソンは、もっとたくさんの哺乳動物を放したがっている。マッテン、ミズハタネズミ、タムワース・ピッグ、ひょっとしたらバイソンもだ。そのそれぞれに役割がある――マッテンはハイイロリスの数をコントロールするし、タムワース・ピッグは野生のイノシシが地面を掘り起こす代わりをし、バイソンはハリエニシダの茂みを薙ぎ払うのだ。「バイソン！　まるでおとぎ話だよね」と彼は笑う。「敷地を囲む柵だけは作るけど、あとは何もかも放し飼いにしたいんだ」

自然に介入せず、なるがままにさせるべきだ、と言うのは簡単だが、すぐに、そこには人間の決断が必要とされるということに気づかざるを得ない。たとえば、どんな生き物を再導入あるいは絶滅させるべきなのか？　ヨーロッパバイソンを嫌うイギリス人生態学者は多い。彼らは、最終氷期以降ヨーロッパバイソンがイギリスにいたことを疑問視し、昔はイギリスの野生種だったオーロックスの子孫であるロングホーン牛の方が世論の抵抗を受けにくいと主張する。ハンベリー＝テニソンは、イギリスに導入された歴史の浅い動物——ハイイロリスやノロジカなど——の数を抑えたいと思ってはいるが、完全に排除したいとは考えていない。「彼らはもう物語の一部だからね」と彼は言う。「僕らは、動物を新たに導入したり排除したりして、イギリスの生態系を根本的に変えてしまった。だから、自然がもっと倫理に適った状態に戻れるように力を貸してやる責任は、今後も持ち続けないわけにはいかないと思うよ」。動物を愛するということは、単に遠くから彼らを称賛するということではない。それは、僕たちと動物の生活には密接なつながりがあるということを認め、受け入れることから始めなくてはならないのだ。

非効率的な、補助金頼みの農場を自然に戻す——それこそがまさに、僕たちのすべきことだ。ウェスト・サセックスにあるクネップ家の地所は、穀物栽培と肉牛の飼育では利益をあげることができなかったが、その共同所有者であるイザベル・トゥリーが書いた『英国貴族、領地を野生に戻す　野生動物の復活と自然の大遷移［原題“Wilding”］』が出版されたおかげで、イギリスで最も有名な再野生化プロジェクトとなった。クネップ家の地所はロンドンからも車で気軽に行けるところにあり、事業用の建物もあって、再野生化以来、日帰りの観光客とオフィススペースのレンタル料で収支の帳尻を合わせることができるようになった。それでも、トゥリーの見積もりでは土地の価格は半減している。

軍隊仕込みの企画力と上流階級ならではの自信を備えるハンベリー＝テニソンは、環境保護のための政府補助金を利用して、自分のところの帳尻も合わせられると期待している。たとえばヨガのインストラクターは、生徒をモロッコやスリランカまで連れて行かなくても、ここでリトリートを開催できる。企業が社員向けの三日間の開発会議を開くことも可能だ（ハンベリー＝テニソンはすでに、かつての同僚をここに連れて来たことがある。「ウシの糞を見たら、誰かに掃除させるべきだと言うんだ——人間と自然がどれほど乖離してしまっているかがようやくわかったよ」。そう言って彼は立ち止まり、湿った土を一握り拾い上げた。「大事なのはこれを怖がらないことなんだ！　僕たちはこれを怖いと思ってるんだよ！」）。夏にはワラビを摘むこともできる。ハンベリー＝テニソンはそれを「最高のグループ活動だし、まるで瞑想してるみたいだよ。太極拳みたいだ！」と言う。さらに、経営者は社員の創造性を引き出したがっていると彼は言う。そして、「ビーバーほど創造性豊かな動物はいないよ！」というわけだ。——これを売り込むには少々工夫が必要であることは彼も認めている。

僕たちは農場の中を歩いた。ハンベリー＝テニソンは別の一角に、ソーラーパネルと風力タービンと防風柵を設置してその効果を試していた。コーニッシュ・ビー［セイヨウミツバチの亜種］の巣が二つばかり、近々届くことになっていた。彼の土地はまるで培養皿だ。そしてそこで行われている実験は理に適っているように思われた。「これは、三〇年、四〇年とかかる長期的展望だよ」と彼は言う。「親父は八三歳。僕の夢は、僕が八三歳になったとき、この農場を、経済的にも環境的にも維持可能な場所——それに、あんまりヒッピーみたいな言い方はしたくないけど、霊的にも維持可能なところとして引き継ぐことなんだ。ソンムみたいに凸凹した土地じゃなくてね［フランス北部のソンムには、第一次世界大戦中の爆撃でできた巨大なクレーターが今も残っている］」

その後、僕は携帯でビーバーが川を泳いだり木を齧ったりしている短い動画を見つけた。エリザとクレオにそれを見せると、その動画は僕たちの動物園通いよりもはるかに、自然界とはどういうところかということを娘たちにわからせたような気がした。

今、イギリスでは再野生化という概念は広く知られているが、それでもそれはまだ「変わった行動」——つまり、田舎暮らしの「本業」ではなくてオマケ的な存在だ。だが本来、再野生化は、僕たちの多くが自然の価値だと考えることを象徴しているのだ——美しさ、回復する力。炭素貯蔵や洪水防止、人間の生命を超えた生命の存在は言うに及ばない。イギリスの自然を回復させるためには、そういう農場がいくつかあるだけではまったく不十分だ。土地はある。イギリスの食料を生産するのに必要な内外の農地全体のうち、八五パーセントは畜産場と家畜の餌の生産に使われている。肉を食べることをやめれば、食の安全を損なうことなく、その多くを再野生化のために解放できるのだ。

再野生化は、イギリス高地の採算の取れない農場に取って代わることができる。それだけではない。イースト・アングリア地方はイギリスで最も生産性の高い農業地帯の一つだが、泥炭土《ピート》でできている低地は毎年一〜二センチ侵食され、炭素を放出している。「カーボンプライシング〔排出される炭素の量に応じて何らかの形で課金をすること〕が行われれば、それがそんなに高くなくても、イギリスの湿地帯で農業をする人は一人もいなくなるでしょう」——オックスフォード大学の経済学者で、政府の環境政策のアドバイザーであるディーター・ヘルムはそう言った。イギリスの国土の一二パーセントは泥炭地であり、特にスコットランドとイングランド北部の湿地帯にそれが多い。そして、泥炭地に貯蔵される炭素は、イギリス、ドイツ、フランスの森林の炭素貯蔵量の合計を上回る。また、昆虫にとっては素晴らしい生息地でもある。それなのに僕たちは、ピートを切り出して庭の肥料にする——良い代替品があるにもかかわらず、イギリスで売られている堆肥のほとんどはピートだ。ピートを使った庭づくりは、実は自然を破壊する——庭づくりを愛する人のほとんどが、自分たちがしている、そしてしたいと思っていることとは、まさに正反対なのだ。ピートを使った庭づくりをやめて、僕たちは、炭素を土壌に戻し、野生動物を呼び戻すべきだ。

活動団体「リワイルディング・ブリテン」は、二一〇〇年までに再野生化の中心となる土地を一〇〇万ヘクタールにしたいと言う。これはイギリスの国土の約五パーセントにあたる。彼らはまた、国土の三〇パーセントを網羅する、より広い再野生化のネットワークを作ることを呼びかけている。現在イギリスには、シカ狩りができる地所が一八〇万ヘクタール、ライチョウ狩りができる土地が一三〇万ヘクタール（その一部は国立公園内に）ある。国防省や森林委員会が所有する土地、それに道路脇の土地などはみな、もっとうまく管理して生き物を繁殖させることができる。イギリスには推定三万ヘクタールのゴルフ場があるし、イングランドだけでも二万ヘクタールの駐車場があって、それらは都市部の野生動物の生息をサポートできる。各家庭の庭だって、虫や鳥や両生類や小型哺乳動物の保護区にできるのだ――ただしそのためには、美しい庭とはどういうものか、という人々の考えを変える必要があるが。

人口密度の高いイギリスを再野生化するのは、チリを再野生化するよりも大変だ。ウェールズでは、三四〇万ポンドをかけた「Summit to Sea（山頂から海まで）」というプロジェクトが中断された。地元の農家が、生計を脅かされかねないと苦情を申し立てたからだ。それでも、イギリス人の五人に四人は、自分は再野生化を支持していると言う。今後イギリスの動物が増えるか減るかは政治的な闘いだ。我が国がどんな姿であってほしいかを、僕たちは決めなければならない――公的な補助金に頼る非効率なこれまでの農業のやり方を、観光産業や人々の健康を支える豊かな生態系よりも優先すべきかどうかを。

捕食動物となると、議論はさらに激しくなる。イギリス人の三分の一ちょっとが、何百年も前に狩り尽くされてしまったオオヤマネコやオオカミの再導入を望んでいる。かつてはイギリス全土にいたヨーロッパオオヤマネコは、ダルメシアンほどの体重しかないし、主に森でシカを殺して生きる。現在はヨーロッパ全土に生息しているし、人間に危害を加える心配もない――ヨーロッパオオヤマネコによる被害の報告はごくわずかで、それらは狂犬病に罹ったオオヤマネコが関係しているようだが、今では西ヨーロッパ諸国のオオヤマネコにはその心配はない。Lynx（オオヤマネコ）ブランドのデオドラントの方がよっぽど迷惑だ。オオヤマネコがヒツジを殺すことさえないかもしれない――なぜなら、そのためには開けた場所に出ていかなければならないからだ。ただしオオヤマネコは縄張りが広い。ノルウェーの南東部では、三〇〇平方キロメートルに一匹の割合でオオヤマネコが暮らしている。繁殖が可能な数のオオヤマネコが生息するためには、広大な保護地域、あるいは、近いところに森がいくつかあって、それらをつなぐ森があり、オオヤマネコに寛容な農家がいることが必要だ。だが土地の所有者の多くは、自分の土地には捕食動物を入れたがらない。

島国であるイギリスは、大陸にあるヨーロッパの国々に後れを取るだろう。オオカミはオランダとベルギーにはすでに生息しているし、産業革命以降初めて、フランスとイタリアのオオカミと、ドイツとポーランドのオオカミが、近いうちに混ざり合うかもしれない。一九七九年にヨーロッパ諸国が署名したベルン条約は、野生動物を故意に殺すことについて厳格な規則を設けている。オオカミとオオヤマネコを殺すことが許されるのは、他に解決方法がなく、それがその個体数の管理にとって適切な行為であるという科学的なエビデンスがある場合のみだ。ドイツでは、オオヤマネコは観光資源とされている――ただし、オオヤマネコは人の目を避けることが多いので観光客は想像力を働かせる必要があるが。

ハンベリー＝テニソンの農場は一・二平方キロメートルある。彼は、近隣の農場を説得して、彼の農場と一緒に最大四平方キロメートルの自然保護区を作れればと考えている。それでもオオヤマネコに十分な広さではない。彼の農場はボドミン・ムーア［コーンウォール北東部の花崗岩でできた荒れ地］の端にある。そこは、僕が一〇歳だったときに、大型ネコ科動物が目撃されたとイギリスの新聞が夢中になったところだ。「ボドミンの野獣」と呼ばれるようになったその野獣はついに捕獲されず、人間に迷惑をかけることもなかった。だが目撃例は数十にのぼり、画質の粗い動画と、家畜の死体数体が見つかっている。他の国――たとえば昔からクマがいたアメリカやオオカミがいたスペインなどでは、これは新聞の一面を飾るニュースとは思われなかったかもしれない。だがイギリスのマスコミは熱狂した。専門家たちは、この風来坊をヒョウだと言ったが、彼らはおそらく間違っていた――そもそも彼らは専門家なんかじゃなかったのかもしれない。いずれにしろ、この大騒ぎのおかげで正式な調査が行われざるを得なくなった。数年後にわかったのは、サーカスの調教師が、自分のサーカスが閉鎖されたときに三頭のピューマをムーアに放したらしいことだった。

ジョージ・モンビオは、ボドミン・ムーアで野獣が目撃されたというのは空想で、「自分たちが手なづけた動物よりも野性的で獰猛な動物に対する無言の憧れ」の一端ではないかと考えた。僕は彼とは逆に、このヒステリックな反応は、ほんのわずかな野生を危険と見る僕たちの傾向を表しているのではないかと思う。イギリス人は、遠くに棲んでいる動物が大好きだ――ライオン、トラ、ホッキョクグマ。アマゾンのように、僕たちに何の影響も及ぼさない大自然を想像するのも大好きだ。だが僕たちがその気になれば、身近に暮らしている野生動物を愛することもできるようになるかもしれないし、より多くの土地を彼らに渡してやろうと思うかもしれない。結局のところ、僕たちがオオヤマネコの近くで暮らすことを検討しようともせずに、ケニア人がライオンの隣で暮らすよう期待することなどできないではないか?

人間が、三〇パーセント、ひょっとしたら五〇パーセントの土地を動物たちのために確保してやらない限り、動物は僕たちの周りから消えていくだろう。僕たちは動物が好きだと言いながら動物を全滅させるのだ。人間と野生動物のどちらもが繁栄するのに十分な土地はある――畜産をやめ、農作物をより効率的に栽培し、動物を愛するという価値観に従って金を使うならば。そうすれば状況はガラリと変わる。ただし、それだけでは十分ではない。生息地の消滅は、野生動物が今直面している最大の脅威ではあるが、それよりも大きな脅威が始まっている――気候変動だ。

変化に適応できない生き物を救う

スージーと僕は新婚旅行で、サンゴ礁に囲まれたインドネシアのある島に行った。観光客のほとんどはスキューバダイビングがお目当てだった。スージーはダイビングをしないし僕も長いことダイビングをしていなくて腕がなまっていたから、僕たちは二人で、ゴーグルを着けて浜辺に降り、岸から数メートルのサンゴ礁まで泳いでいった。サンゴ礁でシュノーケリングをしたことがある人なら誰でも、ゴーグルが水面を破り、貝や砂が広がる海底が眼の前に鮮やかに現れる、あの瞬間を覚えているはずだ。

熱帯のサンゴ礁には、アマゾンの熱帯雨林のような濃厚さとアフリカのサバンナのカリスマ性がある。地球全体の海底のわずか〇・一パーセントだが、そこには八三万種類の植物と動物が存在し、そのうち名前がついているものは一割にすぎない。サンゴ礁は魚が隠れる場所を提供し、特にまだ幼い魚をサメやタコなどの捕食動物から護る。一時間シュノーケリングをするたびに僕たちは、眠そうなエイや、太っちょのナマコや、機嫌の悪そうなハリセンボンを目撃した。海底には鮮やかなブルーのヒトデや、小さなサメや、数匹のフグ、コウイカが二匹、カクレクマノミ、チョウチョウウオ、シラタキベラ、ソメワケベラ、ルリホシエイ、ツノダシ、スズメダイ、さまざまな形や大きさのモンガラカワハギ科の魚、オキザヨリ、イセエビなどがいた。最後に潜ったときには、ちょっと戸惑った様子のオニカマスもいた。僕たちはホテルに戻ると、目撃した生き物を図鑑と照らし合わせた。

僕たちは四日間、この小さな岩礁の片隅で何度も何度もシュノーケリングをしたので、そこは僕たちのもののような気がするほどだった。インドネシアを発つとき、この岩礁を二度と見ることはないかもしれないことを僕たちは知っていた。でもその岩礁は、誰か別の人のために――それは観光客かもしれないし新婚旅行の客かもしれない――そこにあるものと思っていた。環境保護に関心のある旅行者なら誰しもこういう経験があるかもしれない。遠路はるばる世界の果てまで出かけることで、自分が動物を愛していること、人間の事細かい管理とは無縁の世界がどこかにあることを確認しようという、そういう経験が。

だが甘かった。一九八〇年以降、世界のサンゴ礁の三分の一~二分の一が失われている。二〇一六年三月、グレートバリアリーフの水温は平常より三度高くなり、何百万という個体が死んでしまった。初め、サンゴが死んだのは、水温が上がったために共生関係にある（そしてサンゴに鮮やかな色彩を与えている）藻が吐き出され、そのためにゆっくりと餓死したのだと思われていた。だが調査の結果、白化したサンゴの半数は二週間以内に死んでいた。「文字どおり、茹で上がってしまったんですよ」――オーストラリアのクイーンズランドにあるARCサンゴ礁研究センターのディレクターであるテリー・ヒューズはそう言う。「サンゴの細胞組織には水温が高すぎたんです」。サンゴ礁は宇宙からでも見える。宇宙人は、僕たちはいったい何をしているのだろうと思っているに違いない。

サンゴは、仮に再び成長できるとしてもそのスピードは遅い。白化したサンゴが腐食して幼生が代わりに成長するには長い時間がかかるのだ。二〇一六年一一月の時点で、二三〇〇キロメートルに及ぶグレートバリアリーフのサンゴの被覆面積は三〇パーセント減少している。それだけではない。サンゴの種類も変化しており、見事な枝状をなすサンゴは最も被害が大きい。一九九八年までは、こうした壊滅的なサンゴの大量死が起きたことはなかったが、現在ではほとんど毎年のようにそれが起こっている。グレートバリアリーフはもう二度と、五年前のように見えることとさえないだろう。気候変動に関する政府間パネルの推定では、地球の気温が一・五度上昇すると、世界中のサンゴ礁はさらに七〇パーセントから九〇パーセント減少する。二度上昇すれば、九九パーセントのサンゴ礁は姿を消す。数十年後には、スージーと僕がインドネシアで見たようなサンゴ礁は存在しなくなっているかもしれないのだ。僕たちはサンゴを切り出しているわけではないが、同じようなものだ。「木を伐るのを止めなければアマゾンは再生できないように、地球温暖化を何とかしなければ、サンゴの再生は望めませんよ」とヒューズは言う。

サンゴ礁はよく、この先起きることの前兆だと言われる。だがこの言い方は誤解を招く――他の野生動物の生息地ではすでに、甚大な損失が起きているのだ。たとえばタスマニアの沖合では、一九六〇年以降、ケルプ［コンブ科の海藻］の森の九〇パーセントが消えた。北カリフォルニアの一部でも、海洋熱波でケルプの森のほとんどが枯れてしまった。また、水温が高いとケルプの森は、食欲旺盛なウニに食べられやすくなるようだ。ヒューズは、サンゴを気候変動の前兆というよりも「イメージキャラクター」と呼びたがる。気候変動の影響は、温度変化が小さいところに適合するよう生物が進化してきた熱帯に最も顕著に表れる可能性が高い。だが、影響を受けないところはない。たとえば、自動車産業よりも林業や材木業の従事者の方が多いドイツでは、冬が暖かくなったために死なずに済むようになったキクイムシに森が食い荒らされている。ヨーロッパとアメリカでは、いろいろな理由でマルハナバチの個体数が激減した。ふさふさの毛に包まれたマルハナバチの身体は高い気温には向かないのだ。熱波が来ると、「暑さを避けるか、食べ物を集めるか、のゼロサムゲームになるんです」――オタワ大学の保全生物学者、ピーター・ソロイエは言う。つまりマルハナバチは、暑さで死ぬか飢えて死ぬかのどちらかなのだ。鳥や哺乳動物が最も急激に減少しているのは気温の上昇が最も激しい地域である。動物にとっての季節のリズムと、彼らが依存する植物の成長のリズムがずれてしまうのだ――冬眠していた動物が目を覚ますと彼らの食べ物がまだできていなかったり、木に餌がなっている時期に渡り鳥が渡って来なかったりするのである。

未来に何が起きるかを判断するための実験をしたことがある。水族館のナンキョクツキヒガイは、水温が二度上がると泳ぐ能力を失った。今や僕たちは、すでに起こっていることについていくのがやっとなのだ。一九七〇年代後半から二〇一〇年代初頭までの間に、プエルトリコの熱帯雨林の一部では昆虫の数が九七パーセント減った。昆虫を餌とする鳥やカエルやトカゲの数も減った。すべての条件が同じならば、捕食者の数が減れば昆虫の数は増えるはずだ。だが条件は同じではなかったのだ――平均最高気温は、一九七〇年代よりも二度高くなっていたのである。昆虫もその捕食者も生き残れなかった。熱帯雨林そのものも、この先一〇〇年もたないかもしれない。二〇一九年、オーストラリアでは史上最高の気温と乾燥度を記録し、野火が二〇〇〇万ヘクタール近くを燃やし尽くした。研究者が火事で燃えた地域に行ってみると、小型の陸生動物はほぼ全滅していた。ニューサウスウェールズ州では、五〇〇〇匹のコアラが死んだ。

でも､動物は動けるではないか？　植物よりも動物の方が、気温の上昇に適応するのがうまいはずではないか？　いや、必ずしもそうではないのである。問題なのは最高気温であり、動物よりも植物の方がそれに耐えるのは得意なのだ――鉢植えの植物を一日中暑いテラスに置いておいても、水さえ補充できれば枯れないのと同じように。

問題は、動物と植物のどちらが生き残るか、ではなくて、その両方が生き残れるかどうかなのだ。生態系は、動物、植物、昆虫、それに真菌類で成り立っている。ガボンのロペ国立公園では、気候の温暖化と乾燥化によって果実が減った。一九八〇年代には、ゾウが食べる熟した果実がなっている木は一〇本に一本だったのに、今では五〇本に一本もないくらいだ。今いるゾウたちは、以前より痩せているし健康状態も悪い。一〇年後も彼らは、今と同じように森を形作っているだろうか？

渡り鳥の餌になる虫のなかには、発生時期が渡りの時期とずれてしまうものが出るだろう。一部の生態系は、現在地球上ではあり得ない気温を経験するだろう。消滅する生息地もあるだろう。こうした影響は、授粉媒介者と植物、植物と草食動物、捕食動物とその獲物の間にある相互関係によって決まる。ユニバーシティ・カレッジ・ロンドンの生物学者、アレックス・ピゴットによれば、「何が起こるか我々にはわからない」のである。

ピゴットのモデルによれば、生態系の崩壊は一〇年以内に始まる。彼は、二一世紀が終わる前に、生息地の消失よりも気候変動の方が生物種の絶滅にとってより大きな原因となると予測する。「今のところは、気候変動が原因で絶滅する生物種は少ないが、これは決して良い兆候ではない」とピゴットは言う。感染力が非常に強い病気と同じで、「大丈夫だったものがとんでもなくひどい状態になるのは本当にあっと言う間だ」。

だから、動物を愛する気持ちは、気候変動と闘うもう一つの理由なのだ。自然というのは厳しいものだが、僕たち人間はそれに拍車をかけている。人間は動物たちに、彼らが適応してこなかった環境のなかで生きることを強いている――変化のスピードが速すぎて、彼らは適応できない。だからこそ僕たちは、再生可能なエネルギーの利用に切り替え、森や湿地を護り、肉や乳製品を食べる量を減らし、家には断熱処置を施さなくてはいけないのだ。こんなことはもう、さんざん聞いて耳にタコができているかもしれないが。

だが、もしかしたらそれでもまだ足りないかもしれない。環境への負荷を減らしつつ国が豊かになったという前例はかつてない。僕たちは、たとえばオゾン層に穴を開けるフロンガスのような、最悪の汚染物質を使うのをやめることはうまい。汚染行為を豊かな国から貧しい国に移行させることも得意だ——だから、ネットで買える製品の多くはアジアで製造されている。鯨油、ミンクの毛皮、さらには食肉まで、その代替品を見つけるのもうまい。だが、地球の資源をどんどん枯渇させるのを僕たちがやめない限り、動物は絶滅の瀬戸際に追い込まれ続ける。この問題の根底にあるのは僕たちの豊かさだ。二〇世紀が始まった頃、アメリカ人は収入の四〇パーセント以上を食べ物に使っていたが、今ではその割合は一〇パーセントに満たない。残った金は何かに使わなくてはならない。オックスファムとストックホルム環境研究所によれば、一九九〇年から二〇一五年の間に全世界で排出された炭素の半分は、この、最も豊かな一〇パーセントの人間——年間収入が三万八〇〇〇ドル以上の人々——によるものだ。

僕たちは、デジタル時代に生きていると思っている。ペーパーレスな職場で働き、ミニマリスト的な内装の家に住んでご満悦だ。だが、全世界で消費される資源の量は、世界経済の成長とほぼ同調して増えているのだ。僕たちがほとんど無意識で使っている天然物資もある。たとえば、世界中で年間五〇〇億トンの砂が採掘されているが、これは一人一日一八キログラムにあたる。これによって、広い範囲の海底には生き物が棲めなくなるが、僕たちはぴかぴかのビルディングしか目に入らない。アルド・レオポルドは、人類の歴史のなかで一番初めに人間に与えられた仕事は「ある土地で、そこを台無しにしないように暮らすこと」だった、と言った。今、僕たちは、ある土地に住みながら別の場所を台無しにしているのだ。ほんの時たまではあるが、自分の生活がどれほど広い範囲に及んでいるかに気づくことがある——僕の友人の一人は、簡単な夕食をつくったあと、その材料が三つの大陸からやって来たものであることに気づいたときのことを覚えていると言った。

知らなかった、というのは言い訳にはならない。自分たちが大量に消費していることを僕たちは知っている。別の色にしたいからカーペットを剝がす。安売りしているから服を買う。もっともなことだが、自分が暮らしている素晴らしい世界を見たいから長距離を飛行機で飛ぶ。環境に負荷をかけずに新品の服をつくったり世界中を飛び回ったりする方法は存在しない。それなのに僕たちはレジ袋にフォーカスする──そんなものは氷山の一角でさえないのに。持続可能な世界を求める行為とは、買い物のときにレジ袋を辞退することよりも、そもそも買い物に行かないことである場合もあるのだ。僕たちは、両親よりも多くの物を持っているし、去年よりもたくさん物を持っている。そしてそれらがどうやってつくられているかについては、食肉の製造工程よりもさらにコントロールが利かない──それらの製品は往々にして、規制の緩い国々でつくられ、衣料用の染料が川に流されたり、工場の燃料が石炭だったりするのである。僕たちが、動物が絶滅したり死んだりしていることを認めずにいられるのはそれが理由だ──世界の反対側で起こっていることだからなのだ。僕たちは、それによって批判されることはないと思うから平気で物を消費する。だが僕はときどき不安になる──娘たちが将来、僕をものすごく馬鹿だと思いはしないかと。

著書『人類が消えた世界』の中で、サイエンス作家アラン・ワイズマンは、突如地球上から人間がいなくなったら何が起こるかを描いてみせた。その答えは、いろいろな形で植物と動物が繁栄し、僕たちが永久的なものと思っている社会のインフラの大部分を自然がバラバラにしてしまうというものだ。人間という存在の痕跡として長く残るものはわずかしかない──たとえば大気汚染によって土壌に蓄積した重金属。そしてもちろん、人間が気候に与えた影響だ。

人間がいない世界という概念は、新型コロナウイルスの流行によるロックダウン中に可視化された。動物を愛する人たちにとってそれは、悲しい、だが心そそられる可能性だった。この世には人間が多すぎて、人間の数を減らすことでしか、動物が繁栄するのに十分なスペースを提供できない、という考え方は、あなたも聞いたことがあるだろう。ダグ・トンプキンスは、毎朝目覚めるたびに、その日生まれた二五万人の子どもたちのことが心配になると言った。今では、毎日三五万人以上の赤ん坊が生まれている。世界の人口は一年に一パーセントずつ増えているのだ。国際連合は、人口は二一〇〇年に一一〇億人程度で頭打ちになると予測しているが、それが一〇〇億人である可能性も一二〇億人である可能性もあると言っている。アフリカの人口は二〇五〇年までにさらに一一億人増えると予想されているが、これは現在のヨーロッパと北米の人口を足した以上の数だ。それ以外の地域の人口は、八億人弱増えると予想される。こんなに人口が多いのに、今以上のスペースを動物に与えることなどできるだろうか?

大胆な環境保護思想家の一人で、トンプキンスに影響を与えたアルネ・ネスは、人間の文化的多様性と基本的なニーズは、人口が一億人ほどいれば事足りると言った。ネスにとって、人口を減らすのは、正義とは何であるかという問題だった。人間には、それが人間にとっての死活問題である場合を除き、他の動物をその場所から閉め出す権利はないのである。だがこの考え方は、人間の一人ひとりを、クマやハチや細菌と同列に置くものだ。生物学者リード・ノスは、人間はむしろ他の動物よりも優先順位が低くて然るべきだと主張した——なぜなら、「人間は他の生物と比べてより適応能力があり、より破壊的」だからである。

ハーフ・アースのエドワード・O・ウィルソンは、理想的な人口は五億人だと言う。ジェーン・グドールは、五〇〇〇年前、世界の人口がおよそ五億人だったときには「今私たちが問題にしていることはどれも問題にならなかった」と指摘している。五億人というのは、現在の南米の人口にあたる。動物愛護団体「動物の倫理的扱いを求める人々の会」の創設者、イングリッド・ニューカークは、二二歳のときに不妊手術を受けることを選んだ。彼女に言わせれば、子どもを持つのは血統書付きの犬を買うようなもの——「虚栄心を満足させるための」ライフスタイルの選択なのである。

僕に幼い子どもがいるからなのかもしれないが、この問題は、環境保護運動の一番好ましくない傾向を浮き彫りにしているように思う――つまり、なかには動物より価値のない人間がいると示唆したり、裕福な人々のために自然美を護ることを、貧しい人々の解放より重視したり、ということだ。それではまるで、動物愛護主義者はかつての中国の一人っ子政策と同列になってしまう。人口問題を懸念しているのは、裕福で海外旅行の経験が豊富な白人である一方、子どもがたくさんいるのは、貧しい有色人種であるという傾向がある。二〇二〇年、世界自然保護基金は、「適切な範囲で、できる限り人口を抑えよう」というテロップをアジア人の群衆の上に重ねた公共広告の動画について謝罪した。

動物を愛しているならば、人がなぜ子どもを持ちたがるかが理解できるはずだ。僕が牛乳を飲むのをやめた理由の一つは、それが母牛と子牛のつながりを断ち切ると思うとゾッとしたからだ。ゾウを動物園で飼育するのに反対する理由の一つは、動物園では多世代にまたがる群れをつくれないからだ。子どもを持ち、一緒に暮らしたいという願望が人間にとってなくてもかまわないものだと考えるのは奇妙である。それに、いくら動物を愛しているからと言って、僕は人口が萎んでもいいとは思わない。人間社会は素晴らしい。ツイッターとカメ、ハリウッドとサイチョウを同じくらい愛していてもいいではないか？　ニューヨークが沼沢地でロンドンが森だった頃に時計を巻き戻す必要はない。今よりも良いバランスを見つけさえすればいいのである。

ただし、出生率を問題にすることが攻撃的だとは僕は思わない。発展途上国では、二億二〇〇〇万人を超える女性たちが、妊娠を望まないのに避妊の方法がない。エチオピアでは、学校教育を受けていない女性は平均六人の子どもを生む一方、一二年間の学校教育を受けた女性が生む子どもの数は二人に満たない。ケニアで行われたある試みでは、学校の制服の価格を下げるというような単純なことが、学校の中退率を下げただけでなく、一〇代での結婚や出産も減少させた。人口増加について考えなければ、僕たちは、教育を受けずに育ち、自分が望む以上の数の子どもを生む以外に選択肢を持たない女の子たちの存在を許すことになる。そしてもしも豊かな国の人々が、環境破壊に対する罪の意識や待ち受ける気候変動の恐怖のせいで生む子どもの数を減らしたいと望むなら、僕はその犠牲を称賛する。

だが、本当の問題は生まれる子どもの数ではない。本当の問題は、すでに存在する人々がどれほどのものを消費しているかなのだ。裕福な国の平均的な国民は、貧しい国の平均的な国民の三倍から六倍にあたる天然資源を消費する。イギリスの宇宙物理学者、マーティン・リースによれば、地球は二〇〇億人が「（禁欲的ではあるが）まあまあ耐えられる生活の質」で生きるのを支えることができる——食事はヴィーガン、移動はほとんどせず、小さいアパート暮らしをすれば。だが、そんなことは「起こりそうもないし、魅力を感じないのはたしかだ」と彼は言う。実際、そんなことは不可能だ。

一九七〇年代から、地球上の人口は倍増し、平均的な人が消費する天然資源の量もまた二倍近くなっている。僕たちは中国とインドを責めたがるが、実際の数字を見れば、消費量が最も増えたのは高中所得国と高所得国である。平均的なアメリカ人は、三日ごとに一キロのプラスチックごみを出す。コロンビアに住んでいたとき、僕はコロンビアのエリートたちが、北米やヨーロッパの人々がすでに所有しているものをしきりに手に入れたがるのを見た。彼らは、消費欲を抑える責任を大して感じていなかった——なぜなら、僕たちと比べれば自分たちは裕福な気がしなかったからだ。

動物愛護活動家たちが狩猟についてものすごく腹を立てやすいのは、それがすごくシンプルなことに思えるからだ——その人が動物を愛しているかどうかは、とどのつまり、銃爪を引くか否かで決まるというわけだ。だが、真の意味で動物を愛し、この世界に彼らの居場所をつくってやろうとすれば、僕たちの生活のあらゆる面に影響する。一〇〇年前、レオポルドは、自然保護は「新しいタイプの人間」を必要とする、と書いた——「新しいタイプの農家、銀行家、有権者、消費者」だ。彼は正しかった。僕たちは、今よりも消費を少なくしながら前進していかなくてはならない。そうした考え方の一つは、私有財産を減らし、たとえば公園などの公共財を増やすというものだ。正直なところ、それが可能かどうか僕にはわからない。だが、まず初めの一歩は、僕たちがどれほど深い穴に落ちてしまったかに気づくことだ。

動物を愛する一人ひとりができること

僕たちは気候変動を信じていない。もちろん、理論的には信じている――数字は見ているし、ユーチューブやフォックス・ニュースにいる頭がおかしい否定論者たちとは違う。でも、もしも僕たちが本当に気候変動を信じているなら、僕たちは行動するはずだ。不安定な南極氷床の西側部分が崩れて海面の水位が何メートルも上がる可能性は言うに及ばず、森林火災や熱波やハリケーンを本当に恐ろしいと思い、それに対する反応が政治を決めるはずなのだ。それなのに人類は、一九九二年に初めて国際連合の首脳会合で気候変動について話し合われた後の方が、その前よりも多量の二酸化炭素を大気中に放出しているのである。

動物が消えていっていることも、生態系が崩壊していることも、僕たちは本気で信じてはいない。ニュースの見出しやグラフを目にし、燃える森や独りぼっちのサイの写真も見たことはある。サンゴ礁が白化していることも耳に入ってくるし、アマゾン川流域の生態系が崩壊に向かうという予測も聞いている。僕たちの世界はまるで、ブロックが取り除かれるスピードがどんどん加速しているジェンガタワーだ。僕たちは、生物多様性を失うのが問題であることを真っ向から否定するボルソナーロのような人たちを笑いものにする。だが、それが問題だと本当に信じているなら、僕たちは何か行動を起こすはずだ――自分自身のために。二〇二〇年にアマゾンで火災が起きたとき、世界中の国家首脳たちは二二〇〇万ドルを提供しようとし、ブラジル政府はこれを拒んだ。二二〇〇万ドルでは、まああのゴールキーパーの一人も雇えやしない。

僕たちは奈落の底に突き進んでいる、と人は言う。だが、自分の存在が脆いものだと思えないのに、どうしてそんなことが信じられるだろう？　僕たちは、拡大する世界のなかで生きてきた――格安の航空券、中国製の安い製品、無料のグーグル検索。アマゾン社のジェフ・ベゾスは、注文してから数時間のうちに荷物を玄関先まで届けてくれたばかりか、今度は数十年のうちに人間を火星に送ると約束した。彼を信用しない理由なんて僕たちにはないではないか？　人間はいつだって勝利してきた。僕は別にアマゾンの森林を破壊したりなんかしていない。ただ、冷蔵庫のドアにうまく収まるヨーグルトを買っただけだ。少なくとも新型コロナウイルスが流行するまでは、僕たちは一直線に発展を続けていた。

何十年間も、安い消費財、新しいテクノロジー、比較的安定した政治を満喫してきた僕たちには、自分たちが脆い存在であることを受け入れるのは難しい。気候変動は貧しい国々の人たちにより大きな被害を与えるが、同時に彼らは、自分たちが直面している問題をより受け入れやすいかもしれない。世論調査会社 YouGov によれば、インド人の七〇パーセントは気候変動が自分の生活に大きな影響を与えるだろうと答えている一方、イギリス人、ドイツ人、北欧の人たちでそう考えているのは二〇パーセントに満たない。同様にアメリカやヨーロッパでは、アジアと比べ、気候変動が新たな世界戦争や人類絶滅の引き金になると考える人がずっと少ない。

気候変動と生物多様性の喪失は、現代が直面する二つの包括的な危機である。この二つは互いに関連し合っている――森や草原を保護すれば、そこには野生動物が棲み、炭素が貯蔵できるし、それらが破壊されれば、野生動物は滅び二酸化炭素は再び大気中に放出されて温暖化を加速させ、さらに森林が失われるのである。完全な生態系は大量の二酸化炭素を貯蔵する。アフリカでは、森に暮らすゾウが細い木を踏み倒すことで、より太くて硬質な木が成長し、炭素吸収量が増えることがわかっている。ゾウがいなくなれば、森のバイオマスは七パーセント減少する。生態系と環境の関係を研究するファビオ・ベルザギが率いる研究チームは、ゾウによる炭素貯蔵量の増加には四三〇億ドルの価値があるとする。一方アマゾン地域の破壊は今や、熱帯雨林そのものが崩壊しかねないところまで来ている――これ以上木が減れば、木々の成長に必要な降雨量が得られなくなるのである。アマゾン盆地は、炭素の貯蔵庫ではなく炭素の排出源になってしまうかもしれない。森林ではなくサバンナになってしまうかもしれないのだ。そうなれば動物は死に、地球の気候も崩壊する。

各国の政府では今、木を植えることが流行している。僕も植樹に参加したことがある──腰は痛くなったが気分は上がった。だが、それによって達成できることについては現実的でなくてはならない。新しい森は古い森とは違うのだ。新しい森は、さまざまな樹種からなる古い森に比べ、気候の変化や森林火災に対する回復力が弱い。中国には、木を植えるのに一番良いのは二〇年前、次に良いのは今、という諺がある。そうだ。世界中の熱帯雨林を伐らないのに一番良いのは二〇年前だった。次に良いのは今なのだ。

動物に対する人間のジレンマの多くは、人間と動物が根本的に違う立場にいることが原因だ。人間には、動物を飼育したり捕獲したり動物園に入れたりする能力がある。だが、気候変動や生物多様性の喪失が起きつつある今、長い目で見れば、人間と動物は一蓮托生だ。全体的に見れば、気候変動は人間にとっても野生動物にとっても非常にマズい。

僕らの子どもたちは、種の絶滅なんか起きていない、動物はどこかにいる、という幻想を抱えて成長することはできないだろう。動物が絶滅しつつあること、大人たちが手遅れになるまで何もしなかったために彼ら全部を救うことができなかった、ということに彼らは気づくだろう。僕たちが前の世代から受け継いだのと同じ地球を彼らが受け継ぐことはできない。僕たちが畏怖の念を感じたサンゴ礁や熱帯雨林とはいったいどういうものだったのか、彼らは知りたがるだろう。もしかしたら彼らが失ったものは、新しい発見によって多少は補われるかもしれない──毎年、一万五〇〇〇種もの生物種に新たに名前がつけられているのだし、その多くは、「インドの西ガーツ山脈で『謎の』カエルの新種発見」といった見出しで報じられる。だが僕は、彼らの喪失を埋められるのは行動だけだと思う。

自然保護を実践するのは難しいが、その理論はシンプルだ。保全生物学の生みの親で、二〇二〇年に亡くなったマイケル・ソーレは、これ以上一本も科学論文が発表されなくても、人間には何をすればいいかがわかっていると言った。自然の生息環境を護ること。その次に、いなくなった動物を再び導入し、環境汚染に取り組むこと。また二酸化炭素の排出量も劇的に減少させなければならない。

楽観性を失うまいとしている研究者もいる。暑さがハチに与える影響について研究するピーター・ソロイエもその一人だ。彼のウェブサイトには、「僕は自分のことを保全生物学者と呼んでいますが、いつか、僕たち人間が問題を乗り越え、僕が別の肩書で自分を呼べるようになる日が来ると思いたいのです」と書かれている。グレートバリアリーフ研究の生物学者テリー・ヒューズは、これからの数十年が「気候変動問題の最大の試練」であると考えている――直面する危険は大きいが、それでもそれは克服できる、と。もしかしたら、動物を公正に扱うことは、これからもずっとこんなに難しいままではないのかもしれない。もしかしたらこれは、僕たちの世代だけに与えられた試練なのかもしれない。

明るいニュースは少ないが、その一つが都市化現象である。田舎に住む人の数は、二〇二〇年の三四億人から、二〇五〇年には三一億人まで減ると予想されている。とすれば、食料を必要とする人の数は増えるが、同時に地球上の一部を自然保護のために取り分けられる可能性も高くなる。

生物学者は、ある生物に絶滅の危険があるかどうかを判断する際、その個体数が増えているのか減っているのか、そして生息域がどれくらい広いのかを推定する。この基準を人間にあてはめれば、人間は「低懸念」というカテゴリーに入る。人間の数は、地球上のあらゆるところで増加しているからだ。だが、実はそれは誤解である。人間が絶滅するというのはあり得ないことではない。一九四七年、原子力科学者会報という組織が、世界終末時計をつくった。人間が、自らが生み出したテクノロジーでこの世界を今にも破壊しようとしているということを示そうとしたのである。僕が生まれた一九八〇年前半、時計の針は真夜中まで四分のところを指していた。二〇二〇年までに、科学者たちは残された時間を一〇〇秒にまで短縮していた。僕たちはようやく、人類の存続を脅かす複数の脅威を理解し始めている――気候変動、暴走する人工知能、核戦争や細菌戦争の可能性。オックスフォード大学の哲学者、トビー・オードは、人類が絶滅する確率は、二〇世紀中は一〇〇分の一だったが、現在は六分の一であると言う。これは、種の生き残りを賭けたロシアンルーレットなのだ。

昔、炭鉱夫は、目に見えないが吸えば生命を落とすガスを検知するためにカナリアを使った。今、数千、数万という生物種がそれに似た役割を果たしている。彼らは、人間も彼らと同じように脆い存在であることに気づかせてくれる──人間もまた、ある環境に合わせて進化し、それとは違う環境に追い込まれようとしている動物だということを。人間と動物はみな、同じ船に乗っている。その船がタイタニック号かどうかはわからないし、(溶けつつある)氷山に今にも衝突しようとしているかどうかもわからない。でも念のため、ちょっと減速しようじゃないか。

起こる可能性のある大災害に、僕たちはどうやって向き合えばいいのだろう? 人間が環境に与える負荷を減らすためには、まだまだしなければならないことが山ほどある、という事実をどうやって消化すればいいのだろう? 僕たちはクタクタだ。スージーは、僕が夕食の席での会話を、北極で新たに記録された最高気温の話で始めるのを禁止した。僕はプラスチックごみのリサイクルにばかばかしいほどのエネルギーを費やす──そんなことをしても僕が環境に与える負荷はほとんど変わらないのに。またときどき、極端な自制に走る──サッカーを観ながら缶ビールの一本も開けず。かと思えば、諦めモードに陥り、プラスチックがふんだんに使われたプレゼントを友人の子どもの誕生日に買ってやったりする。

行動できる時間はもう残されていない、と言われることがある。だがそれは間違っている。いずれにしろ僕たちは行動しないわけにはいかない。今行動するか、それとも後で──僕たちの生活にもっと損害が出て、救える自然がもっと少なくなってから──行動するかだ。クリス・トンプキンスは、個々の行動はもうとっくに「選択科目」ではなくなっていると言う。そのとおりだ。僕たちは、自分たちをホモ・サピエンスと呼びながら、養鶏場のニワトリみたいに突っ立っているわけにはいかないのだ──まるで自分たちの運命は自分たちにはどうしようもないかのように。それに、自然界を救うために手を貸さないのなら、動物を愛しているとは言えない。個々の人間の力では、気候変動や生物多様性の崩壊を止めることはできない。だが少なくとも僕たちは、そういうことが起きている、と信じてそのように行動すべきだ。自然環境の保護がうまくいくためには、そこに暮らす地元の人々を裕福にする他には方法がないが、同時に経済開発こそが自然環境保護にとっての最大の脅威である、という矛盾が存在する。これまでとは違う倫理観が必要なのだ。

この新しい倫理観がどういうものか、一番よくわかるのはピーター・シンガーの考え方だ。その著書『実践の倫理』の中でシンガーは、「倹約や質素な生活を強調することは、環境倫理が快楽を拒むことを意味するのではなく、環境倫理によって評価される快楽は、目立つような消費からは生じないことを意味している。そのかわりに快楽が生じるのは、温かい人間関係や性的関係からであり、子供たちや友人たちと親密になることや会話からであり、環境を傷つけるかわりに環境と調和するスポーツやレクリエーションからである。快楽が生じるのは、感覚をもつ生き物を搾取することに基づかない、地球に損害を与えない食料からであり、創造的な活動やあらゆる種類の労働からであり、（正確に価値のあるとされるものを破壊しないように、しかるべき注意を払ったうえで）我々が生きている世界のなかでまだ損なわれていない場所を鑑賞することからである」（邦訳『実践の倫理［新版］』昭和堂、一九九九年、山内友三郎・訳）と書いている。

出張のために乗った、ロンドンからサンフランシスコへ戻るフライトは、平均的なブラジル人が一年間に排出するよりも多量の温室効果ガスを排出した。帰宅後、僕は飛行機に乗るのをやめた――少なくとも一年間は。子どもが生まれて以来、僕が休暇旅行で飛行機に乗ったのは一度だけだ。けれども仕事での出張はその後も続いた。これ一二か月の間に僕は、ロンドンからブエノスアイレス、サンフランシスコ、そしてモンゴルに飛んでいる。これらはみんな正当化できる出張だったし、職場では誰の顰蹙《ひんしゅく》を買ったわけでもなく、僕が行かなかったら誰か別の人が行っていただろう。僕は何か違うやり方を考えたかった。アマゾンやサンゴ礁をもう一度見に行くことが、それが姿を消すことに貢献するのなら、二度と見ない方がいい。

一人ひとりが個別にする行動は、集団行動の逆を意味するのではなく、その前触れなのだ。一人ひとりが自然保護地域をつくるのを支持することで、政府が同じことをするようプレッシャーをかけることができる。野生動物を愛し、それを見るために金を払うことで、地域社会に野生動物の再導入を受け入れさせることもできる。一人ひとりの行動が、隣人に影響を与え、権力者に意志を伝える。企業は、消費者が望むとなれば大義を支持する。政治家は、有権者が受け入れると感じれば難しい選択にも進んで取り組むのである。

抗議行動を起こす人々

僕は昔から抗議行動が嫌いだった。ばかばかしく感じるのだ――商店街の真ん中で大声で叫んだり、単純なスローガンを掲げたり、逮捕されれば本望だと言いながら、本音のところは逮捕されたくなかったり。イギリス人的すぎるのかもしれない。

「Power to the animals! Animals got the power!(動物にパワーを! 動物にはパワーがある!)」――通りを歩きながら、拡声器を持った男が無粋に叫ぶ。僕の中の皮肉屋根性がムクムクと頭をもたげる。カモメが投票できたり、ウシがウォールストリートを闊歩するのでもない限り、動物にパワーなんかありっこないじゃないか。

僕たちデモ隊は数百人からなり、ヨーロッパでも最大級の食肉市場に向かって行進中だった。八〇〇年前にこのスミスフィールド市場ができたとき、それはロンドンの外にあった――病気が郊外から市内に広がらないように。だが、ビクトリア朝時代の初頭にはすでに、スミスフィールドで繰り広げられる動物の生き死にがロンドン中を満たしていた。チャールズ・ディケンズは「家畜の身体から、濃い蒸気が絶え間なく上がっている」と書いている。家畜は列車でロンドンの鉄道駅に運ばれ、そこから道路を歩いてスミスフィールド市場に向かった。現在は、そういう作業はすべて市外に押しやられ、スミスフィールドは単なる死んだ肉の塊の問屋街だ。現代のロンドンのイメージには、それさえもはやそぐわなくなっており、スミスフィールドは近い将来移転して、後には周辺のトレンディな肉料理のレストランだけが残る。

スミスフィールド市場の平和的な占領は、「アニマル・レベリオン」運動の初日に行われた。地球温暖化防止のための政治的決断を求める運動「エクスティンクション・レベリオン」から派生したものだ。デモに参加している人は、何のためにここにいるのだろう――檻に押し込められたニワトリのためか、殺処分されたウシのためか、浜辺に打ち上げられたクジラのためか、それとも孤児となったオランウータンのためだろうか？　もしかしたらその全部のためなのかもしれない。

これほど穏やかな――あるいは風変わりな――抗議グループはない。オーガナイザーの一人に、テントで泊まり込むのか、と僕が訊くと、彼女は一瞬ためらった後、「猫を飼ってるの」と小声で言った。ジャイルズという名のシンガーソングライターが、「ヴィーガンによる初めてのナンバーワン・ヒット」を狙っている曲を演奏した。彼によればこの曲はフェイスブックで大人気だそうだ。

一九八〇年代と一九九〇年代に動物実験施設を破壊して有名になったグループ、「アニマル・リベレーション・フロント（動物解放戦線）」のメンバーの一人が、この集まりの緩い戦術について聴衆に語りかけた。「俺は一四回刑務所に入ってるんだ！」。不穏な出だしだ――「でもムーブメント（運動）ってのは動くもんだ！　変化するんだよ！　どうやれば有効なのか俺にはわからない。だがブラジル人が言うとおり、『ピザに乗せてみろよ！』」。ブラジル人はそんなこと言わないが、聴衆には彼の言いたいことはわかる。

あたりは暗く、寒くなってきたので、抗議デモの参加者たちはスミスフィールド市場のコンクリートの床の上にポップアップテントを立てる。「あの人たちの五パーセントがダウンロードしてくれれば……」。シンガーソングライターのジャイルズがそう言うのが聞こえる。僕の隣には、アノラックを着てポップアップテントを背中に担いだ年金暮らしの老婦人――八〇歳にはなっているだろう――がいる。「泊まるのは今晩だけだけど」と彼女は囁き、それから、自分の反抗的な行動にびっくりしたかのように、「普段は八時には寝るのよ」と付け加えた。翌朝僕は、コーヒーの列に並んでいる彼女に出くわした。「素敵な夜だったわ」と彼女が言った。「一睡もしなかった」

僕自身もあまり眠らなかった。一晩中、抗議の歌を歌ったり肉の保管庫を壊したりしながら起きていたのだと言いたいところだが、実は僕が眠れなかった理由は主に、テントを立てた場所が半分、何か金属製のカバーの上だったからだ。誰かがテントのそばを通るたびに、そのカバーがシーソーみたいに持ち上がり、僕の尻が数センチ宙に浮くのである。闘いにはいろんな形があるのだ。

それから二週間、アニマル・レベリオンの抗議は、彼らによれば動物の生活に害をなしているさまざまな企業のオフィスを狙って行われた。壁に落書きをしたり、交通をストップさせたり、ロンドン最大の魚市場を妨害したりもした。二人の抗議参加者が、自分の耳のピアスに鎖を通して、屠殺場のトラックに身体を縛りつけた。士気が下がり始めたちょうどそのとき、お手製のブロッコリーの被り物を被った男が逮捕されるところが撮影され、動画はオンラインで一気にバズった。みなをますます元気にしたのは、逮捕者全員に供された警察のヴィーガン・チリが「すごく美味しい」ことだった。抗議活動の締めくくりは、果物や野菜の格好をした人々によるパーク・レーンでのデモ行進だった。オーガナイザーが、「ナシになりたい人いる？」と叫んでいたのを覚えている。

抗議行動に参加できないときは、僕はテレグラムというメッセージングアプリを使ってその様子を追った。参加者たちは、理想主義と官僚主義が混ざり合って奇妙なことになっていた。たとえばよくあるメッセージは「果物の人と野菜の人、すぐインフォメーションデスクに戻ってください」。魚が痛みを感じるかどうかについてのディスカッションがあり、最後にオーガナイザーが参加者に、著作権の問題があるので科学論文はソーシャルメディアに投稿しないでください、と言って終わった。社会は変えても、著作権は尊重しようというわけだ。

そうなのだ。そのときは、アニマル・レベリオンの活動はなんだかちょっと馬鹿げたことのように感じられた。でも、一歩下がって考えるとそうではなかった。動物のことは、動物自身のためにも僕たちのためにも、真剣に考えなければいけない、と抗議者たちは信じていた。賢明なのは彼らだけだったのだ。彼らのやり方は完璧ではない——それに、逮捕されることを崇拝するなんて、ブラック・ライブズ・マター運動のことを考えると奇妙である。狩猟に対する彼らの考え方も僕の考えとは違う。それでも、彼らの行動は何もしないよりもずっといい。

コロンビアで、僕はよく、自然保護主義者はどうして人間よりも動物のことを大事にするんだ、と右派の人たちに訊かれた。とんでもない勘違いだ。自然保護主義者は、人間も動物であるということに気づいているだけだ——人間もまた、この地球に合わせて進化し、そして生き続けられる地球環境を保つ必要があるのである。彼らには、僕たちが他の生き物とのつながりを感じていること、他の生き物が死ねば悲しい、ということがわかっているのだ。

僕はこのことを全部説明しようとしたが、僕が本当に言うべきだったのは、人間より動物を優先させる人がいたらそれは自然保護主義者ではなくペットオーナーだ、ということだ。今、ペットを愛するということは、人間も動物だと気づくのではなく、動物がほとんど人間みたいなふりをする、ということになってしまっている。動物愛テストのおかげで僕は、この社会には根本的な変化が必要であることに気づかざるを得なかった。人間とペットの関係が、その方向性のヒントになるだろうか？

8 問題は犬じゃない

愚かなことに我々は、自然とのつながりを失ってしまった――我々はまったくもって完全にその一部であるというのに。すべてはいつか終わることだ。我々は何を学ぶのだろう？　僕は八三歳で、死ぬ日が近い。人は生まれるから死ぬ。生きる上で重要なのは、まずは食べ物、その次に愛、そして僕たちの小さな犬ルビー、それだけだ。

デイヴィッド・ホックニー

君の犬が考えているとおりの人間になりたまえ。

出自不明

ペットという存在

「愛想がなくてね」

それがなぜなのか、僕にはわかる。シンバは仮装服を着たコーギーである。彼の頭からはアンテナが二本出ていて、それぞれ先端に小さなアメリカン・フットボールがついている。前脚には汗止めバンドをはめている。これが彼のアイデアじゃないことはまず間違いないだろう。「まあ主に人間様のためだよね」――飼い主が余計なことを言う。

サンフランシスコのコーギー・コンへようこそ。犬に馬鹿げた格好をさせて浜辺で押し合いへし合いさせる催しだ。いや、もしかしたら、カリフォルニアへようこそ、でいいのかもしれないが。

これは愉快だ、というのが、コーギー・コンについての僕の第一印象だった。周りには、コーギーの格好をした人間や人間の格好をしたコーギーがいる。エリザと僕は、サメ、水難救助員、雪だるま、パイロット、カウボーイが跨ったウマ、ピニャータ、それに『スター・ウォーズ』のチューバッカの格好をしたコーギーとすれ違った（最後の二匹は太りすぎだった）。バンダナを巻いたのもいたし、「ビッチのお気に入り［bitchは「嫌な女」を意味する俗語だが、もともとは雌犬という意味］」と書かれたTシャツを着ているのもいた。かと思えば、赤ん坊用の抱っこ紐にコーギーを入れて抱きかかえている人もいる。

僕は、サンフランシスコでの三か月間の仕事を半分ばかり終えたところだった。何年間も、シリコンバレーがどれほど他と違っているかという話をいやと言うほど聞かされてきた後では、そこは悲しいほど普通だった。ただし一つだけ違っていることがあった——そこではほとんどの人が犬に首ったけなのだ。ソフトウェア企業であるセールスフォースの創業者、マーク・ベニオフは、飼っているゴールデンレトリーバーを「チーフ・ラブ・オフィサー」に任命した。でもこんなことをするのは億万長者だけではないのである。犬を飼っているアメリカ人の割合はフランスの二倍だ。カリフォルニア州の人たちは特に、犬を飼うことが極端に好きである。そしてコーギー・コンは、そのことが生んだ目を瞠るような結果の一つなのだ。僕が一番最近に見たコーギーの集団は、エリザベス二世との写真に威風堂々と収まっていた。今ここにいるコーギーたちは、ミニチュアの木製海賊船に乗っている——犬用の、三角形の海賊帽もちゃんと被って。

「順番待ちなのかしら？」。クマノミの格好をしたコーギーを連れているわりには驚くほど普通の様子をした女性が言う。

「いいえ、行って乗せればいいんだと思うわよ」と別の女性が答える。何が起こっているのかちゃんとわかっているらしいのも驚きだ。

クマノミは正式に海賊船に乗船した。

脚の長さがアイスキャンディーの棒くらいしかない犬にとって、砂浜というのは理想的な環境ではない。でもコーギー・コンは、二〇一四年以来ずっと、年に二回、太平洋を臨むオーシャン・ビーチで開催されている。「犬年齢にしたら三五歳くらいだよ」とオーガナイザーが言う。今ではすっかり定着し、ひょっとしたらコーギーが集まるイベントとしては世界最大かもしれない――ただしロサンゼルスにも人気を競い合うイベントがあるが。フェイスブックのページでは、サヴァンナという名前の女性が、四三〇〇キロ離れたボストンからこのためにサンフランシスコに飛ぶ、と書き込んでいる。今日、このイベントでは初めて一〇〇〇匹を超えるコーギーが集まった。ウェルシュ・コーギー・ペンブロークとウェルシュ・コーギー・カーディガンの両方だ。

犬に興奮する以外に、ここでは特にすることがない。カップルや家族連れがパラソルの下に座っている。このイベント中は、犬をリードにつながなくてよいことになっている――いわばスワッピング・パーティーの犬版だ。一匹のコーギーが、コーギーを連れていない女性に向かって全速力で走っていく。「この子、あなたに会いたがったのよ！」と飼い主が嬉しそうに言う。「あの人にこんにちはって言わなくちゃ！って」

写真。そこらじゅうが写真であふれている。自分の犬のインスタグラムのアカウント名を書いた紙を持って宣伝している人たちがいる。アイフォンの上に犬用のビスケットを置いてバランスを取り、犬たちにポーズを取らせようとしている人もいる。「正しい方向を向いてるのは一匹だけで我慢しなくちゃならないみたいだな」と、彼がため息交じりにパートナーに言う。

出ている売店も一〇を超えている。コーギー・コンのステッカーが六ドル。コーギーの絵のついたワイングラスの二個セットが一五ドル。「フーミン［人間のことを犬が英語で呼ぶときの言い方］」と書いてある野球帽が二五ドル。僕の隣ではカップルがコーギーの絵のついたクッションを買おうかと話し合い、結局買わないことにする――すでに一つ持っているからだ。犬用のサングラスもある――ブリッジの部分が特別な発泡スチロールでできていて、犬の鼻から浮くようになっている――し、コーギー用の靴下は四枚セットで一四ドルだ。コーギーが、もともとは怖いもの知らずの牛飼い用の犬だったなんて信じがたい。

エリザと僕は、犬用の葉巻と犬用のビールを売っている売店を通りかかった。出店しているのはサンフランシスコでも最高級の犬用レストランだった――昔は非合法のギャンブルの拠点だったところだが、今では「ヤッピー・アワー」と犬の誕生日パーティーがご自慢だ。

午後一時、人々が、ものすごく威勢のいいコーギーたちによるちょっとした障害物レースの見物に集まってきた。ボランティアの一人が、犬の真似をしながらコースを紹介する。「あんなのコーギーじゃないよ！」と一〇代の若者が叫ぶ。「これが俺たちのお楽しみかよ」と彼の友だちが笑う――アルコールの規制がもっと緩い国なら、バーで酔っ払っているであろう若者だ。

コーギー・コンではコーギー以外の犬も歓迎される――と言うよりむしろ、彼らの存在がジョークに欠かせない。「隠れコーギー」と書いたダンボール板を身に着けたビーグルがいる。平然とした様子だ。「コーギー二匹と一緒に育ったの」と飼い主が説明する。「だから自分はコーギーだと思ってるのよ」。一匹は灰色、もう一匹は灰色がかった茶色のフレンチブルドッグが、少々熱狂的すぎる挨拶を交わす――まるで、二〇か国・地域首脳会議で、参加国の首脳たちが仲が良いふりをするみたいに。後脚で立ち上がり、空中でほとんど抱き合わんばかりだ。そもそも、コーギーが他のコーギーと一緒にいたいのかどうかさえわからないが、コーギーの飼い主たちは他のコーギーの飼い主たちと一緒にいたいように見える。

僕はエリザを乗せたベビーカーを押して浜辺を歩く――コーギーの脚よりもさらに砂の上の移動に不向きなのはベビーカーくらいである。僕たちは、定年退職したキャシーという名の女性と立ち話を始めた。彼女のコーギーの名前はペニーだが、実は本名はペネロペ、いや、正直に言うとレディ・ペネロペである。レディ・ペネロペは関節炎を患っているのだが、コーギー・コンは楽しんでいる様子だ。「人に会いに来るのよ。ペニーは人が大好きなの」。僕たちは、政治のことやイギリスのことも話したが、話題は主に犬についてである――みんな犬が大好きなんだから当然だ。そうだろう？

初めのうち、ペットについてそんなに真剣に考えるのは不自然なことのように思えた。だって、ペットというのは単に、現実世界から逃避させてくれる愛らしい存在にすぎないではないか？　食肉加工場や森林破壊という不正行為とペットは関係ないではないか？　だが実際は、ペットは重要な問題なのだ。彼らは、僕たちの動物の扱い方のなかの例外である。僕たちは屠殺場のことは頭の隅に追いやり、野生動物が依存する森やサンゴ礁の破壊のことは後回しだ。ところが家で飼う犬や猫のこととなると、僕たちはすぐに感情的になる。ペットという存在は、動物飼育に関する一番大きな嘘を露わにする――つまり、動物は単なる動物にすぎず、彼らのニーズは単純なことだ、という嘘を。同時に、僕たちが動物を愛しすぎるとどうなるかということもわかる。エジプト人は、猫をほとんど神のように扱ったものだが、実際は、僕たちの方がもっと極端である。ヴァージニア・ウルフの小説の登場人物の一人は、犬を愛するというのは女性特有のことだと言った。だが僕は、赤ん坊のオムツを替える男性よりも、犬のウンチを拾う男性の方がたくさん見たことがある。

人間が老犬を撃ち殺したり、多すぎる子猫を溺れ死にさせたりしたのは、そんなに昔のことではない。ウサギ、ブタ、ネズミなど、一部の動物がペットとして広く受け入れられるようになったのは最近のことだ。肉や乳製品を食べることをはじめ、さまざまなものに対して僕たちが考え方を変えるのを邪魔している文化と伝統は、永遠に変わらないわけではないのである。

では、人間とペットのこの関係を、他の動物との付き合い方の手本とすべきだろうか？　コーギー・コンで、僕は長女に、人間と動物が何の屈託もなく共存するとはどういうことかを見せたような気がした。僕たちは、その存在価値が経済的なものではなく感情的なものである動物、というカテゴリーをつくったのである。自分の幸せと彼らの幸福を重ね合わせることで、人間以外の生き物との、より深く、より調和した関係への扉が開かれる――理論的には。できすぎた話だろうか？

現代の犬事情

人間と犬の関係は、少なくとも一万五〇〇〇年前には始まっており、もしかしたら四万年前まで遡る可能性がある。考古学的エビデンスが、オオカミが人間とともに暮らしていたことを示しているのがそれくらいの時期なのだ。人間がオオカミを家畜化したのか、それともオオカミが人間を飼いならしたのか、考古学者たちの意見は昔から分かれている。つまり、人間の祖先がオオカミを捕獲して、狩りの能力が高く人間になつきやすい個体を繁殖させ、より攻撃的な子孫を殺したのか？　それともオオカミが、人間が提供する安全な環境と食べ物を気に入って、そっと人間社会に近づいたのか？　仮説の一つは、オオカミは人間の排泄物を食べに来たのだというものである。あり得ることではある。人間が耕作を始めた後のある頃から猫が人間と暮らすようになったのはおそらく、穀物の畑が餌になる齧歯類を引き寄せたからだろう。この過程はしばしば自己家畜化と呼ばれるが、オックスフォード大学の考古学者グレガー・ラーソンは、自己家畜化などというものはないと言う。家畜化というのは一連の押したり引いたりの連続で、二種類の生き物が、互いに依存し合うことを徐々に覚えていくのである。言い換えれば、人間と犬と猫は無理やりに共存関係を結ばされたのではないが、同時に、最終的に何が起こるかを予見していたわけでもないのである。

ペットの繁殖はすべきではないと主張する人がいる。アメリカの法律学者、ゲイリー・フランシオンと彼のパートナーは、殺されかけていた犬を数匹引き取り、深い愛情を注いでいる。だがフランシオンは、そもそも犬がこの世にいなければよかったと思っている。彼はこう言うのだ――「犬と暮らすのは大好きだが、もしもこの世にたった二匹しか残っていないとしても、『ペット』を増やして永遠に人間の所有物でいさせるためにその二匹を繁殖させることには賛成できないね」

フランシオンの基本的な主張は、動物には人間にコントロールされずに生きる権利がある、というものだ。より具体的には、人間が作った犬という動物は「この世界には適さない」のであって、人間がいくら犬を大切に扱ったところで、彼らのニーズを満たすことはできないと指摘する。聞き捨てならない考え方だ——なぜなら、ペットを飼っている人たちの多くは、自分のペットを幸福にしようと懸命なのだから。

マルクスという名のプードルを飼っていたジョージ・オーウェルは、動物に弱いのはイギリス人の病気だと考えた。彼は、未だ第二次世界大戦の爪痕が残る街で食料の配給を受けながら、人々がなぜ犬や猫のために金を使うのか理解できなかった。彼は一九四七年に、「動物に対する盲目的な信仰がこの国を貫いていて、おそらくは農業の衰退と少子化にも深く関係しているだろう」と嘆いている。戦争は、ペットの大量殺戮を引き起こした。一九三九年九月のある一週間に、ロンドンだけで、全体の四分の一にあたる四〇万匹の犬と猫が、来たるべき苦難を予測した飼い主たちによって殺されている。戦争中、人々は、残された動物たちの存在をかつてなくありがたく思ったことだろう。

今オーウェルが生きていれば、動物への盲信は世界的なものであることを（そして人々は、人間の物語を動物を通して語ったことで彼を最もよく記憶していることを）知るだろう。イギリスでは、全世帯のうち半数が少なくとも一匹のペットを飼っている。アメリカではその割合はもっと高い——全米ペット用品協会によれば、ここ数十年で三分の二まで上昇しているのだ。犬、猫、鳥、魚を合わせると、アメリカでは、三人あたり二匹のペットを飼っていることになる。

ペットの数が多いだけではない。人間は、多くの金、時間、精神的なエネルギーをペットに注ぎ込んでいる。そこには僕自身も含まれる。僕の携帯にある写真の半分近くは飼い猫のクランブルだ——少なくとも、娘たちが生まれるまではそうだった。夜になると、半分くらいの確率で、ソファに座っている僕の肩にクランブルが乗っかってくる。今これを書きながら、クランブルは僕の両腕の間に寝そべっていて、僕はキーボードを叩くたびに彼女の脚を動かしてしまうのを申し訳ないと思っている。僕の友人たちは僕ほど僕の猫に関心がないということを、僕はときどき自分に言い聞かせなければならない——まあ許してやるか。

ペットを飼っている人のほとんどにとって、犬を一晩中外に出しておいたり、かつてアメリカ大統領候補だったミット・ロムニーが衝撃の告白をしたように、車での一二時間の移動中ずっとルーフラックにつないでおいたり、なんていうのは過去の話だ。人間は、抗がん剤からチタン製の人工装具まで、最先端の医療を受け、犬や猫にも同じことをしてやる。二〇〇ドル出せば犬のＤＮＡを検査でき、その犬の血統がわかる——ただし、検査自体の信憑性には疑問が残るが。日本では、犬のための建築を試みている建築家がいる。ダックスフンドが登って踊り場に寝そべり、飼い主の隣で一緒に日光浴ができる折りたたみ式の木のスロープもその一つだ。

人間の益になることはすべて、いずれはペットも使えるようになるのではないかと思うことがある。一九九五年、ミズーリ州に住む、グレッグ・ミラーという元広告のセールスマンが、ニューティクルズという製品を売り出した。彼によれば「去勢された犬や猫が自尊心を取り戻すための」人工睾丸である。この埋め込み型のシリコン製睾丸は、二個セットで最高四九九ドル、その犬の睾丸をそっくり複製したものなら六八九ドルする（埋め込みの費用は含まれない）。ニューティクルズ社は、ニューティクルズがなければ「去勢に反対の飼い主」は犬を去勢しようとしないだろうと主張する。だがイギリスを含め、ニューティクルズが実質上禁じられている国もある。獣医らや規制当局が、ニューティクルズは動物のためにならず、したがって倫理に悖ると判断したのである。ミラーはまた、犬の「口にできない」部分の汚れの除去剤や、犬の耳をピンと立てるためのインプラントも販売している。アメリカと後期資本主義には困ったものだ。ミラーは、自分は大金持ちであると主張している。

トラブルと言う名のマルチーズ犬が大富豪になったのは二〇〇七年のことだ。犬にとって、それは珍しい経験だったに違いない。トラブルはストレッチリムジンで移動し、誘拐の危険があるため年間の警護費用は一〇〇万ドルに及んだ。トラブルは、「非情の女王」とあだ名されたニューヨークの不動産実業家、レオナ・ヘルムズリーからその遺産を相続したのである。遺書の中でヘルムズリーは、自分の家族ではなくペットに一二〇〇万ドルの信託を遺した。長期にわたる法廷での争いを経て、最終的には、ヘルムズリーの気前の良さは行き過ぎであるとの裁定が下り、トラブルの相続額はたったの二〇〇万ドルになってしまった。

　人間は、家畜の飼育を始める前からペットを飼っていたし、ヨーロッパの富豪たちは中世にもペットを飼っていたが、現在のように近代的な形で大衆がペットを飼うようになったのは一九世紀になってからのことだ。さまざまな犬種やドッグフードが登場したのもこの頃だ。人間の犬好きは、犬の知性について科学的な研究が始まる前からのことだが、科学者が犬の思考の仕方について真剣に関心を持つようになったのは、ほんのここ二〇年ほどのことにすぎない。オーウェルは正しかった――ヨーロッパやアメリカで人々が都市に移動を始め、農業から遠ざかったのと同時期に、人々が動物とのつながりを保持するために突如としてペットを飼い始めたのは、偶然のことではあり得ない。農耕を営む社会では、犬や猫を経済の一部として見るのは自然なことだ。僕は、コロンビアの北西部にある村で、自分のニワトリの一羽を殺した飼い猫を女性がなたでズタズタに斬り殺すのを見たことがある。彼女にとっては、それは当然の決断だった――だが、僕が一緒にいたアメリカ人にとっては、それは彼が人生で目撃した最悪の出来事だった。とは言え、ペットを飼う、という概念は世界中にある。アマゾンでは、マチゲンガ族が子どもを連れた動物を狩った場合、その子どもをペットとして飼う風習がある。子どもは成長すると森に放たれるが、マチゲンガ族はそれらを殺すのを避ける。ある動物をいったんペットとして愛してしまったら、引き返すことはできないのだ。

　犬に備わっている何よりも驚異的なパワーは、オオカミから引き継がれたものだ。泌乳《ひつにゅう》中のオオカミに、オオカミの子どもを四匹とマラミュート犬の子どもを四匹与えたところ、オオカミはマラミュート犬の子どもと遊ぶ時間の方が長く、身体を舐めてやる時間も長く、一匹がいなくなるとより悲しんだ。オオカミでさえ、犬の方が可愛いと思うのだ。

ペットと家畜の違いは、ペットには実用性がないという点だと言う人がいるが、僕はそれは的外れだと思う。僕たちはペットに見返りを求めている。ペットを飼うのは動物に対する奉仕ではないのだ。ペットを飼うことには恩恵があると考える人は多い。もしも犬や猫を飼うことが、飼い主の肉体的・精神的健康を改善する確かな方法だとしたら、ペットを飼うことは正当化できるかもしれない——たとえそのために、動物の幸福が大きく損なわれるとしても。犬を飼えば、毎日の散歩というリズムが生まれる。カリフォルニアでは、犬を飼っている人は平均して一日に歩く時間が飼っていない人より一九分長い。犬を飼っている人の方が心臓病に罹る確率が低く、おそらくはその結果、寿命も長い。アメリカ全体では、犬を飼っている世帯の三六パーセントが、自分たちはとても幸せであると言う。これは、猫だけを飼っている家庭の二倍の数字だ（ただし猫を飼っている世帯のうち幸せだと答える世帯の割合は、ペットをまったく飼っていない世帯よりも若干高い）。健康のために犬を飼えと科学者が言うのは無責任だが、犬を飼いたがっている人たちがそう考えるのは止められない。とは言え、エビデンスがすべて同じ方向を示しているわけではない。たとえばサンフランシスコの社会学者レスリー・アーヴァインの調査によれば、犬を飼っているホームレスの方が犯罪を犯す確率は低いが、同時に飲酒量が多く、適切な宿泊施設を見つけにくい傾向にあった。訓練され、主に犬である介助動物でさえ、必ずしも人間にとって有益とは限らない。精神的な効用はあるようだが、同時に飼い主には相当な訓練を引き受けることが求められ、人からの余計な注目を集めてしまうことも多い。ドナルド・トランプの義理の娘が一時ロビー活動をしたにもかかわらず、アメリカの退役軍人省が退役軍人に介助動物を提供するのをやめたのは、これが理由である。

アメリカは、一九八六年の航空アクセス法によって、身体的な障害や精神的な問題を抱えた人が飛行機に乗る際の苦痛を軽減するために、介助動物という合法的なカテゴリーを制定した。ペット・オーナーはこのカテゴリーを活用——と言うか乱用——して、自分の犬やミニチュアホースやサルを無料で搭乗させた。体重が一四〇キロもある、まるまる太ったシャーロットというブタは、フィラデルフィアからシアトルまでのファーストクラスの機中で「ストレスだけでなく、それ以外のものも解放した」そうである。だが、ペット・オーナーたちが規則を歪めるのをやめさせようとしてもうまくいかなかった。「エモーショナル・サポート・アニマル」という新カテゴリーの誕生だ。二〇二〇年、動物が人を攻撃したり放尿したりするという出来事が数回あった後、デルタ航空は、乗客に、介助動物の行動を個人的に保証するという内容の書面の提出を要求するようになった。また、七面鳥とフクロムササビは介助動物とはみなされないことも明言した。人間のストレスを少しばかり軽減させるために、動物を、いつもとまったく違ったストレスの多い環境に晒すのは、本当に正しいことだろうか？　ぬいぐるみではダメなのか？　デルタ航空をはじめとする航空会社数社は、現在では正式に認定された介助犬しか搭乗させていない。

小難しく説明しようとする人は常にいるものだけれど、コトは単純だ——僕たちは、周りに動物がいるのが好きなのだ。一九世紀には、親は子どもが——特に男の子が——残酷な振る舞いをしなくなるようにとの願いを込めてペットを買い与えた。僕が子どもの頃は、親が犬や猫を買うのは子どもに死というものを教えるためだった。でもこの考え方は見当違いだと僕はいつも思っていた。なぜならペットは僕たちにとってものすごく大切なものだからだ。ニュージーランドのミュージシャン、ロードは、飼っていた犬のパールが死んだときものすごく落ち込んで、アルバムのリリースを遅らせた。「今私がいろんなことを発見しているのは彼のおかげだったの」とロードは説明し、パールを失ったことは「言葉で表せないほどつらい」と付け加えた。人は犬を人間扱いし、犬は人を人間らしくしてくれるのだ。

僕たちの社会のありようは、ペットが必要としているものと相容れない部分があるのではないか？　四万年前のオオカミに、自分たちが人間とどんな契約を結ぼうとしているのかがわかっていたら、それでも彼らは、人間と暮らすのは良いアイデアだと思っただろうか?

僕がロンドンで過ごした子ども時代、ペットを飼うというのはプライベートなことで、感情的な泣きどころであり、その人の家を訪れない限りわからなかった。だがサンフランシスコでは、犬を飼うことはプライベートなことでもないし子どもじみたことでもない。飼い犬は、飼い主が世間に見せる顔の一部なのだ。天気が良くて戸外で過ごす時間が長いことも一役買っている。たとえば侵入者が入ってきたら吠えられるよう屋上に残しておいたりはせず、一緒に戸外に連れ出す時間が長ければ長いほど、自分のアイデンティティが表現できる犬を飼うというのが理に適ったことになる。犬は、他者に対して自分が何者であるかを示すためのもう一つの手段になるのだ。それに子どもと違って、犬は選べる。もちろんこういうことはみな、可処分所得があり、着る服や車や、人を意味もなく夢中にさせる歩数計を通して、自分の個性を見せびらかしたいという欲求をすでに満たしている人にとっては簡単なことだ。裕福な家庭の方が犬を飼っている割合は高いし、超富裕層は、猫より犬好きである確率が高い。

カリフォルニアの住民は、犬を自分たちの生活に組み込むための努力を惜しまない。週末の予定は犬が中心だ。たとえばスターバックスに「パプチーノ」を飲ませに行く——紙のコップに入れたホイップクリームを指す、思わず身震いするようなネーミングだ。「私には子どもがいないから、これが私の子どもなの。いつもこうなのよ。パプチーノとパップコーンを食べに連れて行くの［子犬のことを英語でpuppy（パピー）と言うことから。『パプチーノ』も同様］」——ワイラニ・スンという獣医は僕にそう言った（犬用のパンプキンスパイスラテという選択肢もある）。カリフォルニアの人たちは、ツイッター上で自分たちを「犬のママ」「犬のパパ」と呼び、インスタグラムやフェイスブックにペットと一緒に撮った写真を投稿する。実際に、ソーシャルメディアで目立ちたいという要求が、さまざまな新製品を生み出している。アマゾンでは、「チュイヴィトン」ブランドの犬の玩具が買える——「飼い犬のソーシャルメディアのフォロワーをセンスの良さで唸らせたいと願うすべての女性が欲しがるハンドバッグ」というのが売り文句だ（本物が欲しければ、ルイ・ヴィトンには三〇五〇ドルのドッグキャリーがある）。ペットはまた、軽薄さの表現手段であるばかりでなく、政治的な意思表示の手段にもなっている。ミネアポリスでジョージ・フロイドが殺された後に僕が受け取った犬愛好家向けのニュースレターは、「インスタグラムのフォロワーに対して、ブラック・ライブス・マターについて正々堂々と意見を述べた八匹から一〇匹の犬」に捧げられていた。まるで、フィリップ・プルマンの『黄金の羅針盤』の「ダイモン」よろしく、ペットが本当の僕たちを代弁しているかのように。

カリフォルニアに住むティンダー［マッチングアプリ］のユーザーで、ペットを飼っていない人のなかには、プロフィールを魅力的にするために他人のペットと撮った写真を使い、そのことがバレた人もいる。「ドッグ・フィッシング」と呼ばれるこのやり方は不正行為だが、同時に合理的だ。ペットを飼っているということは、狩猟がうまいということと同様に、将来の結婚相手に対して、自分が結婚にふさわしいということを示す方法かもしれないのだ。イギリスの生物学者で犬と猫の行動に詳しいジョン・ブラッドショーは、人間のペット好きは、何万年も昔、若い女性が動物の世話をするのがうまいかどうかが子育てのうまさの判断材料だった時代にまで遡るのではないかという仮説を立てている。だから、遺伝的に最も動物を飼うのが好きな少女たちが結婚相手に選ばれやすく、そのことが、女性の方が男性よりも動物に愛情を感じる理由なのかもしれない。だが現在ではそのあたりの関係はもっと複雑だ。振り返ってみれば僕は、あるガールフレンドと付き合い始めて間もなく、猫とパンダに興味を持つようになった。彼女は今では僕の妻だ（もともと猫好きだったのがスージーの方でラッキーだった——コロラド州立大学の研究によれば、女性は猫を抱いている男性を見ると、その男性は神経質で、心が狭く、デートする相手には向かないと思うそうである）。犬を飼うことは、人類共通の人間性の象徴になった。「過去一〇〇年以上にわたり、ホワイトハウスで犬を飼わなかった大統領はトランプが初めてです。人は賢く選びましょう」——二〇二〇年の大統領選で、バイデンを支持する広告はそう言った。

一方、若いソフトウェア・エンジニアがあふれるシリコンバレーは、職場に犬を連れて行く習慣の先駆けとなった。グーグルは、犬好きであることは「グーグルの企業精神には欠かせない一面である」と宣言し、犬を飼っている社員が犬を職場に連れて来るよう奨励した。無数のテクノロジー企業がこれに追随した。だが猫を飼っている人はそれほど幸運ではなかった。これについてグーグルはこう説明している――「猫は好きですが、ウチは犬が大好きなので、オフィスに連れて来られた猫にはかなりストレスだと思います」。二〇年後に猫差別の訴訟が起きていなかったら、それは弁護士の怠慢だ。

犬がいる職場での僕自身の経験を言えば、人間たちはかなりの時間を、職場の同僚ではなく犬のために費やしていた。命運尽きた血液検査のスタートアップ企業、セラノスを創業したエリザベス・ホームズは、飼っていたハスキー犬で同僚を鼓舞しようとしたが、実験室に犬の毛が落ちたために彼らを激高させる結果となった。『ヴァニティ・フェア』誌によれば、ホームズのハスキー犬は本社社屋のそこここで「好き勝手に排泄」したが、セラノスの技術が抱える根本的な問題を考えれば、この気の毒な犬がセラノスに損害を与えたとは思えない。一般的には、犬がいる職場の方が、社員は共同作業をより協調的かつ注意して行う。先見性のあるスコットランドのビール醸造会社、ブリュー・ドッグの場合、社員がペットを飼い始めるときには一週間の「飼育休暇」がもらえることになっている。

僕がサンフランシスコに着くちょっと前に、サンフランシスコには「犬にとってのまったく新しい経験」が登場した。その提供者であるドギースタイル・インコーポレーションは、「子どもの数よりも犬の数の方が多いこの街では、多くの人にとって、犬がまさに子どもなのです」と宣言し、プライベートなメンバーズクラブの良いところを、犬に優しい犬用デイケアサービスの利便性と組み合わせる、と請け合った。会員になると、飼い犬が他の犬たちと遊んでいる間にブティックとギャラリーをゆっくり見ることができる。特別会員費は最高で年間二万五五〇〇ドルに及ぶ――カリフォルニア州の最低賃金を上回る金額だ。その見返りとして会員には、最大一二匹まで参加できる犬の誕生日パーティーと、地元アーティストによる飼い犬の壁画が無料で提供される。ドギースタイル・インコーポレーションは、当たり前だが、これをあまりに行き過ぎた高級化だと考える人たちからの猛反発を受けた。それは、八〇〇〇人が路上あるいはシェルターで寝起きしている街の、不条理なまでの不平等さを示していた。その年が終わるまでには、ドギースタイル・インコーポレーションの創業者は「当社のビジネス概念を再構築中」であると発表した――シリコンバレーでは経営破綻をこう言うのだ。

僕個人の意見を言えば、ドギースタイル・インコーポレーションがやろうとしたことは時期尚早だっただけだと思う。なぜなら、犬とその飼い主の社会生活が融合されつつある、という彼らの基本的な見立ては正しいからだ。サンフランシスコに「犬お断り」の看板がやたらに多いように見えるとしたら、それはおそらく、そうしなければ誰も彼もが自分の犬を連れて来てしまうからだ。カリフォルニアには、犬がいなければ存在し得ない一連のイベントがある。たとえば、犬のサーフィンの世界選手権、世界一醜い犬を決める競技会（ワインカントリーの観光促進のため）、水を張ったバスタブに飛び込む距離を競う、半ば真剣なスプラッシュ・ドッグスという（サクラメントのステート・フェアを宣伝するための）競技会などだ。

他の動物に対する僕たちの愛情がこれと同じようなことを僕たちにさせたらどうなるか、考えてみてほしい。

人間の献身と欲望

さて、あなたは犬のサーフィン大会を見に行ったこともなければコーギー・コンに参加したこともなく、犬を高級デイケアどころか職場にさえ連れて行ったことがないとしよう。あなたのペットはインスタグラムのアカウントも持っていないし、あなたの遺書にも含まれていない。あなたはただの、愛情あふれる犬の飼い主だ。奇妙なことは何一つしていない、そうだろう？

だが、ちょっとややこしいのはここからだ。僕は初め、ペットを飼うということは、もっと広大な動物の世界へと僕たちを運んでくれる救命ボートのようなものだと思っていた。ところが実際は、僕たちはその救命ボートから落ちてしまったのだという証拠がある。

ある実験では、ボストンで暴行事件が起きたという架空の新聞記事をつくり、詳細の一点だけについてバリエーションを用意した。被害者を、人間の赤ん坊、子犬、成犬、人間の大人と想定したのである。次に、大学生にその記事を読ませ、被害者を気の毒に思うかどうかを答えてもらった。気の毒に思う気持ちが一番強かったのは被害者が人間の赤ん坊と子犬の場合、その次が成犬の場合、人間の成人は最後だった。通常僕は、生物種を隔てる壁に風穴が開くことを喜ぶのだが、この結果についてはちょっとモヤモヤする。結果がこうなった理由はおそらく、僕たちが、人間の大人なら自分で自分の身を守れて当たり前だと考えているからだろう。それにしても、他の動物を自分たちよりも大事に思うというのは奇妙である。

犬を飼っている人の四分の一は、犬はほとんどの人間より賢いと言う。申し訳ないが、それは今のところ科学的には裏づけられていない。僕たちがその知性を過小評価している動物は多いが、犬の場合、僕たちは犬が理解できる感情を過大評価しがちだ。いくら僕たちが、犬が罪の意識を感じるのをたしかに見たと思っても、コロンビア大学で犬と人間の関係に関する研究部門を統括するアレクサンドラ・ホロウィッツは、おそらくそんなことはないと言う。僕たちは、人間に対してよりもペットに対して多くを期待するようだ。友人とは疎遠になることがある。恋人は去っていく。だが、僕たちが作り上げる理想の世界では、ペットは決して僕たちをがっかりさせない。

金も動く。アメリカ人はペットのために年間一〇〇〇億ドル以上を費やす——ペットを飼っている各家庭が一〇〇ドル以上使っていることになるのである。これは、アメリカ政府が海外援助に使う金額の二倍、環境や動物保護の慈善団体に提供した金額の八倍、そして二〇二〇年の大統領選と議会選挙にあたって広告に費やされた金額の七倍にあたる（アメリカの政治に十分な金が使われていないということは、僕は以前から知っていたが）。一人あたりの金額にすると、アメリカに次いでペットに金を使うイギリス人と比べても数倍になる。

これは犬にとって良いことだろうか？　研究によれば、犬、とりわけ子犬のうちに人間に慣れた犬は、人間の存在を役に立つものと思うらしい。彼らは、人間が物事を決めてくれるのを頼りにすることを覚えたのだ。何かを隠してある場所を示すヒントを人間が与えると、犬は大抵、自分でそれを探そうとはせず、そのヒントを追うのである。犬と飼い主の関係が強ければ強いほど、自分で問題を解決する能力は低くなる。

犬と飼い主はパートナー同士になれるかもしれない。だが、犬を飼うことに伴う問題はとても根が深い。まずは犬の入手方法だ。現在、アメリカには全部で二〇万匹近い繁殖可能な犬がおり、年間二〇〇万匹の子犬が生まれる。劣悪な環境で犬を繁殖させる施設を覆面捜査すると、感染病や下痢が蔓延したり医療態勢がお粗末なところが珍しくなかった。子犬たちは、販売される場所まで長距離をトラックで運ばれることが多い。ブリーダーは、そうしなければ犬の需要に追いつかないと言う。その一方で、犬のシェルターでは年間六七万匹の犬が殺処分される――多くの場合、貰い手が見つからないのがその理由だ。人間と犬は、共生関係にあって互いに助け合っているわけではなく、独立して生きている。主導権を握っているのは人間なのだ。

僕たちの過剰なまでの犬に対する執着で一番厄介なのが品種改良だ。血統書付きの子犬を買う人が多いのは、良い犬とはどういうものか、というあるイメージを持っているからだ。人間が品種改良に手を出したおかげで、*Canis lupus familiaris*、つまり犬ほど多様な姿かたちをしている生き物は他にない。もともと品種改良というのは、特定の肉体的な仕事――狩猟、羊飼い、競走その他――のために行われたものだった。だがビクトリア朝時代になると、犬はその能力よりも見た目が重んじられるようになった。みんなで話し合ってウマを作ったらラクダになった、という古いジョークがある。最近の犬は、やる気は満々なのだが自分がどこを目指しているのか皆目わかっていない人々によってデザインされている。その結果は驚くべきもので、チャールズ・ダーウィンの従兄弟であり優生学の創始者の一人であるフランシス・ゴルトンは、同じことが人間にもできないものかと考えた。特定の仕事に適した犬やウマをつくれるのなら、「賢明な結婚を数世代連続させることによって非常に優れた人種をつくることは実行可能である」――彼は一八六九年にそう言っている。今では僕たちが、人間が優生学をもてあそんだことをどれほどおぞましいと思っているかを考えると、犬に同じことをするのに僕たちがこれほど熱心なのは異様である。

今では僕たちは犬に肉体的な労働をさせる必要はないし、ペットを飼っている人のほとんどは競走にも興味がない。一九七〇年代にフロリダで一番人気の観戦スポーツだったグレイハウンド・レースは姿を消した。レースに使われたグレイハウンドは、窮屈な施設内で繁殖させられ、レースで怪我をし、歳を取りすぎれば安楽死させられることが多かった。一九四五年には、イギリスでグレイハウンド・レースを観戦した人の数は五〇〇〇万人にのぼったが、コロナの流行の直前にはせいぜい一〇〇万人だった。ロンドンのレース場はすべて閉鎖された。僕の家の近くにあったレース場は、現在はスーパーマーケットの駐車場になっている。サンフランシスコから湾を挟んだ反対側にあるエメリービルでは、世界で初めて機械式の擬似餌を使ったレース場の跡地がピーツ・コーヒーの本社社屋になっている。そこから二ブロック離れたところには、僕たちが好む通りの犬を作ってくれるピクサー・アニメーション・スタジオがある。同様に、いつか競馬がなくなったとしても僕は驚かない――競走馬が骨折して安楽死させられることを、人々は徐々に許せなくなりつつあるからだ。競走にしろ、サーカスにしろ、人間の娯楽のために動物を使うのをやめれば、僕たちは彼らの価値を優先できるようになるはずだ。

ところが犬に関しては、僕たちは依然として特定の姿かたちを求め、そのために、正直に言って不健康な犬をつくり続けている。犬との一体感が強まれば強まるほど僕たちは、犬の見た目にこだわるようになる。ビクトリア朝時代の紳士たちのように、僕たちは犬の姿で自分たちの何かを表現したがる。ピット・ブルの輝くような力強さやチワワの可愛らしさの恩恵に浴したいのだ。こんなのは本当の愛じゃない――なぜなら僕たちは、犬が元気で幸せでいることよりも自分のことにフォーカスしているのだから。

僕自身の犬との関係は、僕が二歳のときに始まった。僕の家族がノーフォークテリアを買ったのだ。僕は彼のことを深く愛していたし、今でも僕がインターネット上で使う最強のパスワードとして懐かしく思い出す（だから彼の名前は明かせない）。中年に差しかかってから彼は歩くのに苦労するようになり、階段を昇ったり降りたりするのが明らかにつらそうだった。これは偶然ではない――犬の健康について記録しているアメリカの動物整形外科財団によれば、ノーフォークテリアの三匹に一匹は臀部に異常があるのである。臀部に異常がある犬は変形性股関節症に罹りやすく、動くと痛む。ノーフォークテリアはまた、膝の関節が緩くなりやすい。当時、僕の犬が健康問題を抱えていたのは単なる不運だと思っていた。だが今、あの頃を振り返り、彼が感じていたに違いない痛みを思うと腹が立つ――彼を僕たちに売ったブリーダー、その前に存在していたブリーダー、そしてこんな品種改良が社会的に受け入れられるようにしてしまった価値基準に。なぜ僕の両親やノーフォークテリアを買った人たちの誰一人として、リサーチしようとしなかったのだろう？

僕は、子ども時代のこの経験を重要ではないと思いかけていた。ノーフォークテリアはあまり人気のない犬種で遺伝子プールも小さいから異常も発生しやすいのかもしれない。ペットを飼うということがどこよりも盛んなアメリカでは、一番人気のある犬種はもっとずっと健康だろうと僕は想像した。だがそうではなかった。二〇一九年の時点でアメリカで最も人気がある犬種は、ラブラドールレトリーバー、ジャーマンシェパード、そしてゴールデンレトリーバーだった。今現在、臀部に異常がある個体の割合は、ラブラドールレトリーバーの一二パーセント、ジャーマンシェパードとゴールデンレトリーバーではともに二〇パーセントである。こうした臀部の異常は減っているということを示すエビデンスも若干あるが、仮にこの割合が半分に減ったとしても、それでもこの数字は衝撃的だ。

アメリカで四番目に人気があるのはフレンチブルドッグで、一九世紀に分かれた元の犬種、ブルドッグがそれに続く。ブルドッグそのものは、一九世紀に起こった犬の品種改良ブームの前から存在した。雄牛を柱につないで犬に攻撃させ、それを人々が集まって見物するという野蛮な「ブルベイティング」のためにつくられたのだ。一八三五年にイギリスでブルベイティングが禁止された後も、ブルドッグはイギリスの象徴であり続けた――ただし、ビクトリア朝時代の品種改良でその姿はずいぶん変わったが。イギリスがなぜ、奇怪な姿をした虐待のための犬をシンボルにしたいのか、僕にはよくわからない。だが少なくとも、ウェールズのドラゴンやスコットランドのユニコーンと違い、イギリスのブルドッグは実際に存在するし、イングランドのライオンと違って、ブルドッグはイギリス発祥だ。とにかく、ブルドッグは現在、イギリスで人気のある犬種の上位一〇位に入る。フレンチブルドッグは、二〇一四年以来イギリスで人気の上位三位内に入っている。

実は、雄牛を苦しめるためにつくられたこの犬は健康とは言えない。ブルドッグは、嚙む力を強くするため、顎が短くなるように品種改良されている。だがそれによって気道も短くなり、ブルドッグとフレンチブルドッグは――その他の短頭、つまり顔が平らな犬種もそうだが――呼吸障害が起きやすい。頭が大きいことは出産時の問題も引き起こす。フレンチブルドッグは雑種と比べて難産となる確率が一六倍で、母犬と子犬は生命の危険に晒され、帝王切開を必要とする確率が高い。僕たちは、常に人間の介入に依存しなければならない動物をつくってしまったのだ。アメリカでは、フレンチブルドッグの三〇パーセント、ブルドッグに至ってはなんと七一パーセントに臀部の異常がある。短頭犬種はまた、臍《さい》ヘルニアなど、頭蓋の形とは関係ないように思える病気にも罹りやすい。その上、社会交流にも弊害がある――平らな顔は、顔の表情で何かを伝えるのが難しい可能性があるのだ。

僕たちの犬種選びがうまくなっている様子もない。二〇〇八年にBBCで、キャバリア・キング・チャールズ・スパニエル（ドラマ『セックス・アンド・ザ・シティ』に出てくる犬種）とウエスト・ハイランド・テリアの問題を露わにするドキュメンタリーが放送されると、イギリスではこの二つの犬種の需要は減ったが、人々は代わりにフレンチブルドッグを求め、その後の一〇年でその需要は三〇倍近くなった。つまり人々は、問題を抱えているある犬種から別の犬種に乗り換えただけなのだ。今、平らな顔の犬についてこれと同様に問題が暴露されれば、今度は人々は四肢に問題があるダックスフンドに切り替えるかもしれない。イギリスのロイヤル・ヴェテリナリー・カレッジは人々に「犬らしい姿をした犬」を愛してほしい、と言うが、「良い犬種」の名前を挙げることには慎重である——それによって突如需要が急増し、たちの悪いブリーダーが増える可能性があるからだ。

一方、新しい能力を持つ新しい犬種への欲求が新しい問題を生んでいる。二〇世紀の終わり、二つの犬種の良いところを組み合わせる「デザイナー・ドッグ」という発想が人々の心を捉えた。オーストラリアの盲導犬トレーナー、ウォーリー・コンロンは、一九八九年、犬の毛にアレルギーがある人でも飼える盲導犬をつくるためにラブラドールレトリーバーとプードルをかけ合わせた。ところが犬のブリーダーたちがこれに着目し、需要が高まったため、小さな遺伝子プールから繁殖されたこの犬種はすぐに遺伝子的な問題を抱えるようになった。二〇一四年には、この「ラブラドゥードル」は世界でも最も人気のある犬種の一つとなったが、コンロンは二つの犬種をかけ合わせたことを後悔していると言った。「ラブラドゥードルの大半は、正気じゃないか遺伝性の病気を抱えていますよ」。彼の懸念を全米オーストラリアン・ラブラドゥードル・クラブの代表に伝えると、彼女は「正気の犬なんていないわ」と肩をすくめてみせた。

人間が、犬にものすごい時間と労力を費やしながら、それでもなお犬の健康よりその容姿についての欲求を優先させるというのは狂っていると僕は思う。もしも僕たちの幸福が本当にペットの幸福と一致しているなら、どうして僕たちはより良い犬種を選ばないのだろう？　僕たちは、可愛い犬、人間の赤ん坊みたいな犬、自分に似ている犬を選ぶ。あるいは、犬を飼おうとしている人たちがそのリスクを知らないという可能性もある。アメリカで純粋犬種の登録を管理するアメリカンケネルクラブのウェブサイトで調べてみたが、フレンチブルドッグは「頭が良くて人なつこい」犬種であり「パリからピオリアまで、都会に暮らす人に絶賛されている」と書かれていた。また、大きくてピンと立った「コウモリみたいな耳」と「なめらかで見事な毛並み」に触れ、「たまらないほど魅力的」とまとめている。健康問題については一切触れられていない。

自分をごまかす飼い主も多い。あるアンケート調査では、フレンチブルドッグを飼っている人の六〇パーセント以上が、自分の犬は平均的なフレンチブルドッグより健康だと答え、平均より不健康だと言う人は七パーセントにすぎない。元獣医で、現在はイギリスのロイヤル・ヴェテリナリー・カレッジで教鞭を執るダン・オニールはこのアンケート調査を考えた一人だが、彼によれば、犬を飼う人のなかには、とても世話がかかるかもしれないという可能性をむしろ歓迎する人もいるという。「自分を必要とする犬が欲しい人が多いんですよ」。僕はカリフォルニアで、ダンとエイミー、そして彼らの飼い犬で犬のサーフィンの世界チャンピオンであるシェリーに会った。彼らはシェリーの見た目が好きだから、飼うためにお金がかかることを納得したのだった。「フレンチブルドッグを買うのは、獣医に別荘を建てさせてやるようなものだよ」とダンは冗談を言った。元プロテニス選手のアンドレ・アガシ似でマーケティング業界で働く彼は、愛想が良くて自分のことをよくわかっている。

犬の治療費にはこういう背景があることを覚えておくべきだ。僕たちは往々にして、自分の身勝手な選択のつけを支払っているのである。顔が平たい犬は、気道から軟組織を切除したり、あるいは皮膚のしわを削除するための手術が必要な場合がある。もしもこれが、儲かるかどうかでその価値が決まる家畜だったとしたら、フレンチブルドッグは徐々に消えていくだろう。犬が自由に繁殖を許される土地では、さまざまな犬種は、灰色がかった茶色の、ひょろっとした雑種に先祖返りする。だが、大都市のお上品なブリーダーや犬を買う人々の間では、犬の繁殖は人間が管理するものであり続けている。オニールの言葉を借りれば、「犬の健康問題は、実は人間の問題」なのである。

だが全般的に見れば、獣医学の発達のおかげで、三〇年前と比べて犬は健康になっている、とオニールは言う。犬の病気のなかには、犬の寿命が延びたからこそ目立つようになったものもある。だが、問題は肉体的な病気だけにとどまらない。ペットとして飼われている一万三〇〇〇匹以上の犬を対象にフィンランドで行われた調査では、その四分の三が何らかの不安障害を抱えていることが明らかになった。六匹に一匹は、自分を噛んだり自分の尻尾を追いかけるなどの強迫行動を見せた。

犬は、最初に人間と暮らすようになった頃とは非常に違う社会で暮らすことを要求されている。人間の多くは、今では田舎に住んでいないし、家畜の群れを飼ったり野生動物を狩ることもない。犬の場合、自由に走り回れる機会が限られている都市部の方が、問題行動はより頻繁に起きる。ヘルシンキ大学の研究者らは、都市部に暮らす犬の方が、田舎に住む犬よりも見知らぬ人を怖がるということを明らかにした。その理由はよくわかっていないが、都会の喧騒が原因の一つである可能性は明らかだ（コーギー・コンの参加者には幸いなことに、この研究では、ウェルシュ・コーギー・ペンブロークは最も人を恐れない犬種であることもわかった）。カリフォルニアの人々は、犬を家庭の外に連れ出したがる——だがこれは往々にして、犬にとってそれが良いことかどうかよりも、犬を単なる自分のアクセサリーのように扱うことを意味する。「犬と一緒に何かしたり、犬に楽しいことをさせてやったりしなければいけないというプレッシャーがすごいのよ」——パプチーノを飼い犬に飲ませる獣医、ワイラニ・スンは言う。僕たちは、新しい娯楽に対して犬が人間と同じように反応すると勝手に推測すべきではない。それよりも、犬が必要としていることがわかっているニーズを満たしてやることにフォーカスすべきだ——たとえば、運動、刺激、仲間などである。

犬を飼っている人の多くは、たとえ定期的に散歩させてくれる人がいるとしても、仕事の間、何時間も犬を一人にしておく。犬というのは非常に社会的な動物だ。この本を書きながら僕は、隣の家のテリアが、寂しがっているのだとしか思えない声で遠吠えするのを何時間も聞いていた。ロックダウンが始まると、世界中の人々が犬を飼い始めた。イギリスでは子犬がほぼ売り切れ状態だった。彼らがまた出勤するようになったらどうなるのだろう？　犬は普通、少なくとも一〇年は生きる。僕たちは、犬が話せないことを利用しているのだ。人間は物事を選び好みして見る。夜、帰宅したときに犬がどれほど嬉しそうかには気づいても、留守中に彼らがものすごく不安だったかもしれないことには気づかない。

コロンビア大学のアレクサンドラ・ホロウィッツは、人間はそもそも犬を飼ってもいいのか、という疑問を投げかけた。彼女は、僕たちが犬を犬として——交尾したり排泄物を食べたりする、飼い主にとっては恥ずかしい行動も含めて受け入れることができるのか、と問いかける。今僕たちは、彼らの性生活や身体的機能を阻害するにもかかわらず犬や猫を去勢する。去勢された犬や猫は長生きすることがわかっており、これはおそらく彼らが家からあまり遠くまで行かず、交通事故で死ぬことが少ないからだが、生殖腺で産生されるテストステロンやエストロゲンといったホルモンの欠如は彼らの健康に影響を及ぼす。たとえば去勢された犬は、太りすぎる確率が高い。一九九四年に行われた調査では、オーストラリアで犬を飼っている人のほとんどは、まだその時点で去勢していなければ飼い犬を去勢する気はないと答えた。それから何年も経つが、精管切除術のようにあまり犬を消耗させない方法が今でも敬遠されるのは、そういう方法のことを僕たちがきちんと考えないからだ。

ペットが自分の生活にそぐわなければ、僕たちはペットを手放す。スージーと僕はコロンビアで一度、猫のシェルターに行ったことがある。そこにいる猫のほとんどは、彼らが悪いわけでもないのに、そこから出られる見込みはなかった。僕たちがつくりだした動物なのに、彼らの居場所を僕たちはつくらなかったのだ。何より悲しいのは、たとえば黒猫のように、見た目で拒絶される動物がいることだ。アメリカでは毎年、約六五〇万匹の犬と猫がシェルターに収容される——犬と猫二八匹に一匹の割合だ。その理由は、問題行動から飼い主の生活環境の変化までさまざまである。なかにはきちんとしたシェルターもある——アメリカ動物虐待防止協会のサンフランシスコ支部では、猫がいる部屋にはサンフランシスコのランドマークのミニチュア模型が置かれている——明らかに、お金も人間の情熱もあり余っている印だ。動物の保護施設に行ったことがある人なら誰でも、そこには人間が持つ力と人間の無力さという相矛盾する二つのものが混在していることを知っているはずだ——人間は動物の暮らしを変えられはするが、いくらやったところでそれでは不十分なのだ。救えない動物は必ず残るし、彼らは、おそらくはあなたが彼らを拒絶したのと同じ理由で拒絶される。すべてのシェルターが適切に運営されているとか、家庭から家庭へともらわれていくのは動物にとっては大したことじゃないなどと、自分に都合良く考えるべきではない。殺処分される犬や猫の数は減りつつあるが、「殺処分ゼロ」、つまりシェルターで安楽死させられた健康な動物が一匹もいないという状態を実現したのはデラウェア州ただ一州である。カリフォルニア州では現在、殺処分される動物の数は年間一〇万匹に及び、州政府は避妊手術と去勢を施すことでその数をゼロにすることを目指している。だが、世界中でシェルターが満員だというのは、ペットを飼いたがる人間の欲望が生み出した悲しい副産物である。

かと思えば、ペットとしてあまりにも素晴らしいために二度つくりたくなるペットもいる。一九九〇年代を皮切りに、複数の企業が、ペットの遺伝子的複製サービスを提供しているのだ。これは、ある特定の特徴を強化することにビジネス的な意味がある家畜のために開発された技術なのだが、間もなくペットを対象に販売されるようになり、開発者の一部を大いに落胆させた。二〇一八年にはバーブラ・ストライサンドが、巻毛のコトン・ド・テュレアール、サマンサのクローンをつくり、同一の遺伝子を持つ双子を飼っていると公表した。ストライサンドは、この二匹がサマンサの墓の上にちょこんと座って「ママにご挨拶をしている」写真を投稿した。ハイドパークでの公演ではステージにも上げた。

クローニングは、人間が他の動物を支配しているという考え方の論理的な延長線上にある。そして、固有の育ち方をし、固有の環境に影響された個体が、別の個体の単なる複製になることが期待されるのだ。世界初の犬のクローンをつくるために、一二三匹の代理母が受胎した。以降、そのプロセスは改良されてはいるものの、今でも複数の犬に侵襲性の高い処置を行わなければならない。代理母には合併症が起こる確率が通常より高く、またクローンとして生まれた犬の一部は生後すぐに安楽死させなければならない場合もある。ストライサンドのコトン・ド・テュレアールのクローンをつくったテキサス州の企業、ヴィアジェンによれば、これまでにつくったクローンの子犬は「数百匹」にすぎないと言う。その理由の一つは費用だ――クローンをつくるには、犬の場合は五万ドル、猫なら三万五〇〇〇ドルかかる。コンテストで勝って飼い犬のダックスフンドのクローンを韓国でつくったイギリス人女性は、クローン犬を題材にした子ども向けのお話を書いた。僕の目が黒いうちは、僕の娘たちには絶対にそれは読ませない。品種改良もそうだが、クローニングの場合もまた僕たちは、自分のニーズを動物のニーズより優先させているのだ。

こうやって人間が犬の生命を支配することは僕たちに諸刃の刃を突きつける。サンフランシスコ滞在が終わりに近づく頃、僕は、元グーグルのエンジニアだったジョン・ホンチャリーのことを知った。ホンチャリーは、グーグルの音声アシスタントのデザインを手伝っていたとき、あることに気がついた。コンピューターが、人間と深い内容の会話を交わせるほど洗練されるにはまだ何年もかかる。だから、別の動物との会話から始めた方がいいかもしれない――犬だ。

ホンチャリーはスタートアップ企業を創業し、長時間かけてコンピューターに犬の姿勢や動きを分析させた。三年後、彼の会社、コンパニオン・ラブスは、犬の自動訓練装置を発売した。この装置は、カメラ、モーションセンサー、赤外線センサーを使って犬が命令に従ったかどうかを監視し、従ったらおやつを与える。

いかにもシリコンバレーらしいやり方で、この自動犬訓練装置は今、世界をより良い場所にするものとして宣伝されている。より多くの犬が訓練できれば、より多くの犬がシェルターからもらわれていくかもしれない――この装置の開発を手伝ったアメリカ動物虐待防止協会のサンフランシスコ支部はそう言う。だが、コンパニオン・ラブスにとっての大きな市場は、犬を飼っている全米六〇〇〇万世帯のうち、一日八時間以上家に置き去りだったりデイケアに預けたりしている多くの家庭だ。間もなくこうした家庭は、家族が在宅しなくても犬を訓練し、遊んでやることができるようになる。飼い主と犬が心の絆を結ぶ過程は不要になるのだ。コンパニオン・ラブスの装置は、（実際に機能するならば）動物とのコミュニケーションという意味では賢い仕組みだと思う。だが、機械に訓練された犬は人間とのコミュニケーションが減る危険性がある。それよりも、一部の人たちは、忙しすぎて犬を飼う時間がないと認める方が賢明ではないだろうか？

輸入される野生動物

世界は無限ではない。ある土地を特定の動物グループに割り当てれば、普通それ以外の動物は締め出される。人間の食欲のおかげで野生動物が暮らせる土地には限界があるが、そこにはまた人間のペットの食欲も影響している。猫は肉以外のものは消化できない一方、犬は雑食で、肉を必要としないにもかかわらず、犬に与えられる肉はどんどん品質が良くなっている。カリフォルニア大学ロサンゼルス校の地理学教授、グレゴリー・オーキンによれば、アメリカで飼われている犬と猫が年間に消費するカロリーは、六二〇〇万人のアメリカ人が消費するカロリーに相当する。アメリカのカーボンフットプリントは、人間だけでなくペットから出たものでもあるのだ。犬と猫が食べる動物性食品の一部は、たとえば骨のように、人間が食べない部分もある。だがそれも、優しいペットの飼い主がペットを喜ばせようとするため減りつつある。

ペットの餌だけではない。猫は生まれつきの捕食動物だ。アメリカでは一年間に、一三億羽から四〇億羽の鳥と、六三億匹から二二三億匹の哺乳動物を猫が殺すと推定されている。陸に棲む捕食動物と一緒に進化してこなかったために鳥類の防衛能力が低いオーストラリアでは、三億羽を超える鳥が毎年殺されているとする研究もある。この数字がオーストラリアの鳥全体のどれくらいの割合にあたるのか、あるいは、猫が殺すのは主に、どっちみち生き残れなかっただろう弱い鳥なのか、その辺は明らかではない。だが、その数の大きさを見れば、猫が鳥の個体数に影響を与えないとは考えられない。猫が個々の鳥に苦痛を与えていることは確かだ。これは自然なことではない――人間が捕食動物の数を増加させた結果だ。猫は鳥を殺すかどうかにとどまらず、病気や恐怖を撒き散らす。猫の剝製をクロウタドリの巣の近くに置くだけで、雛が食べる餌の量が減るし、他の鳥に食べられる危険性も高まる――猫が怖くて鳴くからだ（僕が実験したわけではない）。

僕たちはよく猫のことを、僕たちの心の縄張りに侵入する生意気な生き物だと言う。だが猫は、実際に他の動物の生活圏を侵害する。オクラホマ州立大学とジョージタウン大学の生物学者、スコット・ロスとピーター・マラは、猫を「どこにでもいて、地球上最も環境に有害な、侵略的捕食動物」の一つだと言う。これにはちょっと困ってしまう――僕は猫も鳥も大好きだからだ。夜、猫と一緒にソファでネットフリックスを観ることが多いので、僕にとっては彼ら一匹一匹の存在の方がほとんどの鳥よりも大事だ。だが同時に、猫や犬は減っていないのに対して鳥は減っており、それによって生態系のバランスが崩れるということも知っている。猫を家の中に閉じ込めたくはないし、僕の猫は殺した生き物を家に持ち帰ってくることもめったにない。ただし、僕の家の庭には鳥がたくさんいないことも認めないわけにはいかない。

犬はどうだろう？　犬もやはり捕食動物で、野生の生き物に影響を与えるのは同じだ。鳥や哺乳動物は、犬が近くに来ると逃げていく。ある調査によれば、カリフォルニア州サンタバーバラの海岸にいる犬のうち、五匹に二匹は鳥にちょっかいを出した。自然界では、こうした攪乱や、それによって消費されるエネルギーの大小が動物の生死を分けることがある。犬にこういう影響力があるというのは驚くにあたらない――そもそも人間が犬との共存を受け入れた理由の一つは、他の動物を殺すために犬が役立ったからなのだ。ロンドンにある僕の家の近くの公園では犬が君臨している。そして彼らが君臨するのは公園だけではない。

犬と猫は、野生のイヌ科とネコ科の動物にとってもありがたい存在ではない。絶滅が危惧される野生のイヌ科動物の一つであるアビシニアジャッカルは、現在残っている個体数が四四〇匹を下回る――彼らの生息地だったところが今では牧草地になっていたり、狂犬病などの病気が蔓延したりしているからだ。これが家畜化の特徴の一つである。家畜化されたウシ、ウマ、ヒトコブラクダの先祖は絶滅した。環境考古学の先駆者、フレデリック・ツォイナーは、動物の家畜化という過程の最終段階の一つがその野生の近縁種の絶滅であるとしている。現在世界中には、三億匹の野良犬を含めて全部で八億匹の犬がいる。一方、世界中にいるハイイロオオカミの数は二〇万〜二五万匹だ。一九九五年にイエローストーン国立公園にオオカミが再導入されて以来、アラスカとハワイを除くアメリカ四八州に棲むオオカミの数はおよそ五七〇〇匹まで増えている。それと同じ期間に、アメリカ国内の犬の数は二四〇〇万匹増加した。オオカミが暮らせる土地があるか、というのは政治的な論争点であり、コロラドでは、二〇二〇年一一月の住民投票で、僅差でオオカミの再導入が支持された。だが、犬が暮らせる土地があるか、と問う人はほとんどいない。グレートブリテン島では、イエネコに最も近い近縁種であるヤマネコは、ローマ帝国時代に家畜化された猫が登場するやいなや、姿を消し始めた。今ではほんの数百匹のスコットランドヤマネコが残っているだけで、しかもその多くはイエネコとの混血だ。ペットとしての動物は、世界中の野生動物に加わったボーナスではない――ある意味でペットは、野生動物に取って代わっているのだ。

いわゆるエキゾチックアニマルと呼ばれる動物をペットとして飼うのはもっと問題がある。これらは、数千年前から一度も家畜化されたことのない動物だ。彼らの生態が人間の生活と相容れないものであることは、犬や猫よりも明らかである。身体的・精神的な問題が起こる確率も高いし、野外に放される確率も高い。

麻薬の密売人は昔から、大型ネコ科動物を捕獲し、ペットにしやすいように歯と爪を引き抜いてきた。檻に入れられたオランウータンも売買されている。カワウソもまた、捕獲され、彼らが棲んでいた川や湖から遠く離れた人間の家に運ばれた。推定では、テキサス州には野生のトラよりも多くのトラがいる。エキゾチックアニマルをペットとして販売しているある店のウェブサイトを見ていたら、オオコウモリ、ハリネズミ、アカハナグマ、カンガルーが、フロリダ州やニューヨーク州で販売されていた。テキサス州ではアカゲザル（「哺乳瓶とオムツが使えます」）が、ミシシッピ州では生後一週間のシマウマ（「一日中人間に慣れさせる訓練をしています。明日からは端綱と引き綱をつける訓練を始めます」）を売っていた。そういう動物が正しく世話をされ、適切な飼い主に出会う可能性は非常に低い。

カリフォルニア州では、エキゾチックアニマルや在来野生動物の多くはペットとして飼うことが禁じられているし、ペットショップでの販売が許される犬、猫、ウサギはシェルターからのものだけだ。ただしオウムは買える。オウムは最高だ――色鮮やかで、頭が良くて、飼い主に忠実である。ある種類のオウムでつがいが「離婚」する率は一～二パーセントと考えられており、イングランドとウェールズにおける人間の離婚率より低い。僕がオウムとの距離を保ってきたのは、ある日、コロンビアの古いコーヒー農園で、そこで飼われていたオウムが、差し出した僕の手に落ち着き払って乗っかったかと思うと、親指と人差指の間を、業務用ホチキスほどの優しさも見せずに思い切り嚙んだからである。それでも、オウムとお近づきになりたいと思う人の気持ちはわかる。

問題は、人間がオウムを飼いたがることには大きな代償が伴うということだ。一九八〇年から、オウムの国際売買が禁じられた二〇一六年までの間に、捕獲されて海外に売られたヨウムは一〇〇万羽を超える。ヨウムは今でも違法に捕獲されている――カメルーンでは、密猟者が椰子の葉に糊を塗り、囮《おとり》の鳥を木につないでヨウムをおびき寄せる。慈善団体ワールド・パロット・トラストは、現在世界中で、野生のオウムと同じ数のオウムがケージに入れられていると推定している。オウムの全種類のうちの四分の一――ただしヨウムは含まれない――が絶滅の危機に瀕している。一方インドネシアでは、毎年数十万羽の鳴禽類が捕獲されて市場で売られている。人間の建物には鳥の鳴き声が響くが、森からはその歌声が失われているのだ。

サンフランシスコで最大かつ一番人気のペットショップ、アニマル・コネクションに行ってみると、オウム用の小さな部屋があった。そのほとんどはセキセイインコで、喜んで手に乗り、店のオーナーが繁殖させたものらしかった。オウムは、それが飼育下で繁殖させたものであれ、森で捕獲されたものであれ、狭い空間に閉じ込めておくのは難しい。自然の環境を真似るためには、大きなオウムなら「飛行機格納庫と同じサイズの屋外の鳥小屋」が必要だと二人の専門家から聞いた。オウムは単独で飼われるのが嫌いで、一羽で飼われると大声を出すことが増える。だが、悲しいことにアメリカでオウムを飼っている人のほとんどは一羽しか飼っておらず、平均すると一日一五分しかオウムと触れ合わない。なかには、オウムに同じオウムの仲間を与えず、自分のパートナーにしたがる飼い主もいる。

ロンドンの公園の中を歩いていると、頭の上をインコが群れになって飛んでいくのをよく見かける。群れの発端は、飼い主が逃したインコにまず間違いない。僕たちは、アジア、アフリカ、南米のインコをロンドンの公園に移住させることに成功してしまったのだ。それにしても、インコたちが飼い主の家に戻る気がまったくないのは実に面白い。愛しているなら手放しなさい、もしも戻ってきたらそれは君のものだ、とよく言うけれど、インコたちは戻らなかった。僕たちのものではないのだ。彼らを――いや、どんなオウムも――ペットとして飼わないのが一番いい。

他にもペットには適さない動物がいる。僕たちはウサギを抱きたがるがウサギはそんなことをしても喜ばない。自分の偏見に疑問を呈することを厭わない人なら、ネズミをペットにする方がいいかもしれない――ネズミは人なつこいし、くすぐられるのが好きだ（アニマル・コネクションのアシスタントが手の周りを走り回るネズミを見ながら言うには、ネズミは、自分は人に誤解されていると感じている人に人気だそうである）。チチュウカイリクガメはイギリスの庭園の定番だが、彼らは温暖な気候と高繊維質の食べ物に合わせて進化しており、地中海地方以外でそれを再現するのは困難だ。さらに、動物福祉の専門家によれば、リクガメは「人間に親近感を感じている様子も、人間といる必要性も示さない。野生環境では、身体を持ち上げられたり移動させられたりするのは、捕食者を思い出させる可能性が高い」。飼われることに興味がない動物を飼うことを、僕たちはどうやって正当化するのだろう？　パートナーシップか誘拐かと言われれば、それは誘拐に近い。

推定では、毎年九〇〇万匹から一〇〇〇万匹の海水魚がアメリカに輸入されている。五匹に四匹はフィリピンかインドネシアからだ。なかには飼育環境下で繁殖させたものもあるが、それ以外はサンゴ礁で捕まえたものである。魚はコカ・コーラの缶よりも小さい袋に入れられて、輸送中の二日間ほどは餌ももらえない。輸送はおそらく魚にとってはストレスで、輸送中に死ぬ魚も多いだろう。なかには、魚を捕まえるためにサンゴ礁にシアン化物を注入することもある——魚は一時的に麻痺して捕まえやすくなるが、その過程でサンゴはボロボロになる。もっと害のないやり方で魚を捕らえ、魚が死ぬ割合も低く、魚を買う人から太平洋地域の地元住民に渡る金が、彼らがサンゴ礁を護る動機になっている場合もある。だが問題は、そのどちらの方法が使われたかが不透明で、辿れる公式記録もほとんどないということだ。ペットとして魚を購入するときに、自分の金がどういうやり方をサポートしているのかがまったくわからないのである。魚が人間との関係を大事に思っているというエビデンスもない（ただし、飼い主を見分ける魚もなかにはいるかもしれないが）。観賞用の水槽は美しく魅力的だが、魚をペットにすることが個々の魚にとって最善の利益であると主張することはできない。金魚は長ければ三〇年生きるが、それほど長い間飼われることはめったにない。

ロンドンで人間から逃げ出したインコは、在来の鳥に大した損害は与えなかったようだ。だが残念ながら爬虫類はそうはいかなかった。爬虫類はペットとして人気が出ているが、飼い主のほんの一部が飽きたり、失望したり、あるいは怖くなったりして、飼っている爬虫類を下水や湖などの自然環境に放せば、それだけで深刻な環境問題が起きる。その被害をまともに受けたのがフロリダだ。予想できたことだが、ビルマニシキヘビを飼うのに飽きた飼い主がいたのである。ビルマニシキヘビは、体長が最大五・五メートルになり、囚われの身でも二〇年以上生きることがある。ニシキヘビは何十年も前からフロリダの湿地に放されてきている。この土地では少なくとも過去一六〇〇万年で初めての、小型哺乳類を食べるだけの大きさのあるヘビである。二〇〇三年から二〇一一年までの間に、ニシキヘビの数が増える一方で、アライグマとフクロネズミの目撃件数は九九パーセント減った。オジロジカさえほとんどいなくなってしまった。

グリーンイグアナもまた人気が高まり、二〇〇〇年には『Iguanas for Dummies（馬鹿でもわかるイグアナの飼い方）』というハンドブックが出版された。だがグリーンイグアナは（野生環境では）最長二〇年生きることもあり、飼うのに飽きて外に放してしまった飼い主がたくさんいる。イグアナは、定年退職した人たちと同じくらいフロリダが大好きだ。捕食者がいないのでどんどん増えている。ある住民は、イグアナが家のプールにものすごく糞をするので自分はほとんど泳げない、とマイアミ・ヘラルド紙にこぼした。マイアミ動物園は、イグアナが園のゴリラにちょっかいを出していると苦情を言った。二〇一九年には州当局が住民に対し、イグアナを人道的な方法で殺すよう促したが、動物擁護団体の抗議を受けて、それ以上の指示を拒んだ。フロリダ州政府は、今ではニシキヘビとグリーンイグアナの販売を禁じている。最初からそれらをペットとして飼うのを禁じる方が簡単だったかもしれない。もちろん、この状況を最大限に活かそうと思えば、イグアナとその卵を食べることはできる。中南米では昔から、イグアナはその味から「森のニワトリ」と呼ばれてきたのである。だがそうするためには、心理的な壁を乗り越える必要がある。こうした動物の場合、人間と一緒に暮らすことが彼らのためになるというのは人間の勝手な想像にすぎない。エキゾチックアニマルを飼うことは動物愛テストには不合格だ。

ペットを飼うことがもたらす恩恵ももしかしたら一つある――それがゲートウェイ・ドラッグの役割を果たすということだ。犬や猫を飼うことは、狩猟や食料の需要を通して生物多様性に直接的な損害を与えるかもしれないが、同時にそれによって僕たちは、自分の犬には肉を与えながらも、環境保護やヴィーガニズムをより積極的に支持するようになる可能性があるのだ。ペットを飼っている人はそうでない人と比べて、野生動物保護団体に加入して野生動物の保護活動を支援する確率が高いことを示す若干のエビデンスがある。ただし、その因果関係は明確ではない。人はペットがいるから野生動物のことも気にかけるのか、それとも野生動物を気にかけているからペットを飼う確率が高いのか？　スージーと僕が猫をもらったのは動物が好きだからであって、その逆ではない。

エビデンスのほとんどは逸話的なものにすぎない。ジェーン・グドールは、自分はタンザニアでチンパンジーの研究を始める前にすでに飼い犬から動物の感情を学んでいたと言った。動物に関する思想家たちのなかにはペット好きでない人たちもいる。たとえば、一九七〇年代に「動物の解放」という概念を提案したピーター・シンガーを突き動かしたのは正義感であって、感傷的な気持ちではなかった。カレン・ジョイ・ファウラーは『私たちが姉妹だったころ』という小説の中で、(ネタバレ注意) チンパンジーを人間の子どもと一緒に育てるという実際にあった実験をフィクション化して描いている。ファウラーの父親は心理学者で、ラットやサルを使って実験し、彼女が示唆するところによればそれはあまり倫理的に行われたものではなかった。「私の家族には、愛するペットでいっぱいの家と、実験対象でいっぱいの実験室がありました」と彼女は回想している。ペットは彼女に動物に対する感受性を与えたが、父親には影響を与えなかったのだ。

ペットが、野生動物に対する僕たちの感受性を高めてくれる可能性はある。だが基本的にペットは代替品——野生動物の代用品であり、人との交流の代わりなのだ。それどころか、神に代わるものでさえある可能性がある。アメリカで行われたある調査によれば、定期的に教会に通う人の間では猫を飼っている人の割合が低い。そして、アメリカの世帯の三分の二がペットを飼っているが、ベジタリアンは二〇人に一人だ。仮に僕たちが求めているのが、広い意味での動物界との幸せな交流だとしたら、犬や猫を飼うのはその方法としてはずいぶん遠回りだ。それはまるで、ポテトチップスを一袋食べると痩せるよ、ダイエットをする気になるからね、と言っているようなものだ。

僕は、サンフランシスコのカトリック教会で行われた「動物の祝福」に参加した。動物は、常に教会に歓迎されていたわけではない。一六世紀のイングランドでは多くの教会が、犬が飼い主を追って礼拝に来るのを防ぐために「犬の鞭打ち屋」を雇ったものだった。だがここでは、すべての動物が許される。人当たりの良いフランシスコ会修道士が、動物を一匹一匹、その飼い主と一緒に祝福し、司祭平服に足跡がつくのもお構いなしでにこやかに彼らと写真に収まる。彼は、人々がペットに注ぐ愛情を称えながら、同時にその愛情を「より広い対象に広げ」てはどうか、と言った。だが無駄だった。犬を飼っている人の誰一人として、彼の言葉に耳を傾けようとはしなかった――ただ自分の犬が可愛いだけなのだ。

犬や猫に対する僕たちの愛情には、僕たちが認めたくないほど複雑な問題がついてくる。だがその愛情そのものは疑いようがないものだ。僕は、野生動物を、犬や猫と同じようにうまく僕たちの心と僕たちの社会に組み込める方法がないものかと考え始めた。

ネイティブアメリカンのコンドル再導入

僕はレンタカーを借りて、パシフィックコーストハイウェイを北上した。サンフランシスコの技術屋たちのリベラルな世界を、パプチーノやチーフ・ラブ・オフィサーを後にして車を走らせること数時間、ハイウェイは見事なレッドウッドの森に囲まれた。ここはユロック族の土地だ。

ユロック族は、連邦政府に正式に認められた部族としてはカリフォルニア州最大で、六〇〇〇人を超えるメンバーがいる。部族政府の本部があるカリフォルニア州クラマスには息を呑むような景観が広がり、人々から金を巻き上げるホリディ・インとカジノ、そして使われていない赤レンガのカトリック教会がある。僕がここへ来たのは、ユロック族と動物の関係、特にユロック族が、一〇〇年以上前に空から姿を消したカリフォルニアコンドルを再導入しようとしていることに興味があったからだ。

動物好きの欧米人は、ネイティブアメリカンの自然との接し方についてなかなか理解できずに来た。一つの考え方は、ネイティブアメリカンこそ、自然が提供できるものだけを受け取ってきた――少なくとも、一六世紀に白人植民者によって彼らの文化が侵害されるまでは――最初の環境保護主義者であるとするものだ。一方、これは美化された考え方である、と異議を唱える人たちもいる。ネイティブアメリカンは森を伐採し、放っておけば動物を根こそぎにしたであろう方法で動物を狩ったり魚を捕ったりした、と彼らは主張する。ネイティブアメリカンが壊滅的な影響を与えなかったとしたら、それは主に彼らの数が少なく武器が洗練されていなかったからだと言うのである。現在、ネイティブアメリカンのなかには、環境保護主義者が嫌悪する鉱山採掘やインフラ工事を支持する人もいる。

だが、ネイティブアメリカンの伝統が、動物の行動や周囲の環境のなかで果たしている役割を含む、動植物・自然環境の相互関係に対する深い理解を映し出していることについては異論を唱える人は少ない。「その土地に帰化するとは、その土地が自分に食べ物を与えてくれているのだ、自分はそこを流れる川の水を飲んでいるのだ、そしてそれらが自分の体を作り、魂を満たしてくれるのだ、と考えて暮らすということだ。帰化するということは、自分の祖先の骨がその地に埋まっているのを知る、ということである」と、科学者でありポタワトミ・ネーションのメンバーでもあるロビン・ウォール・キマラーは著書『植物と叡智の守り人　ネイティブアメリカンの植物学者が語る科学・癒し・伝承』（築地書館、二〇一八年、三木直子・訳）に書いている。「先住民族の考え方によれば、すべての生き物による民主制度において人間は劣った存在である。生き物の中では『弟分』とされており、年上の者から学ばなければならない。一番先にここにいたのは植物で、彼らは長い年月をかけていろいろなことを理解してきた」のである。

ヨーロッパ人がやって来る前は、家畜化された動物はほとんどいなかった。これはおそらく、先の大量絶滅で家畜化に適した動物がほとんどいなくなってしまったからだろう。ネイティブアメリカンはその代わりに植物の栽培に集中した。肉は野生動物を狩ったり魚を捕まえたりして手に入れた。

ヨーロッパから入植者がやって来るより前にアメリカ北東部で家畜化されていた動物は犬だけだった。ヨーロッパと同様に、犬は番犬として、狩猟犬として、そしておそらくはペットとしても使われた。人間は犬に対する敬意を表して、犬を食べないし、良いものを食べさせる。現在のニューヨーク州中央部に暮らしていたイロコイ族も犬は食べなかった。だがまた他の動物に対しても敬意を表するために、犬には餌として与えなかった。たとえばビーバーやヘラジカを狩りはしても、犬はそれらの骨を齧ることを許されなかった。つまりネイティブアメリカンの社会は、犬の家畜化と、より広い野生動物の世界に対する感謝の気持ちのバランスを取るのが僕たちよりうまかったのだ。ウシから犬まで、僕たちは動物を家畜化することに成功した結果、家畜化できない動物を軽視するようになってしまった。

他のネイティブアメリカンの部族と同じように、ユロック族もまた自分たちを、西欧のキリスト教が昔からしてきた(そして遅まきながら「動物の祝福」が修正しようとしている)考え方よりもずっと強く自然と結びついていると考えている。一九世紀、白人入植者たちは、ユロック族の人々を殺し、子どもたちを寄宿舎に入れ、部族の儀式を禁じて彼らの文化を抹殺しようとした。伝統を守ろうとする努力は隠れて行われたが、ユロック族の文化の一部は、今では断片的に残っているだけだ。一九世紀の考古学者、アルフレッド・クローバーは、ユロック族に伝わる、人間は犬の子孫であるという考え方を紹介している――ただし現在では、部族のメンバーのなかにもこれを疑問視する人もいるが。ユロック族にとって、食料と交易の根幹をなすサケとチョウザメは彼らの生活の基盤となる生き物だ。そしてカリフォルニアコンドルは、彼らにとっては特別な精神的重要性を持っている。「ほとんどの場合、動物は人間より優れた人(ピープル)であるとされているの」――僕を案内してくれた、ユロック族のメンバーでありハーバード大学の生物学者でもあるティアナ・クラウセンはそう言った。

コンドルの姿は壮麗である。チャールズ・ダーウィンは、カリフォルニアコンドルに最も近い近縁種であるアンデスコンドルを見て感嘆し、「地上から舞い上がるときを除き、アンデスコンドルが翼を羽ばたかせるのを見た覚えがない」と言った。ダーウィンらしく、一羽を撃ち落としてもいる――その理由は書き残されていない。近年になって科学者たちは、アンデスコンドルが翼を羽ばたかせるのは飛行時間の一パーセントにすぎないと計算した。あるコンドルは、五時間かけて一七〇キロの距離を、一度も羽ばたかずに飛んだ。

カリフォルニアコンドルは、北米大陸に棲む空を飛ぶ鳥のなかで最も大型で、翼開長は三メートルに及ぶこともあり、時速六五キロで滑空する。一日に最大二四〇キロを飛び、七〇〇〇平方キロメートルの範囲で餌を食べ、寿命は六〇年だ。だが、ユロック族が彼らを尊重する理由はそういうことではない。コンドルは、最も高いところを飛ぶ鳥なのだ。人々は、コンドルが祈りを天に届けてくれると信じている。コンドルの羽根を儀式に取り入れることで、「コンドルの霊魂そのものを取り入れるの」とクラウセンは言った。「コンドルが私たちと一緒に歌ったり踊ったりするのよ」

クラウセンはまた、バランスの取れた状態で良く生きる、という意味の pyuech we-son' という概念について話してくれた。クラウセンや部族の他のメンバーは、ユロック族の文化が白人入植者たちによって分断された時代のことを回想するときは本当につらそうで、まるでほんの数年前のことだったように聞こえる。儀式が禁じられなくなってからも、暴力や泥酔によって台無しになったことがあったそうだ。

ユロック族にとってコンドルの再導入は、部族としてのアイデンティティを取り戻そうとする試みともぴったり符合している。ユロック族が連邦政府に正式に部族として認められたのは、やっと一九九〇年代になってからのことだ。そのとき、生態系はすでに変わってしまっていた。おそらくは気候変動と水力発電ダムと乱獲の影響で魚の数は減った。コンドルの再導入は、ユロック族が取り戻そうとしている主権と自給自足経済を象徴するものとなったのだ。

カリフォルニアコンドルは、大型哺乳動物の死体を食べる腐食性動物である。かつてはクジラの死体を食べていたこともあったが、一九世紀になる頃には、捕獲によってクジラの数が減りウシの放牧が増えるにつれてウシを食べるようになった。その後、一九世紀の後期に家畜とその放牧場が耕作地に取って代わられると、彼らの食べるものがなくなった。さらに、放牧を続ける牧場主たちは、彼らのウシを襲うハイイログマを殺すために毒を置いたため、コンドルは、クマを殺すはずだった毒を食べる羽目になった。

コンドルの再導入は、自然保護活動における伝説だ。一九六六年に制定された「絶滅の危機に瀕する種の保存に関する法律」はコンドルも対象となっている。一九八二年には、残された野生のコンドルはたったの二二羽になってしまった。自然保護活動家には選択肢があった――コンドルを野生のまま残し、おそらくは絶滅させるのか、それとも人間が介入するのか。シエラクラブほか、少なくとも環境保護団体の一部は、コンドルが「威厳を持って」死ねるよう、そっとしておくべきだと主張した。だが実際には、コンドルは捕獲され、ロサンゼルス動物園やサンディエゴ動物園サファリパークで飼われることになった。それから数年で、その数は急増した。

僕がユロック族の土地を訪れたのは、ちょうど一〇〇〇羽目のコンドルの雛が飼育環境下で誕生したときだった。コーギー・コンに集まった犬の数より少ないことを考えるとそれが大した数ではないことは認めざるを得ないが、飼育下での繁殖に成功したおかげで、コンドルを野生に戻すことができたのだ――初めはカリフォルニア州南部で、最終的にはユロック族の土地で。ユロック族の文化面を主導するリーダーたちは、再導入する動物を投票で決めた。選ばれたのは、最初がサケ、二番目がチョウザメ、そして三番目がカリフォルニアコンドルだった。

ユロック族はすでに、一〇年前からコンドルを彼らの土地に放すための準備をしてきた。それは綿密な、金のかかる作業であり、今でも成功が約束されたわけではない。候補地を調査し、環境アセスメントを行い、地域住民との話し合いが持たれた。生物学者は、滑空するコンドルが切断したり感電したりする可能性のある電線や、鉛製の銃弾の破片をコンドルが呑み込む危険性を推定しようとした。コンドルは、針の頭ほどの大きさの鉛片を呑み込んだだけで死んでしまう。そこでユロック族は狩猟をする人たちに、銅製の銃弾に替えるように頼んだ。カリフォルニア州の電力会社は、電線の一部を地下に埋めることに同意した。

コンドルの再導入は動物園の繁殖能力の高さを立証したが、同時に、動物園がなぜなかなかたくさんの動物を野生環境に再導入できないのか、その理由を示すものでもある。初めの頃に他の場所に放されたカリフォルニアコンドルの一部は鉛中毒で死んだ。飼育されたことで性質が変わり、人間のそばにいようとする傾向のあるものもいる（カリフォルニア南部に放されたコンドルの集団は、週末になるとハンググライダーで飛んでいる人間の横を飛び回った）。今ではコンドルは、カリフォルニア州、アリゾナ州、ユタ州に棲みついているが、数十年にわたる大掛かりな人間の介入がなければそれは不可能だった。米国魚類野生生物局は、このプロジェクトにはこれまでに少なくとも四〇〇〇万ドルはかかっていると言う。生物局がコンピューターを導入する以前に始まったプロジェクトだし、動物園をはじめさまざまなところが関与しているので、最終的な金額はそれよりずっと多くなるだろう。

クラウセンにとって、コンドルをユロック族の土地に再導入することにそれだけの価値があることは疑いようがなかった。「私の娘はコンドルとともに育つのよ。コンドルのいない世界に暮らすことは決してないの。私にとってそれはこの上なく嬉しいこと。先の世代のことを考えなければ」。ペットを飼う人は、自分のペットのことで興奮する。クラウセンの興奮はそれとは違う。それは、自分の住む土地、コミュニティ、野生の環境そのものに深く関係しているのだ。

コンドルがいなくなったことに人々は気づいていた。コンドルは「生きて呼吸をし、自分と関係を持っている生き物ではなく、神話の中の存在」になってしまった、とクラウセンは言う。ユロック族の人々が空を見上げてもコンドルはおらず、盛装に飾りつける羽根を見つけることもできなかった。民族を象徴する盛装の古いものは博物館に収蔵され、保存のために化学薬品で処理された。ユロック族の目から見れば、それは事実上毒を塗られたのと同じだった。

「私たちにとって盛装の衣装は生き物なの。それを博物館に飾ったり、それどころか誰の目にも触れない引き出しにしまっておくなんて――衣装が泣いているって私たちは言うのよ」。盛装の衣装一式に使うのに十分な数のコンドルの羽根を集めるのには——特にクラウセンの家族のように、いかなる理由があってもコンドルを狩ることを良しとせず、落ちているものを拾うだけの人たちにとっては——何世代もかかる。近年ユロック族の身に起こったことのおかげで、何が伝統なのかがあやふやなことも多い。「子どもの頃とても苦労したのは、何が伝統的な考え方なのかがわからなかったこと。誰も教えてくれなかったの。今でも欠けている知識がたくさんあるわ」とクラウセンは言う。

僕たちは森の中を走り、いつの日かコンドルが放されるかもしれない空き地に出た。「私はユロック族であることにとても誇りを持って育ったの。それは自分が生きる場所のしっかりとした礎だった。子どものとき、大人になったら何になりたいかはわからなくても、ユロック族のために何かしたいということはわかっていたわ。私という人間はユロック族であることが根本にあるんだもの」

「私は自分のことを、アメリカ人である前にユロック族の女性であると認識していると思う。アメリカ人はとても個人主義的な物の考え方をするでしょう——必ずしも自分勝手という意味ではなく、独力で頑張って国中どこへでも行って成功できる、という考え方があるわよね。私にはそれは全然しっくりこないの。人はコミュニティがなくては何もできない。どうして簡単に家族から離れられるのか私には理解できないわ。誰が子どもの面倒を見てくれるの？　誰と一緒に教会に行くの？」

国立公園局と魚類野生生物局、そしてユロック族が共同で練っている計画は、二〇年間にわたって毎年六羽のコンドルを放すというものだ。コンドルは繁殖が遅い——つがいは生涯同じ相手と添い遂げ、二年に一度しか雛を孵さない。それでも、そう遠くない将来には持続可能な個体数になるだろう。ユロック族の失われたジグソーパズルのピースが一つはまるのだ。

「コンドルが戻ってきて、再び私たちの生活に積極的な役割を果たすようになれば、それはユロック族の人々をものすごく癒やすことになるわ。私たちの儀式や祈りを強めてくれる。世界にバランスを取り戻し、コンドルがいなくなってからの私たちにできたよりもずっとパワフルに、この世界を新しくしてくれるでしょう」

連邦政府からの許可を得る最終段階はＦＯＮＳＩといって、そのプロジェクトが人間の暮らす環境に大きな影響を与えないことを証明する書類が発行されることだ。「ＦＯＮＳＩが出たときにショックで死ななきゃいいんだけど。あり得るわ」とクラウセンは言う。「一一年かかってやっと政府の許可が出たら、嬉しすぎて死んじゃうかもしれない」

僕はときどき、彼女がコンドルに寄せる期待は、野生の鳥が担うには大きすぎるのではないかと考えた。ユロック族の人たち全員が彼女と同じくらい強い覚悟を持っているとは考えにくかった。次の日の夜、僕たちは、昔からコンドルの羽根が使われてきたブラッシュダンスという儀式に出かけた。コンドルがいない今は、ワシの羽根を使うことが多い。川の河口のそばにある平らな土地の一角に、一〇〇台くらいの車が停めてあった。

日が暮れていくなか、地面に掘った穴で焚かれる炎を囲んで、男女のダンサーたちがすり足をしたり跳ねたりして踊った。しゃっくりとうがいの中間みたいに聞こえる詠唱に、時折鋭い叫び声が交じる。貝殻や羽根のついた衣装を身に着け、半身裸のダンサーもいれば、スポーツウェアを着ている人もいる。それは、アメリカ人とユロック族、神聖さと日常、地域社会と個人のごった煮だった。朝の七時まで、それは一晩中続き、巨大な薪の山は煙と灰になった。

このユロック族の儀式には、僕にはちょっと受け入れがたいところもあった。たとえば、踊っている間、男性は自由に冗談が言えるのだが、女性は表情を顔に出さないようにと言われることだ。ユロック族の未来は、コンドルが戻ってきただけでは不十分だ——川を挟んで両側にある居留地に住む人の八〇パーセントは貧困ライン以下の生活をしているのである。

コンドルはまた、唯一の例かもしれない。いろいろな意味で、コンドルは再導入に非常に適した生き物だ——家畜を殺さないし、大々的な生息地の回復も必要ないからだ（それに比べて、ハイイログマを再導入するのはもっと難しい。カリフォルニアに棲んでいた亜種は、今では州旗の上にしか残っていない)。動物の再導入プログラムには、どんな血統書付きの犬よりも大掛かりな繁殖が必要だ。さらに、コンドルが再び空を飛べるようになったのは、サンフランシスコなどの都市の住民が払った税金のおかげでもある。

コンドルは彼らの祈りを天に届けてくれるというユロック族の言い伝えを文字どおり信じることは僕にはできないが、コンドルに文化的な意味づけがされていなかったら再導入は不可能だったであろうことは理解できた。ユロック族は、僕たちがペットに対してするように、愛すべき固有の個性を持つ個別の動物としてコンドルを扱ったりはしない。彼らの社会にはコンドルの居場所があり、それはコンドルの野生を尊重するものなのだ。

ユロック族ではない人たちも、彼らは彼らで、そのまま真に受けるのが難しい話を動物についてするものだということにも僕は気づいた。たとえばバーブラ・ストライサンドは、彼女の犬サマンサは英語をしゃべると言って譲らなかった。同じように、自分の犬や猫が人間みたいな能力を持っていると言う人はたくさんいる。そういう話を聞くと僕たちは、ペットが職場や公園で何かの役に立つと思いたがる。ユロック族も犬を飼うが、彼らにはもっとパワフルなものがある――彼らを自然界と結びつけ、野生動物を護ろうとさせる物語が。動物は、たとえ人間が所有したり家畜化したり自分たちの審美感を満足させるために品種改良したりしなくても、人間の友となり得るのだ。問題は、それをどうやって人間の文化のなかに位置づけるかである。

身近な動物に目を向ける

僕は犬といるのが大好きだし、コーギー・コンは楽しかった。僕の猫クランブルのことだって大好きだ。でも、はっきり言おう――ユロック族とコンドルの間にある関係は、多くの人が自分のペットと持っている関係よりも素晴らしい。自然のなかで力強く生きていけるように動物を繁殖させるのは、撫でると気持ちがいいように動物を品種改良するよりはるかに価値がある。
動物園の飼育員と同様、ペットを飼っている人たちも良かれと思ってそうしているのだが、僕たちが動物に与えている影響は、残念ながら僕たちが願うほど少なくない。ペットを飼うというのは、人間が動物を支配することによって彼らを公正に扱うということを前提としている。食べるもの、目に入る自分以外の動物、生殖器官の有無、性交するかしないかを含め、ペットの生活の大部分は人間が決める。いつ死ぬかを人間が決めることも多い。

サンフランシスコで、ある犬のトレーニング・セッションを見に行った僕は、グアテマラで殺処分されかかっていたところを救った犬を連れている女性に会った。女性がその犬を飼うことになったのは不思議な巡り合わせだった——彼女はある特定の犬種を探していたのだが、交通事故で頭を強く打ち、その結果雑種犬を引き取ることになった。「脳がちゃんと働いていなかったのよ」と女性は言う。そんなわけでその犬は、グアテマラからサンフランシスコに運ばれ、砂浜とおやつと無条件の愛情にあふれる生活が始まったのだ。その犬は天国に来たと思ってるに違いないですね、と僕は言った。「まさにそのとおりよ。この子、私よりいい暮らししてるもの。今朝もビーチに行って、友だち三匹と遊んだわ」。それから女性は一瞬沈黙した。厳密に言えば助け出されたのはその犬だ。だが、「ある意味、私がこの子に助けられてるんだと思うわ」と彼女は言った。僕はもう少しで、そのとおり、と大声を出すところだった。彼女は正しかった——ペットが人間を助けているのだ。その逆ではない。

一九九〇年代に、動物擁護活動家（エリオット・キャッツというピッタリの名前だった）が最初に、行政機関はペットのことを「コンパニオン・アニマル（伴侶としての動物）」、飼い主を「アニマル・ガーディアン（動物の後見人）」と呼ぶべきだと提案したのはサンフランシスコだった。それは、動物を抑制から解放するための行動の一環だった。皮肉屋で知られるイギリス人である僕は、自分のことをアニマル・ガーディアンとは呼べないが、後見人という考え方をすることは方向性として正しいと思う——つまり、動物のためになるのはどういうことかを考え、不細工だけど可愛い犬種を欲しがったり、自分のペットのクローンをつくったり、世話する時間がないのに犬を飼ったり、といった自分自身の欲望を抑えることだ。犬を自分の生活にやみくもに組み入れようとするのではなく、自分は自分の犬の生涯を見守っているのだと考えれば、もっと彼らの幸福を真剣に考えるようになるはずだ。あなたが動物を愛しているなら、犬の人工睾丸に四九九ドル払う必要はない。と言うか、そんなことはすべきではない。犬の数を抑える別の方法をもっと真剣に考えれば、おそらく犬を去勢する必要さえないかもしれない。

犬の後見人であるということは、飼い主とペットの生活が、たとえば犬を職場に連れて行くという形で交わるということを意味するかもしれないし、しないかもしれない。でも、一部の犬種を徐々になくして、犬をもっと健康的な形状に戻すべきなのは確かだ。犬の性格に影響を与える遺伝子は科学的に解明されている。品種改良は、見た目ではなく、現代社会に適した性格を助長させるためなら正当化できるかもしれない。昼間家に置き去りにする犬も減らすべきだ。スウェーデンの法律は、犬の飼い主が六時間おきに犬を散歩させるよう推奨している。イギリスの救助センターのなかには、少なくとも週に一日は在宅で仕事をする人でなければ犬の里親にしてくれないところもある（新型コロナ流行の前は、それは今よりも厳しく感じられる要求だった）。僕たちは、犬をなくてはならないアクセサリーのように見るのをやめて、本当に犬を自分の生活に迎え入れることができるのかと自問するべきなのだ。

ペットのことをきちんと考えている人の多くは、ペットが環境に与える影響を理解している。「遅かれ早かれ私たちは、ある一定の土地にどれくらいの捕食動物がいても大丈夫かを考えなくてはなりません」――犬のトレーナーであるフランシスはそう言った。「速度を落とすことを考えないと――犬を増やすことばかりを考えるのではなくて一匹一匹の犬に何ができるかを考えるべきよ」

犬の行動に関する非常に興味深い研究をした人類学者、ブライアン・ヘアは、半ば冗談、半ば本気で「子どもを育てる人は全員犬を飼うべきだ」と言った。だが、それが環境に与える影響を考えると、僕はフランシスに賛成だ——つまり、ペットの数は減らす必要があるのだ。すべてのマンション、あるいはすべてのライフスタイルが犬を飼うのに適しているわけではない。すべての家庭が、動物好きを自分のペットという形で満足させる必要はない。(すべての家庭が犬を飼いたがるわけでもない。イスラム教徒のなかには、犬の唾液を不潔と考える人たちもいる。犬の数と人口の比率は、アメリカでは一〇〇〇人あたり二四〇匹であるのに対し、アラビア半島では一〇〇〇人あたり一匹か二匹だと推定されている。)

犬以外の動物のことも考えなければいけない。動物の認知力を調べる実験では、犬は大抵大事に扱われ、研究者たちは、犬と遊んだり、おやつをやったり、家に連れ帰ったりする(もちろん、犬は人間に慣れているので、人間と一緒にいるのが苦痛でないのは言うまでもない)。もしかしたら僕たちは、他の動物も同じように扱えば、彼らの能力をより良く理解できるかもしれない。アメリカ人動物擁護活動家、ヘンリー・スピラは、友人の猫の世話をすることで動物の権利に関心を持たざるを得なくなったと言う。「ある動物は抱いて可愛がりながら、他の動物にはナイフとフォークを突き刺すということの適切さに疑問を持つようになったんだ」

ペットを飼うこととヴィーガニズムの間には興味深いつながりがある。一方では、ペットを飼っているならヴィーガンであるべきなのは確かである。犬と家畜の感情的側面に大きな違いはない。人は、選択を迫られると、五人中二人が外国人観光客より自分の犬を先に助けると言う。犬の生命の方が赤の他人の生命よりも大切だと思うなら、ブタの生命が僕たちの味覚より大切だという結論に至らなくてはおかしいではないか? 犬の治療費に何千ドルも払うことを厭わないのに、工場畜産について調べるのに数時間費やそうとしないのはなぜだろう?

また一方で、犬や猫を飼っている家庭がヴィーガンになるのは難しい。なぜならペットの犬や猫が肉を食べるからだ。最近では、インポッシブル・フーズ社やビヨンド・ミート社の成功を真似ようとするヴィーガンのドッグフードはあるが、猫を飼っている人や、ヴィーガンのドッグフードを与えることを選ばない犬の飼い主は、この矛盾を受け入れるしかない。

犬や猫を引き取るのをやめろと言うのは、子どもを持つなと言うのと同じくらい無益だし狭量だ。ペットには（子どもにさえ）良いところがたくさんある。だが少なくとも僕たちは、そのマイナス面を何とかして埋め合わせすべきだ。鳥の死の原因についての調査から導かれた興味深い結論の一つは、被害の大半は人に飼われている猫によるものではないということだった。アメリカでの調査では、殺された鳥の三分の二は、野良猫や、自由に歩き回って複数の人に餌をもらっている地域猫などの「飼われていない」猫の餌食になったのである。オーストラリアでは、五分の四は野良猫が犯人だった。同様に、世界中で人間と暮らす犬の多数、もしかすると半数以上はつながれず、野良犬として生きている（あさる餌は十分ある。ジンバブエの田舎では、彼らが食べるものの五分の一は人間の排泄物だ）。ペットを飼うことで本当に僕たちが、より広く動物一般を大事にするきっかけになるのであれば、まずは野良犬と野良猫をどうにかするべきだ――結局のところ彼らだって、僕たちのペットと同じ遺伝子構成を持っているのだから。

最近のことだが、ある学者のグループが、ドッグフードに〇・六パーセント程度の課税をし、それをディンゴの保護を助けるのに使うようオーストラリア政府に提言した。ディンゴというのは、もともとは人間が家畜化した野生犬のことで、現在は家畜に被害を与えるので殺されている。税金をかけることで僕たちは、ペットを飼うことには代償がつきものだし、ペットだけが動物のすべてではないということを思い出すだろう。

これは以前にもあったことだ。一八世紀、政治家の一部が、イギリスには犬が多すぎると考えたことがあった。犬は人間の健康に狂犬病という形で被害を与える危険があり、農作物が不作のときは食べ物が無駄になり、貧しい犬の飼い主が金持ちの狩猟の獲物を殺す密猟の原因になる、と訴えたのである。どういう犬が問題なのかについては意見が分かれた。ある議員は、自分のために金を使うべきである貧しい人々の飼い犬が問題だと言い、別の議員は、狩猟という贅沢なスポーツに勤しむ金持ちの飼い犬が問題であると言った。一七九六年、イギリスは犬税を導入し、狩猟犬には高い税率をかけ、貧しい家庭は税を免除された。税収は大した額にはならず、飼い犬の数が減ることもなかった――おそらくは、十分な税率を設定する勇敢な政治家がいなかったからだろう。一九八七年にこの制度が廃止される頃には、税金は犬一匹につき三七ペンスにすぎず、制度の運用にかかる費用が税収を上回っていた。

今犬税をつくれば（食肉税よりも）圧倒的に不評だろう。それに、犬の数もおそらくは減らないだろう――犬を飼う人は金に糸目をつけないらしいからだ。でも、こんなのはどうだろう――ペットを飼っている人は、自分のペットに使うのと同じ額を野生動物のために使うようにしたら？　犬の飼い主がオオカミの再導入を支援し、猫の飼い主がヤマネコやオオヤマネコやトラの保護を支援するのだ。そして、ペット保険にも追加を払う。

僕たちは、ペットを社会のシステムの一部として考える必要がある。哲学者クレア・パーマーは、ペットを飼うことから恩恵を受けた人はみな、そのマイナスの影響を少しでも是正する義務がある、と言っている。人間が犬をペットとして飼うのを許可することで、僕たちは一部の犬がひどい扱いを受けることを許容している。たとえ自分は良質なブリーダーからしか犬を買わないとしても、飼い犬に対する需要の大きさが、子犬の大量生産工場を利用する人を生む。パーマーは、猫を飼っている人がゴミの収集箱に捨てられた子猫を見つけた場合を例に挙げる。その人はその子猫を拾う義務がある――なぜなら、猫を飼うことの恩恵をその人は受けているのだから。僕ならその考え方をさらに広げるだろう――犬や猫の飼い主として、僕たちには生物多様性を高める義務がある。

まずは、周りを見回すことから始めればいい。身近にいる動物を大事にすることで僕たちは、ロバート・マイケル・パイルが「経験の絶滅」と呼んだ状態――世代が交代するたびに自然界との接点が少なくなり、その結果自然をさらにいっそう忘れ去るという負の循環――から脱却することができる。かつてロンドンの市街は、ブタ、ニワトリ、ウシ、ウマなどで賑やかだった。今ではこれらの家畜化された動物たちはほぼ姿を消し、この一〇〇年ほどは野生のキツネが見られるようになった。キツネの存在には、ゴミ箱が荒らされたり交尾の際の大声が聞こえたりといったマイナス面もあるが、どこか魔法めいたところがある。どこに目をやればいいかさえわかれば、都市には驚くような生物多様性がある。オーストラリアのメルボルンの公園では過去二〇年間に、全国的に絶滅が危惧されているものを含めた二三九種の鳥と一五〇〇種以上の昆虫が記録されている。メルボルン市は、ヨーロッパからの入植者がやって来る前にここに住んでいたクリン族の人々の考え方に従って、自然を人々の手に届けようと努力している（もちろん、そのための戦略には、犬と猫が及ぼす悪影響については言及されていない）。

都市というのは新しい環境であり、人間さえ都市で暮らすように進化したわけではない。騒音や人や車の往来はあるが、都市にはまた動物の食べるものがたっぷりあり、捕食者は往々にして少ない。アナフクロウの生息地は南北アメリカの草原から都市部に広がっており、都市に棲むものは田舎に棲むものと比べて人間を恐れない。都市に最も適応しやすいのは、人なつこい――つまり人間から逃げる可能性が最も低い――動物ではなく、人間からどれくらいさっさと逃げるかの程度に大きな個体差がある動物のようだ。個体によって差があるということは、その動物の、少なくとも一部の個体がその環境への適応に向いているということだ。また、身体の大きさに比して脳が大きいことも役に立つようである（ただし、都市に棲むキツネの脳は田舎に棲むキツネのそれよりも小さい――それはおそらく、ゴミ箱の餌をあさるのは獲物を狩るよりも簡単だからだろう）。

都市を犬だけに合わせるのをやめて、すべての野生動物が都市で暮らしやすいようにしよう。人々の家の庭は、殺虫剤を撒いたり芝生をアメリカ海軍兵の髪の毛より短く刈ったりしなければ、たくさんの虫が棲める場所だ。僕の家の庭に羽蟻の大群がいるのを見たとき、僕の本能的な――子どものときに身につけた――反応は、ヤカンで湯を沸かして羽蟻をやっつける、というものだった（群れはものすごく大きくて、気象庁のレーダーで宇宙から観測できるほどだ）。だが動物を愛するということは、厄介な生き物の存在も受け入れるということだ。

アメリカとカナダでは、人間が関与している鳥の死の原因として猫に次いで多いのはビルディングかもしれない。毎年、何億羽という鳥がビルに衝突して死ぬ――そのなかには、ハチドリ、ムシクイ、それに絶滅が危惧されるさまざまな渡り鳥が含まれる。毎秒あたり少なくとも一一羽が死んでいる計算になる。建築家の目には、ガラスは近代建築の素材として典型的なものだが、鳥はガラスがまったく目に入らないのだ。ぶつかった鳥は脳内出血で死んだり、くちばしや羽を怪我して、通りがかる猫やキツネの餌食になることも多い。

都市ではほとんど誰もこんなことは気にしない。それがなぜなのか、マイケル・メシュアにはある仮説がある。メシュアがカナダのオンタリオ州にアートギャラリーと骨董品店を持っていた一九八九年の春、ある友人が彼に、トロントの金融街で鳥がビルにぶつかって死んでいるという話をした。メシュアはある日の夜明けに見に行った。「歩道は死んだ鳥で覆われていたよ」と彼は回想する。ところが、人々が出社する頃には、カモメやネズミや清掃員によって道路はきれいになっているので、誰もそのことに気づかないのだ。彼は、猫に殺《や》られたと思われている鳥の多くは、実はその前にビルに衝突して失神したのではないかと言う。「鳥を殺そうと思ってこういうビルを設計したわけじゃないが、だからと言って、その危険を解消する責任が人間にないということにはならない」

メシュアは、フェータル・ライト・アウェアネス・プログラム（FLAP）という組織を創設し、やがて仕事も辞めて、鳥に優しい建物の設計を求める運動を始めた。FLAPのボランティアたちは、一七二種の鳥の死骸を回収した。そのなかには、額がオレンジ色で木のてっぺんを好む、メシュアのお気に入りの鳥、キマユアメリカムシクイも含まれていた。「都市にいるさまざまな野生動物のうち、鳥は一番注目度が高いが、それについて行動する人は一番少ないんだ。鳥は抱きしめたくなる可愛い動物じゃあないからね」とメシュアは言う。「鳥は病気だらけだと思っている人が多いんだが、そんなことはない」。バードウォッチングに勤しむ人たちでさえ、鳥を助けることよりも、自分が観察した鳥のリストを充実させることに忙しい。「こういう問題に対して一番手を貸そうとしないのが彼らだよ」

FLAPは、ビルの持ち主に対して訴訟を起こし、二〇一三年には弁護団が思いもよらない主張を繰り出した――オンタリオ州の法律は、放射線を汚染物質の一つとしている。ガラスの窓は日光を反射する際に放射線を放出する。したがってガラス窓は汚染物質を作り出している、というのだ。裁判官は鳥類学者だったに違いない——なぜならこの主張が通ったのだから。理論的には、オンタリオ州のビルの所有者は、渡り鳥の死に責任がある。だが実際には、起訴された者はいない。「天然資源省は、誰もが破っている法律の取り締まりをしたくないんだよ」とメシュアは言う。とは言うものの、トロントは、鳥に優しい設計基準を定めた世界初の都市である。メシュアはこのために人生を捧げたことを悔やんでいない。「死ぬまでやり続けるよ」

ペットは人間の英雄コンプレックス——必要とされたいという欲求——をくすぐる。The Dodo というウェブサイトの人気動画は動物の主体性を強調しようとするものだが、それらのなかでも一番人気があるのはやはり、「体重四〇キロの犬が欲しいのは一生可愛がってくれる家族」とか「家の中で暮らす世界最小のアルパカ」といったタイトルのものだ。渡り鳥は僕たちに、自分が必要とされていると思わせてくれない。犬や猫の代わりにはなれないのだ。でも、動物を愛していると言いたいのなら、両方のバランスを取る必要がある。コロナ流行によるロックダウンの影響の一つは、家を持っている人たちが、家の窓に鳥がぶつかる音を聞いて、いったい何が起きているのかと訝る機会が増えたことだ。鳥の衝突を防ぐための窓ガラス用のフィルムを販売している会社はいくつかあるが、そのうちの一つ、フェザー・フレンドリー社は、売り上げが数倍になったと言う。

ある朝、娘と僕が朝食に下りると、クロウタドリの子どもが猫用ドアのそばで死んでいた。僕の手のひらにすっぽり収まるほどの大きさしかなく、巣立ったばかりだったに違いない。その身体は何から何までがさらけ出されていた——細くて白い羽骨、黄色い内臓、引き裂かれた赤い肉。見えないのは、黄色いまぶたの裏に隠れた眼球だけだった。「クランブルはどうして小鳥を齧っちゃったの？」とエリザが訊いた。

何と答えればいいのかわからなかった。この小鳥は悲惨な最期を遂げたのだろうと思う。頭の近くの皮膚には血がついていた。キッチンと廊下には羽根の塊が落ちている。羽根のなかには、僕の親指の幅くらいの長さしかないものもあった。この鳥が目を閉じたのはいつだったのだろう——最後の最後か、それとも傷ついてすぐか？

僕が死んだ小鳥を庭に置くと、すぐにカリバチがやって来た。エリザはクランブルにスプーン一杯分の猫用ビスケットをやった。僕は、狩りをしたいというクランブルの欲求を満たせることを願いつつ、クランブルのしつけをしようと心に決めた。そして、動物保護活動に寄付をすれば罪の意識が少しは薄れるだろうと思った。

僕はそれまで、クロウタドリを間近でしっかり見たことがなかった。現代社会で犬や猫を飼うためには金も労力もかかるし、そこに注意力を持っていかれる。僕たちは、自分のペットのことを考えるのにものすごく時間を費やし、そのために、魅力的な動物たちがいる、より広大な世界が目に入らなくなっている。まるで、人間と暮らす動物こそが最も高等な動物であるかのように振る舞い、その過程で、自然界にかける負担が大きくなる。僕たちは、自分のものとして所有せずに動物と関わり合う方法を見つけなければならないのだ。

僕の娘たちはクランブルと一緒に育ち、小さいときから、家族の名前を挙げるときにはクランブルの名前も並べるようになった。だが僕は娘たちが、ペットを飼うだけでは十分ではないことも学んでくれることを願っている。ペットとして飼われることが彼らのためになるという動物の種類はあまりにも少ない。動物を所有するということには、僕たちの身勝手さを野放しにする危険が伴う。僕たちは、動物を所有することなく共存することを覚えなければならない。より広い意味での生態系、より広い意味での動物たちのコミュニティを理解することが必要だ。そして、僕たちのペットは他の動物たちへの愛情の入口であって、その終着点ではないことを確実にしなければならない。

9 人間は神か

不幸にも、サピエンスによる地球支配はこれまで、私たちが誇れるようなものをほとんど生み出していない……世の中の苦しみの量を減らしただろうか?

ユヴァル・ノア・ハラリ

(邦訳『サピエンス全史』河出書房新社、二〇一六年、柴田裕之・訳)

技術の発展がもたらすもの

動物を愛するということは、何が可能かということを前提にして初めて意味がある。たとえば、ほとんどの西欧人が捕鯨を忌み嫌うのは、それをしなくても生きていけるということを知っているからだ。鯨油やクジラの肉は必要ではない。それに今では、ウシの肉や皮も必要ない。そして未来のテクノロジーは、僕たちの予測をもっと大きく裏切るかもしれない。僕は今三〇代後半だ。僕が生まれた頃は、肉の代替製品はひどい代物だった。豆乳は粉末が多かったし、気候変動は緊急の課題ではなかった。テクノロジーや科学的理解が今と違うものになれば、人間に期待して然るべきことの中身も変化する。環境に優しいジェット旅客機は今のところ存在しないが、それが存在する日が来るかもしれず、そうすればスウェーデン人が言うところの flygskam(フライト・シェイム)——飛行機に乗って環境破壊に加担しているという罪悪感——を感じる必要もなくなるかもしれない。人間と動物の関係は常に変化してきた。だから僕は、僕の娘たちが生きている間に起きる技術の発達は、動物を公正に扱うということの意味にどんなふうに影響するだろうか、と考え始めた。

動物の言葉を解読する

ロサンゼルスに程近い丘陵地にある自宅で、キャロル・ガーニーは犬とコミュニケーションを取る。犬だけではない——ウマ、猫、クジラ。最近はアフリカゾウもだ。

「動物と出会うまで、私は自分の感情に気づいていなかったと思うの」とガーニーは言う。「自分の気持ちを、感じるのではなくて頭で考えようとしていた、という感じね。動物のおかげで私はやっと一人の人間になれたの」

ガーニーは、身体の引き締まった上品な、七〇代前半の女性だ。ミニチュアの仏像と、今は亡き犬のスピリットの写真が入った写真立てが置かれたコーヒーテーブルに挟まれた、ピンク色のソファに座っている。ああ、そういう人か、と思うかもしれない。だがガーニーは、初めから「スピ系の人」だったわけじゃない、と言う。修道女に育てられ、広告代理店の人事部で働いていたこともある。「ニューヨーク出身のA型人間よ！」

飼っていた猫が家の中で排泄するようにならなかったら、ガーニーは今でも広告代理店で働いていたかもしれない。ある「アニマルコミュニケーター」に、猫のその行動はガーニーの結婚に問題がある印だと言われたガーニーは、結局離婚することになった。それから彼女自身がアニマルコミュニケーターに転身した。ガーニーは、ペットとして飼われるうちにナルコレプシーを発症したティミーという名のウマに出会った。ティミーの飼い主はティミーを安楽死させたがっていた。ガーニーがティミーと話すと、ティミーは同じ牧場にいた別のウマがいなくなってしまったのをとても悲しがっているのだということがわかった。そのウマは安楽死させられたのだったが、獣医のアドバイスによってティミーはそのときその場から遠く離れたところにいたのである。

「『誰もあなたにそのことを伝えなくてごめんなさい。さよならを言えなくてつらかったわね』と謝ったの。ティミーは本当に動物と心を通じさせる方法を教えてくれたわ。そういうつながりを——愛と呼んでもいいけど——人に対して感じたことはないの」。何も言わなくても離婚の理由はわかるだろう。

自分には動物とコミュニケーションを取る特別な能力がある、と言う人は昔からいる。コロラド州立大学の研究者、テンプル・グランディンは、より人道的な畜産場設計の草分けだ。グランディンは、自分が自閉症であることが動物とコミュニケーションを取るのに役立つと言う。なぜなら動物は彼女と同じく視覚的にものを考えるからだ。彼女のデザインは、動物の視点から世界を見ようとする。カリフォルニアに住む「ホース・ウィスパラー」、モンティ・ロバーツは、ウマ（や自分）を殴る父親よりもウマを大切に扱おうと決意した。ウマのボディ・ランゲージを読むことで、単にウマに仕事をさせるだけでなく、その仕事をウマがしたがるようにするのだそうだ。

ガーニーの場合、動物はテレパシーで人間に語りかけるのだと言う。安楽死させられる心の準備ができれば動物はそれを伝えてくれるし、死後の世界から彼らの気持ちも伝えてくれる。自宅で運営しているザ・ガーニー・インスティテュート・オブ・アニマルコミュニケーションは、プロのアニマルコミュニケーターを育成する世界で唯一の学校と呼ばれている。「動物は人間と少しも違わないの。人間と同じ感情を味わうのよ。ただ人間と違う身体を持っているだけなの。それだけよ」——まるでそんなことは常識であるようにガーニーは言う。

理に適った範囲内ではあるが、人間はどんな動物ともコミュニケーションが取れる、とガーニーは言う。著名なアニマルコミュニケーターの一人、ペネローペ・スミスは、ノミと対話しようとしたことがある。「『食べろ、食べろ、食べろ』としか言わなかったそうよ。それがノミの意識ということね」

僕は、遠く離れたクランブルのことを思った。「あなたが頭の中であなたの猫について思っていることを、そのまま彼女に向かって言えばいいのよ」とガーニーが言う。でも、動物にテレパシーがあるなら、僕の考えていることをクランブルはもうわかっているはずではないのか？「動物が一日二四時間、人間に波長を合わせているると思う？　そんなことしたらクタクタになっちゃうわ！」

テレパシーに納得できないまま、僕はカリフォルニアの彼女の家を後にした。その夜、クランブルとコミュニケーションを取ろうとしたが、クランブルからは何も返っては来なかった。だが、何人ものガーニーの顧客、そして獣医たちさえもが、アニマルコミュニケーターは自分にはできない病気の診断ができると言う。今後、科学的な研究が進めばいずれは、どうしてこういうことが起きるのか、あるいはそれが幻想にすぎないことがわかるかもしれない。

ガーニーのしていることが重要だと僕が思うのには別の理由がある。何を考えているのか知りたいというのは、僕たちがまず真っ先に自分のペットに対して感じる衝動の一つだ。そしてそれができないことに苛立つ。ペットであれ、家畜であれ、動物園の動物であれ、野生動物であれ、僕は動物についての記事を書くようになってから常にある壁にぶつかってきた。いったい動物は何を感じているのだろう？　ほとんどの場合、ほとんどの人はまだそれがわからない。ゲイリー・ラーソンのユーモア漫画『ファーサイド』に、ある大学教授が犬の言語解読機を発明し、世界で初めて吠えている犬の言っていることを聞いた、というものがある。解読機によれば、犬は「おい！　おい！」と言っていた。

だが、動物の言葉の解読は真剣に考える価値がある。ニューヨーク市立大学ハンター校の心理学教授、ダイアナ・ライスは、数十年にわたり、イルカとゾウの鳴き声を解読し、異なる生物種同士が互いを理解するためのインターフェイスをつくろうとしている。この一〇年ほどは、アニマルコミュニケーションの研究者や、技術的なことに詳しい元ジェネシスのボーカル、ピーター・ガブリエルとも協力している。ガブリエルには、音楽のトレーニングを受けたことのないボノボ、パンバニーシャと一緒にキーボードを弾いて感動した経験がある。彼らの計画には「異生物種間インターネット」という大仰な名前がついている。

今のところ、人間と動物のコミュニケーションは、主に直感的で断片的、かつ非科学的なものだ。「私たちはすでに動物とコミュニケーションを取っています。ただそれは一定のレベルでしかなく、完全に主観的なものです」とライスは言う。そのため僕たちは、自分がよく知る動物、つまり自分のペットには感情があると考える一方、家畜や動物園の動物など、それほど優しくしたくない動物の感情は無視できるのである。

イルカ、犬、ウマなどを訓練する人がいる。だがライスはそれには関心がない。異生物種間インターネットを通して彼女がやりたいことは、動物に、指示ではなく主導権を与えることなのだ。「彼らが言いたいことを言うための声を与えようとしているんです」とライスは言う。

ライスは、水族館のイルカがくちばしでガラスのタッチスクリーンに触れ、魚、ボール、撫でてもらう、あるいは「魚叩き」ゲームをリクエストできるシステムを設計した。ウマが毛布をかけてもらいたいときにレバーを引いてそれを伝えるインターフェイスをつくった研究者もいる。ではタコにタッチスクリーンを与えたらどうなるだろう？　あるいは、動物園に隔離されているゾウが他所のゾウとつながれたら？　そういう装置——もちろん、ニックネームは「エレフォン」だ——は、倫理的にちょっと微妙である。ゾウがそういう交流を求めている、またそこから何らかの恩恵を得られるという保証がないからだ。仮に僕たちがアメリカの病院のベッドで寝たきりだったら、南アフリカの見ず知らずの人と電話でつながることは僕たちの助けになるだろうか？

これらはみな、非常に時間のかかることだ。ライスの研究は一九八〇年代初頭に始まっている。ガブリエルがパンバニーシャとキーボードを弾いたのは二〇〇〇年のことだ（二人がつくった最高傑作は、ガブリエルに言わせると「ちょっと悲しげなイ短調」の曲である）。今、研究者たちには少なくとも、『ファーサイド』に登場する教授が解明したよりももっと意味のあるクジラやイルカや鳥の鳴き声を録音し、そのパターンを解析する演算処理能力を持ったコンピューターがある。だがこの分野の研究はまだ、ライスや、オウムの研究者であるアイリーン・ペパーバーグといった少数の草分けに依存しており、そのなかには定年が近い人もいる。知識が継承されない可能性もある——五〇種類の物体を、色と素材を含めて説明できるヨウム、アレックスを研究していたペパーバーグは、洪水の際に地下室が浸水して記録動画のほとんどを失ってしまった。

だが、十分な数の記録動画が集められれば、研究者がそれを解析して動物の言葉のパターンを見つけ、それを再現して、彼らとコミュニケーションを取れるようになる可能性はある。それは重大な発見になるだろう――動物のためのグーグル翻訳だ。「人間がザトウクジラと魚の話をできない理由はどこにもないと思うよ。ただしこちらが彼らのところに行かなくてはならないがね」――宇宙人発見に備える努力の一貫としてザトウクジラの歌を研究した天体物理学者、ローランス・R・ドイルは言う。課題の一つは、その音を、他の動物が立てる雑音からどうやって切り離すかだ。アフリカゾウが声を出している時間の半分近くは、他のゾウと声が重なってしまう。人がたくさんいるカクテルパーティーのように、ある一つの声を取り出すのが難しいのだ。

もしも動物が、何が欲しいかを、僕たちが理解できる方法で表現できたなら、飼われている動物の扱い方を改善することができるはずだ。鎮痛薬や食べ物や刺激を提供することも、室内の温度を調節することも、怖がっているものを取り除くこともできるだろう。畜産場や、ひょっとしたら動物園も、もっと快適になるかもしれない。異生物種間インターネットは、工場畜産や動物園を根本的に否定する人を増やすだろう。

だが、そうはならない可能性もある。奴隷の所有者は奴隷と同じ言語を話したが、だからといってゾッとするような残酷な行為は止まらなかった。人間と人間以外の動物の間には大きな概念的隔たりがある。飼育されているイルカに、自然の環境のなかで暮らしたいかと尋ねることも、生活に満足しているかとブタに尋ねることもできないだろう。彼らには、今とは別の可能性があるという概念がない。もしも動物の言うことを聞けても、彼らにとって何が最善かを僕たちが確実に知ることはできないだろう。彼らへの思いやりにしたがって判断するしかない。すでに、ゾウは動物園にいない方がいいこと、養殖場のサケの生活が惨めであることは、ある程度確実に言えることだ。ならば、今すぐにどうにかすべきではないのか？

動物に最新テクノロジーを使うのは、根本的な倫理的問題を提示する。飼育環境にいる霊長類やイルカは、コンピューターゲームから刺激を得るだろうか？　どうやら答えはイエスらしい。では、野生の霊長類やイルカにそういうゲームをさせるべきか？　人間に何かを要求するよう彼らを奨励すべきか？　ライスをはじめ、生物学者のなかには、その答えはノーだとする者がいる。飼育環境を改善するのはまだしも、野生環境に手を加えるというのはそれとは話が違う。僕にはよくわからない。テクノロジーは人間の生活を豊かにした――遠い将来、野生動物がそれを使えるようにする可能性も僕には想像できる。

野生動物が痛みを感じるということもわかっている。そしてそれは、さらに野心的な技術的挑戦につながった。

遺伝子編集で苦しみを取り除く

デヴィッド・ピアースには強調したい二つのポイントがある。彼が幻覚剤を使っていないことと、地球上の生命が絶滅してほしくないということだ。僕が取材した人のほとんどは、こんなことをわざわざ言う必要を感じていなかった。だがピアースの主張はあまりにも奇抜なものだから、彼は自分をできるだけ「普通」に見せたいのである。ピアースはおそらく動物愛テストから、考え得る限り最も極端な結論を導き出している。

彼は、野生動物が一切苦しまずに生きられる世界をつくるための構想を練っているのだ。ほとんどの生き物にとって、自然環境のなかでのその生涯は「不快で、野蛮で、短いもの」だと彼は主張する。ブライトンのヴィーガンレストランで昼食を摂りながら、「野生には飢えが蔓延してる」とピアースが言う。ガゼルはライオンに引き裂かれ、ペンギンの赤ん坊は寒さで死に、捕食動物同士もわずかな食料をめぐって争う。寄生虫だらけの動物も多い――それが大きな問題でなくとも、少なくとものすごく痒《かゆ》いに違いない。進化という過程による生物の淘汰は、その種を生存させるためのものであって、精神的な幸福のためのものではない。自然淘汰は野生動物が幸せな一生を送ることを保証しないのだ。

自然とは残酷なものだということを頭では知っていても、それを目の当たりにすればやはりショックを受ける。

ある日、エリザと僕は公園の池のほとりにガチョウの子が数匹いるのを見つけた。僕は、背景にガチョウの子が入るようにしてエリザの写真を撮ることにした。アイフォンの白い丸を押そうとしたまさにそのとき、一羽のカラスが画面の左側から飛んできて、ガチョウの子の一羽を摑んでいった。僕は震え上がった。エリザは何も見なかった――僕の方を向いていたからだ。僕はエリザには何が起こったかを言わなかったが、僕の方が娘に慰めてほしいくらいだった。突如としてその写真は楽しい写真ではなくなってしまった。同様に、旅行者はよく、アフリカのサバンナで捕食動物が獲物を捕らえるところを見たがるが、獲物が死ぬのに長い時間がかかることがわかると嫌悪感を抱く。ロンドン動物園ができたばかりの頃、チャールズ・ディケンズを含む来園者は、ヘビに生きた鳥や齧歯類が餌として与えられることに苦情を言った。

これは、動物をめぐる最も難しい倫理的問題だ。人間は動物を残酷に扱う。だが自然はもっとひどいのではないのか？　動物について、「彼らは苦しむことができるのか？」という重要な問いを投げかけた哲学者、ジェレミー・ベンサムは、肉を食べるのは、野生環境では動物はもっと苦しむということを前提とすれば倫理的な行為である、と結論した。今では、動物愛護主義者のほとんどは野生動物の苦しみについては気にかけない。ピーター・シンガーをはじめ、工場畜産を批判する人たちも、それについては触れようとしない人がほとんどだ。ハーフ・アース運動の支持者などの自然保護活動家たちも、野生動物の苦しみにフォーカスするのは非常識だと考える。森でも、海でも、動物をそっとしておいてやりさえすればそれで十分なのである。

ピアースはその著述の中で、野生動物の苦しみについて真剣に考えるべき理由を挙げている。もしも僕たちが、畜産場や動物園にいる動物の苦しみを気にかけるなら、僕たちは本当に、野生の動物の苦しみを無視してもいいのだろうか？　そしてその苦しみを減らすことが僕たちにできるとしたら、いつの日かそうしようと思うのではないか？　そう考えているのはピアースだけではない。オックスフォード大学の哲学教授、ジェフ・マクマハンもまた、人間はどうすれば野生動物の苦しみを軽減させられるか考えるべきだと言っている。「傷ついた動物が悶え苦しむのを見たことがあるかい？　恐ろしい光景だよ」とマクマハンは僕に言った。「苦痛は最悪だ。極端な苦しみが長い間続く。金をかけずにそれを防ぐことができるなら、もちろん防ぐべきだ」

動物が苦しむのを防ぐために僕たちが何をすればいいのかが明らかでなく、しかも金をかけずにできることなどないのだから、マクマハンの主張は理論上のものでしかない。だがピアースはすでに、人間がアフリカゾウのための社会保障制度をつくり、年間二〇億～三〇億ドルの予算で生涯医療制度を提供する方法についての論文を発表している。そしてそれはほんの始まりだ。彼が描く未来には、「すべての生き物のための社会保障制度」がある。「世界中を動物園にするか、今のまま残虐な世界を継続するかのどちらかを選べと言ってるんじゃない」と彼は言う。「未来の野生動物公園には、今ある自然と野生動物が全部あって、しかも今ある苦しみはなくて済むんだ」

ピアースは、ほぼすべての生き物を遺伝子編集して、共食いや飢えをなくしたいのである。スーパーコンピューターやナノロボット技術のおかげで、おそらく今世紀末までにはそれが可能になると彼は言う。彼はこれを「仏教と生命工学の融合」と呼ぶ。今やバクテリアの遺伝子編集キットがオンラインで二〇〇ドル以下で買えるという事実も彼を勇気づける。遺伝子ドライバー――DNAの一部を動物の染色体に挿入したもの――は、編集された遺伝子をその生物種全体に広げることができる。「この世界に存在する苦しみの量を選択することができるようになるんだ。歴史上かつてなかったことだよ。長期的には、生物圏全体を文明化するということだ。基本的に、生物圏の隅から隅までを監視し、細かく管理し、コントロールできるようになる。人間は、その力をどう使うか決めなくちゃならない」

今現在、地球上にはまだ、コントロールできるほど人間がよく知らないばかりか、行ったことすらない場所があることを考えると、彼の言っていることは荒唐無稽である。こんなメッセージを人々に伝えるのに一番適しているのは誰なのかは僕にもよくわからない。もしかすると、イーロン・マスクのような億万長者の天才か、あるいはジェーン・グドールのような賢女かもしれない。ピアースは、本人も認めるとおり、そのどちらでもない。彼の立ち居振る舞いはぎこちなく、申し訳なさそうで、眉毛と口を、すごくベーシックなアニメーションソフトに操られてでもいるように奇妙に歪めながら話す。「僕が笑うと阿呆みたいに見えるんだ」――唐突に彼が言う。「阿呆と言うより、馬鹿にされてるチンパンジーかな。心が無垢だというより、『お願い、いじめないで』って感じだろ」

ピアースがこんなことを考え始めたのは子どもの頃だった。彼の祖父母と両親はみなベジタリアンだった。「一番古い記憶の一つは、クロウタドリがミミズを食べてるところだ。僕は頭に来た――すべての生き物は神聖だと思ってたし、許せなかったから、手を叩いたらクロウタドリは飛んでった。でもその後こう考えたのを覚えてるよ――クロウタドリがミミズを食べられなかったら雛たちはお腹が空いて死んでしまう。そうだよ、そんな齢でも、生物圏のプログラムを作り直そうと考えることは間違いなくできるんだ」。数年後彼は、『Philosophy Made Simple』という初心者向けの哲学の入門書を読み、自分は功利主義者で、あらゆるところで起きる苦しみを最小限にすることに努力しようと決めた。その後うつ病を患った彼は、脳に人工的な刺激を与えて幸福感を生み出す方法について考えるようになった。「ワイヤーヘディング」と呼ばれるものだ（「ワイヤーヘディングはすごく屈辱的だと思う人がほとんどだけど、憂鬱質の人にとっては素晴らしい方法だと思ったんだ」）。ドラッグもやった――そして、ＭＤＭＡが「この先一〇〇年で、真の精神的健康とはどういうものかを垣間見せてくれる」可能性についての冊子をつくった（近頃は、ピアースはドラッグの代わりに一日「一〇～一一杯のコーヒーと二、三本のレッドブル」を飲んで間に合わせている。そっちの方が健康的だとは思えないが）。毎日何をしているかと言えば、ウェブホスティング・ビジネスを運営し、アイパッドでモータルコンバットをプレーする。暴力の排除に生涯を捧げている自分の趣味が暴力的なビデオゲームだというのが奇妙であることを彼は認めるが、少なくとも彼のユーザーネームは veganpacifist、平和主義のヴィーガンという意味だ。

ピアースは、その哲学のおかげで戸外での時間を楽しめなくなってしまった。「猫をネズミの視点から見ちゃうんだよ。自然のなかにいると、そこで起きる恐ろしいことばかり考えてしまうんだ」。野生動物についてのドキュメンタリーはどう？と僕が尋ねると、「単なる娯楽としてある程度までは楽しめるが、同時に苦しみのことが頭から離れない。食べ物がなくて死にそうなコウテイペンギンを五秒見せたかと思うと次のカットに行く。そんなの嘘だろう――人を騙しているという意味では北朝鮮のプロパガンダと変わらないよ」

ドキュメンタリー映像の製作者たちには、自然の出来事に介入しない、というルールがある。だが社会全体としては、僕たちにはそのルールに従う義務はない。動物の扱い方に関するピアースの提案を実践すると、たとえばこんなふうになる。人間が肉食動物の遺伝子を編集して草食動物にする。遺伝子ドライブがその変化を全個体に波及させる。彼の大雑把な見積もりによると、このプロジェクトを開始するのに数十億ドルかかり、さらにそれを維持するには年間数億ドルが必要だ。曖昧に聞こえるとしたら、それは意図してのことである。「何の話をしているのかわかってもらうためにはある程度の詳細は必要だが、詳細に入りすぎると絵空事だと思われる」とピアースは言う。

でも世間は反対しないだろうか？　ほとんどの人が、自然は残酷ではあるがそれでも美しいと考えていることはピアースにもわかっている。彼はこれを「現状維持バイアス」だと言う。「今では知っている人は少ないけど、一九世紀半ばに全身麻酔が導入されたとき、一五年くらいの間はこの最新の技術に対する猛反発があったんだよ。痛みのない手術というのは完全なおとぎ話だったんだ」（医師のなかには、痛みを治療に役立つ指標と考える者もいた。出産に関しては特にそうだった）。「でも結局は受け入れたからね」

ピアースは僕に、苦しみを完全に排除し、動物は野生動物公園の中だけで周りと調和して平和に暮らしている文明を発見したところを想像してごらんと言う。「君はその進化した社会の人たちに、捕食とか、寄生とか、病気とか、飢餓とか、ダーウィンの進化論が支配していた過去の恐ろしい出来事を再導入しろと勧めるかい？　勧めると言う人もなかにはいるかもしれないが、ほとんどの人は、そんなの気が狂ってると言うと思うよ」

僕は電車でロンドンに戻った。家に着くと、ピアースの言ったことをスージーに要約して伝えようとした。「その人頭がおかしいってことね？」――テレビから目を離さずにスージーが言った。スージーは正しい、と理性は僕に言った。ピアースの考えていることは正気の沙汰ではない。でも僕は、ピアース自身が自分の行動を弁護して言ったことを思い出した。「クレイジーなアイデアを提案する理由の一つは、他の人がそれを言い出しやすくなるからだよ」

数か月後、僕はたまたまワイルド・アニマル・イニシアティブのことを知った。野生動物を「単なる生態系の一部」ではなく個性を持った個々の生き物として見ることで、野生動物の生活を改善しようとする活動家グループだ。彼らの関心は絶滅危惧種ではない。なぜなら、絶滅危惧種は数が希少で、彼らの苦しみを合計しても、たとえばカモメやバッタのそれよりもずっと少ないからだ。むしろ彼らが最初にやろうとしているのは、動物の出生率を制御することだ――現在人間に殺処分されている動物だけでなく、同種内で食べ物をめぐって争い合っている動物も含めてである。生まれる子どもの数を抑えれば、その一匹一匹が生き残れる確率が高まるというわけだ。だが僕には、これは押しつけがましいし、生態学的に見ても問題があるように思える。でも、今活動家たちがジェレミー・ベンサムの「彼らは苦しむことができるのか？」という言葉を引用するのと同じように、今から二〇〇年後、ワイルド・アニマル・イニシアティブのウェブサイトを人々が引用しているという可能性も否定できない。実際に僕たちはすでに、選ばれたいくつかの野生動物に対しては「善きサマリア人」［新約聖書ルカによる福音書に登場する逸話で、苦しむ人を助ける慈悲深い人の喩え］であろうとする。サンフランシスコに近い海洋哺乳類センターは、年間六〇〇匹のアザラシ、アシカ、ラッコその他の動物を保護する。そのなかには、サメに襲われて怪我をしたものも含まれる。

動物を愛しながら、野生動物が苦しむのをよしとすることなどできるのだろうか？　人間が、工場畜産や医学研究やペットの血統育種などを通じて引き起こす苦しみは、野生動物が味わう苦しみよりも強烈なものがあるかもしれない。たとえば野生の環境では、イノシシが何か月、あるいは何年も、身体の向きを変えることすらできない、などということはあり得ない。また、野生のヒツジやアザラシを含め、遊んでいるかのような行動を見せる動物は、生きることを楽しんでいると考えられる。つまり、野生動物の暮らしは苦しみばかりではないのだ。

もっと根本的なことを言えば、僕たちは単純に、僕たちが原因である苦しみに対してより大きな責任がある。ただし、どんな苦しみが「自然」なのか、その区別はだんだん難しくなっている。人間の行動が野生動物に与えた苦しみはどうだろう？　人間は、動物を新種の危険に晒した――インドネシアでプラスチックが胃にいっぱい詰まったクジラが浜に打ち上げられたり、オオヤマネコがカリフォルニアの森林火災で焼け死んだり、ケープペンギンが喜望峰沖で十分な魚を見つけられなかったり。ブラジルのパンタナールでは、二〇二〇年、気候変動が原因の火災でジャガーが焼け死んだ。そのなかには、僕が観光客として金を払って観たジャガーもいたかもしれない。

一九八九年にアラスカ沖で起きたエクソンバルディーズ号原油流出事故の後、人間は被害に遭ったラッコを助ける倫理的責任を感じた。死んだラッコもいたし、野生に戻せないラッコもいた。最終的には、一匹のラッコを無事に海に戻すのに一九九〇年時点の通貨価値で一二万三〇〇〇ドルの費用がかかった。二〇二〇年にはオーストラリアで、何十億匹もの野生動物が、気候変動によって熾烈化した森林火災で死んだ。そうした動物たちを助けるために、僕たちは資金を投入すべきだっただろうか？　そうだとしたらどれくらい？　哲学者クレア・パーマーは、アザラシを狩る北極氷原が消えつつあり、餓死することが懸念されているホッキョクグマに、人間が餌を与えるべきかどうかというジレンマを提起している。僕たちには、半野生の状態のホッキョクグマに野生のアザラシに代わる餌を与えて彼らを救うことはできる。だがそのために僕たちは、それ自体大事な生命であり数が減りつつあるアザラシを殺すのだろうか、それとも、海で捕獲したり養殖したりした魚を、倫理的な問題を抱えたまま与えようというのだろうか？　九〇〇頭のホッキョクグマを食べさせるには、魚やブタの肉を混ぜた餌が一日に三・六トン必要だ。痛みを伴わない答えなどないのである。

僕はピアースのアイデアが気になって仕方なかった。もしかするといつの日か僕たちは、野生動物を軽んじている今の時代を振り返り、僕たちの前の世代が家畜を軽んじていたことについて僕たちが今感じているのと同じことを思うのかもしれない。僕たちには少なくとも、野生動物の苦しみについて、またそれに対して僕たちに何かできることがあるかどうかを考えてみる責任がある。

今、野生動物が苦しむのを僕たちが容認しているのは、簡単に言えば、それについて僕たちにできることがほとんどないからだ。森林火災から少しばかりの動物を救うことはできるかもしれないが、捕食者・被食者関係を他のもので置き替えることはできない。ライオンがガゼルを食べるのをやめさせれば、ガゼルは助けられるがライオンにはダメージを与える。ピーター・シンガーは、もし獲物である動物が苦しみばかりの生活を送っているとしたら、人間の手で捕食動物を新しい地域に導入する再野生化プログラムが差し当たっての問題であると考える。だが再野生化のような取り組みでさえ、環境保全上のメリットを考えれば正当化は可能である。健全な生態系は死と競争の上に成り立っている。ピアースのアイデアは、人間は動物の遺伝子に手を加えつつも地球上のバランスを保つ方法を見つけることができるという考え方を拡大解釈するものだ。動物のゲノムはものすごく複雑だ――単に肉を食べる遺伝子を取り除けるわけではない。

遺伝子編集はよく、「ムーンショット」と呼ばれる［難しいが実現すれば大きな効果をもたらすような、壮大な計画や試みを指す］が、現状ではせいぜい一発の花火といったところだ。僕は、デヴィッド・ピアースの、すべての捕食動物の遺伝子を編集するというアイデアを、カリフォルニア大学デーヴィス校のオーストラリア人動物科学者アリソン・ヴァン・イーナンナームに話してみた。「肉食動物を雑食動物にできるのはまだまだずっと先よ」とヴァン・イーナンナームは言う。「ある動物が肉食動物であるための生物学的過程のすべてを変えなくちゃならないんだから。文字どおり何千という遺伝子よ。今はまだ、そんな段階からはあまりに程遠くてしゃれにもなりゃしない」

人間は、現在のように、自然に対して偶然かつ愚かなやり方で手を入れるのではなく、意図的かつ知性的に自然を作り変えられるようになる一歩手前にいる、と勝手に思うのは簡単だ。だが、ヴァン・イーナンナームは、技術的な意味でも規制面でも遺伝子編集には限界があることを端的に示している。彼女の研究は一連の幸運がきっかけで始まった。動物の身体的特徴の多くは、複数の遺伝子が関わっている。だが彼女は、ヘレフォード牛の角の有無を決めるただ一つの遺伝子を特定したのである。ウシの放牧地に足を踏み入れる人は誰でもすぐに気づくと思うが、ウシの角は下手をすると危険だ。そのため畜産農家は一般に、若いうちにウシの角を切除する。その際、麻酔を使わないことが多い。だから、もともと角のない品種を作れれば、ウシにとっても畜産農家にとってもありがたいのである。

ヴァン・イーナンナームと彼女が提携したリコンビネティクス社は、角のないウシを二世代誕生させることに成功した。それは、合成生物学が持つ可能性を示すものであるように思われた。ところが、二〇一七年一月、バラク・オバマ大統領の政権が間もなく終わろうとする頃、米国食品医薬品局（ＦＤＡ）が、遺伝子編集されたウシは薬物として規制されるという規則の草案を発表したのである。研究は崩壊した。

「そのとき、妊娠しているウシが六頭いたの」。カンファレンスの参加者が首からかける名札とマラソンの入賞メダルが所狭しとぶら下がっているオフィスで、ヴァン・イーナンナームは言った。「昨日まで角なしウシだったものが、次の日には動物性薬物になったのよ――未承認動物性薬物」。それから何年も経った今も、ＦＤＡに対する彼女の怒りは収まらない。「一〇年間何の連絡もなく、明日トランプが大統領に就任するというときにクソミソにされたんだから」

その規制によって彼女の研究は凍結されたのか、と僕は訊いた。「逆に火がついたわ」と彼女は言った。「文字どおり、焼却されるウシの写真なら山ほどあるわよ、見たければ見せてあげる」。コンピューターに向かった彼女は、体重八九〇キロのウシが殺され、焼却炉に入れられる写真を画面に映し出した。「私が買った餌で太らせ、私がお金を払って焼却したのよ」。さらにおぞましいことに、そのウシはまるごと一頭で廃棄するには大きすぎた。「焼却炉が一度に処理できる肉の量には限界があるの——品のない言い方だけど」

「私は肉を食べるし、ウシが食べられるのも平気だけど、ちゃんと食べられるウシが焼却炉で処理されるのは許せない。あらゆる意味で間違ってるわ。動物にも失礼だし、温室効果ガスも出るし、その結果得るものは何もないのよ」

理論的には、角のない家畜牛は、アメリカ以外の、ブラジル、カナダ、アルゼンチンといった主要な乳製品生産国で食料として流通させることができるだろう。だが、ＦＤＡの決定はスティグマを生んだ。「遺伝子編集技術を使ったからこれは薬物だ、と突然言われて、私たちはどうにも扱いにくいカテゴリーに入ってしまったの」。それに、家畜貿易は国際的なものだ。「ヨーロッパとアメリカで使えないのは大問題。だから家畜にこの技術を使うのは多分無理ね」

ヴァン・イーナンナームは、遺伝子編集によって動物を病気に罹りにくくすることができると言う。彼女が見つけた、ウシの角をなくす遺伝子は、別の品種のウシにもあった——つまり彼女は新たなハイブリッドのウシをつくったわけではないし、人間は大昔から、ある特定の特徴を持つ動物を育種してきたのである。それでもなお、遺伝子編集には僕たちは臆病だ。ヴァン・イーナンナームによれば、『ワイアード』誌に掲載された特集記事はかなり好意的なものだったが、それさえも、彼女が遺伝子を編集したウシの一頭を不穏な暗い色調の写真で、また彼女のことは、太陽を背に暗い色のコートを着て、ほとんどフランケンシュタイン博士ででもあるかのように紹介した。

研究者としてのキャリアの最初の頃、彼女は植物の遺伝子操作を学んだ。彼女の同僚たちは、次のステップは動物の遺伝子操作だと当然のように考えていた。「でも、二〇年経ってもそれができていない」とヴァン・イーナンナームはため息をつく。

一つだけ、遺伝子操作された動物が承認されている――マスノスケとゲンゲからの遺伝子を使い、成長の速度を速めたタイセイヨウサケである。一九八九年に開発され、承認のプロセスが一九九五年に始まり、FDAが安全であると認めたのは二〇一五年だ。承認されてからさえ、タイセイヨウサケは、海中に作った囲いの中で養殖することは許されない――囲いから海に出てしまう危険性があるからだ。養殖に使われるのは生殖機能のない雌だけである。タイセイヨウサケは奇形の個体が生まれる率が通常よりわずかに高い。インディアナ州とフロリダ州では二〇二〇年にタイセイヨウサケの「収穫」が始まったが、その規模はごく小さい。そしてこれには、三〇年の歳月と一億二〇〇〇万ドルを要したのだ。「そんなの現実的な選択肢じゃないわ。私たちの取り組みは、物事を見直して、遺伝子組み換え生物だけが引き起こす害が何かあっただろうか、と自問するチャンスだったのよ。害なんて一つもないわ」とヴァン・イーナンナームは言う。「当局の規制がとても重大で、要するにそれが技術革新を不可能にしているんだってことがみんなわかっていないのよ」。動物を――少なくとも、僕たちが知っている動物を――改変することに対する僕たちの反発はそれほど強いのだ。

多くの人は、遺伝子編集によって、病気に罹らず、これまで以上にたくさんの肉や乳が採れる特別な品種の家畜を作り出せると思っている。ヴァン・イーナンナームはそこまでのことは期待していない。「それはおまけのさくらんぼみたいなものよ」。そう言って彼女は家畜品種のカタログを指し、「これがアイスクリームサンデー。これがなくなることは絶対にないわ」

ヴァン・イーナンナームが思っている以上に進歩は遠ざかっている。僕が彼女と会った数週間後、彼女が規制の適用除外を申請したFDAは、遺伝子編集による角のないウシの開発は、ヴァン・イーナンナームと彼女のパートナーが期待したほど順調なものではなかったことを明らかにした。編集の過程で使われた細菌のDNAが混ざってしまったウシもいたというのだ。

愛する、というのが相手をあるがままに受け入れることだとすれば、動物を愛することとその遺伝子を編集することは嚙み合わない。だが、僕たちが動物を飼い、その繁殖をコントロールする限り、僕たちは彼らの遺伝子を何らかの形で変化させていることに変わりはない。遺伝子編集は、別の生物種から遺伝物質を取り込みはするが、それ自体が動物の苦しみの原因となるわけではない。むしろ逆に、家畜を病気に罹りにくくし、生産効率を高めることで、飼育する必要のある動物の数は減るかもしれない。だが同時にそれは、僕たち人間もまた操作されたり、遺伝子操作によって「持てる者」と「持てない者」に分けられたりという憂慮すべき可能性を生むことになる。まだ当分の間、この技術が主流になることはないだろう。僕たちには、この技術が動物や動物と僕たちの関係を根本的に変えることを受け入れる用意はまだできていない。

では、僕たちが受けられるテクノロジーとはどういうものだろう?

動物のコントロール——現実的なやり方を探る

「初めは普通に蚊を嫌っていただけだったが、今では蚊を徹底的に憎んでいるよ。蚊ほど完璧に邪魔な生き物はいない」

ピート・マッサーロは、グーグルの傘下にあるヴェリリー・ライフ・サイエンス社のディレクターである。ヴェリリー社は、広告主に売りつける眼球だけではなく「グーグルは眼球に埋め込んで視力を改善する機器の特許を申請中」、人間の身体全体について考える会社である。彼が憎んでいるのは*Aedes aegypti*（ネッタイシマカ）だ。『アトランティック』誌に「ほぼ間違いなく、地球上で最低の生き物」と呼ばれたネッタイシマカは、人間の血を吸い、ジカ、デング、チクングンヤを含む、恐ろしいウイルスを撒き散らす。アフリカが原産だが、アメリカでも、バージニア州からテキサス州、さらにカリフォルニア州にまで広がっている。ネッタイシマカは人間に依存するようになったが、それを許したのは僕たち人間だ。僕たちは水をあまりにも安易に扱い、庭に水を撒けば必ず水たまりができるので、今では熱帯地方の蚊が、アメリカの砂漠地帯やカリフォルニア州フレズノに近い半乾燥地域でも繁殖できるのである。

「ペットボトルの蓋一杯分の水があれば蚊のコロニーができる。フレズノには、二〇一三年にはネッタイシマカはいなかったのに、今ではそこらじゅうにいるんだ」とマッサーロは言う。「アメリカではネッタイシマカによる病気の症例はない――今のところはね。でも火種はある。場所によっては、病気を引き起こす蚊が大量にいる。今はまだデング熱は広がっていないけど、アメリカの、もっと温暖で熱帯に近い地域では、住民はものすごく心配しているよ、そうなるのは時間の問題だとね」。二〇一六年には、フロリダ州で二〇〇件を超えるデング熱の症例が発生した。「警告だと思うね」

人間は昔から、特定の動物を害獣と考えてきた。オオカミ、クマ、ウサギ、サメなどの動物については彼らを擁護する人たちもいたが、蚊を庇う人はほとんどいないし、外来の蚊となれば擁護する人は一人もいない。問うべきはただ一つ、僕たちはそれを駆逐することができるのか、ということだ。

サンフランシスコの南部にあるヴェリリー社がしていることは、人間の技術がどれくらい進歩したかを試すものだ。アメリカの科学者たちは一九三〇年代に、畜牛の傷に寄生して非常な苦痛を与えるラセンウジバエの成虫をコントロールする方法を模索し始めた。そして、放射線を使って大量のハエを不妊化した後、雄のハエを空から投下するという方法を編み出した。野生の雌は生殖能力のない雄と交尾するので、個体数が徐々に減っていくというわけだ。ラセンウジバエは一九六六年までにアメリカから駆逐され、その後メキシコと中米の多くの地域からも排除されている。ラセンウジバエを殺すためには、(不妊化された)ラセンウジバエを何百万匹も繁殖させなければならなかった。

だがこの方法を蚊に適用するのは難しかった——なぜなら、放射線で不妊化された雄の蚊は自然界にうまく適応できないからだ。そこで他の方法が開発された。そのなかに、雄の蚊（人間を刺さない）に、ボルバキアという細菌を感染させるというものがある。雌の蚊が、ボルバキアに感染した雄と交尾すると、その卵は孵化しない。ボルバキアは自然に発生する細菌で、生態系を乱す危険性も低い。

ただしこの方法には厄介な問題がある。雌の蚊がボルバキアに感染すると、卵は孵化するのである。ボルバキアに感染した雌を放せば逆に問題を悪化させる可能性があるので、それは避けたい。そのため、放す前に雄と雌を分けなければならない。雌の蚊は雄より若干大きいので、手間はかかるが、一種のふるいを使って分ける方法がある。ヴェリリー社は、この工程を自動化した——数百万枚の写真を撮って、雌の蚊の外見を正確に把握し、機械学習を駆使して性別を見分けたのである。蚊を極小のカメラの前に送り出し、カメラが雄か雌かを識別し、雌を排除する。開発チームは、カメラに近づいた雌の蚊が識別をすり抜けてしまう確率は一〇万匹に一匹と推定している。

アメリカからラセンウジバエを駆逐するには、不妊化されたラセンウジバエを繁殖させなければならなかった。蚊を駆逐するために、ヴェリリー社もまた蚊を繁殖させている。僕たちは、箱がいくつか並んでいる小部屋に入った。エアコンみたいなブーンという音がする、と思いきや、僕はその音がそこにある箱から聞こえてくることに気づいた。箱には、八〇万、ひょっとしたら九〇万匹くらいの蚊が入っているのだ。こんなにたくさんの蚊をこんなに近くで見たのは、コロンビアのカリブ海沿岸にキャンプに出かけ、風を入れようと思ってテントのジッパーを開けたとき以来だ。「今は週に七五〇万匹の蚊を繁殖させてる。多いだろ」とマッサーロ。「まだまだ目標には全然届かないが、すごい数だよね」。蚊は、「世界中の死亡原因の第四位であるにしては、奇妙なほどか弱い」と彼は言った。

ヴェリリー社は、ボルバキアに感染した蚊を世界中に提供することを目指している。「いつか、週に一億匹の蚊を繁殖させる工場ができるかもしれない」とマッサーロが言う。数百万匹の蚊を繁殖させることで、さらに数百万匹の蚊を排除できるかもしれないのである。

Aedes aegypti をアメリカから駆逐してもマイナスの点はないように見える。蚊は食物連鎖に必要ないし、侵入種だ。ヴェリリー社の技術責任者、ライナス・アプソンには感傷的なところは一切ない。「蚊を排除することによる生態系の変化は、都市をつくることによる生態系の変化とは比べ物にならないくらい小さいですよ」。自分は神のように振る舞っていると感じたことはあるか、と尋ねると、「それより、自分たちが散らかした部屋を片付けていると思ってますね」と彼は答えた。

危険な蚊を正確に殺す――それが、僕たちのテクノロジーにできることだ。フレズノでの三年間のパイロットプロジェクト実施期間中に、ヴェリリー社は四八〇〇万匹の不妊化された蚊を放し、人を刺す雌の蚊の数を、最盛期には八四パーセント減少させた。他にも、たとえばブラジルで、遺伝子操作したネッタイシマカを試しているグループがある。こうした方法の少なくとも一つ、そしておそらくは複数が、広く採用される可能性は高いだろう。各国の政府は、予算その他の条件にしたがって、ネッタイシマカと闘う方法を選べるようになるだろう。僕は、次にハイテク技術の砲火を浴びるのはどんな生き物だろうかと考えながらヴェリリー社を後にした。もしかしたらそれは、別の種類の蚊でアメリカにもいる、*Aedes albopictus*（ヒトスジシマカ）かもしれない。生態系における役割が重要でなく、苦しみの原因となる可能性が高い侵入種の蚊の場合、その決断は容易だ。それによって、他の生物に遺伝子操作を施す道も開けるかもしれない。

人間の能力が発達するにつれ、他の侵入種を殺したいという誘惑も強まるだろう。遺伝子ドライブは、一つの生物種を意図的に全滅させることを可能にする。あるいは、もしも突然変異の拡散を防ぐ方法が科学的に解明されれば、その影響を特定の個体群や特定の数世代だけに限定することもできる。

生き物を殺すのをオートメーション化する方法は他にもある。グレートバリアリーフでは、（やはりグーグルが資金の一部を提供している）ある研究チームが、侵入種であるオニヒトデを見分け、毒を注入して殺すロボットを開発した。今のところ、注入器のボタンを押すのは人間だが、いずれ人間が必要なくなるところも容易に想像できる。

僕は、スペインのマヨルカ島にあるサルブフェラ・デ・マヨルカ自然公園に行ったことがある。そこでは河川がコイにすっかり占領されている（当局が想像するに、誰かが後で釣りをしようと思って一五年前にコイを放流したらしい）。肉食で最大一〇キロになるコイは、世界各地で生態系のバランスを崩している。一九世紀にスポーツフィッシングのためにコイが導入されたアメリカもその一つだ。サルブフェラ・デ・マヨルカ自然公園でもコイは侵入種であり邪魔者である。運河を掻き回して水を濁らせ、植物が育たなくしてしまうのだ。毎年、公園の管理局は、網やフックやケージを使って何百匹ものコイを河川から排除するが、十分に排除されたためしはなく、これより良い解決策もない。

ひょっとしたらグーグルは、侵入種の制御や、狩猟では手に負えないシカの数の削減に成功するかもしれない。でも、もしかするとそれが裏目に出る可能性もある。自然に手を加えようとする人間の試みはしばしば制御不能に陥ってきた。たとえば、一九八〇年代に、ウサギの数を抑えるためにニュージーランドにオコジョが導入されたことがあるが、齧歯類とともに、オコジョは少なくとも五種類の鳥を絶滅させた。南アフリカのマリオン島に棲むアホウドリの雛は、この二〇〇年ほどの間に島にやって来た齧歯類から身を護る術を持たない。身の毛もよだつ光景だが、ただじっと巣に座ったままの雛の頭の皮膚をネズミが齧り、血だらけの頭蓋骨を残していくのだ。

動物愛護活動家は侵入種の排除が気に入らず、意識を持った生き物はそれがどこで見つかろうとも意識を持った生き物であることに変わりないと主張する。自然保護活動家はそれに反対だ。ただし、人間による介入が裏目に出た経験は自然保護業界を保守的にし、過激なアイデアはあまり歓迎されない。極端な形での再野生化、たとえば北米に、フタコブラクダやチーターや（草地を護るために）家畜化された一万六〇〇〇頭のアジアゾウを放して後期更新世の特徴を取り戻そうとする計画がうまくいっていないのはこれが理由だ。自然保護活動家たちは、生態系にまつわる「未知の未知数」を警戒しているのである。

あるいは、世界で最も闇取引される数が多い哺乳類を救うための提案を見てみよう。センザンコウはとても愛らしい、木に登ることも多い動物だが、アジアやアフリカから、肉を食べるため、また医療効果があるとされる鱗のために密輸される。「素晴らしい、愛すべき生き物だよ。この世のものとは思えない」――センザンコウを研究しているオックスフォード大学の動物学者、ダン・チャレンダーは言う。二〇〇〇年以降に捕獲されたセンザンコウは少なくとも九〇万匹にのぼる。センザンコウは、脅威を感じると身体を丸める。捕獲されたセンザンコウは怪我をしていることが多い。彼らは捕獲されると袋に投げ込まれ、互いの身体の上に糞尿を排泄しなければならないような状態で市場に運ばれ、生きていようが死んでいようがお構いなしに袋から引っ張り出される。センザンコウは八種類いるが、そのすべてが絶滅危惧種であり、うち三種は「深刻な危機」に分類されている。密猟者が野生のセンザンコウを捕獲するのをやめさせるため、人工的に飼育してはどうかという提案がある。だがこのアイデアには、主に自然保護活動家が大反対している。合法的に売買できるようになることで、消費者の需要が増すことを心配しているのだ。飼育するよりも密猟の方が安いので、野生のセンザンコウが、偽装書類によって飼育されたものと偽って販売されかねないのである。それにもちろん、飼育されているウシやニワトリが飼育場でつらい生活を送っているとしたら、閉じ込められることにストレスを感じる様子のセンザンコウだって同じだろう。同様に、サイの角の売買を合法化してはどうかという提案もあったが、それも実現はしなかった。南アフリカのある畜産農家は、売買の合法化に期待して一五〇〇頭のサイを育てたが、倒産は時間の問題だ。それとは異なる解決策を考えた科学者の一団もいる――ウマの毛からサイの角の模造品を作ろうというのだ。全般的に言って、自然保護活動家は技術革新よりも規制を通じて侵入種や密輸に立ち向かおうとする。彼らの立場は、動物の密輸や繁殖場での飼育に反対する動物愛護活動家と同じだ。

だが、技術の進歩と環境破壊が組み合わさると、僕たちは決断を迫られることになる――そしてそこには、個々の動物の生命を、種全体のために危険に晒す可能性がある。気候変動が進むなか、動物たちは特定の生息地だけに「属する」わけではなくなっている。彼らはその生態的ニッチを失いつつあるのだ。ここまで見てきたように、それを防ぐ最良の方法は、保護区域をつくり、炭素排出量を劇的に減らすことだ。それでも、新しい棲みかを見つけるためには大きな障害を乗り越えなければならない動物もいるだろう。オーストラリアのオウゴンニワシドリは、鮮やかな黄色の鳥で、小枝を使って同じ場所に最長三〇年も巣をつくる。彼らが棲んでいるのはクイーンズランド州の寒冷な山地だけだ。ところがこの山地が温暖化しており、もっと南の、より涼しい山に移るためには、彼らが適応していない、暑い低地を越えなければならないのだ。動きが遅すぎて移動できない動物もいる。僕たちは、彼らを助けることができないと認めざるを得ないのだろうか？　それとも、彼らが棲みかを移るのを手伝おうとすべきだろうか？

一九九九年と二〇〇〇年の夏、イギリスの科学者たちが、五〇〇匹のヨーロッパシロジャノメと六〇〇匹のセセリチョウを虫採り網で捕獲した。彼らはそれを、チョウが棲んでいたところから最低三五キロ離れたところに運び、捕獲した翌日に放した。イギリス北部の等温線が一年に四・五キロ北上している一方、チョウたちはそれまで、自力では生息地を年に一キロ以下しか広げていなかった。新しい生息地は、チョウたちのもともとの生息地に気候が似ていることを条件に選ばれていた。数年後、科学者たちがそこを訪れると、移動させたチョウたちは生き残っていた。チョウ一種を救うためにかかった費用は、人一人をフルタイムで八か月雇う給料相当と、五〇〇〇ポンドに満たない経費だけだった。

こうした取り組みは「移動補助」と呼ばれている。また、動物を家畜のように、より暑い気候に適するよう育種して野生に放す、「進化補助」の意義についても議論が行われている。こうした方法を組み合わせれば、人間がその生態系を破壊している動物を人間が助けられる可能性が生まれる。

移動補助と進化補助は、自然保護活動家たちからは冷ややかに受け取られている。根本的な問題は、そのためにはある生物種とその生息環境についての詳細な理解が求められるということだ。レッドリストを見れば、それがどんなに難しいことかがわかる。半世紀近い年月の間にレッドリストが調査したのは、地球上に存在する可能性がある八〇〇万種の植物と動物のうちの二パーセントに満たない。「山の斜面の下から上に岩を転がそうとすれば、岩は転がり落ちてきてあなたは潰されてしまう。でもそうしたらまた岩を転がすんですよ！」。レッドリストの責任者、クレイグ・ヒルトン＝テイラーは謙虚な口調でそう言った。

ヒルトン＝テイラーは、動物の実態を摑むことの難しさについて隠そうとはしない。「ワークショップに行って、専門家に訊くんですよ、このヘビの数はどれくらいですか？とね。すると彼らは、わからないと言うんです。それで私は、なるほど、一万匹くらいですかね？と言う。いやいや、そんなにいないよ、と専門家が言ったら、じゃあ二五〇〇匹くらいはいますか？と訊く。そうやって絞り込んでいくんです。そしてその間ずっと、不確定さに対してその人がどういう考え方をしているかも考慮しないといけない。人によってものすごく違いますからね」

また、レッドリストは最新の状況を反映しているとはとても言えない。たとえば、絶滅の危惧が「危急」であるとされているオオアルマジロは、この七年間査定が行われていない。野生の成体は、減っているとされてはいるがその数は不明だ。カメラトラップの映像によれば、南アフリカの熱帯雨林の自生生息地には、一〇〇平方キロメートルの範囲に六匹ほどしかいないようだ。

レッドリストには、同種の動物を定期的に査定する資金がない。その活動は、トヨタなど民間企業からの寄付と、たとえば本業の合間にカメの世界的専門家に変身する整形外科医のようなボランティアの人々の協力が頼りである。現時点では、気候変動が動物に与える影響をモデル化するのは「我々の査定人の能力が及ばないことが多い」と言う。

僕はコロンビアで、国内の生物多様性をマッピングするよう政府から委嘱された調査会社で働いていた。それは一見可能なことであるように思われた——かつてスペイン人がコロンビアの山や川を地図にしたのと同じように、自然界を地図にする。ところが実際には、それは不可能な作業だったのだ——太平洋と大西洋に面し、アマゾン盆地とオリノコ盆地が伸び、それにアンデス山地を抱える国では特に。

動物の生息地を移動させるということは、その動物がどう適応するか、また将来的に生態系がどうなるかなど、わからないことだらけである。オウゴンニワシドリのような動物について、科学者は十分に理解していない。暑さに苦しんでいるマルハナバチを移動させようとすれば、移動先に元からいたマルハナバチを全滅させる危険がある。産業規模でハチを使って受粉を行うカリフォルニア州のアーモンド農家や果樹園農家に見られるように、病気が広がる恐れもある。

全般的に言って移動補助は「大規模に展開するのはほぼ不可能」であると、ユニバーシティ・カレッジ・ロンドンのアレックス・ピゴットは言う。「それ自体は、一つの生物種にフォーカスしたのでは不十分だ。生物を一つずつ救うことはできないんだ。生態系はそういうふうにはできていない」。ある生態系をまるまる再生させようとすれば、高額の費用がかかり、小規模なものでしかないだろう。

侵入種を排除するというのは良い思いつきだが、その成功は例外的なものなのかもしれない。自然を微に入り細を穿って管理するのは、僕たちの手には負えないようだ。それよりも僕たちには、再野生化の原則を守り、自然のなすがままにさせてやることができる。そして動物を移住させるのは、オオカミ、クマ、ジャガーといった、絶滅させられた動物、生態系をまとめる役割を持つ動物に集中すればいいのである。

動物の生息地の移動を助ける最もシンプルな方法は、自然の回廊をつくることだ。広い面積を保護すると同時に、各国の政府は、野生動物が保護区から保護区へと移動できるようにする必要がある。イエローストーン国立公園ですら小さすぎて、そこにいる数百頭のハイイログマは遺伝的に孤立しているとみなさざるを得ない。それを防ぐためには、他の個体群と彼らをつなげる方法が見つからない限り、二四〇〇キロ離れたモンタナ州のグレーシャー国立公園からハイイログマを連れて来るしかない。中国では、パンダの生息地を大きな道路が横切っていると、パンダは交尾の相手を見つけることができない。近年インドでしっかり保護されているトラも、彼らが棲める土地が移動の途中に存在しない限り、もともとの生息範囲から広がることはない。季節によって移動する動物には中継点が必要だし、どんな動物でも干ばつの際には移動ができなければならない。道路を挟んで緑の回廊をつくることはできるし、塀は取り除ける。移動ルートに沿って中継点となる湖や森を残すこともできる。複数の保護区を作り、それらをつなげば、気候変動によってもともとの棲みかを追われた動物や植物には、繁栄できる新たな場所を見つけるチャンスが与えられるのだ。「世界をもうちょっとつなげればいいんだよ」とピゴットは言う。緑の回廊があらゆる生物種あるいはあらゆる個体群を救えるわけではないが、自然環境保護に使える資金が限られている現状では、移動補助よりもまだ道理に適っている。

人新世の動物愛

テクノロジーが人間と自然界の関係をより良いものにできるという考え方を代表する者がいるとしたら、それはスチュアート・ブランドだ。動物を思いやることは、ときにとても原始的なことのように思えることがある。一般的に言って、人間と同等の認知機能を持たない生き物の視点から世界を見ざるを得ず、現代社会の技術的洗練を僕たちから奪い取るからだ。だがブランドはそうは考えない。

一九六八年に彼が出版した『ホール・アース・カタログ』は、「我々は神なのだ、そのことに慣れようじゃないか」と宣言した。最近彼は、このモットーに少々手を加えて、より緊迫感を高めている——「我々は神なのだ、そのことに熟達しなければならない」。彼は今、ブレークスルー・インスティテュートというシンクタンクを率いている。このシンクタンクに属する一群の、いわゆる「エコモダニスト」たちは毎夏、サンフランシスコに程近い緑豊かな環境のなかで会議を開き、高尚な「対話」を持つ。彼らが目指すのは、グレタ・トゥーンベリが提示する環境の危機的状況を、マーク・ザッカーバーグ的なテクノロジー信仰のフィルターを通して見るというものだ。

ブランドは長期的なものの見方を好む。彼は、グラフの線が短すぎる、と苦情を言うのがお気に入りだ。僕は、ブレークスルー・インスティテュートが主催した人口増加に関する講演会で、予測グラフの横軸が二一〇〇年までしかないことが不満の彼に会った。人口はそこから自然に激減するのかもしれないね、と彼は言った。二一〇〇年時点の予測がいかに不確実なものであるかを考えると、横軸を伸ばしても意味がないように僕には思えた。だがブランドは、僕たちにはまだ見えていない長期的展望があると言いたかったのだ。

エコモダニストたちは、自然界に対する愛情について語るとき、人間の自制や犠牲のことを口にしない。彼らが思い描いているのは、ロボティクスや機械学習や先進センサーによって生態系のバランスが保たれ、人間が手を汚す必要がない世界である。スマートシティはもう古い、次はスマートフォレスト、スマートウェットランド（湿地）、スマートグラスランド（草原）だ、というわけだ。これは、現在の僕たちが持つ能力を何段階も進化させなければできないことだ。だが、テクノロジーは自然保護活動家たちのツールとして、人間と野生動物が交流するための手段になりつつある。ドローンは野生動物を数えることができるし、機械学習によってカメラトラップが捉えた動物を特定できる。おそらくは近い将来、動物の個体を見分けることもできるようになるだろう。

ハーバード大学とコーネル大学の共同研究チームは、本物のハチの行動を模倣するハチのロボット、「ロボビー」を開発している。ロボビーは、授粉媒介者の役割を果たせるかもしれない。どうやったらロボビーを本物のハチのように群れ飛ばせるか、あるいはどうやって強風のなかを飛ぶのに十分なパワーを持たせられるかはまだわかっていない。もしかすると、たとえば監視といった（正当性は疑われるが）もっと単純な仕事の方が向いているかもしれない。だが、エコモダニストにとってこれは、人間の持つ創造力を示す、心躍る試みなのだ。

ブランドが提唱し、エコモダニストが情熱を注ぐもう一つの取り組みが、絶滅種の復活だ。絶滅した生物の墓を掘り起こすわけではない。今生きている動物の遺伝子を編集して、絶滅した生物種が生態系のなかで果たしていた役割を再現させようというのである。マンモスを復活させるのではなく、アジアゾウの遺伝子のいくつかを編集して寒冷な気候に適応させようという計画がある。動物のためにそうするのでも、僕たちの好奇心を満たすためでもない――ブランドの絶滅種復活プロジェクトを率いるベン・ノヴァクの言葉を借りれば、それは「重要な生態学的機能を回復させる」ための取り組みである。ノヴァク自身は、アメリカのリョコウバトを復活させようとしている。二〇世紀前半に乱獲されて絶滅したリョコウバトは、森を攪乱して他の生物が繁栄できるようにする重要な役割を持っていると彼は言う。彼は、最も近い近縁種であるオビオバトの遺伝子を編集するつもりであり、二〇三〇年から二〇四〇年の間のどこかで最初の群れを試験的に放したいと考えている。

これらすべては、人新世という考え方が根拠になっている――意図的な行動によってであれ、誤ちの結果であれ、所詮世界のすべてを支配しているのは人間なのだから、それが前者であることを確実にしようではないか、というのだ。だとすれば遺伝子編集は、人間の能力を有益な目的に使っているにすぎない。「現在生きている生物には、過去の人間の活動に何らかの形で適応し、その結果、人間との接触が起きる以前の状態から変化していないものなど存在しない」とノヴァクは書いている。これは明らかに真実だ。物議を醸すのは、それに対する反応である。絶滅種の復活に取り組んでいるノヴァクたちの自然を愛する気持ちは本物だ。だが結局のところ、彼らが思い描くテクノロジーは夢物語にすぎない。そして、遺伝学者のほとんどは絶滅種の復活には懐疑的である。遺伝子編集の工程を単純化して説明すれば、遺伝子の一部を持ってきて貼りつけるだけのように聞こえるが、ある生物種をまるごと模倣するためには、複数の、複雑な変化が必要であり、喩えて言えば、一片の空き地にゼロから熱帯雨林を育てようとするようなものなのだ。

絶滅種復活の可能性は、動物を愛する人たちにとって何を意味するだろうか？　似たような生き物を再現できることがわかれば、何百万種もの動物が絶滅することを心配する度合いが減るだろうか？　今わかっていないことを考えると、僕にはそうは思えない。絶滅種の復活は、地球から動物がいなくなるのを止める責任が僕たちにあることを変えはしない。動物を育種できても、その動物が生きる場所がなければ何の意味もない。だから僕たちは何よりも、そのための資金づくりに奔走すべきなのだ。

とは言え、絶滅種の復活は、絶滅を防げなかった特定の動物について言えば興味深い可能性ではある。いつの日かそれが可能になる可能性があるのなら、それを不可能にしないのが僕たちの責任かもしれない。数年前、ハリス・ルーウィンというアメリカの遺伝学者は、自分の研究が行き詰まっていることに気づいた。彼は生物の分化をマッピングしたかったのだが、シークエンシングされているゲノムが少なすぎて研究が継続できなかったのだ。大西洋を横断する機上で彼はジン・トニックを注文し、紙ナプキンに、すべての真核生物——つまり、すべての動物、植物、真菌、その他、細胞核にＤＮＡを持つすべての生き物のゲノムをマッピングするにはいくらかかるかを計算した。

紙ナプキンに書いたその大雑把な計算が、生命のデジタル目録をつくるという大掛かりなプロジェクトの基盤となった。「地球バイオゲノムプロジェクト」である。ルーウィンにとって、選択肢は、このプロジェクトを遂行するか、生物を永遠に失うかのどちらかだった。「私たちはおそらく、一日に地球上の二〇〇種ほどの生物を失っています。そしてそれは加速しているんです。だから私たちが変わらなければ何が起こるか、考えればわかるでしょう」と彼は言った。「未来の科学に何ができるようになるか、私たちにはわかりません。もしもデジタル化された情報があれば——全ゲノム配列がわかれば——絶滅種の復活は可能かもしれない。サイエンスフィクションみたいかもしれないが、君が持っているそのアイフォンだってそうでしょう」

ゲノム解析技術は、生命というものに対する僕たちの考え方さえも変化させるかもしれない。たとえば、カリフォルニアのレッドウッドのゲノムは人間のゲノムの一〇倍の大きさを持つ。「身のほどを知らされるよね。私たちのゲノムが哺乳類の平均的なサイズだなんて、恥ずかしいじゃないか」とルーウィンは言う。「私たちはウシと変わらないんだよ」

ルーウィンのチームは、地球バイオゲノムプロジェクトの費用を四七億ドルと見積もっている。彼が紙ナプキンに書いた数字と大きくかけ離れてはいない金額だ。それはいわば火災保険のようなものだ。熱帯雨林を保全のために買うことで火事を鎮火させようとするよりも、その方が賢い金の使い方だと言えるだろうか？　多分そんなことはないだろうが、億万長者はそうは思わないかもしれない。

必要なのは自制心

自然保護活動家には二種類ある。スチュアート・ブランドのように、基本的に楽観的な人たちと、ダグ・トンプキンスとクリス・トンプキンスのように、テクノロジーが僕たちをこんな大変な状況に陥れたのであり、テクノロジーは僕たちを救ってはくれないと考える人たちだ。楽観論者は、一九七〇年代の予言に反し、人間はまだ食料その他の資源を使い果たしていない、という事実を指摘する。人間は農業の生産性を上げ、自主的に人口増加率を低下させ始めた。一方悲観論者は、気候変動が抑制されている気配は見えず、何十万種もの生物が間もなく絶滅するという事実を挙げる。

あなたが楽観論者なら、テクノロジーは僕たちに、動物を残酷に扱わない自由をくれると言うだろう。僕たちは家畜の代わりに幹細胞肉を生産するようになるかもしれない。ブランドのプロジェクトの一つに、製薬会社がカブトガニの血をワクチン製造に使うのをやめさせるというものがある。一九七〇年代から今日まで、カブトガニの明るい青色の血は、細菌の混入を検知する物質が採れる唯一の天然資源なのだ（製薬会社はその前はウサギを使っており、年間何十万羽ものウサギが殺されていた）。現在、アメリカの東海岸沖で毎年約五〇万匹のカブトガニが捕獲されるほか、研究室でも毎年繁殖が行われている。血を抜き取られた後、少なくとも一三万匹が、餌として売られたり、海に戻された後に死亡する。アメリカカブトガニは、四億五〇〇〇万年前からあまり変化していないが、彼らは今、その血が人間の健康に役立つがために死に絶えようとしているのだ。現在、カブトガニの血に代わる合成品が当局による承認プロセスの途中にある。承認されれば、アメリカカブトガニにとっても、その卵を餌としている海鳥にとっても、それが最善の策だ。

だがもしもあなたが悲観論者だとしたら、テクノロジーによって人間と動物の関係はさらに悪化すると言うだろう。人間は地球の天然資源を搾り取る新たな方法を見つけ続けるかもしれない——たとえば深海採鉱だ。僕たちが画面を見つめる時間はより長くなり、自然界で過ごす時間は短くなるだろう。生体インプラントやロボット埋め込み技術によって、僕たちはもっと強い生き物になる。二〇二〇年、イーロン・マスクは、脳にコンピューターチップと電極を埋め込んだ数頭のブタを全世界に披露した。マスクの最終的な狙いは、ブタの能力を高めることではなく、人間を人工知能と融合させることだ。それだけではない。合成生物学によって僕たちは、進化上の祖先を持たない、新しい生き物を創る能力を手にするかもしれないのだ。二〇一九年には、イギリスのある研究所が世界で初めて、完全に合成された細菌を創ったと発表した。素晴らしく優秀かつ人道的な宇宙物理学者、マーティン・リースは、人間は「もしかしたらダーウィン的な意味での進化の終わりに近づいているのかもしれない」と言った。

これは、鎖を断ち切り、梯子《はしご》を足蹴にする行為である。人間が自分たちを周囲の環境から切り離されたものと考えるようになった兆しはある。月と火星に人間の植民地をつくるという、イーロン・マスクやジェフ・ベゾスが奨励しているアイデアは、人間を地球という風土やその食物連鎖から、そして地球上にある生き物との交わりから、単独で切り離すことが可能だと言っているのである。火星植民地化計画に熱心で、トランプ政権とつながりがあったアート・ハーマンは、宇宙に暮らす利点の一つは絶滅危惧種を保護する法律がないことだ、と言ったことがある。

そううまくはいかないだろう。そこではどんな動物が人間の食べ物を受粉させるのか？　ゴミはどんな生物が分解してくれるのか？　その生物を食べて、その数が増えすぎないようにしてくれる生き物はいるのか？　ハリス・ルーウィンが指摘するように、「人間だけで移住することはできない。人間は、植物や微生物や細菌を連れて行くことになる――なぜなら彼らは人間の身体に棲んでいるからだ」。メイフラワー号でやって来た移住者たちはブタとニワトリを連れて来た。宇宙に移住する金持ちが、ペットの犬や猫を連れて行くと言い張るのは間違いない。

絶滅種の復活や、医学研究に今とは別の方法が生まれる可能性を残しておくというのは理解できる。だが、そうしたテクノロジーが僕たちを倫理的なジレンマから救ってくれると考えるのはそれとはまったく別の話だ。使い方を誤れば、テクノロジーに対する楽観主義と長期的思考は僕たちをあまりにも安心させ、そうしたテクノロジーが使えるようになる以前の今、この瞬間にしなければいけない決断から僕たちの気を逸らせてしまう。人間の創造力はあらゆる問題を解決できると信じ込ませ、動物虐待も、六度目の大量絶滅も、単に僕たちが通過する一過性の局面にすぎないと思わせてしまうのだ。

宇宙を植民地化するという計画について言えば、僕たちはいったい何から逃れるつもりなのだろう？　ある動物好きの技術屋は僕にこう言った――「地球にとっての最大の脅威は惑星の衝突じゃないよ。人間さ。人間を他の惑星に送っても、その危険はついて回るんだ」。そして僕たちは、移住先に何を見つけると思っているのだろう？　人間以外の知的生命体を探しているのなら、彼らはすでに地球上にいる。ザトウクジラを研究している宇宙物理学者、ローランス・R・ドイルは、「人間とコミュニケーションを取ろうとしている生き物が（この地球に）たくさんいるのに、星を見上げて他には知的生命体はいないのかと考えるべき理由はない」と言う。

過去一世紀にわたり、僕たちが技術革新を推し進めたことによって、奇形のニワトリや犬のクローンが誕生し、おそらく近い将来にはタコの養殖が始まるだろう。動物の感情やヴィーガニズムという考え方、倫理的な狩猟や適度の消費について理解するために、そんなものはどれも必要なかったはずだ。こうした議論は、少なくとも一九世紀にはすでに存在していた。だが僕たちは、それを十分に真剣には捉えなかったのだ。同様に、たとえ僕たちが、動物の言語を理解したり、現存する生物と絶滅した生物のハイブリッドをつくったり、生態系を管理するロボットをつくったりできるようになったとしても、人間と動物の関係にまつわる問題が突如解決されるわけではない。必要なのは新しいテクノロジーではない。変わらなくてはならないのは僕たちなのだ。僕たちを前進させてくれるのは、創造力よりも自制心なのである。

結論　美女と野獣

子どもたちの世界は、いつも生き生きとして新鮮で美しく、驚きと感激にみちあふれています。残念なことに、わたしたちの多くは大人になるまえに澄みきった洞察力や、美しいもの、畏敬すべきものへの直感力をにぶらせ、あるときはまったく失ってしまいます。

レイチェル・カーソン（邦訳『センス・オブ・ワンダー』新潮社、一九九六年、上遠恵子・訳）

私はよく、チンパンジーと人間とどちらが好きかと訊かれます。答えは簡単です――人間より好きなチンパンジーもいるし、チンパンジーよりも好きな人間もいるのです！

ジェーン・グドール

庭の池の野生

ロンドンの僕の家の庭には小さな池がある。両親が初めて遊びに来たとき、彼らは子どもが溺れる危険があるから水を抜けと言って譲らなかった。思慮深い忠告ではあったが、それを言ったのが自分の親であるという理由で僕はそれを無視した。池は今もある。そして僕は、想像もできなかったほどその池が気に入っている。

春になると、カエルの卵が見つかった。エリザと僕は池の淵石の横にしゃがみこんでカエルを探した。水面から目だけが見えることもあれば、水中を泳ぎ回っていることもあったし、たまに全身を見せてじっとしていることもあった。どこにでもいるカエルだ。だが彼らは僕の中に、誇らしさや喜びや敬意に似てはいるがそのいずれともちょっと違う、奇妙な感情を引き起こした。池は小さな自然の一場面であり、娘たちの暮らしを彩ってくれるだろうと僕は思っていた。

翌年、池は水が漏れ出るようになった。何度水を足しても、大学生がテキーラを飲み干すみたいに空になってしまう。僕は、池を修復するつもりでカエルの卵を慎重にバケツに移したはいいが、うかつにも何もしないまま、三か月間サンフランシスコに行った。言うまでもなく、その年、池にカエルはいなかった。エリザは平然と、「パパがアメリカにカエルを連れて行った」のだと言った。僕は日焼けしてアメリカから戻ったが、カエルは戻ってこない。エリザは失望を隠さず、「カエルはいつ帰ってくるの?」と悲しそうに訊くのだった。

第二次世界大戦後の余波が残るなか、ジョージ・オーウェルは、「ヒキガエルについてのいくつかの考察」と題し、ロンドンで観察した両生類についてのエッセイを出版した。それは今読むと不思議な感じがする。オーウェルは、それほど「感傷的」なことについて書くのには言い訳が必要だと感じているのだ。「経験上、論説の中で『自然』に好意的に言及すると、罵倒の手紙が届くことを私は知っている」。彼は、春が来る喜びは人間がそれを楽しもうとする限りいつまでもそこにあるという事実を享受する――「原子爆弾が工場で次々につくられ、警察が街を徘徊し、拡声器からは嘘が流れてくる。それでも地球は太陽の周りを巡り、独裁者や官僚がいかにそれを嫌おうとも、彼らにそれを止めることはできない」。

今ではそれとはずいぶん状況が違う。オーウェルと違って僕たちは、自然を愛することを弁解する必要はない。同時に僕たちには、自然が今のままの形で残るという確信もない。季節は巡りくるが、その意味は毎年変化している。たとえばブラジルのボルソナーロ大統領のように、世界でも最悪の国家首脳たちは、本当に自然そのものを変化させているように見える。大げさに聞こえるかもしれないが、僕の家の池からカエルがいなくなったことは、まるで僕たちが地球にしている仕打ちの縮図のように思えた。僕は娘たちにそんな事実を直視させたくなかった。

僕は庭仕事は苦手で、植物は剪定より買う方が得意だ。池だって、底に敷いてあるゴム製シートのどこから水が漏れているのか見つけようとしたがダメだった。最終的には、破れている箇所が二つあるのが見つかった。どちらも猫の手のひらほどの大きさだった。僕はそこに継ぎ当てをした。翌年の春、カエルの卵が帰ってきた。僕はオタマジャクシの最初の数匹が孵るのを見守った。野生が戻ってきたのを感じた。オタマジャクシにはやがて目ができ、脚が生えた。石によじ登っては、自分の尻尾の重さで後ろ向きに落っこちる。彼らが何を、どうやって学習するのかはよくわからないが、小さな銅褐色のカエルが雑草の生い茂った庭から出ていくのを眺めながら、僕は動物との交流を取り戻せたと感じた。そしてもっと欲しくなった。

採卵鶏と過ごした二か月間

ニワトリは、思ったより温かい。手をダンボール箱の下に入れると、身体の温もりが感じられた。上から覗くと、二羽のニワトリが見える。どちらも茶色くて、大きいが羽根は完全に生え揃っていない。尾の周囲の羽根の生えていない皮膚は赤くて痛そうだ。

ニワトリを飼うことについて、僕はさんざん躊躇した。が、飼うことに決めた理由はいくつかあった。まず、この二羽は生産性が落ちている採卵鶏である。殺処分が予定されているニワトリだったので、引き取り手の飼育能力に対する要求はかなり低いと思ったのだ。また、娘たちがヴィーガンではなくベジタリアンであるからには、少なくとも卵を食べるとはどういうことかを知っておくべきだと僕は考えた。それに、新型コロナウイルス流行による行動規制が何か月も続くようなら、仲間はたくさんいるに越したことはなかった。僕は、ニワトリに夢中になったという人たちのことを聞いたことがあった。そしてまったく脳天気なことに、もしも僕の家に来る人がニワトリを見れば、その人たちがニワトリを食べなくなる可能性があるのではないかと思ったのだ。

そういうわけで僕は馬鹿みたいな金をかけて鶏小屋を建て、ニワトリのレスキュー団体が管理する引き取り希望者リストに登録し、二羽の引き取り代として六ポンドを支払った。ある土曜日、僕はエリザとクレオを連れて、車でロンドンの北にある農家に行った。ソーシャルディスタンスを守るため、僕たちに与えられた時間は一〇分だった。着いたときにはものすごい雨が降っていたから、六〇秒以上そこにいたいとは思わなかったが。僕はダンボール箱を受け取ってそれを車のトランクに入れ、もう一羽どうかと言われたが辞退した。

ニワトリをしっかり見られたのは家に着いてからだった。見るからに恐ろしい脚だ。脆い骨が折れないように、誰かが彼らを持ち上げてそっと地面に下ろさなければならないのだが、僕にはそんなことはとてもできない。

スージーがやれやれという顔をする。「ニワトリが怖いならそう言ってくれればいいじゃない」と言いながら、彼女は僕たちのものになったニワトリを彼らの新居に入れた。

エリザが一羽にパティルダという名前をつけた。クレオはもう一羽をカキヤキと名づけた。翌日の日曜日、パティルダの健康状態が良くないことがわかった。しょぼんと止まり木に止まってばかりいる。カキヤキには何度か激しくつつかれる。とさかはしなびて片側に垂れている。スージーが、娘たちに薬を飲ませるときに使うプラスチックのシリンジで水を飲ませようとするが、パティルダは飲もうとしない。

パティルダに元気がないことにエリザは気づく。月曜日、幼稚園に行く前にエリザは、二羽のニワトリの名前を逆にする——つまり「自分の」ニワトリである新しいパティルダが、突如元気な方のニワトリになったわけだ。クレオは幼すぎて自分が騙されたことに気づかない。だが、ホッとしたのもつかの間だった。僕はそれまでニワトリに愛着を感じたことはなかったが、パティルダ改めカキヤキが木の筋交いの上でうずくまっている様子を見ると、具合が悪い人の様子と大して違いがないような気がした。僕は一時間、ニワトリを診てくれる獣医を見つけるために電話をかけまくった。ようやくのことで予約が取れた獣医は遠く、カキヤキはそこまで持ちそうになかった。

鶏小屋の床の上に横たわっているカキヤキを見つけたのはスージーだった。カキヤキは死んで神様のもとに行ったのだ。慈善団体は、三ポンド分の寄付の返金をご希望ですか?と言った。だが僕は、モンティ・パイソンの「死んだオウム」コントのジョン・クリーズとは違って、損をしたとは思わなかった。むしろ情けなかった。スージーもだ。カキヤキが生きていた最後の数時間、僕たちは何もできなかったのだ。カキヤキという生きた動物は、状況が違っていたなら今も生きていただろう。「かわいそうに。もうちょっとで檻の外で幸せに生きられるところだったのにね」と、ブリティッシュ・ヘン・ウェルフェア・トラストの親切な女性が言った。「ちっちゃな身体が状況の変化にどうにも対応できなくて、死んじゃうことがあるのよ」。僕はカキヤキの死体を獣医のところに持っていった。犬の飼い主が僕の様子を見てクスクス笑った。僕は一五ポンド払って死体を焼いてもらった――状況が違っていたらバーベキューだ、と暗鬱な気持ちで思いながら。エリザとクレオには、カキヤキは農場に帰ったと言った。

パティルダは元気だった。茶色と白の羽根も元通りに生え揃った。パティルダを捕まえようというクランブルの無駄な試みも軽く受け流す。こっちをちょっと掘り、あっちに止まり、公園にいる子どもみたいに庭を走り回る。ハーブを植えてあるところで砂浴びをする。あっという間に、庭は僕たちのものと言うより彼女の庭になる。それからパティルダはキッチンに入りたがるようになった。僕は今まで、ニワトリは屋外を自由に走り回りたいのだと思っていたが、どうやらテラスハウス［イギリスの連棟住宅のこと］も欲しいらしい。パティルダは、勝手口が開いているのを見ると、追いかける僕たちをぶっちぎって家に入り、娘たちの椅子の下に落ちているパンくずを食べる。僕が居間にいて、ラップトップで仕事していると、外から窓をくちばしで叩く。

パティルダは、決して理想的なペットとは言えない。エリザとクレオはパティルダがちっとも卵を産まないのでがっかりだ。もっとがっかりなのは、あまりにも二人をくちばしでつつくものだから、とうとう二人のパティルダとの交流と言えば、鶏小屋から精一杯急いで逃げることだけになってしまったことだ。僕が庭でガーデンチェアに座っていると、パティルダが近づいてくる——大抵は、後ろからか下からだ。僕は目が引きつり、筋肉がこわばる。つつかれるべきか、移動すべきか？　もちろん僕は移動する。僕は臆病者なのだ。

それでもパティルダは素晴らしい。好奇心が強く、意志が強く、我が家の庭に来たことがあるどんな鳥も敵わない。こんな生き物を小さな空間に閉じ込めるなんて、なんと馬鹿げたことだろう、と僕は考える。彼らの考えることや感じることは僕たちの食欲の二の次だと考えるなんて、なんと愚かなんだろう。僕はパティルダを抱き上げることにも慣れ、野菜の葉っぱのところを彼女のために取っておくのが楽しみになった。もっと良い寝床を買ってやるとパティルダは気に入ったが、鏡はお気に召さなかった。

そして九月半ば、パティルダの挙動に突如変化が現れた。それまでは、日没とともに、三つある巣箱のうちの一つを選んで寝ていたのが、庭のあちこちに隠れるようになった。鶏小屋ではなく、大きな竹やぶの中で寝たことも何度かあった。僕は巣箱を掃除し、アカダニがついているかもしれないとスプレーを買った。ある晩、暗闇のなかで、パティルダがどこにも見当たらない。もう遅かったので、僕はいつもと同じく大丈夫だろうと高を括った。

翌朝、エリザの部屋のカーテン越しに外を見ると、芝生の上に白と茶色の染みがある。僕にはすぐにそれが、ぺしゃんこになったパティルダの身体だとわかった。僕は常々、たとえキツネにやられる危険性が高まるとしても、ニワトリは自由に動き回れる生活をすべきだと言ってきた。もちろん、そんなことは起こらないことを願っていたし、あの夜、パティルダを鶏小屋に入れられていたら、と思う。フェイスブックのニワトリ愛好家たちのページではこういうとき、「Nest in peace［安らかに眠れという意味の Rest in peace と Nest（鳥の巣）を掛けている］」と言う。

子どもはある時点で、嘘でごまかす必要がなくなるものだ。そしてそれは親が思っているより早い。絵本は動物たちの残虐行為でいっぱいだ。キツネはブタやニワトリを食べ、オオカミは人間の子どもを食べる。パティルダが死ぬ数週間前、スージーの祖母が亡くなっていた。いかにも現代っぽいが、我が家では、親族の死が僕たちに、ペットの死に対する心構えをさせてくれたのだ——普通はその逆だが。だからその日の朝、朝食前に、スージーと僕は娘たちに真実を話した——パティルダがキツネに殺されたということを。「キツネはニワトリを食べるんだよ」とエリザが言い、僕はエリザが事情を理解したものと思った。それからエリザは「キツネは地下に棲んでるから、パティルダも地下に棲まないといけないの?」と言い、僕は自信がなくなった。それからエリザは泣き出し、僕は娘を抱きしめたが、僕は半分パティルダを抱いているのだった——抱かれるのがあんまり好きじゃなかった雌鶏を。

「パティルダは悲しい?」とエリザが言う。僕は歯を食いしばり、勝手口の外にスーパーマーケットのショッピングバッグに入れて置いてある、頭のなくなった雌鶏を頭に思い浮かべる。「そんなことないよ」と僕は言う。僕たちはポリッジを作り、子ども向けのお話を聴く。二か月間、僕たちはニワトリのいる家族だった。でも今は違う。

里親である僕が無知で不注意だったのだと思う人もいるだろう。僕だってそう思った。でも、引き取った二羽のニワトリの寿命は大して延ばしてやれなかったけれど、少なくともパティルダは、太陽の下で自由で幸せな二か月を過ごしたのだと僕は思いたい。僕たちはパティルダに自由と、おやつと、広々した空間を与えた。パティルダの死の責任は僕にある。だが、人は誰しも、生き方の選択を通じて動物たちの運命に責任を負っているのだ。

人には、動物とつながるためのそれぞれの方法がある。雌鶏を飼うのは僕なりの方法だった。パティルダは、厳密に言えば家畜ではなく、かと言ってペットでもなかった。彼女はただ、意識を持った、他に類を見ない生き物だった。ゾウ、ジャガー、コアラ——地球の反対側にいる素晴らしい動物たちを愛するのは簡単だ。だが、そんなに美しいわけでもなく、厄介なところも多々ある生き物の生命の意味に気づくのはそれほど簡単なことではない。僕たちは今、ニワトリを食べるが、かつてはクロウタドリを食べていたこともある。永遠に家畜を飼い続ける必要はないのだ。違う生き方を選択することだってできるのである。ニワトリは、思ったより温かい。そして人間もだ。

動物に対する新たな価値観

動物を愛するということは、ただ単に、自分以外の動物に驚嘆するということではない。動物を愛するということは、その動物のことをよく考え、自分と対話するということでもある。僕は、動物愛テストには三つの段階があると思う。一番目は、僕たちが本当に動物を大切に思っているかどうか。答えはイエスだ。一年中、いつ、どんなニュースサイトに行っても、そこには何かしら、新たに発見された自然界の驚異についての記事がある。ホッキョクギツネがノルウェーからカナダまでの三五〇六キロをわずか七六日間で移動した、あるいは、ロブスターが病気の個体を識別し仲間外れにすることで「ソーシャルディスタンス」を保っている、と聞いて驚嘆しない人などいるだろうか？　僕がこの本を書き始めたとき、パンダ、カンガルー、オウム、その他カリスマ性のある動物が大好きな人たちがいることは知っていた。でも今は、ニワトリや蛾やトンボについてそれと同じくらい強い愛情を持つ人たちもいることを知っている。アメリカ人の大多数は、家畜動物が公正に扱われてほしいと言うし、ヨーロッパ人の大多数は魚は痛みを感じると言う。アメリカやイギリスでは、少数とはいえ無視できない数の人たちが、人間の役に立つかもしれない医療検査に動物を使ってほしくないと言う。一番大事なことはクリアした――僕たちは動物を愛している。

二つ目の段階は、僕たちの行動がそれに伴っているかどうかだ。答えは明らかにノーである。僕たちは地球を貪り食い、その過程で意識を持つ生き物に甚大な苦しみを与えている。多くの野生動物の生活を困難なものにし、僕たち自身を絶滅の危機に追い込んでいるのだ。地球の資源には限りがある。人間が占めるスペースが大きくなればなるほど、野生動物に残される土地は減る。火星から経営コンサルタントがやって来たら、この惑星のバランスに面食らうことだろう。愛にも限界がある。ミートローフの歌［歌手ミートローフのヒット曲『I'd Do Anything for Love (but I Won't Do That)』］じゃないが、愛のためなら何でもしたいけれど、できないこともある、というわけだ。動物性の製品を使うのをやめるのは、僕たちにとっては大したことではないけれど動物にとっての恩恵は計り知れない。

僕たちは、肉を食べるのは伝統的で安全な選択肢だと思っている。だが実は、それは危険な選択肢なのだ。環境に与える影響について言えば、僕たちは全速力で未知の世界に続くコーナーを曲がろうとしているようなものだ。肉と乳製品を食べる量を、ほんの少しではなくて徹底的に減らさない限り、僕たちは気候変動を抑えることはできないし、数十万種の生物が絶滅するだろう。ライオンやキリンは、ほんのいくつかの国立公園でしか見られなくなるかもしれない。都会にキツネやアナフクロウが暮らすように、人間の生活圏で暮らす動物が増えていくという可能性もある。「みんな動物の家畜化は遠い昔に起こったことだと思いがちだけど、それは現在進行形なのよ」。エクセター大学のナオミ・サイクスは僕にそう言った。「動物と言えば犬、猫、キツネ、ハトだけになるかも」。これは意図的な誇張だが、考えさせられる。

動物愛テストで一番きつかったのは、食肉加工工場でヒツジの内臓を掃き集めなければならなかったことでも、藁の中に手を突っ込んで窒息死した子ブタを取り出さなければならなかったことでもない（それをしろとは誰にもお勧めしないが）。きつかったのは、動物を愛しながら自分の行為の明らかな結果に向き合おうとはしない人々の、認識のずれに直面することだった。ほとんどの人は、動物を、自分が彼らをどう扱うかを正当化するために分類分けすることを覚えた――食料にする動物、ペットにする動物、救済するに値する立派な動物、というふうに。こうした分類分けが無意味だということに気がつく機会は山ほどあるのに、僕たちはそのほとんどを避けて通る。

動物愛テストの三つ目の段階は、もっと良いやり方はないのか、と問いかける。それがあるのは明らかだ。僕たちのフードシステムを変えれば、動物と新しい関係を築く道が開ける。僕たちは、自然環境を護り、何があっても気候変動と闘い続けなければならない。そして、動物園の動物を幸せにしたり、犬の健康を害することなく奇妙な形や大きさに品種改良したりできるほど、人間は賢くないということに気づくべきだ。

動物に対する僕たちの愛情は、決して理性的なものではあり得ない。僕たちは、すべての人間に対して公平であろうとする――性別や人種によって差別することなく。ところが相手が動物となると、僕たちは生まれつき差別するようにできているらしい。たとえば僕たちがパンダに夢中になるのは、ぺしゃんこの顔と大きな目と真っ直ぐに立つ姿勢が愛くるしいからだ。ヘビが怖いのはそういうふうに進化したせいなのかもしれないし、蚊も嫌うように進化して然るべきだ。動物を愛するというのは、すべての生き物を同等に愛するという意味ではない――人事部ではないのだから。だが僕たちには、さまざまな動物が共通して持っているものを認めることが可能だ。たとえば、カラスはチーターと同じように、意識を持ち、知性的で環境に良く適応しているということ。あるいは、アリはカワウソと同様に環境にとって重要であること。ある動物への愛を、他の動物にも波及させることはできる。

何かあるとすぐ憤慨する僕たちの性癖も、理性的とは言いがたい。これからもしばらくは、ソーシャルメディアは狩猟をめぐって炎上するだろう――だが本当は、狩猟よりもはるかにたくさんの動物の死の原因となるのは生息地が失われることなのだ。環境に有害な休暇旅行を攻撃したければ、最初に標的とすべきはクルーズ船だろう。南極大陸へのクルーズ船の乗客は、その多くが環境意識の高い人たちだが、一人につき、平均的な海外旅行客の八倍の温室効果ガスが排出される。二〇一〇年に行われたある調査によれば、意外なことに彼らのほとんどが、自分が参加したツアーが気候変動に影響したとは思わないと答えている。一方、少なくともトロフィーハンターが払う金は、自然保護に使うことができる。

動物愛護活動家のなかには、狩猟が環境保護の役に立つということを決して納得しない人もいるだろう。だが彼らにしても、動物の苦しみを減らし、動物の数を増やすためにもっと緊急にやらなければならないことがある、ということには少なくとも同意できるのではないだろうか。動物愛護活動家たちは一九世紀から、動物虐待――人間が意図的に動物に危害を加えること――にフォーカスを当ててきた。だが、今本当に動物を脅かしているのは、人間の残酷さよりもむしろその軽率さだ。僕たちは、目の前で起きる危害にばかり目を向け、肉を食べることや空を飛ぶことが気候変動に与える影響は過小評価するのである。

そろそろ古くなった動物の分類をやめ、僕たちの価値観に基づいて動物を扱うときだ。たとえば、苦しみを与えたくないという価値観。これはつまり、類人猿から鳥類、魚類、昆虫類に至るまで、痛みを感じると思われる動物すべてを思いやるべきだということだ。彼らには、おそらく僕たちが知らない、複雑で進化したニーズがある。畜産場、動物園、研究室など、彼らがさまざまな環境下で生きているからと言って、必ずしも彼らが元気で幸せとは限らない。動物園を訪れる人のほとんどは、滞在時間が二時間以下であるにもかかわらず、動物は喜んでそこに二〇年いるのだと勝手に思い込む。動物の自然な行動を禁じ、負担をかけ、突然死の危険に晒すのには、今よりもずっと正当な理由があるべきだ。豚肉が美味しいとか、子どもの頃牛乳を飲んで育ったとか、とにかくそんなことは言い訳にならないのだ。もしかしたらいつか僕たちが、ウシ、ニワトリ、サケ、そしてブタの倫理的価値を比較できるしっかりした基準を持つ日が来るかもしれないが、今のところは、すべての動物に与える苦しみを減らすべきだと言えば十分だ。

もう一つの価値観は、動物の存在を認めるということだ。現代人は支配することを求めてはいない。僕たちは正義を求めているのだ。僕たちは、都市に、農場に、そして野生の環境に、動物の居場所をつくる必要がある。ペルー領アマゾンのマチゲンガ族は、人間に村が必要なのと同じように、動物には森が必要であることを理解している。森とは「自然秩序ではなく、社会秩序」なのだと、マチゲンガ族を研究した民俗学者、グレン・シェパードは僕に言った。動物には社会的関係と社会的意識があるということを理解すればするほど僕たちは、彼らの生命を奪うことをしたがらなくなるだろう。食べ物や衣料その他の製品を動物に頼らなくなればなるほど、彼らのニーズを大事に思えるようになるはずだ。

僕は、明確な答えを求めてこの本を書き始めた。飼育されている動物たちは幸せか？　動物園の動物は自由になりたがっているか？　アメリカにはシカが何匹いるのか？　明白な答えがある場合もある――妊娠したブタが身体の向きを変えられるスペースを欲しがっているなんて当たり前だ。かと思えば、生きた自然界は複雑すぎ、研究資金が足りなすぎることもある。そういう場合は、僕たちにはせいぜい答えの一部しかわからない――ゼブラフィッシュには意識があるように見えるとか、檻に入れられたミンクは退屈するらしいとか、移動補助は機能するかもしれない、というふうに。

スコットランドで、やむを得ずドナルド・トランプ所有のゴルフコースの一つに行ったことがあるのだが、僕はそこで、サケの数が急激に減ったために釣り道具の店を閉じたという男性に会った。科学者たちはその理由を突き止めようとしていたが、彼はそれに対して冷ややかだった。「やつらはサケの最後の一匹が死んでもまだ研究してるだろうよ」と彼はつぶやいた。僕たちは、ゾウの最後の一頭が死んでもまだ、ヨーロッパの動物園にいるゾウの幸福度について研究をしているだろうか？　あるいは、ラブラドゥードルの人気がなくなってもまだ、品種改良が彼らの健康に及ぼした影響を見定めようとしているのではないだろうか？　時宜に適った科学的研究が行われたおかげで僕たちは、ある種の殺虫剤がハチに、あるいは気候変動が動物界全体に、害を及ぼす危険性があることを理解した。だが、まだわかっていないことも多い。わかっていないのだから僕たちは慎重になるべきなのだ。たとえば、なぜ魚やタコを養殖するのだろう――少なくとも、彼らが苦しむ可能性が高いことがわかっているのに。それに僕たちは謙虚になるべきだ。

動物について書いていると、自分も一匹の動物であることに気づかないわけにいかない。これは実に人を不安にさせる、教育や文化を裏切るような体験だ。僕は否応なく、地球の歴史上のある瞬間に適合し、その命運が他のさまざまな生物と密接につながっている、一つの生物種の一員として自分を見るようになった。動物にとって公平な生と死のあり方を考えるとき、その根底には必ずある潜在的事実があった——彼らはいつか必ず死ぬのだということ。そして僕たちもまたいつか死ぬ。人間の寿命は、タコに比べれば長いが、最高五〇〇年生きる可能性があるニシオンデンザメに比べれば短い。いずれにしろ、ヘビの専門家であり世界で最も賢明な保全生物学者であるハリー・グリーンが「宇宙は自分のために存在しているのではない」と要約した現実を、僕たちは受け入れなければならない。動物は僕たちに、自分が死すべき運命にあるという事実を突きつけるので、動物について考えれば考えるほど彼らに対する思いやりの気持ちが薄くなる、という説がある。だが僕の経験はそれとは違う。僕たちがこの地球で生きる時間はそんなに長くないということを受け入れれば、僕たちはよりいっそう、生きている間は優しくあろう、今あるものを後の世代のために護ろう、と強く思うようになるはずだ。

僕は自分が動物であることを認めたが、同時に、人間が非常に特別な動物であることも理解した。オークランド大学のアレックス・テイラーの言葉を借りれば、僕たちは「他の多くの動物と比べて驚くほど協調的」であり、計画し、文化的な特徴を子どもたちに伝える能力にかけては並ぶものがない。娘たちと毎日過ごしていると、まさにそれが目の前で起きる——協調的、という部分ではなく（娘たちにはもう少し時間が必要だ）、文化を伝える、というところだ。そしてそれは一方的なことではない。娘たちに動物の扱い方を教えようとするのは同時に、僕自身の習慣を変えるということでもあった。「カタツムリは喜ぶ？　それとも悲しくなる？」——一緒に植えたビーツをカタツムリの害から護ろうとする僕にエリザが訊いた。娘と同時に、僕もまたその体験から学んだのだ。

この本は主に、僕たちがしている「間違ったこと」についてのものだ。だが僕は、将来人間が、自分と動物には共有しているものがあることに気づき、動物を所有しようとするより、動物と人間が共存できるよう努力するようになることを願っている。僕が望む動物との関係を一文に要約することができるとしたら、それはこういうことになる――「意図的な家畜化に未来はなく、野生こそが僕たちを進むべき未来に導く道である」

人獣共通感染症が示したもの

二〇一九年の冬、僕は、自宅の一部を素人コウモリ病院にしたアマンダ・ミラーという女性に会った。彼女は、怪我をした野生のコウモリには、回復する機会を与えるか、天寿を全うさせてやるべきだと考えていた。「あなたがコウモリの立場だったら、片腕がなくなったからと言って殺されるのは嫌なはずよ」と彼女は言って、ただしコウモリが何を考えているかは決してわからないけど、と付け加えた。保護したコウモリの餌になるミミズを買うのに、年に一五〇〇ポンドかかる。「たまに、明け方に一匹外に放すと、他のコウモリに出くわして一緒に飛び回るの。涙が出ちゃうわ」

だが、イギリスのコウモリの数は、森がなくなり虫が減ったせいで減少している。ミラーは僕を、各地のコウモリの数を調査したり、コウモリがちょっと生きやすくなる「バットボックス」を導入するよう政府にロビー活動をしたりしている、コウモリ愛好家のグループに紹介してくれた。こうした努力は、人間が都市や農業を抜本的に変革できずにいることの埋め合わせをしようとするものだ。

僕は、ロンドンの南、サセックスの鉄道のトンネルで行われた調査に参加してみた。僕たちは薄暗がりのなかに進み、れんが造りの壁を懐中電灯で照らした。コウモリは小さかった。れんがの隙間にうずくまっているコウモリのなかには、コウモリかどうかさえわからないほどのものもいた。数も少なかった。トンネルの中にいたのは十数匹。ボランティアの人たちには心配なことがいくつかあった。たとえば、冬がいつもより暖かくて、冬眠したコウモリが少なかったのではないか――だが全体的には満足したようだったし、僕も満足だった。途中僕たちは、一般の人たちがいかにコウモリにネガティブな印象を持っているかについて話し合った。それはドラキュラのせいでもあり、彼らが原因となる病気のせいでもあった。コウモリがＳＡＲＳコロナウイルスを持っているということを知っていたとしても、アマンダ・ミラーのコウモリ病院やサセックスの鉄道トンネルでは、自然界が病気の発生源になり得るなどというのはあり得ないことのように思えた。だが、僕たちは知らなかったが、そのときすでに中国の病院は新型コロナウイルスによる最初の犠牲者の対応に追われていたのだ。

コロナウイルスは、人間がしてきたことの不条理さの寓話と言える。人間以外の動物が、人間にその過ちを教えるために病気をデザインしたとしたら、これ以上に効果的なものはなかっただろう。僕たちは人獣共通感染症とはどういうものか、病原菌を抑える捕食動物の一部を人間が排除して生態系を乱したことによって、いかにそれがより蔓延するようになったかを理解した。実は僕たちは、このことをずっと前から知りながら否定していたのだ。二〇一〇年には、オバマ政権の国家安全保障戦略が、「気候変動と感染病のパンデミックは、世界各地の治安を脅かし、アメリカ国民の健康と安全性を危険に晒す」と結論している。これが公表されてからちょうど一〇年後、アメリカではコロナウイルスによる死者が一〇万人に達した――暗澹たる事実をより正確に伝えるなら ば、コロナウイルスによる死者の最初の一〇万人だ。

これを書いている時点で、パンデミックが何を僕たちに残すのかは少しも明らかになっていない。この混乱により、世界中で家畜が非人道的な殺され方をした。だがそれによってまた中国では、食料としての野生動物販売をやめることが示唆されている（ただし薬としての販売は除く）し、犬は家畜ではなく伴侶動物に分類されることになった。オランダは、ミンクがＣｏｖｉｄ-19の感染を広げる可能性があることがわかると、毛皮を目的とするミンクの繁殖の禁止を早めた。パンデミックは世界的に温室効果ガスの排出量を一時的に減少させたが、それには最悪の社会的損害が伴った。グラスゴー気候会議は二〇二一年に延期され、いくらかの進展が見られたとは言え、めちゃくちゃになった僕たちの食料システムを表面的に論じたにすぎない。多くの自然保護地域の存在を可能にしていた観光旅行とトロフィーハンターは激減した。ロックダウン中の静けさのなか、僕たちは鳥の鳴き声に耳を傾け、自然と同調した。自分たちの狂ったような活動は本当に必要だったのか。僕たちが築き上げた豊かさは僕たちの暮らしを護ってはくれなかった――忙しい生活はいつ完全に停止するかわからないものだったのだ。それが僕たちに人間の脆さを気づかせなかったら、他のいったい何がそれを気づかせると言うのだろう？ようやくペットの犬と過ごす時間ができた人も多かった。多くの家庭がペットを飼い始めたが、そのなかには、育種やペットが環境に与える影響について、根本から考え直すことをしない人も多かった。僕たちは、人間が動物に精神的に依存していることに気づき、ＢＢＣは「人々の士気を高めるために」、『プラネット・アース』の特別版を放送した。依存はまた、はっきりと生理学的なものでもある。Ｃｏｖｉｄ‐19の治療に使われる薬はすべて、動物を使って試験されている。新しい治療法となる可能性のある薬の臨床試験の多くは、何十年も前に採取されたアフリカミドリザルの細胞株から培養された細胞を使って行われた。新しいワクチンの開発には、ネズミ、ブタ、アカゲザルが使われた。顔をマスクで覆うことがウイルスの拡散と病気の重症度に影響するかを見るためには、ハムスターに外科手術用のマスクが被せられた。ワクチンの開発競争はしばしば、薬の安全性を確保するために血を抜かれるカブトガニの悲惨な状況に人々の注目を集めた。

願わくば、自然界に対する謙虚な気持ちはこれからもなくならないでほしい。そしてそれは僕たち次第である。新型コロナウイルスは、人間が自然破壊の影響から自分を切り離すことなどできないということを示してみせた。また僕たちは、戻っていくノーマルな状態など存在せず、そこにはただ、矛盾に満ちた、維持不可能な生活があるだけだということにも気づかなければならない。僕たちが生きている間に、これよりひどいパンデミックなど起こらないと考える理由はない。動物から感染する人間の病気は増えているのだ。人間は、パンデミックの時代に突入したのかもしれない。気候変動は、病原菌をこれまでとは違った場所にも広げるだろう。さらに、異常気象と海面上昇によってこの世界が人間の住めないところになることも心配だ。無数の動物にとっては、この世界はすでに棲めないところになっている。動物は単に、僕たちの進化的過去を思い出させるだけではない。動物たちは、僕たちの未来に目を向けさせてくれるのだ。人間は地球上で最も高等な動物である――それなのにどうして僕たちは頑として、最も愚かな行動を取ろうとするのだろう?

ケンブリッジ大学の自然保護主義者、アンソニー・ワルドロンは、人々の「概念としての裏庭」について論じている。「概念としての裏庭」とは、僕たちが直接に、あるいは本やテレビやソーシャルメディアを通じて接触する動物のことだ。ほとんどの人にとってそこには、自分のペット、絵本の中の農場の絵がいくつか、それにテレビで楽しむ野生動物のドキュメンタリーなどが含まれることだろう。僕たちの動物の扱い方を改善する一番手っ取り早い方法は、実際に人間が移動する土地を縮小しつつ、この「概念としての裏庭」を拡大することだ。どんなに賑やかな都会でも、動物はそこらじゅうにいるのだから。

僕は子どもの頃に、パンダやトラに対する驚嘆を覚えた。今僕は、娘たちとともに、自然界にあまねく美を見出すことを学んでいる。この最終章を書きながら、僕の猫はキーボードの上に乗ろうとし、カササギは窓の外を行ったり来たりしている。今、ハチが一匹窓枠にぶつかった。僕たちが、その目と心を開きさえすれば、この惑星の上にいるのが僕たちだけではないことがわかる。僕たちしかいないかのように行動するのはやめるべきである。

動物の愛し方

あなたにできること

1　肉を食べるのをやめる。あるいはそこに向かう一歩を踏み出す。どんなに頑張っても、良心的な畜産農家からの肉だけを食べるのは不可能だ。しかも良心的な農家さえ、家畜の身体を限界まで利用し、不必要な二酸化炭素を排出する。これは腐ったシステムなのだ。だがヴィーガン・フードは腐っていない。一夜にしてヴィーガンになる必要はない——自分が楽にできることをして、どこまで行けるかやってみよう。変化とは人から人に広がるものだ。あなたが食べるものを変えれば、あなたの周りにいる、同じ疑問を持っているかもしれない人たちの背中を押すことができる。

2　乳製品を食べるのをやめる。人間はウシの赤ん坊ではないし、乳製品を大規模に生産するための人道的な方法は存在しない。乳製品を食べるのをやめれば、肉を食べるのをやめるよりも二酸化炭素の排出を軽減できる。そのための方法の一つは、まずレストランでヴィーガンのメニューを注文することだ。外食は、食べる動物性食品がどこから来ているかを管理するのが一番難しい。

3　食べる魚を減らす。魚を食べるときは、環境に与える影響が少ない、小規模な漁船で捕獲されたものだけを食べる。もっと良いのは、維持可能かつ苦しむことのない魚介類だけを食べることだ——養殖されたムール貝、カキ、ハマグリなど。

4 自然を味わう。キャンプしたり、バードウォッチングしたり、狩りに行こう（標的として放される鳥ではなく、シカ狩り）。自然の世界を肌で感じ、それが破壊されようとしていることに腹を立てよう。身近にいる生き物――カエル、カラス、トンボ、キツネその他――は、動物園にいる動物と同じように美しいし、自然環境のなかにいるそれらの行動はもっと魅力的だ。

5 あるいはそんなことはしなくてもいい。動物を公正に扱うために、動物愛好家である必要はない。動物を公正に扱うというのは単に、人間以外の動物が苦しむのは問題だと信じるということにすぎない。それはソファに座ったままできることだ。

6 ペットを飼っていることの埋め合わせをする。自分のペットに一ポンド使ったら、他の動物を助けるために同じ額を使う。たとえば自然保護団体に寄付をしてもいい。鳥が窓にぶつかって死なないように、窓に鳥衝突防止のスティッカーを貼ることに使ってもいい。あるいはカエルやハチの棲みかを作ってやろう。

7 カーボンフットプリントを減らす。僕たちは野生動物を地球から追い出そうとしている。誕生日のプレゼントは中古のものをねだろう。飛行機での移動をやめよう。大きな箱に入って届くものではないものに喜びを感じよう――モノではないものの良さを味わおう。

8 子どもには真実を伝える。世界が今みたいなのは仕方ないことなのだという嘘をつかない。僕たちがなぜこんなふうに動物を扱っているのかについて、言い逃れしようとするのはやめよう。子どもたちが、肉や乳製品を食べたり、狂ったように大量消費することに慣れないようにしよう。僕たちが破壊しようとしていることの世界は、子どもたちのものなのだ。子どもが生まれることが僕たちに変わるきっかけをくれる。僕たちはもうさんざん失敗した——子どもたちに恥ずかしいと思えば、僕たちはきっと、もっと良いやり方ができる。

力を合わせればできること

1 肉と衣料の流通経路の透明性を要求しよう。人々は、動物性製品がどのようにして製造されているのか知るべきだ。牛乳、革、鶏肉、養殖サケの四つについて、人々は何も見えないまま購入している。そこに日を当てればより高い基準ができるだろう。工場式畜産場で生産された鶏肉と豚肉については、実際に太陽光が当たることになるかもしれない。目指すのは、工場畜産のむごたらしさと無駄をなくすことだ。

2 ヴィーガン食品を奨励しよう。人は外食するときの方が肉をたくさん食べる。なぜならそれがメニューにあるからだ。学校や公共施設は、肉と魚のメニューと同数のヴィーガン料理の選択肢を提供すべきだ。政府は、計画法や農業補助金を使って、最も環境汚染が少なく、最も福祉に貢献する食べ物を後押しすべきである。

3 国立公園をつくっていろいろな動物でいっぱいにしよう。陸地と海の三〇パーセント、いや五〇パーセントを保護する時間はあるが、今すぐに行動を起こさなくてはならない。動物たちを健康に保つにはそれが最良の方法だ。そうすることで僕たちの精神衛生が保たれるし、観光も促進される。あなたが億万長者なら、これ以上の金の使いみちはない。億万長者でなくても、ロビー活動や寄付はできる。大きな保護区と、農地や都市をまたいでそれらをつなぐ緑の回廊が必要である。僕たち以前の世代が駆逐してしまった動物を再導入すべきだ。ただし、地元の住民がそのために代償を払うことになる場合は、正当な報酬を支払わなければならない。

4　子どもたちに戸外の自然を見せよう。僕たちは学校に上がる前には動物が大好きだが、学校を卒業したらもう一度、動物を愛することを学び直す必要がある。子どもたちには自然の仕組みを見せ、人間と動物の関係がどれほどバランスに欠けているかを見せてやろう。学校のカリキュラムも、たとえば自然史に特化した授業をつくるなど、改善が可能だ。だが何よりも、子どもたちをコンクリートの建物から戸外に連れ出すことだ――学校の菜園や、公園や湿地へ。闘うことができるのは、自分が知っているもののためだけである。

5　動物園にはもっと批判的になり、倫理的に行われる狩猟への批判は緩めよう。現在の動物園は偽の自然にすぎず、あれでは動物が欲求不満になるに決まっている。動物園は、繁殖プログラムや土地の購入を通じて野生動物を護ることに集中すべきである。一方狩猟は自然保護の資金になるし、シカ、イノシシその他の動物が増えすぎて生態系を脅かしている以上、狩猟を悪であるかのように考えるのは無意味だ。

6　温室効果ガスの排出量を減らそう。気候変動はすべてにとっての脅威だ。僕たちは、家に断熱材を使い、石炭とガスによる発電所を段階的に停止し、公共交通手段を電力に替えるなどする必要がある。目指すべきは、二〇四〇年までにネットゼロを達成することだ。それは、選挙のたびに、候補者の環境保護の実績を最優先事項としなければ不可能だ。化石燃料の使用をやめるのが早ければ早いほど、動物、そして僕たち自身が受けるダメージは少なくて済むのである。

訳者あとがき

白状すると、この本を訳しながら、私は翻訳をお引き受けしたことを後悔していた。本書がつまらないからでも、本書の主張に賛同できないからでもない。逆だ。筆者が次々と繰り出す「事実」の、有無を言わさぬ説得力に圧倒され、筆者の主張に賛同しながらも、この本に自分がどこまで影響されたいか、賛同したからと言って本書の主張を自分がどこまで実践できるのか、自信がなかったからだ。言い換えれば私は、あとがきにいったいなんと書けばいいいか、皆目わからなかったのだ。

筆者はヴィーガンになれと言う。でも、今の日本では、生半可な覚悟ではヴィーガンになどなれない。美味しいものを食べるという共通の関心で結ばれている友人たちに何と言えばいい？　集まって美味しいものをいただく席で、自分だけ肉や魚や乳製品を食べないなんて申し訳ないではないか。第一、肉を食べないというのはまだしも、大好きな寿司もチーズも食べられないなんて、老い先短い身にあまりにも酷ではないか。まさに理性と感情のせめぎあいである。こんな極端なこと言ったって、実践なんかできっこないじゃない、という反論の声が聞こえてくる。

こんな頼りない人がこの本を訳してよかったんだろうか？　筆者と志を一つにする動物愛護・自然保護活動家で、すでに動物を食べないと決意している人が訳した方がよかったんじゃなかろうか――。そう思いながら、でもその一方で、おそらくこの本を読む人の大多数は私と同じように感じるはずだし、そういう人にこそ読んでもらいたい。だから、この本を読もうか読むまいか迷っている人に向けて、そういう人の代表として、このあとがきを書いている。

本書の原題は『How To Love Animals』である。直訳すれば「動物の愛し方」、あるいは「いかに動物を愛すべきか」とでもなるだろう。筆者ヘンリー・マンスは無類の動物好きで、読者もまた動物が好きであることを前提にしているところがある。私自身も動物は好きだ。かなり好きな方だと思う。インスタグラムの動物動画にはつい時間を忘れて没頭してしまうし、自然が豊富なアメリカの自宅に滞在中には、庭に遊びに来るシカやウサギやアライグマや無数の小鳥たちを眺めて過ごすのが何よりも好きだ。これを書いている今この瞬間も、窓の外にはシカの親子がいて、まだ斑点のある仔鹿が庭を跳ね回っている。私はそれを飽きずに眺める。お金と暇があったら、巨大な望遠レンズを抱えて野生動物を日がな一日撮影していたいと思うくらいだ。

もちろん、世の中そういう人ばかりではない。動物になんかとんと興味がないという人だってたくさんいる。だがこの本は、動物なんか好きじゃない人に動物を好きになれと言っているのではないし、そもそも、動物を愛するというのは動画を眺めてほんわかとした気分になることでも、ペットの犬や猫を溺愛することでもないのだということをわからせてくれる。ひどい扱いをされている動物を見て義憤に駆られる、それだって動物を愛するということなのだ。

そして何よりも、自分が暮らす地球という惑星の未来が、それを意識していようがいまいが、人間と動物の関係のあり方にどれほど影響されているか。本書を読めばもはや「知らなかった」では済まされない。その意味で、本書の日本語タイトル『僕が肉を食べなくなったわけ——動物との付き合い方から見えてくる僕たちの未来』というのは、原書よりも的を射ていると思う。

筆者であるマンスは三〇代後半のイギリス人ジャーナリストで、『フィナンシャル・タイムズ』紙の特集記事責任者として、主に長編記事を担当している。本書はマンスの初の著作である。インタビュアーとしても評価が高く、ラジオやテレビのニュース番組にも頻繁に登場するという。若いだけあって、その行動力は素晴らしい。本書で展開される彼の主張は単なる机上の空論ではない。豊富なデータによる裏付けももちろんだが、イギリス、アメリカはもとより、ポルトガル、モンゴル、ポーランドに足を運び、「食べ物を入手する」という行為にさまざまな立場で関わる人々や、動物と人間の関係についての研究に従事する人々に得意のインタビューを行い、あるいは自身が屠殺場で働き、ニジマス釣りをし、シカを撃つ、という体験をした中から直接得られた洞察が彼の主張を支えている。

彼が若くしてこの本を書いてくれたことが私は嬉しい。環境問題について書かれた本を読んだり訳したりするたびに、頭のどこかに、自分があと三〇年若くなくてよかった、地球がめちゃくちゃになる頃まで私は生きていない、逃げ切れてラッキーだった！と思っている自分がいる。どちらかと言えば環境問題に関心が高いつもりではあるし、環境をこれ以上破壊したくない、今かろうじて残っている自然を（動物も植物も含めて）このまま残したい、と思う気持ちはもちろんあるけれど、結局我がこととしてあまり切実には考えていないのかもしれない。だがマンスの世代以降の人たちにとっては、それは自分が直面せざるを得ない火急の課題である。私たち「大人」が地球にしてきた仕打ちに、グレタ・トゥーンベリの世代が怒るのは当然だ。

私が本書で特にハッとさせられた一文に次のようなものがある。

僕たちは、なぜベジタリアンなのか、と人に尋ねるのではなくて、どんな大義のために肉を食べることが必要なのか、と訊くべきではないだろうか？（六八ページ）

そうなのだ。私たちはみな、自分はなぜ肉を食べるのだろう、と考えてみる必要がある。本文中にもそれに対する答えはいろいろ出てくるし、たとえば『動物の解放』の著者であるオーストラリアの哲学者ピーター・シンガーの、「昔から肉が、蛋白質とビタミンの供給源として広く普及していること。文化的生活の大きな一部であること」という言葉が引用されていたりもする。蛋白質とビタミンの供給源が他にもあることは明らかだ。では仮に大きな文化的変容が起こって生き物を食べないことこそが「文化的生活」になったとしたら、私に肉や魚を食べなければいられない必然性はないのである。そうして、何が「文化的」な所作であるかなんて、何かのきっかけであっという間に変化する、ということは、ここ一〇年あまりの間にLGBTQをめぐる人々の考え方に起こった変化を見れば明らかだと思う。だったら私たちは、動物を食べないことこそが文化的であるという「気分の創造」に積極的に加担することで、未来の世代だけでなく、自分たち自身も救うことになるのではないか？要するに、仲間をどんどん増やすことが文化を変えるのだ。

面白いことに、今日こそはあとがきを書かなければ、と思っていたまさにその日に、たまたま仕事で出席した会議のケータリングをした人が、プラントベース・フード専門のセレブリティ・シェフだった。もちろんその人はこの本のことは知らない。ヴィーガニズムについてレクチャーするためにそこにいたわけでもない。でも、自分の料理を紹介しながら、今この時代にプラントベースのシェフであることほどエキサイティングなことはない、とその人は言った（本書に登場するミシュランの三つ星シェフも同じことを言っている）。全国を飛び回って有名人のためにケータリングを行っている彼女は、自分自身の経験から、（少なくともアメリカの東西の沿岸沿いの都市部では）ベジタリアニズムやヴィーガニズムへの関心が急速に高まっていることをひしひしと感じているという。本書に登場する肉の代替品、インポッシブル・バーガーも話題に出た。

帰りに早速、バーガーキングに立ち寄って、インポッシブル・フーズ（本書一二二ページ参照のこと）がつくる、植物性蛋白質をベースにした「インポッシブル・ワッパー」を注文した。家に持ち帰り、おそるおそる食べてみたそれは、普通に美味しいハンバーガーだった。

彼女の言葉、そしてインポッシブル・ワッパーの美味しさに、私は勇気づけられている。私は今すぐにベジタリアンやヴィーガンにはなれないかもしれない。でも、肉を食べない（食べなくても他に美味しいものが食べられる）という選択肢があったら、肉を食べないことを選ぼうと思う。そして、本書を読もうかどうか迷っている友人・知人には、読みたくないかもしれないけど、そして肉を食べるか食べないかはあなたの自由だけど、事実を知っておくだけ知った上で決めたほうがよくない？　だからよかったら読んでみない？と言ってみようと思っている。反対意見があってもいい。この本が物議を醸すことを私は願う。そしてもう一つ、読後頭から離れないこの言葉を紹介しておきたいと思う。

オックスフォード大学の哲学者、トビー・オードは、人類が絶滅する確率は、二〇世紀中は一〇〇分の一だったが、現在は六分の一であると言う。これは、種の生き残りを賭けたロシアンルーレットなのだ。（三二九ページ）

最後になりますが、本書の編集を担当し、丁寧かつ正確な校正で助けてくださった築地書館の黒田智美さんにこの場を借りてお礼申し上げます。

二〇二三年七月　三木直子

結論　美女と野獣

ハリー・グリーンの言葉は、彼の回想録 *Tracks and Shadows: Field Biology as Art* からの引用。人間と自然の関係を変化させるというのがあまりにも困難なことのように感じられるときは、レベッカ・ソルニットの『暗闇のなかの希望　非暴力からはじまる新しい時代（*Hope in the Dark*）』が、社会変革を目指す行動の持つパワーについて勇気を与えてくれる。

涯は、アンドレ・アソカルの *Tompkins. El millonario verde* の中で鮮やかに語られている。エドワード・O・ウィルソンの「ハーフ・アース」プロジェクトの最新情報は www.half-earthproject.org にある。

生物多様性の維持のためには「ランド・シェアリング」よりも「ランド・スペアリング」の方が効果的であるというエビデンスについては、マシュー・スコット・ラスキンらの論文 'Study context shapes recommendations of land-sparing and sharing; a quantitative review'（*Global Food Security*、2017 年）を参照のこと。ヨーロッパの、さらに複雑な状況については、トム・フィンチらの論文 'Bird conservation and the land sharing-sparing continuum in farmland-dominated landscapes of lowland England'（*Conservation Biology*、2019 年）を参照されたい。

エリザベス・コルバートの『6 度目の大絶滅（*The Sixth Extinction*）』とビル・マッキベンの *Falter* にまとめられているように、現在僕たちがどれほど深い苦境に立っているかはすべての人が気づくべきだ。デイヴ・グールソンの *A Sting in the Tale* は、ハチの美しさと同時にその存在の危うさを伝えている。ミツバチがケニアでいかにして人間とゾウの対立を緩和させられるかについては www.elephantsandbees.com を参照のこと。

8　問題は犬じゃない

人間とペットの関係については優れた本が何冊もあるが、その中にはジョン・ブラッドショーの *The Animals Among Us*、アレクサンドラ・ホロウィッツの『犬と人の絆　なぜ私たちは惹かれあうのか（*Our Dogs, Ourselves: The Story of a Singular Bond*）』、ハロルド・ハーツォグの『ぼくらはそれでも肉を食う　人と動物の奇妙な関係（*Some We Love, Some We Hate, Some We Eat*）』などがある。世界の犬の数を推定したのはアンドリュー・ローワン。www.wellbeingintl.org を参照のこと。飼育するのが困難な動物については、キャサリーン・トフトとティモシー・ライトの共著 *Parrots of the Wild: A Natural History of the World's Most Captivating Birds* や、ジェームズ・イェイツの編集による *UFAW Companion Animal Handbook* を参照されたい。クレア・パーマーの意見は *Animal Ethics in Context* からの引用。

9　人間は神か

ヘレン・ピルチャーの『LIFE CHANGING　ヒトが生命進化を加速する（*Life-changing: How Humans are Altering Life on Earth*）』は、意図的であるか否かにかかわらず、人間が無数の形で動物の生活を変化させつつあることを辿る傑作である。ベン・A・ミンティールはその思慮に富んだ著作 *The Fall of the Wild: Extinction, De-Extinction and the Ethics of Conservation* の中で、自然保護にまつわる哲学的ジレンマのいくつかを解説している。エマ・マリスの『「自然」という幻想　多自然ガーデニングによる新しい自然保護（*Rambunctious Garden*）』は、自然は僕たちがときに考えるほど静的なものではないということを見事に浮かび上がらせる。マーティン・リースの見解は、彼の 2018 年の著作『私たちが、地球に住めなくなる前に　宇宙物理学者から見た人類の未来（*On the Future: Prospects for Humanity*）』からのもの。人類絶滅の可能性については、トビー・オードが *The Precipice* の中で考察している。

the Yanomami: Daily Life in the Venezuelan Forest には先住民族の社会が説明されている。

6　歴史の方舟

ナイジェル・ロスフェルスの *Savages and Beasts: The Birth of the Modern Zoo*、及びエリック・バラテと エリザベト・アルドゥアン＝フュジエによる *Zoo: A History of Zoological Gardens in the West* は、現代の動物園の黎明期についてのもの。とりわけロンドン動物園については、J・バーリントン＝ジョンソンの *The Zoo: The Story of London Zoo* と伊東剛史の *London Zoo and the Victorians, 1828-1859* を参照した。イアン・ジャレッド・ミラーによる *The Nature of the Beast: Empire and Exhibition at the Tokyo Imperial Zoo* は、第二次世界大戦中に行われた動物園の動物たちの虐殺について語っている。

コリン・タッジの『動物たちの箱船　動物園と種の保存（*Last Animals at the Zoo*）』は、一世代前の動物園の役割が描かれている。動物たちの扱いという意味でその頃の動物園が現在と比べていかにひどい状態であったかは、1990 年代初頭にロンドン動物園で撮影された、モリー・ディニーンによる BBC のドキュメンタリーシリーズ The Ark を見れば目から鱗が落ちる。

ゾウの寿命の分析は、ロス・クラブらによる論文 'Compromised Survivorship in Zoo Elephants'（*Science*、2008 年）から。ダリア・コンデらの論文 'An Emerging Role of Zoos to Conserve Biodiversity'（*Science*、2011 年）は動物園が種の保全に与えた影響を推定し、それに対してアンドリュー・バルムフォードらが 'Zoos and Captive Breeding'（*Science*、2011 年）で返答している。

動物園が抱える最新のジレンマと、アメリカの動物園が収益の何パーセントを自然保護に使っているかの推定は、ベン・A・ミンティール、ジェーン・マイエンシャイン、ジェームズ・コリンズ（編集）による *The Ark and Beyond: The Evolution of Zoo and Aquarium Conservation* を参照のこと。

7　あるのは足跡だけ

コロンビアに住んでいたとき、僕はジョン・ヘミングの『アマゾン　民族・征服・環境の歴史（*Tree of Rivers: The Story of the Amazon*）』に魅せられた。チロ・ゲーラによる 2015 年製作の映画『彷徨える河（*Embrace of the Serpent*）』は密林の魔法を想起させる。

ビル・アダムスの著作 *Against Extinction* は自然保護活動の歴史を綴ったもの。国際自然保護連合（IUCN）のレッドリストのデータベースは www.iucnredlist.org で見ることができる。各国の陸地と領海の何パーセントが保護されているかという数字については www.protectedplanet.net を参照のこと。フリーデライク・C・ボラムらは、論文 'How many bird and mammal extinctions has recent conservation action prevented?'（*Conservation Letters*、2020 年）の中で、自然保護活動家たちが生物種を絶滅から救うためにどれほどの役割を果たしたかについて推定している。世界自然保護基金（WWF）の 'Living Planet Index（生きている地球レポート）' は www.livingplanetindex.org にある。

ジョージ・モンビオの *Feral* はイギリスで再野生化への関心に火を点けた。ジョシュ・ドンランらは、論文 'Re-wilding North America'（*Nature*、2005 年）の中で、チーター、ライオン、ゾウをアメリカに放すことを提唱している。ダグ（ダグラス）・トンプキンスの生

ンス・インスティテュートが米国農業センサスをもとに計算したもの。バイオマス炭素という意味では家畜の方が野生動物より圧倒的に多いという指摘は、イーノン・M・バーオン、ロブ・フィリップス、ロン・マイロによる論文 'The Biomass Distribution on Earth'（*Proceedings of the National Academy of Sciences [PNAS]*、2018年）からのもの。「投票と消費の隔たり」について論じているのは経済学者ジェイソン・ラスクである。

4　損をするのはいつも海

カラム・ロバーツの *Ocean of Life* は近代漁業がいかに破壊的であるかを、ヘレン・スケールズの『魚の自然誌　光で交信する魚、狩りと体色変化、フグ毒とゾンビ伝説（*Eye of the Shoal*）』は魚の素晴らしさを論じている。世界の水産業に関する統計データは、国連食糧農業機関の報告書 'State of the World Fisheries and Aquaculture' によるもの。これらの数字の足りない部分については、ダニエル・ポーリーとダーク・ツェラーの論文 'Catch reconstructions reveal that global marine fisheries catches are higher than reported and declining'（*Nature communications*、2015年）およびラシード・スマイラらの論文 'Illicit trade in marine fish catch and its effects on ecosystems and people worldwide'（*Science Advances*、2020年）を参照のこと。魚種資源に関する数字の一部は大西洋マグロ類保存国際委員会のものを使っている。国際自然保護連合のレッドリストには海洋動物の保護状況も含まれている。アリソン・ムードによる、食料として殺された魚の数の推定値は、www.fishcount.org.uk にある。クラウディオ・カレーレとジェニファー・マザーの編纂による *Welfare of Invertebrate Animals* には、ロバート・エルウッドが、無脊椎動物が痛みを感じる能力について一章を寄稿している。魚の養殖場の効率の悪さに関するフィードバックの活動は、www.feedbackglobal.org で読むことができる。タコの素晴らしさについてはピーター・ゴドフリー＝スミスの『タコの心身問題　頭足類から考える意識の起源（*Other Minds: The Octopus and the Evolution of Intelligent Life*）』とサイ・モンゴメリーの『愛しのオクトパス　海の賢者が誘う意識と生命の神秘の世界（*The Soul of an Octopus: A Surprising Exploration into the Wonder of Consciousness*）』を参照のこと。気候変動が海洋に与える影響については、「気候変動に関する政府間パネル」による *Special Report on the Ocean and Cryosphere in a Changing Climate* を参照のこと。

5　サイコパスの休暇旅行

トロフィーハンティングに関連する重要な調査の多くは、ライオンのセシルを追跡したオックスフォード大学の調査グループ、WildCRU によるもの。その一部は www.wildcru.org で読むことができる。アメリカのハンターの属性の変化については 'National Survey of Fishing, Hunting & Wildlilfe-Associated Recreation' を参照のこと。

自然保護に関するアルド・レオポルドの信念は、見事に時の試練に耐えている。たとえば、カート・マイネとリチャード・L・ナイト編纂による *The Essential Aldo Leopold* や、ジュリアンヌ・ルッツ・ニュートンの *Aldo Leopold's Odyssey* を参照されたい。ダグラス・ブリンクリーの *The Wilderness Warrior: Theodore Roosevelt and the Crusade for America* には、ルーズベルト流の狩猟保護、また投げ縄で捕らえたクマとの格闘が記されている。

ローナ・マーシャルの *Nyae Nyae !Kung Beliefs and Rites* とジャック・リゾの *Tales of*

食主義については、トリストラム・スチュアートの *The Bloodless Revolution: A Cultural History of Vegetarianism: From 1600 to Modern Times* に詳しい。ベジタリアンが性的不能者であるという主張は、アダム・D・シュプリンツェンの *The Vegetarian Crusade: The Rise of an American Reform Movement, 1817-1921* に述べられている。

犬の品種改良その他については、ハリエット・リトヴォの『階級としての動物　ヴィクトリア時代の英国人と動物たち（*The Animal Estate: The English and Other Creatures in the Victorian Age*）』を参照のこと。ジョン・ホステットラーによるアースキン卿のバイオグラフィーは題名を *Thomas Erskine and Trial by Jury* という。ノーム・フェルプスの *The Longest Struggle: Animal Advocacy from Pythagoras to PETA* は、動物に関する考え方の主要な変遷を紹介している。

チャールズ・ダーウィンが啓発された探検家、アレクサンダー・フォン・フンボルトの物語はこの本の範疇を超えるが、アンドレア・ウルフによる彼のバイオグラフィー『フンボルトの冒険　自然という〈生命の網〉の発明（*The Invention of Nature: Alexander von Humboldt's New World*）』が見事である。

2　屠殺場のルール

僕は、ユヴァル・ノア・ハラリの『サピエンス全史　文明の構造と人類の幸福（*Sapiens*）』を読んでベジタリアンになった。動物の知能についてはロリ・マリーノが、*Animal Cognition* 誌に発表した論文 'Thinking Chickens: A Literature Review of Cognition, Emotion, and Behavior in the Domestic Chicken' その他で論じている。畜産農業については、イングヴァール・エケスボーの *Farm Animal Behaviour: Characteristics for Assessment of Health and Welfare* 他を参照した。ガンジーが母親にした約束は、ラーマチャンドラ・グハが *Gandhi: The Years that Changed the World, 1914-1948* の中で書いている。家畜がどれだけの面積の土地を使うかについてのデータは、www.ourworldindata.org/global-land-for-agriculture で簡単にアクセスできる。食肉と乳製品の生産によるカーボンフットプリントについては www.ourworldindata.org/food-choice-vs-eating-local を参照されたい。農業に関するデータは基本的に国連食糧農業機関のデータベースを参照している。世界資源研究所が2019年に発行した報告書 *Creating a Sustainable Food Future* には、より良い未来への道筋が描かれている。米国動物愛護協会によるアメリカの企業の採点は www.humanesociety.org/resources/food-industry-scorecard にある。

3　肉のない世界

アンソニー・ボーデインは、ヴィーガンの人たちさえ愛さずにはいられないその著書『キッチン・コンフィデンシャル（*Kitchen Confidential*）』の中でベジタリアンに対する嫌悪感を剝き出しにしている。ビー・ウィルソンの『人はこうして「食べる」を学ぶ（*First Bite: How We Learn to Eat*）』は、子どもたちに健康的な食事をさせる方法を模索する。それまで持っていた料理本を全部捨てた後、僕はアンナ・ジョーンズの *A Modern Way to Eat* とヒュー・フィアンリー＝ホイッティングストールの *River Cottage Much More Veg* にすっかり世話になった。

アメリカの家畜の99パーセントが工場畜産場で飼われているという数字は、センティエ

参照文献

本書の執筆にあたっては、さまざまな書籍、論文、新聞記事、また僕自身が行ったインタビューを参照している。参照文献の詳細は hmance.medium.com に掲載している。以下は、最も役に立ち、かつ面白かったもの、そしてさらに深く知りたい人にお勧めするものだ。

イントロダクション

人間の歴史、とりわけヨーロッパ人による北米の植民地化において動物が果たした役割は、ジャレド・ダイアモンドの『銃・病原菌・鉄（*Guns, Germs and Steel*）』に述べられている。フランス・ドゥ・ヴァールの『ママ、最後の抱擁　わたしたちに動物の情動がわかるのか（*Mama's Last Hug: Animal Emotions and What They Teach Us About Ourselves*）』、また、ジェーン・グドールの研究を記した著作、たとえば『心の窓　チンパンジーとの三〇年（*Through a Window: My Thirty years with the Chimpanzees of Gombe*）』などは、動物が持つ知的・社会的複雑性について僕たちが学んだことを詳述している。アダム・ラザフォードの *The Book of Humans* は、人間だけが持つ特徴とそうでないものについて面白おかしく検証する。ゾウが見せる悲嘆については、バーバラ・J・キングの『死を悼む動物たち（*How Animals Grieve*）』を参照されたい。トッド・ファインバーグとジョン・マラットの、すべての脊椎動物が共有する意識についての仮説は、彼らの著作『意識の進化的起源　カンブリア爆発で心は生まれた（*The Ancient Origins of Consciousness: How the Brain Created Experience*）』に述べられている。

動物の苦しみに関心のあるすべての人にとって、ピーター・シンガーの『動物の解放（*Animal Liberation*）』は、説得力のある必読書である。マーク・サゴフは、'Animal Liberation and Environmental Ethics: Bad Marriage, Quick Divorce' と題された論文の中で、動物愛護活動と自然保護活動は敵対する定めにあると主張している。ピーター・スコットの生涯の詳細は、エルスペス・ハクスリーによる彼のバイオグラフィー *Peter Scott: Painter and Naturalist* を参照した。ジャネット・ブラウンによる、二巻からなるチャールズ・ダーウィンの伝記 *Voyaging* と *The Power of Place* からも引用している。

1977 年に行われた、買い物客がタイツを買う際の行動に関する実験は、'Telling more than we can know: Verbal reports on mental processes' と題された、リチャード・ニスベットとティモシー・ウィルソンによるものである。クリストフ・ドントとゴードン・ホドソンの編纂による *Why We Love and Exploit Animals: Bridging Insights from Academia and Advocacy* には、人間が動物に対して二つの相反する態度を取っていることのエビデンスが示されている。

1　人間と動物の歴史

動物に対する西欧人の考え方の変遷について書かれた本の中で最も優れているのはおそらく、キース・トマスの『人間と自然界　近代イギリスにおける自然観の変遷（*Man and the Natural World: Changing Attitudes in England 1500–1800*）』だろう。イギリスにおける菜

や行

ら行

わ行

ま行

な行

は行

た行

さ行

か行

索引

A〜Z

あ行

著者紹介

ヘンリー・マンス (Henry Mance)

『フィナンシャル・タイムズ』紙の特集記事責任者として、主に長編記事を担当している。2017年のブリティッシュ・プレス・アワードで最優秀インタビュアーに選ばれ、BBCのラジオ番組やテレビのニュース番組にも頻繁に登場するほか、CNNとPBSにも出演している。妻と2人の娘とともにロンドン在住。本書はマンスの初の著作である。

訳者紹介

三木直子 (みき なおこ)

東京生まれ。国際基督教大学教養学部語学科卒業。外資系広告代理店のテレビコマーシャル・プロデューサーを経て、1997年に独立。
訳書に『CBDのすべて　健康とウェルビーイングのための医療大麻ガイド』(晶文社)、『アクティブ・ホープ』(春秋社)、『コケの自然誌』『錆と人間　ビール缶から戦艦まで』『植物と叡智の守り人　ネイティブアメリカンの植物学者が語る科学・癒し・伝承』『英国貴族、領地を野生に戻す　野生動物の復活と自然の大遷移』(以上、築地書館)、他多数。

僕が肉を食べなくなったわけ

動物との付き合い方から見えてくる僕たちの未来

2023年10月10日　初版発行

著者　ヘンリー・マンス
訳者　三木直子
発行者　土井二郎
発行所　築地書館株式会社
東京都中央区築地 7-4-4-201　〒104-0045
TEL 03-3542-3731　FAX 03-3541-5799
http://www.tsukiji-shokan.co.jp/
振替 00110-5-19057
印刷・製本　シナノ印刷株式会社
装丁　吉野 愛

 ISBN 978-4-8067-1656-3